· 工程预算快捷通系列 ·

建 筑 工 程 预 算
速学快算简明手册

（第五版）
（依据建设工程量清单计价规范 GB50500 – 2013 修订）

主编　张晓钟

上海科学技术出版社

图书在版编目(CIP)数据

建筑工程预算速学快算简明手册/张晓钟主编. —5
版. —上海:上海科学技术出版社,2015.2
（工程预算快捷通系列）
ISBN 978—7—5478—2401—6

Ⅰ.①建… Ⅱ.①张… Ⅲ.①建筑预算定额—手
册 Ⅳ.①TU723.3—62

中国版本图书馆 CIP 数据核字(2014)第 236330 号

建筑工程预算速学快算简明手册（第五版）
主编 张晓钟

上海世纪出版股份有限公司
上海 科 学 技 术 出 版 社 出版
（上海钦州南路71号 邮政编码200235）
上海世纪出版股份有限公司发行中心发行
200001 上海福建中路193号 www.ewen.co
苏州望电印刷有限公司印刷
开本 889×1194 1/32 印张 16.75
字数：470 千字
2002 年 12 月第 1 版
2015 年 2 月第 5 版 2015 年 2 月第 16 次印刷
ISBN 978—7—5478—2401—6/TU·198
定价：39.80 元

本书如有缺页、错装或坏损等严重质量问题,请向工厂联系调换

内 容 提 要

　　本书是作者数十年工作经验和教学实践的结晶,主要内容包括建筑制图与识图,土建工程预算、概算,安装工程试图与预算,建筑工程量清单计价,预算资料五大部分。

　　本书所讲述的预算编制的理论、方法,全国各地均适用。尤其本书首次提出了快速准确的工程量计算"程序公式"、计算工程量的步骤和本人总结的经验公式,提供了大量预算技巧、经验和资料,并列举了多个算例供参考学习。

　　本书在写作方法与内容上简明扼要、通俗易懂,是适宜初学工程预算者自学速成的难得教材,也是预算人员速编预算的极佳工具书。

　　本书修订至此已是第五版,本版依据最新的"2012定额"中的变动进行了针对性修订,内容更丰富、更新颖,学习操作适用性更强。

编　委　会

前　　言

本书系作者几十年工作经验与教学实践的结晶,与市场上同类的几十种预算书相比,本书内容丰富、方法独特、别具特色。

全书在写作方法上力求简明扼要、通俗易懂,以适应初、高中文化的建筑工人和工作繁忙的管理人员业余自学速成之用。书中首次为预算工作者提供了工程量计算快速、准确的"程序公式"、经验技巧和完善的资料,以助其提高工作效率。

全书共分五章。第一章讲述建筑制图与识图,包括制图方法、原理、建筑构造、施工图的组成内容和如何看图及示例。学完第一章,则基本能看图,结合第二章"土建工程预算、概算",可进行更深入细致的识图。

第二章中,工程预算是按照编制预算的先后顺序逐步讲述,即计算工程量→套定额→取费。在计算工程量方面,避免像其他书那样,按定额分部孤立地讲述,或按定额计算规则照文抄,使初学者学完后仍缺乏系统的思路,不知计算从何入手,需计算哪些项目,需怎样计算,而仍需求人再指导。本书是按照工程量计算顺序(基础、钢筋混凝土、门、窗……)逐步、分别讲述。各部分内容包括基本知识、定额规定和具体计算时的"程序公式",算什么项目,"如何列"算式,均一目了然。

定额部分讲述了各种定额的意义、形式、内容及如何使用、如何换算等。

取费部分讲述了工程费用的构成、各项费用的用途、计算方法及步骤。

第三章"安装工程识图与预算"分给排水工程、采暖工程、电气工程三个小节,在介绍安装工程识图的同时,讲述安装工程预算的编制方法、规则及示例。

第四章"建设工程量清单计价"讲述了清单计价的概念,介绍了清单计价规范,重点讲述了工程量清单及清单计价的编制方法、步骤和示例,看完即可学会,简明扼要、通俗易学。

第五章"预算资料"部分包括标准图经济指标、常用预算数据、工程量计算图表、常用定额项目等,以解决初学者无资料可查的问题和解除预算工作者查找资料的烦恼。

在学习方法上,建议读者对第一章应从头至尾学完,则能基本看懂住宅图。第二章应以住宅图为例,采取边学边做的办法。住宅图没有的项目(如桩基础)可暂不学。然后,学习定额及其套用方法、取费及计算,最后完成住宅楼预算的编制方法,即学会预算。

本书所讲述的预算编制的理论、方法,全国各地均适用,不同之处仅在于各地所用定额不同。本书是以河北省 2012 定额为依据编写和举例,而全国各地定额均以全国统一定额为依据编制,仅在项目划分上略有不同,所以全国各地在编制建筑工程预算时,均能使用本书。如遇定额不同之处,只需根据本书"程序公式"的模式,修改和补充其"程序公式"及第五章的标准图工程量和常用定额项目。

希望读者们通过本书的学习,尽快掌握建筑工程识图与预算的方法,尽快提高预算编制水平,加倍提高工作效率,以在日趋激烈的市场竞争中始终立于不败之地。

张晓钟

初学者学习方法指导

一、识图

看一遍第一章的第二节、第四节、第五节,然后看第六节的示例——住宅施工图,最后看住宅识图讲解,达到会识图。

二、预算

以住宅图为例边学边做,学会预算。

（一）学习第二章第一节中施工图预算的作用、依据、程序步骤,大概了解和认识预算。

（二）学习第二章第二节工程量计算。

1. 学习建筑面积、平整场地的规定及"程序公式",计算住宅楼建筑面积及平整场地的工程量;

2. 学习土石方计算规定及公式;

3. 学习基础部分的砖条形基础并计算住宅基础工程量;

4. 学习混凝土部分,学习基本知识以及圆孔板、现浇板、现浇梁、预制过梁、圈梁、构造柱、楼梯、雨篷、阳台计算"程序公式",并计算住宅楼相应项目工程量;

5. 学习门窗部分的木门窗、铝合金门窗计算"程序公式",并计算住宅楼的门窗的工程量;

6. 学习墙体部分砖外墙、砖内墙计算"程序公式",计算住宅楼墙体工程量及加固钢筋工程量;

7. 学习屋面部分的带挑檐屋顶,计算住宅屋面工程量;

8. 学习楼地面部分,计算住宅楼地面、楼面、散水、台阶工程量;

9. 学习装修部分的顶棚、内墙、外墙抹灰,计算住宅楼的装修工程量;

10. 学习其他工程,计算住宅的楼梯栏杆工程量;

11. 学习技术措施项目,计算住宅脚手架、模板、构件运输安装费、垂直运输费,学习施工组织措施费之一、之二;

12. 看第八节住宅楼预算示例的工程量计算部分,核对自己的计算是否准确并改正。

（三）学习第二章第五节单位工程预算书的编制，将住宅工程量填入预算表。

（四）学习第二章第三节建筑工程预算定额形式、内容及使用，在住宅楼预算表上套定额、计算直接费。

（五）学习第二章第四节的建筑工程费用定额，计算住宅楼的各项取费及工程造价。

（六）看第八节住宅示例，对照审核。

完成住宅预算后，初学者即对预算工作基本入门，并能初步产生兴趣。通过全面学习本书，并找图实践，经过二三个工程的实践，即可达到胜任一般工程的预算工作的目的。

目　录

5

第一章　建筑制图与识图

识图是建筑预算、建筑施工的基础,只有首先学会了识图才能学习预算及施工。故本书从识图讲起。

第一节　常用建筑材料简介

一、水泥

水泥是一种胶结材料。水泥浆不仅能在空气中缓慢硬化,而且能更好地在水中硬化,并继续增长其强度。水泥是水泥砂浆、混凝土制品的主要胶结材料。

水泥的种类包括以硅酸钙为主要成分的水泥熟料加入适量的石膏磨细后制成的硅酸盐水泥、在硅酸盐水泥中加入高炉矿渣的矿渣硅酸盐水泥、在硅酸盐水泥中加入粉煤灰的粉煤灰硅酸盐水泥等。

水泥强度旧标准是用标号表示,即按 GB177－85《水泥胶砂强度检验方法》的规定来划分标号,分为 325 号、425 号、525 号、625 号等。新标准是 GB175－1999《硅酸盐水泥、普通硅酸盐水泥》、GB1344－1999《矿渣硅酸盐水泥、火山灰硅酸盐水泥及粉煤灰硅酸盐水泥》、GB12958－1999《复合硅酸盐水泥》,均引用 GB/T17671－1999 方法为强度的检验方法,不再采用 GB177－85 方法。新标准统一规划了我国水泥的强度等级,以 MPa 表示,使其数值与水泥 28d 抗压强度指标的最低值相同。硅酸盐水泥分 3 个强度等级 6 个类型,即 42.5、42.5R、52.5、52.5R、62.5、62.5R,其他五大水泥也分 3 个等级 6 个类型,即 32.5、32.5R、42.5、42.5R、52.5、52.5R。

二、混凝土

混凝土是由水泥、砂、石(卵石或碎石)、水按着一定的配合比拌制而成。砂称为细骨料,石称为粗骨料。水泥和水组成水泥浆,水泥浆包围在砂的表面形成水泥砂浆。水泥砂浆填充在石子的空隙中包围住石子,随着水泥砂浆的硬化而形成一个石状整体,即为混凝土。

混凝土强度等级是按照立方体抗压强度标准值来确定的。立方体抗压强度标准值系指按照标准方法制作养护的边长为 150mm 的立方体试件在 28d 龄期,用标准试验方法测得的具有 95% 保证率的抗压强度。

混凝土强度等级分为 C7.5、C10、C15、C20、C25、C30、C40、C45、C50、C55、C60 等。C7.5、C10 混凝土为低标号混凝土,一般用于基础垫层和地坪垫层;C15~C30 混凝土为普通混凝土,用于主体构件,如梁、板、柱等;C30 以上的混凝土为高标号混凝土,用于预应力钢筋混凝土梁、板等。

各标号混凝土的配合比是根据计算和试验确定的。各地区建材试验室和各大建材公司的试验站均编有配合比手册供使用。

三、砂浆

砂浆是由胶结材料、砂、水按一定配合比拌制而成。

砂浆按其作用分为砌筑砂浆和抹灰砂浆。砌筑砂浆用于砌筑砖、石和混凝土填缝,使之成为一个整体。抹灰砂浆用于勾缝、找平、抹平和装饰。

砌筑砂浆的标号以其强度(MPa)来表示,砌筑砂浆在砌体中起着传递压力的作用,所以要有一定的抗压强度,常用的砌筑砂浆有 M2.5、M5.0、M7.5、M10。

砂浆还可按配用的胶结材料的不同分类。以水泥为胶结材料的为水泥砂浆,以石灰膏为胶结材料的称石灰砂浆。在水泥砂浆中加入石灰膏的为混合砂浆,即水泥石灰砂浆。

抹灰砂浆没有强度标号的要求,它按水泥、砂的配合比分为 1:2 水泥砂浆、1:2.5 水泥砂浆、1:3 水泥砂浆。

四、木材

木材是建筑三大材料(钢材、木材、水泥)之一,主要用于木门窗、木装修等。

木材按材种分为原木、方材。原木指已经去皮、根和树梢的木料。方材指已经加工成材(方木、板材)的木料。

木材按加工难易程度分为四类。第一类有红松、杉木等,第二类有白松、杉松、杨柳木、椴木等,第三类有水曲柳、黄花松、青松、马尾松、榆木等,第四类有柞木、桦木等。

木材按质量等级分为一等木材、二等木材、三等木材。各类木材出材率见表1-1。

表1-1　河北省建筑用木出材率　　　　　　（％）

树　　　种	一　　等	二　　等	三　　等
红白松原木	79	75	70
落叶松原木	73	70	68
硬杂木原木	68	65	60
软杂木原木	70	67	62
红白松方木	82	78	70
硬杂木方木	82	75	70
软杂木方木	82	77	72

注：出材指加工成预算定额上的成材。

五、砂、石、砖

砂子的颗粒直径在0.15～5.0mm之间,按其粒度分为粗砂、中砂和细砂。

石子有砾石(河卵石)、碎石(大石破碎而成)等之分。石子按其粒径分为5～10mm、5～15mm、5～20mm、5～30mm、5～40mm等级配。定额中混凝土的表示方法"C20-40",意思就是C20混凝土,其粗骨料最大粒径为40mm,用的就是5～40mm的级配石子。

砖按标号分为MU7.5、MU10等,一般工程对标号无具体要求,有的工程则注明要用MU10机制砖。砖的标号以砖的强度表示,MU7.5砖即每平方厘米可承受750N的压力。

六、钢材

钢材是建筑上的主要材料。按轧制的外形可分为型钢和钢筋。

型钢分为角钢(等边角钢、不等边角钢)、槽钢、工字钢、钢板和带钢等,各种型钢均有其各自的表示符号。例如,∟50×5表示等边角钢,两边长均为50mm,翼缘厚度为5mm;∟100×80×8表示不等边角钢,边长分别为100mm和80mm,翼缘厚度为8mm;[10表示槽钢,截面高度为100mm;I18表示工字钢,截面高度为180mm;-40×4表示带钢,40表示宽度(mm),4表示厚度(mm)。

钢筋按轧制外形分为圆钢和螺纹钢;按钢筋级别分为Ⅰ级、Ⅱ级、Ⅲ级等。圆钢经冷拉成细钢筋,称冷拔钢丝(符号ϕ^b)。钢筋或钢丝经预应力加工后则成为预应力钢筋(符号ϕ^L)。各种钢筋的重量、强度、表示符号等指标详见第五章。

第二节 建 筑 制 图

一、制图方法

制图要用国家规定的制图标准和表达方式绘制,包括比例、线型、符号、图例等。

1. 比例

制图要用一定的比例将实物缩小绘制在图纸上。常用的比例有1∶100、1∶150、1∶200、1∶500等。图中比例如注1∶100,说明图比实物缩小了100倍。

2. 线型

建筑工程图的图线线型有实线、虚线、点划线、双点划线、折断线、波浪线等,随用途的不同而反映在图线的粗细关系上,如表1-2所示。

3. 符号

(1)剖切符号。剖面的剖切符号,由剖切位置线、剖视方向线和剖切符号编号组成,均以粗线绘制。剖切位置线绘在剖切的位置上,线长些,剖视方向线垂直于剖切位置线并且长度较短,剖切符号编号注在剖视方向线的端部,如图1-1(a)的1-1剖面。当剖切位置需要转折时,用转折线表示在转折的位置处,如图1-1(a)的2-2剖面。

剖视方向线表示物体被剖切开后透视的方向,如1-1剖面表示向右透视(即向右看)。

表1-2 图线的线型和宽度

名 称	线 型	线宽	一 般 用 途
粗 实 线		b	可见轮廓线 剖面图中被剖着部分的轮廓线、结构图中的钢筋线、建筑物或构筑物的外轮廓线、剖切位置线、地面线、详图符号的圆圈、图纸的图框线、新设计的各种给水管线、总平面图及运输图中的公路或铁路路线等

名　　称	线　　型	线宽	一　般　用　途
中等粗的实　　线	———————	$0.5b$	可见轮廓线 剖面图中未被剖着但仍能看到而需要画出的轮廓线、标注尺寸的尺寸起止45°短划、原有的各种给水管线或循环水管线等
细实线	———————	$0.35b$	尺寸界线、尺寸线、材料的图例线、索引符号的圆圈、引出线、标高符号线、重合断面的轮廓线、较小图形中的中心线等
中等粗的虚　　线	— — — — —	$0.5b$	需要画出的看不到的轮廓线 建筑平面图中运输装置（例如桥式吊车）的外轮廓线、原有的排水管线、拟扩建的建筑工程轮廓线等
粗虚线	— — — —	b	新设计的各种排水管线、总平面及运输图中的地下建筑物或构筑物等
细点划线	——·——·——	$0.35b$	中心线、对称线、定位轴线
细的双点划　　线	——··——··——	$0.35b$	假想轮廓线、成型以前的原始轮廓线
粗点划线	——·——·——	b	结构图中梁或构架的位置线、建筑图中的吊车轨道线、其他特殊构件的位置指示线
折断线	——⋀——⋀——	$0.35b$	不需要画全的断开界线
波浪线	～～～～	$0.35b$	不需要画全的断开界线 构造层次的断开界线
加粗的粗实　　线	━━━━━━	$1.4b$	需要画得更粗的图线，如建筑物或构筑物的地面线、剖切平面位置的线段等

断面的剖切符号，用剖切位置线表示，以粗实线绘制，剖切符号的编号注在剖切位置线的一侧，编号所在的一侧为剖视方向，如图1-1(b)所示。

（2）对称符号。两边对称的图形，有时只需画出一侧图，省略另一侧图，此时则用对称符号表示，如图1-2(a)所示。

（3）索引符号。索引符号有多种表示方法：图1-2(b)表示被索引的图在同一张图上；图1-2(c)表示被索引的图在第二张图上；图1-2(d)表示被索引的图在98J$_1$标准图集的第10页的②号图上。

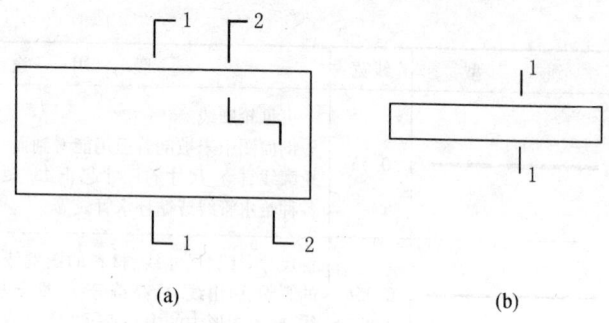

(a)   (b)

图1-1 剖切符号示意图

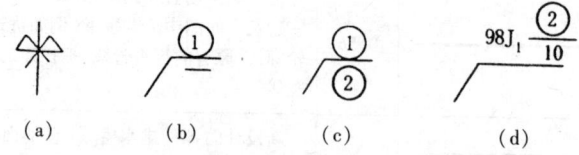

（a）   （b）   （c）   （d）

图1-2 对称符号和索引符号示意图

4.构件代号

如表1-3所示。

表1-3 常用构件代号

名　称	代号	名　称	代号	名　称	代号	名　称	代号
门	M	窗	C	单　梁	L	连　梁	LL
过　梁	GL	圈　梁	Q	地圈梁	DQL	现浇板	B
预制板	YB	地沟板	GB	柱　子	Z	构造柱	GZ
框　架	KJ	基础梁	JL	吊车梁	DL	楼梯梁	TL
基　础	J	雨　篷	YP	预埋件	M	圆孔板	ZB
人型屋面板	WB	槽形板	CB	折　板	ZB	楼梯板	TB
檐口板	YB	吊车走道板	DB	墙　板	QB	天沟板	TGB
屋　架	WJ	托　架	TJ	设备基础	SJ	桩	ZH
天窗架	CJ	刚　架	GJ	支　架	ZJ	柱间支撑	ZC
垂直支撑	CC	水平支撑	SC	钢　梯	T	阳　台	JT
梁　垫	LD						

5.图例

常用建筑材料图例如表1-4所示。

表1-4　常用建筑材料图例

序号	名　称	图　例	说　明
1	自然土壤		包括各种自然土壤
2	夯实土壤		
3	砂、灰土	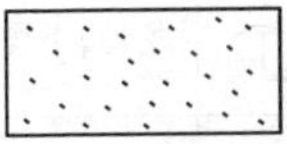	靠近轮廓线点较密的点
4	混　凝　土	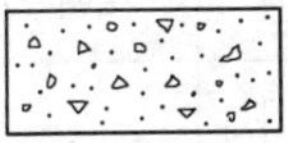	
5	钢筋混凝土	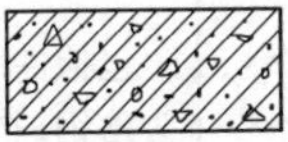	在剖面图中画上钢筋时不再画图例
6	加气混凝土	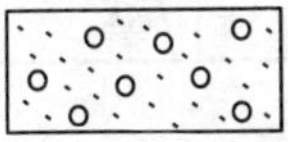	
7	普　通　砖	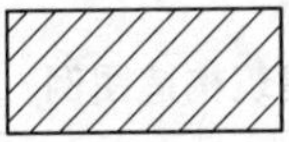	包括砌体、砌块
8	耐　火　砖	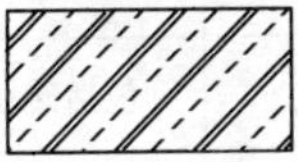	包括耐酸砖等
9	空　心　砖	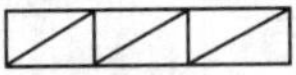	包括各种多孔砖
10	饰　面　砖	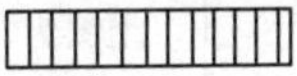	包括铺地砖、陶瓷锦砖、人造大理石等
11	防水材料		构造层次多或绘图比例较大时用上图
12	抹　　灰	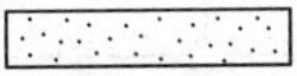	
13	焦渣、矿渣	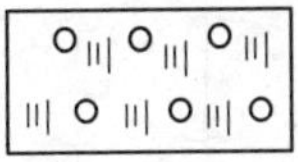	包括与水泥、石灰等混合而成的材料
14	多孔材料	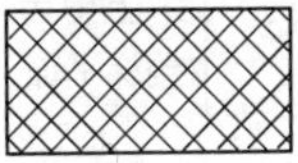	包括水泥珍珠岩、沥青珍珠岩、泡沫塑料、软木等
15	纤维材料	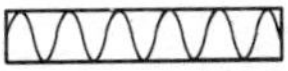	包括麻丝、玻璃棉、矿渣棉、木丝板、纤维板等

序 号	名 称	图 例	说 明
16	松散材料	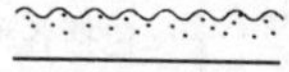	包括木屑、石灰木屑、稻壳等
17	木 材	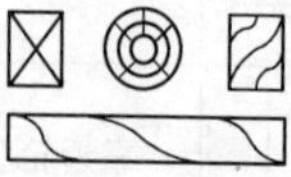	上图为横断面,分别为垫木、木砖、木龙骨,下图为纵断面
18	胶合板	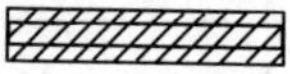	注明几层胶合板
19	石膏板	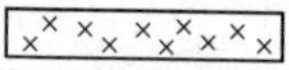	
20	金 属	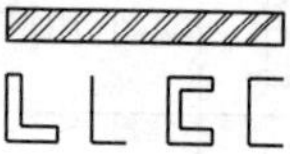	包括各种金属,上图为钢板,下图分别为角钢、槽钢的单线条和双线条表示方法

建筑构造图例如表 1-5 所示。

表 1-5 建筑构造图例

序 号	名 称	图 例	说 明
1	承重墙	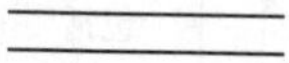	包括砖墙、混凝土墙、砌块墙
2	隔 墙		包括板条抹灰、木板、石膏板、金属材料等隔墙
3	栏 杆	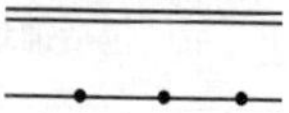	上图为非金属扶手 下图为金属扶手
4	坡 道	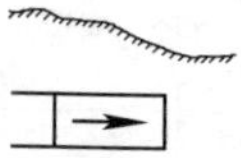	
5	楼 梯	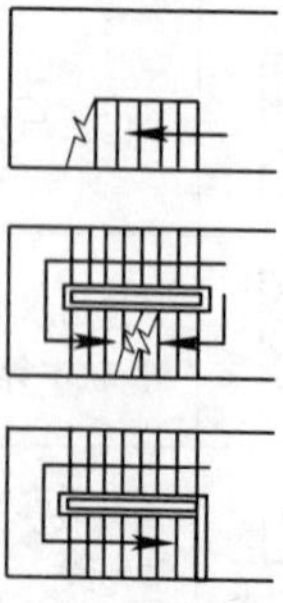	上图为底层楼梯平面,中图为中间层楼梯平面,下图为顶层楼梯平面

序 号	名　称	图　例	说　明
6	检查孔	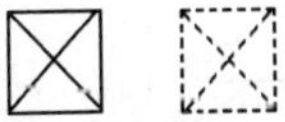	左图为可见检查孔,右图为不可见检查孔
7	孔　洞		
8	坑　槽	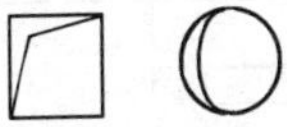	
9	墙预留洞	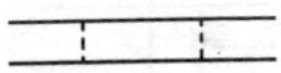	
10	墙预留槽		
11	烟　道	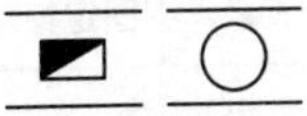	
12	通风道	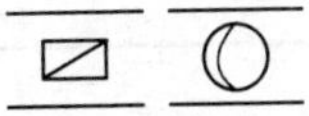	

建筑门窗图例如表1-6所示。

表1-6　建筑门窗图例

序 号	名　称	图　例	说　明
1	单　扇　门		包括平开或单面弹簧门
2	双　扇　门		包括平开或单面弹簧门
3	墙外单扇推拉门		
4	墙外双扇推拉门		
5	墙内单扇推拉门	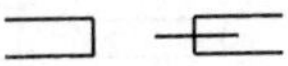	
6	墙内双扇推拉门		
7	单扇双面弹簧门	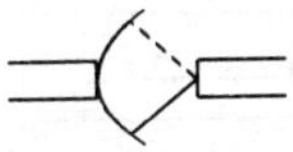	
8	双扇双面弹簧门	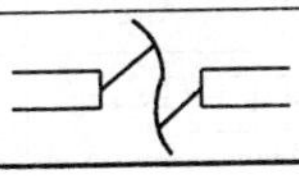	

序 号	名 称	图 例	说 明
9	单扇双层门	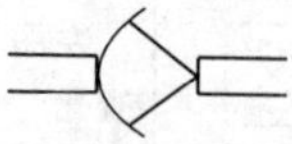	
10	双扇双层门	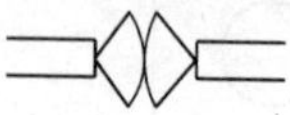	
11	转 门		
12	卷 门		
13	玻 璃 窗	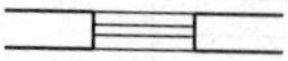	包括平开、上悬、中悬、下悬、立转、固定窗
14	双扇推拉玻璃窗	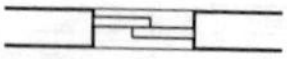	

注：本表所列图例适用于平面图中。

钢筋图例如表 1-7 所示。

表 1-7　钢筋图例

序 号	名 称	图 例	说 明
1	钢筋断面	●	
2	无弯钩钢筋		
3	无弯钩钢筋端部		长短筋重叠时,短筋端部用45°短线表示
4	带半圆形弯钩的钢筋		
5	带直钩的钢筋		
6	带丝扣的钢筋		
7	无弯钩的钢筋搭接		
8	带半圆钩的钢筋搭接		
9	带直钩的钢筋搭接		
10	花篮螺栓搭接	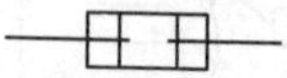	

二、投影原理

建筑图是利用水平正投影原理进行绘制的。水平正投影就是把物体用一束互相平行的光线投影在垂直于光束的投影面上，其特点是光线各束必须平行，光线必须垂直于投影面，这样投影出来的图形的大小、形状才能反映实物。当然施工图还要按一定比例缩小或放大绘制。

1. 点、线、面的投影规律

点的投影还是一个点，如图1-3(a)所示。

图1-3(b)所示为线的投影。直线平行于投影面，其投影是直线，长度和原直线相等；直线倾斜于投影面，其投影仍是一条直线，但长度缩短；直线垂直于投影面，其投影是一个点。

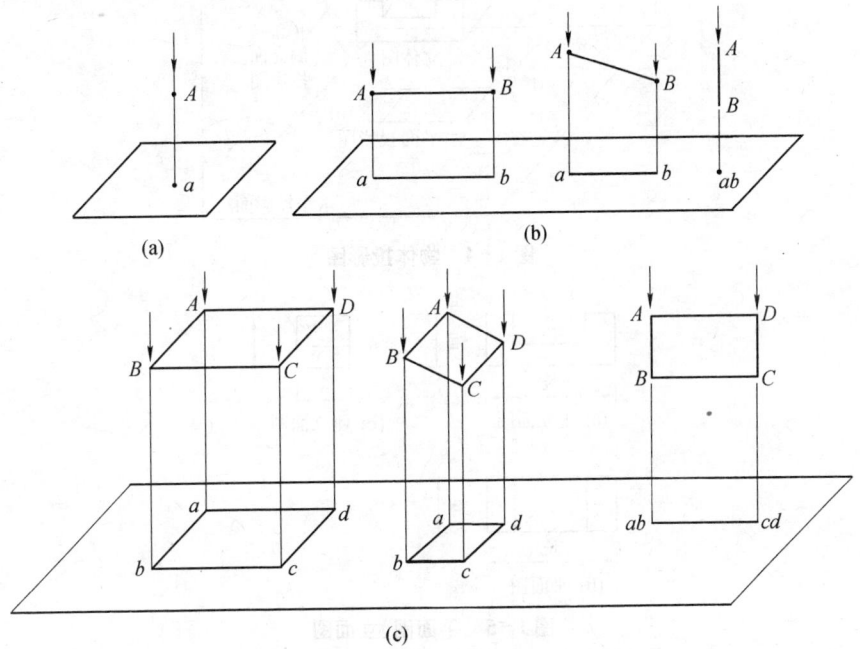

图1-3 点、线、面的投影

图1-3(c)所示为面的投影。当平面平行于投影面时，其投影是反映实形的一个平面；当平面倾斜于投影面时，其投影是缩小了的一个平面；当平面垂直于投影面时，其投影是一条直线。

只有掌握了投影的基本规律才能正确识图。

2. 物体的投影

一个空间物体一般有顶面、正面和侧面三个方向的形状,同时也有三个方向的尺寸(长度、宽度、高度)。利用水平正投影原理将空间物体分别向下投影、向正面投影和向侧面投影,可得出水平投影图、正立面投影图、侧立面投影图(图1-4)。将这互相垂直的投影面展开就得出该物体的平面图、正立面图、侧立面图,如图1-5所示。

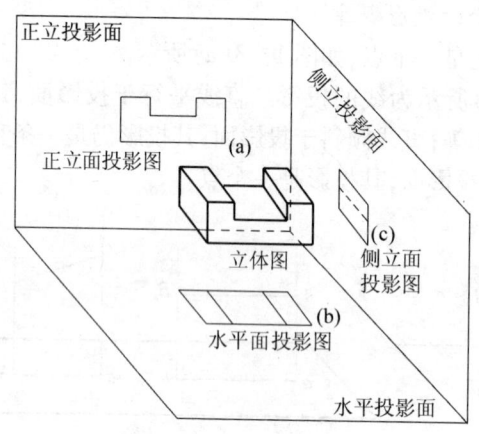

图1-4 物体投影图

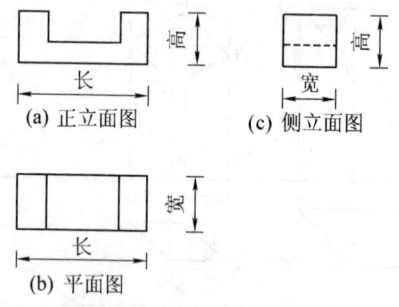

图1-5 平面图、立面图

平面图又叫俯视图(向下看物体),它反映了物体的顶面形状和物体的长度、宽度;正立面图又叫主视图(从正面看物体),它反映了物体的正面形状和物体的长度、高度;侧立面图又叫侧视图(从侧面看物体),它反映了物体的侧面形状和物体的宽度、高度。建筑工程

12

图就是根据这个原理绘制而成的。有了物体的各部分尺寸就可按图施工。

3. 剖面图与断面图

为了反映出物体的内部结构,往往需要绘制它的剖面图或断面图。

剖面图与断面图是假想用一个剖切平面(水平面或垂直面)把物体切开,移去一部分,画出剩余部分的投影图。图中用剖切符号表示出剖切的位置投影的方向及编号(详见前述制图方法部分)。

几种剖面图的类型如图1-6所示。

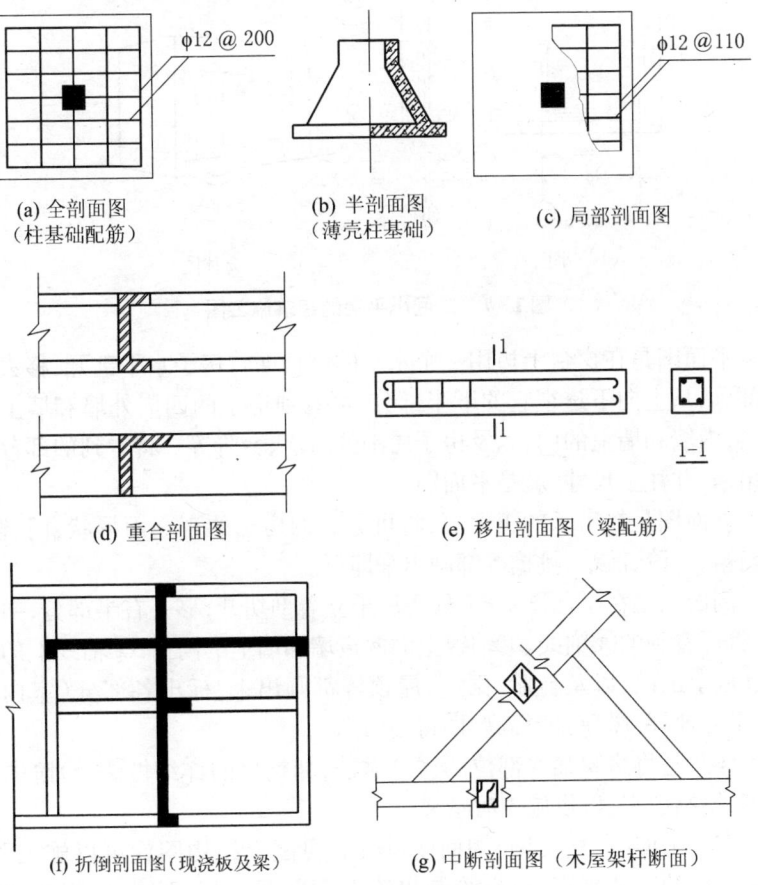

(a) 全剖面图　　　　　　(b) 半剖面图　　　　　(c) 局部剖面图
　(柱基础配筋)　　　　(薄壳柱基础)

(d) 重合剖面图　　　　　(e) 移出剖面图 (梁配筋)

(f) 折倒剖面图(现浇板及梁)　　　(g) 中断剖面图 (木屋架杆断面)

图1-6　几种类型的剖面图

三、房屋平面图、立面图、剖面图

最简单的房屋施工图,包括其平面图、立面图、剖面图、详图。

图 1-7 是二间小平房的建筑施工图示意。

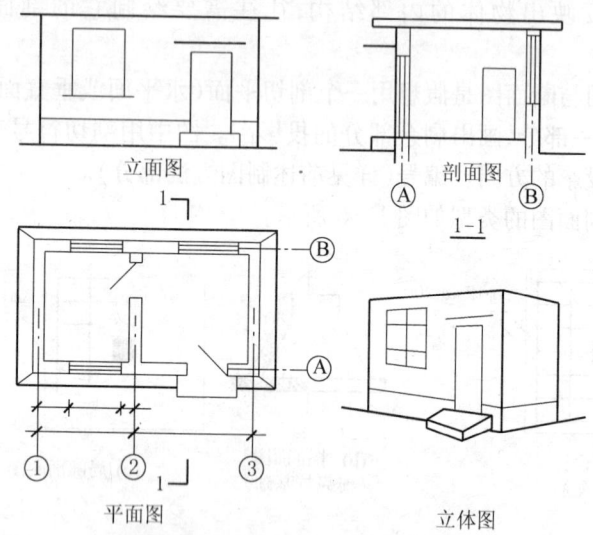

图 1-7 二间小平房的建筑施工图

平面图是在窗台上边用一个水平的剖切面将房子水平剖开,移去上半部分,从上向下透视它的下半部分,可看到房子的四周外墙和墙上的门窗、内墙和墙上的门,以及房子周围的散水、台阶等。将看到的部分都画出来,并注上尺寸,就是平面图。

立面图是在房子的正面看,将可看到的房子的正立面形状、门、窗、外墙裙、台阶、散水、挑檐等都画出来即可。

剖面图是在平面图 1-1 处将房子立着剖切开,移去右半部分,向左看,将可看到的④轴线、⑧轴线上的两道墙和墙上的门窗、②轴线上的内墙和墙上的门,以及台阶、雨篷、屋顶等都画出来,标出各部分(室内地坪、室外地坪、屋顶)的标高,即得剖面图。

详图是将房屋某些部位的详细做法,如檐口的详细做法、台阶的做法等,绘制出来,以供施工时参考。

有了平面图、立面图、剖面图、详图,再配上结构图就可以施工了。根据工程的复杂程度,可以绘制出若干个平面图、立面图、剖面图和详图,以满足施工的要求。

第三节　建筑力学知识简述

建筑物承受着的本身的自重称为静荷载,承受的家具、人流的重量称为活荷载,这些都是垂直向下的力,此外还承受着风力、地震力的作用等。在这些力的作用下房屋要保证安全使用,它的各部分构造就必须要有足够的抵抗这些力的能力。各构件断面大小的选择、钢筋的配用数量、钢筋断面大小及钢筋配置形式等,都是为了使各构件有足够的能力共同保证房屋的安全。为了使读者对力有个初步了解和认识,下面对简支梁、连续梁等的受力情况作简要介绍,以利于识图和施工。

一、简支梁、简支板

简支梁主要承受垂直向下的重量,在向下的力的作用下,它产生向下的弯曲变形,中间变形最大,两边变形逐渐减小直到零。图1-8(a)是它的弯矩图,形状和其变形图大致相同,我们可以简单地理解为弯矩图就是变形图。

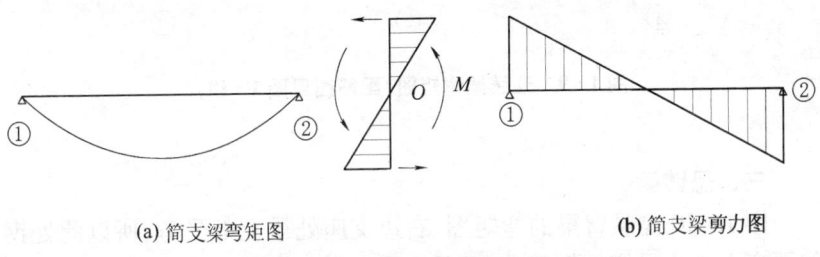

(a) 简支梁弯矩图　　　　　　　　　　　(b) 简支梁剪力图

图1-8　简支梁的弯矩图、剪力图

为了使梁不至于因变形过大而破坏,就要使梁本身的内力大于外力。图1-8(a)中弯矩图的右侧是梁跨中断面的受力情况,字母 O 是梁断面的中心点,中心点上的混凝土承受压力,中心点下的混凝土和钢筋承受拉力(混凝土抗压强度高,钢筋抗拉强度高),这两个力相等。力×力矩 = 弯矩,这就是梁的内力,用$[M]$表示,外力用 M 表示,当$[M] > M$时,梁就不会因变形过大而破坏。因此梁的断面要有一定的高度和宽度,下部要配有足够的受力钢筋。

简支梁除受弯矩作用外,还受剪力的作用,图1-8(b)是它的剪力图。从图中看,梁跨中剪力为0,两端最大。剪力和支座处向上的反作用力仿佛形成一把剪刀要把梁剪坏,而混凝土和钢筋则承受剪力。当梁较长时,常将下部的受力筋在端部弯上去,以让其承受剪力,因为梁下部的受力筋是根据跨中最大弯矩设计的,到了跨端已经用不着那么多钢筋了,弯上去正好让其承受剪力,这种钢筋常称为弯起筋。

简支板(即两端有支承的板)可以理解为是由若干根梁拼成的,故板的受力情况与梁一样。

二、连续梁

有三个以上支点的梁叫连续梁。图1-9为两跨连续梁的弯矩图,在中间支座处梁上部受拉弯曲,这时的弯矩称为负弯矩。为了不让梁上部弯曲过大而在此处破坏,就必须在此处梁的上部配受力筋。一种办法是将下边的受力筋在此处弯上去,另一种办法是在上边另增加钢筋,使此处下部分混凝土和上部分受力筋产生的弯矩大于此处的外力弯矩。

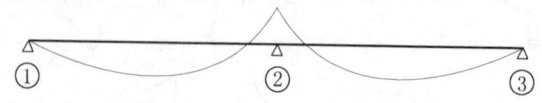

图1-9 连续梁弯矩图(配筋图见图1-18)

三、悬臂梁

图1-10是悬臂梁的弯矩图,右边支座处梁上部受弯,所以此处钢筋要弯上去或另增加钢筋。

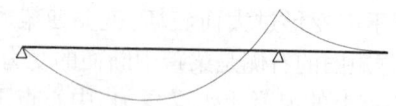

图1-10 悬臂梁弯矩图(配筋图见图1-19)

四、雨篷、阳台

它们的弯矩图也显示其支座处上部受弯,所以钢筋要放在雨篷和阳台板的上半部。

五、柱、框架

柱是压弯构件,在压力的作用下产生弯曲变形。为了防止压弯破坏,要求其除有一定的断面积外,也要配受力筋以承受弯矩和压力。

图1-11是框架的弯矩、剪力图,比较复杂,梁和柱子形成一个整体,共同承受外力。它不是单纯梁的受力,也不是单纯柱的受力,而是梁、柱共同受力。

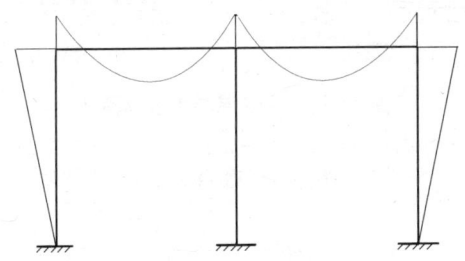

图1-11 框架弯矩、剪力图

第四节 建筑构造

任何房屋都是由基础、墙体、门窗、钢筋混凝土构件、屋面、楼地面、装饰及其他部件组成的。

一、基础

常用的基础有条形基础(砖基础和钢筋混凝土基础)、满堂基础、桩基础、箱形基础等。基础的作用是把墙或柱子传下来的荷载(重量)传到地基(即基础下边的土)上去。

1. 条形基础

条形基础包括砖条形基础和钢筋混凝土条形基础两种。

砖条形基础由灰土垫层、砖基础、地圈梁、防潮层等组成,如图1-12所示。

钢筋混凝土条形基础由素混凝土垫层、钢筋混凝土基础、砖基础、地圈梁、防潮层等组成。钢筋混凝土条形基础有梁式和无梁式两种,如

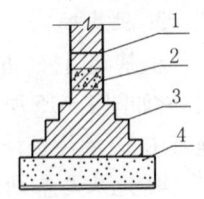

图1-12 砖条形基础

1—防潮层;2—地圈梁;
3—砖基础;4—灰土垫层

图 1 - 13 所示。

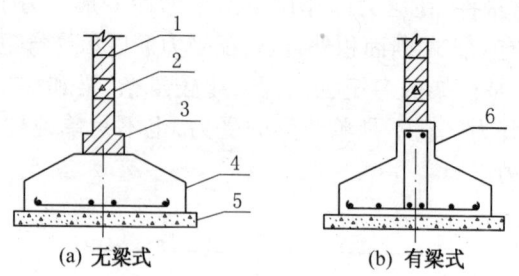

(a) 无梁式　　　　　　　　(b) 有梁式

图 1 - 13　钢筋混凝土条形基础

1—防潮层；2—地圈梁；3—砖基础；4—钢筋混凝土基础；

5—混凝土垫层；6—钢筋混凝土条形基础梁

2. 满堂基础

满堂基础由 C10 素混凝土垫层、满堂钢筋混凝土基础组成。上部还要有砖基础、地圈梁、防潮层等。满堂钢筋混凝土基础也有无梁式和有梁式之分，如图 1 - 14 所示。

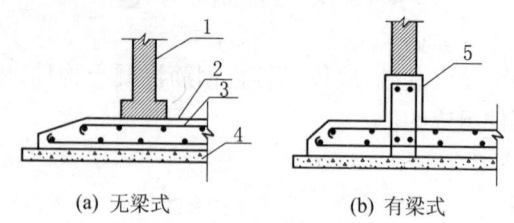

(a) 无梁式　　　　　　　　(b) 有梁式

图 1 - 14　满堂基础

1—砖基础；2—满堂基础底板；3—底板上的上、下钢筋网；

4—混凝土垫层；5—满堂基础梁

3. 桩基础

桩基础由桩(方桩或圆桩)、桩承台组成，其上是砖基础、地圈梁、防潮层等，如图 1 - 15 所示。桩分预制桩和灌注桩两种。预制桩用打桩机打到地基中去；灌注桩是用钻孔机钻孔，然后灌混凝土或其他材料而制成。

4. 地基与基础的受力情况简述

建筑物下的土层叫作地基。地基承受重量的能力叫承载力，用符号 $[R]$ 表示，它是基础设计的主要依据。建筑物通过承重墙或柱子传下来的重量(力)称为荷载，用 N 表示。为了保证基础的稳定，则必须满足

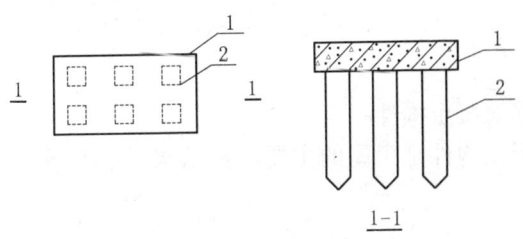

图1-15 桩基础

1—桩承台；2—钢筋混凝土桩

[R] > N,用这个原理选择基础的形式和基础的宽度。

基础形式有刚性基础(砖、石灰土基础)、板式基础(钢筋混凝土基础)、筏形基础(满堂基础)、桩基础等。

建筑物力的向下传递是在45°角以内进行的,45°角以外无力。刚性基础是由抗压强度高,抗弯、抗拉强度低的材料组成的,所以基础的宽度不能超过45°角线,否则要加深基础,这样不经济。刚性基础适用于五层楼以下的建筑。

板式基础是由混凝土和钢筋组成的,抗弯、抗拉强度高,基础宽度不受45°角的限制,所以五层以上建筑常用。

筏形基础是由混凝土和钢筋组成一个类似于水中的筏子的基础,所以常用于地基承载能力较低和有地下室的建筑。

桩基础则是当地基土层较为软弱,用以上几种浅基础不经济时采用。桩基础由桩和桩承台组成,力通过承台和桩传到下层地基上去。

二、墙体

墙体起承重、分隔和围护作用,所以有承重墙和非承重墙之分。由墙体所用材料不同,墙体又分为砖墙、砌块墙(加气砌块)、钢筋混凝土墙和各种轻质保温墙等。

三、门、窗

门、窗的作用是采光、通风和出入。常用的有木门窗、钢门窗、铝合金门窗、塑钢门窗、铝合金卷帘门、厂库房大门等。木门窗和钢门窗造价较低,但因木材资源紧张,钢门窗封闭不严,故不提倡采用。一般民用建筑多用塑钢窗、木门和铝合金门窗。工业厂房多用钢窗、木木大门和钢板大门。

四、钢筋混凝土构件

钢筋混凝土构件是房屋的主要承重结构,如梁、板、柱、框架、阳台、雨篷、楼梯等。

1. 梁

按作用和使用部位划分,梁分为基础梁、简支梁、连续梁、门窗过梁、圈梁等;按制作方法分现浇和预制梁两种;按断面形状分矩形梁和异形梁,见图1-16。

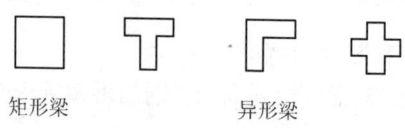

矩形梁　　　　异形梁

图1-16　梁的断面形状

（1）基础梁。它支撑在柱子基础上,梁上砌砖墙以代替墙的基础,承受墙的重量,一般用于工业厂房。

（2）简支梁。它有两个支承点,它在梁板结构中承受楼板的重量,如图1-17所示。图中有L-1、L-2两根梁。梁L-1示意图中,左边为梁的纵剖面图,右边为梁的横断面图,①号筋为两根直径为12mm的Ⅰ级钢筋,②号筋是两根直径为20mm的Ⅱ级钢筋。箍筋直径是6mm,间距200mm。梁L-2配有四种钢筋,③号筋为弯起筋,在梁端从梁下部弯到上部,用于承受支座负弯矩。

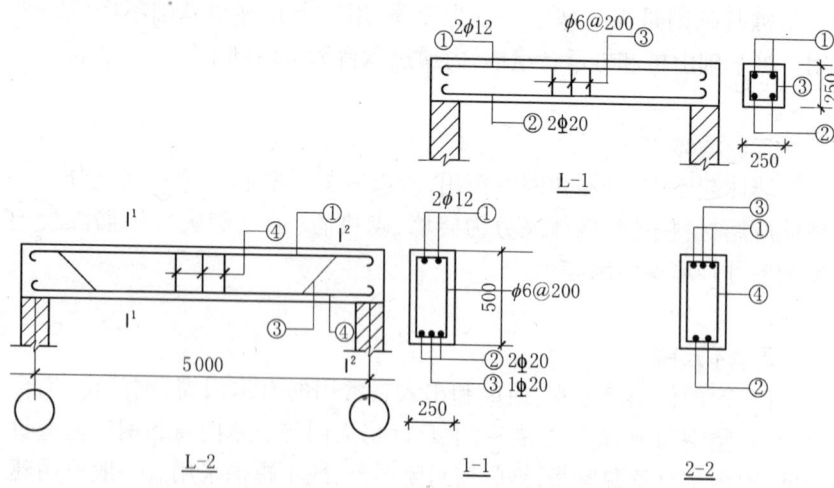

图1-17　简支梁配筋图

（3）连续梁。它有三个以上的支承点，见图 1－18。图中左边是纵剖面图，右边是横断面 1－1 和 2－2。从纵剖面图可看出①号筋为 $2\phi12mm$，②号筋为 $2\phi20mm$，③号筋为 $1\phi22mm$（在两端支座处弯上去了），⑤号筋是在中间支座上加的 $2\phi16mm$，是抵抗负弯矩的附加筋，④号筋为箍筋。

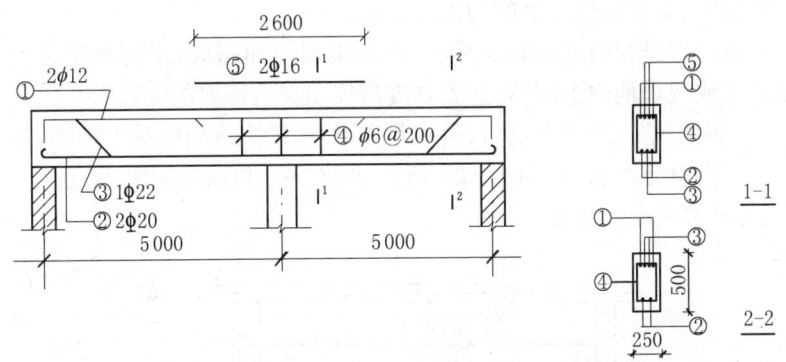

图 1－18　连续梁配筋图

（4）悬臂梁。梁一端或两端悬在支座之外，见图 1－19。图中上图为纵剖面图，下图为两个不同部位的横断面图。从纵剖面图和 1－1 断面可看到，梁下部配有②号筋 $2\phi20mm$，③号筋 $1\phi22mm$ 在支座

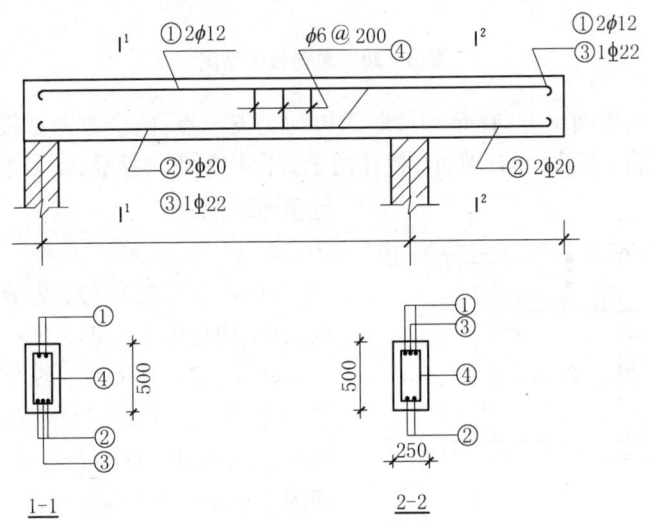

图 1－19　悬臂梁配筋图

处弯到了上部,从2-2断面也可看到③号筋在上部,用于抵抗悬臂部分的负弯矩。

2. 板

板按制作方法分现浇板和预制板;按受力情况分单向受力板和双向受力板;按支承情况分支承在墙上的为平板、支承在梁上或板中带梁的为有梁板、支承在柱子上的为无梁板。

现浇板是在板的位置支模板、浇灌混凝土而制成;预制板是在预制加工厂或现场地面上制作,达到强度后安装在所需要的位置上。

单向板是一个方向受力,两边是支承点,受力方向配受力钢筋,在另一个方向设分布筋,如图1-20所示,板在Ⓐ、Ⓑ轴方向受力,配主筋,①、②轴方向配分布筋。

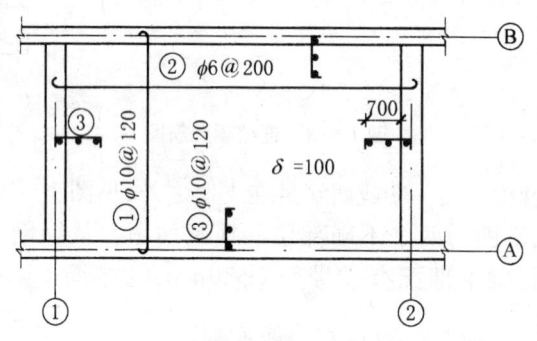

图1-20 单向板配筋图

双向板两个方向都受力,即四边均是支承点,两个方向都按受力情况配钢筋,如图1-21所示,板在两个方向均配受力钢筋,③号筋为支座处负弯矩筋。

3. 柱

柱承受梁的重量,是梁的支承点,其结构见图1-22。

图1-22为某柱的纵剖面图和横断面图。纵剖面图可反映出柱的高度、主筋形状、箍筋布置情况;横断面图可反映出柱的断面尺寸、主筋的根数等。柱主筋为四根直径为20mm

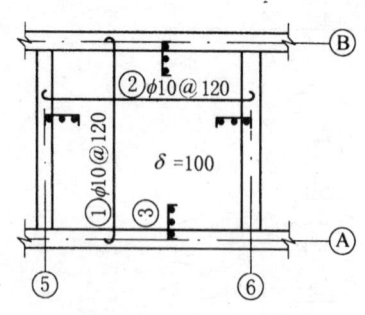

图1-21 双向板配筋图

22

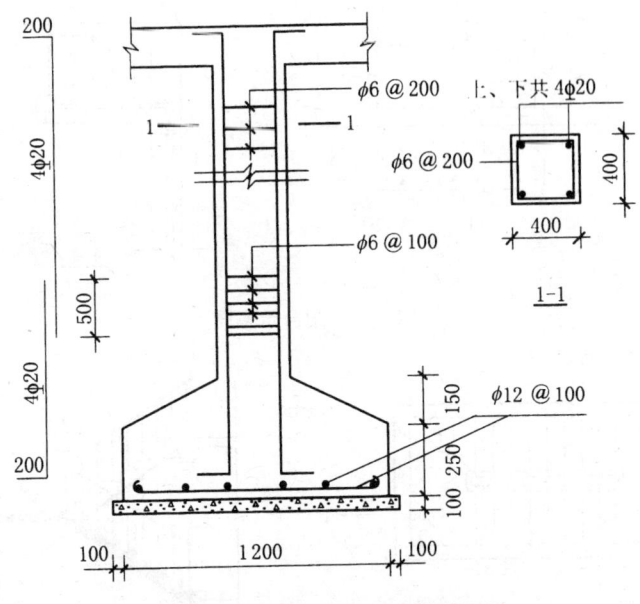

图 1 - 22 某柱纵剖面图和横断面图

的Ⅱ级钢筋,箍筋为直径6mm、间距200mm的Ⅰ级钢筋。柱基配筋双向均为 $\phi 12mm@ 100mm$。

在砌体结构中,构造柱不承受重量,它是根据抗震构造的要求设置在墙体内的柱子,起加强墙体整体性的作用。

4. 框架

框架由框架梁和框架柱组成,梁、柱的钢筋互相穿插,现浇成框架整体,见图1 - 23。

5. 阳台

阳台主要由阳台板、挑梁(NL - 2)和过梁(NL - 1)组成,另有栏杆、扶手等,见图1 - 24。

6. 楼梯

楼梯由楼梯踏步板、休息平台、楼梯梁、基础和楼梯栏杆组成,如图1 - 25所示。

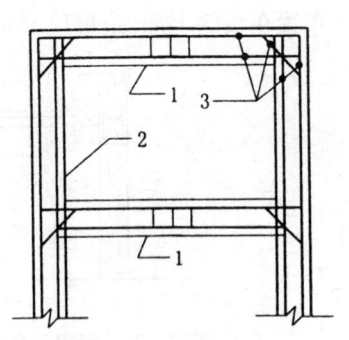

图 1 - 23 框架示意图

1—框架梁;2—框架柱;
3—梁、柱内钢筋

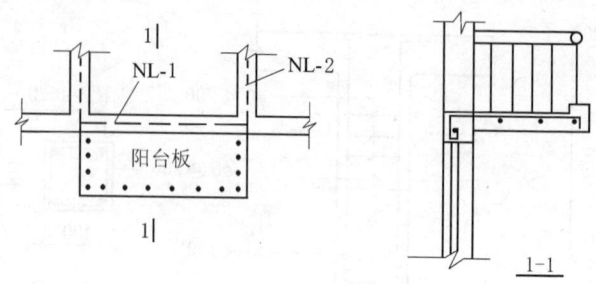

图 1-24　阳台示意图

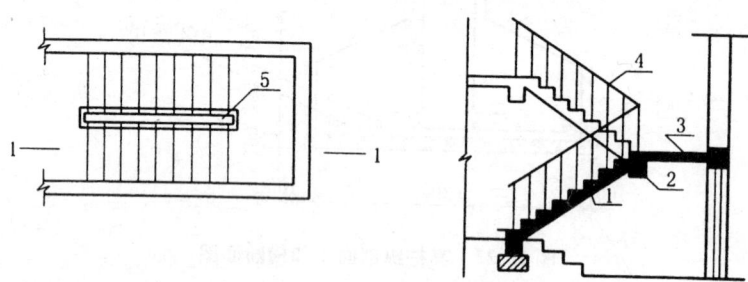

图 1-25　楼梯示意图

1—踏步板；2—楼梯梁；3—休息平台；4—栏杆；5—楼梯井

7. 雨篷

雨篷由过梁和板组成,如图 1-26 所示。雨篷板为悬挑式,板主筋布置在板的上部,距板顶 15mm。

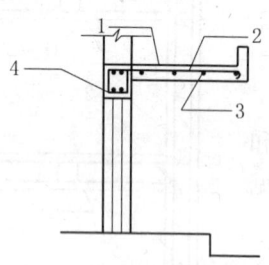

图 1-26　雨篷示意图

1—雨篷；2—雨篷主筋；
3—分布筋；4—过梁

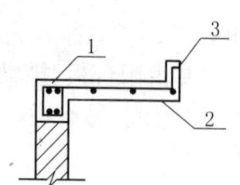

图 1-27　圈梁、挑檐、栏板示意图

1—圈梁；2—挑檐；
3—栏板

8. 圈梁、挑檐和栏板

房屋建筑一般在屋顶设置圈梁、挑檐和栏板,见图1-27。挑檐为悬挑式构件,其配筋方法基本同雨篷。

五、屋面、楼面、地面、散水、台阶、坡道

1. 屋面

屋面由保温层、找平层、防水层和排水系统组成。保温层常用炉渣、加气混凝土等。防水层一般做法为三毡四油一砂或用防水涂料等。排水系统由出水口和落水管组成。屋面示意图见图1-28。

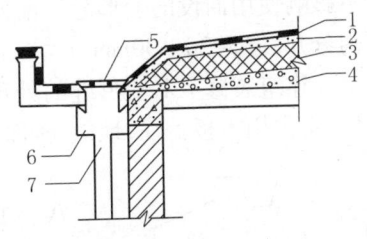

图1-28 屋面示意图

1—油毡;2—找平层;3—保温层;
4—屋面找坡层;5—出水口;
6—落水斗;7—落水管

2. 地面

地面由垫层、结构层、面层组成。垫层常用2:8灰土、碎砖三合土等;结构层常用C15混凝土浇筑成;面层的做法有整体面层和块料面层等。整体面层做法有水泥砂浆抹面、水磨石面、细石混凝土随浇筑随抹光等。块料面层做法有水磨石板、地面砖、马赛克等。

3. 楼面

楼面无垫层和结构层,一般只做面层,其面层做法基本同地面。

4. 散水

散水是室外地坪处、外墙周围的排水坡。常用做法有砖铺散水、混凝土散水。混凝土散水一般要做2:8灰土垫层。

5. 台阶

从室外到室内,常做台阶,其做法有砖台阶、混凝土台阶等。台阶上抹面或贴面,有多种做法。

6. 坡道

从室外到室内,有时不做成台阶形状,而是做成斜坡形状,称为坡道。坡道有平坡道和蹉磋坡道(防滑坡道)两种。

六、装修工程

装修工程包括墙外装饰(抹面、贴瓷砖等)、墙内装饰(抹灰、贴瓷

砖、贴壁纸等)、顶棚装饰(抹灰、贴壁纸、吊顶等)、室内粉刷(刷可赛银、仿瓷涂料、内墙涂料等)。

七、变形缝

变形缝有三种:第一种是伸缩缝,是为了防止由于建筑物过长而受冷热变化使墙体产生裂缝;第二种是抗震缝,是为了抵抗地震的破坏而设的变形缝;第三种是沉降缝,是为了使建筑物能够自由沉降而不破坏、不影响使用而设的变形缝。前两种变形缝把墙体、楼板、屋顶等上部结构分开,缝宽 20 ~ 30mm。

建筑装修上对变形缝的处理方法是:墙里面填材料,外面用铁皮盖住,室内用木板盖住,地面、楼面、屋面也要进行处理。

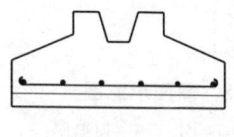

图 1 - 29　杯形基础示意图

八、工业厂房常用构件

工业厂房一般采用预制装配式结构,其组成包括以下几部分。

1. 基础

常用现浇杯形基础,见图 1 - 29。

2. 预制柱

预制柱按截面形状分,有矩形截面柱、工字形截面柱、双肢柱、桁架柱等,见图 1 - 30。

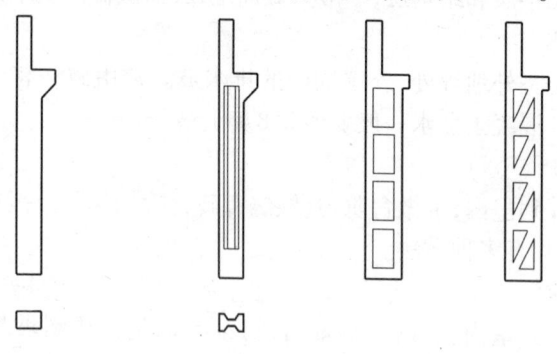

(a) 矩形截面柱　(b) 工字形截面柱　(c) 双肢柱　(d) 桁架柱

图 1 - 30　预制柱示意图

3. 屋面系统

屋面系统由屋面梁和屋面板组成。屋面梁包括薄膜屋面梁、折线形

26

屋架和拱形屋架。屋面板有大型屋面板、折板等,见图1-31。

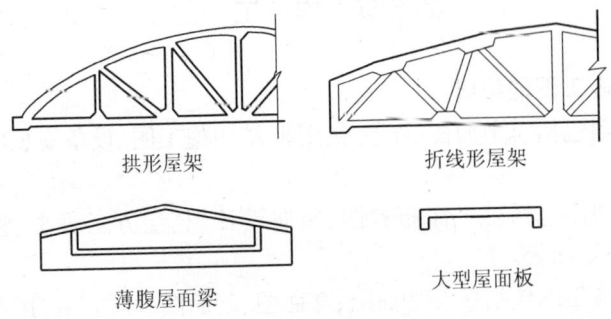

拱形屋架   折线形屋架

薄腹屋面梁   大型屋面板

图1-31 屋面系统示意图

4. 天窗系统

天窗系统由天窗架、侧板、端头壁板等组成,见图1-32。

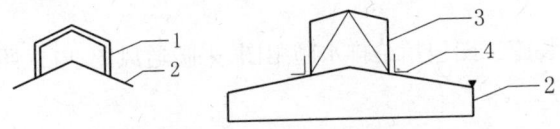

图1-32 天窗系统示意图

1—天窗端头壁板;2—屋架;3—天窗架;4—天窗侧板

5. 支撑系统

支撑系统由柱间支撑(分平支撑和垂直支撑两种,如图1-33所示)、屋架剪刀支撑、天窗支撑等组成。

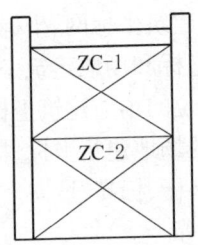

图1-33 柱间支撑示意图

6. 吊车系统

吊车系统由吊车梁、轨道、轨道连接、车挡等组成。

7. 门樘、门窗、墙体等

门樘是指门洞处的过梁和柱子的统称。

第五节 施 工 图

一、施工图的组成

施工图包括总平面图、建筑施工图、结构施工图、设备安装施工图四部分。

总平面图包括总平面布置图、竖向设计图、土方工程图、管网布置图、绿化布置图等。

建筑施工图包括各层平面图、立面图、剖面图、详图和选用的标准图集等。

结构施工图包括基础平面图、基础详图、楼板结构布置图、钢筋混凝土构件详图、钢结构详图、木结构详图、节点构造详图和选用的结构构件图集等。

设备安装施工图包括给排水施工图、采暖通风图、电气照明图、弱电图、动力图等。

二、总平面图

一个厂区的总平面图包括总平面布置图、竖向设计图、土方工程图、管网布置图、绿化布置图等。在这里我们主要介绍和学习总平面布置图。

总平面布置图包括以下内容：

（1）城市坐标网、场地建筑坐标网、坐标值。

（2）场地四界的城市坐标和场地建筑坐标。

（3）建筑物、构筑物定位的场地建筑坐标、名称、室内标高、层数。

（4）道路、铁路、明沟的场地建筑坐标、标高、坡度等。

（5）地下管网的建筑坐标、标高、坡向。

（6）指北针、风玫瑰图等。

图1-34是一个较简单的厂区的总平面布置图。编号1是新建办公楼,中间5层,两侧均有4层,为了显明,用粗线条绘制;编号2是原有的4层办公楼,用细线条绘制;编号3是规划拟建的4层楼房,用虚线条绘制;编号4是指北针,其尖部指向为北;编号5是风玫瑰图,外周折线表示吹向中心点的风向频率;标高56.1、56.2是场区室外原有标高和设

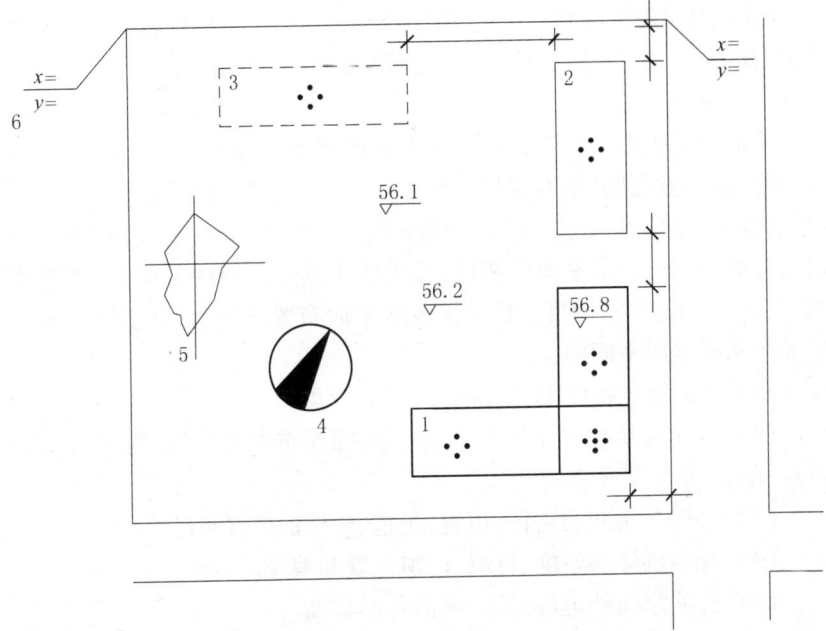

图1-34 总平面布置示意图

1—在建建筑；2—原有建筑；3—规划建筑；
4—指北针；5—风玫瑰图；6—坐标

计标高；$\dfrac{x=}{y=}$ 表示该点的坐标值，即相对于城市某坐标网点的 x、y 方向的值(单位：m)。

三、单项工程的建筑施工图

一栋建筑物即一个单项工程，它的建筑施工图包括首页、平面图、立面图、剖面图、详图大样等，详见图1-35(三层住宅楼)。

1. 首页

建筑施工图的首页包括以下内容：

(1) 说明设计依据。设计规模或建筑平面；相对标高与总平面图绝对标高之间的关系；砖标号要求及砂浆标号要求等。

(2) 用列表的方式表明门窗的类型、数量、洞口尺寸和所选用的标准图号。

（3）用列表和说明的形式表明工程做法及所选用的标准图号(分地面、楼面、屋面、散水、台阶、墙面、顶棚、装饰、窗帘盒等项目)。

2. 建筑平面图

平面图是在窗台上边将房子水平剖切开,向下看而绘制出的建筑物的轮廓线。剖切到的地方用粗实线表示,未剖切到而能看到的地方(如门、窗等)用细实线表示。建筑物各层绘一个建筑平面图,当有相同层时可省略,如二、三层平面图相同,只需绘出其中一层的平面图,图下注明"二、三层平面图"即可。住宅楼各层平面布置相同时,只需绘制底层平面图和标准层平面图。

建筑平面图包括以下内容:

（1）表明建筑物的平面形状、尺寸、轴线布置与编号,散水、台阶、雨篷、阳台、落水管位置等。

（2）注明各房间的名称、位置,走道、楼梯的位置和尺寸。

（3）标明墙体的厚度、材料,门窗位置和编号。

（4）标明室内外地坪标高、楼面各层标高。

（5）标明剖面图的剖切位置、编号,详图和通用构件编号。

（6）平面图一般有三道尺寸线。第一道为房屋总长和总宽尺寸线,第二道为轴线间距尺寸线,第三道为门、窗长与轴线的关系距离尺寸线。

3. 建筑立面图

立面图就是建筑物的正立面投影图和其他立面投影图。

立面图包括以下内容:

（1）表示出建筑物的前后、左右立面及门、窗的外貌形状。

（2）表示出外墙面装修做法。

（3）表示出阳台、雨篷、台阶、散水、花台、花池、落水管和室外扶梯等。

4. 建筑剖面图

剖面图,应根据建筑物的复杂程度绘制一个或数个,以能反映清楚其构造、满足施工要求为目的。

剖面图包括以下内容:

（1）表示出墙、柱、轴线和轴线编号。

（2）表示出室外地面、室内地面、各层楼板、挑檐、女儿墙、门、窗、圈梁、过梁、梁、楼梯、阳台、雨篷、台阶、坡道、散水、落水管等。

（3）表示出高度尺寸，如门、窗、洞口高度，层间高度，总高度等。

（4）表示出标高，包括底层标高（一般定为±0.00），相对±0.00的室外地坪标高，各层楼面及楼梯平台标高，高出屋面的水箱间、楼梯间标高等。

5. 建筑详图

详图能够详细表达建筑物局部构造情况，如外墙剖面大样、楼梯间详图、厕所间详图、门窗详图等。

6. 建筑标准图

对于标准做法、标准构件，设计人员一般不再另外绘图，只注明选用标准图的名称、页数。如楼地面、屋面、装饰做法列表选用 $05J1 \dfrac{×}{××}$，

$05J1$ 是标准图名称，$\dfrac{×}{××}$ 分母是页数，分子是做法号或图号。

现行通用的 05 系列建筑标准设计图集内容列举如下，供参考。

05J1 工程做法：地下工程及水池防水、楼地面、内外墙面、墙裙及踢脚、顶棚、涂料与刷浆、散水、台阶及坡道、道路。

05J2 地下工程防水：混凝土防水、卷材防水、水泥砂浆防水、涂料防水、金属防水、辅助降（排）水、地下工程防潮。

05J3 外墙保温及墙体做法：外墙外保温、外墙内保温、外墙夹芯保温、加气混凝土砌块墙、钢丝网架水泥聚苯乙烯夹芯板墙、轻质内隔墙。

05J4 门窗图集：塑料、铝合金门窗；木门窗；防火门、安全门等专用门窗。

05J5 屋面做法：平（坡）屋面防水、排水等构造做法。

05J6 外装修：勒脚、角饰、窗套、门头、雨棚、凸窗。

05J7 内装修：踢脚、墙裙、各种墙面饰品、隔断、楼地面变形缝、室内常用配件、吊顶。

05J8 楼梯：室内外楼梯栏杆、扶手、防滑条及屋面上人梯。

四、单项工程的结构施工图

结构施工图包括说明、基础施工图、各层楼板结构平面布置图及构件详图。

1. 说明

说明砌体的砂浆标号、构件的混凝土标号、标准构件选用的标

准图等。

2. 基础施工图

包括基础平面图、基础剖面图(详图)。

(1) 基础平面图。主要表示出各段墙下的基础做法,标明基础编号;表示出墙体的外轮廓线,基础垫层的外轮廓线,地圈梁的设置位置编号,暖气沟、沟盖板、检查口、沟过梁的位置等。

(2) 基础剖面图。主要表示出基础的埋深,垫层宽度、厚度,砖基础大放脚,地圈梁、防潮层位置,地圈梁断面尺寸和配筋等。

3. 楼板结构图

包括各层楼板结构布置图、各构配件详图。

(1) 各层楼板布置图。表示出现浇楼板的编号、板厚、配筋;预制板的布置编号;梁、柱、圈梁、过梁的位置和编号。

(2) 详图。表示出构件的详细构造。楼梯详图表示出各部分尺寸和配筋。阳台详图表示出阳台板、过梁、挑梁的尺寸和配筋。柱、梁、板详图表示出长、高、宽断面尺寸和配筋。此外还有圈梁、挑檐、过梁、雨篷等的详图。

(3) 结构标准图。一些标准构件,如圆孔空心板、预制过梁、工业建筑的吊车梁、屋架、天窗架等,设计人员均不再另行绘制结构图,而是选用标准图,注明标准图名称、页数、图号就可以了。有的在结构说明中交待。

单项工程的设备安装(水、暖、电)施工图将在第三章中讲述。

五、单项工程的施工图设计文件

一幢楼房的施工图设计文件包括如下内容。

1. 目录

2. 首页

包括设计说明、门窗表、工程做法表等。

(1) 设计说明。建筑说明主要说明设计依据,建筑物功能和图纸中无法交待清楚的问题等。

结构说明主要说明基础设计的地质资料、地耐力(即地基承受压力的能力)、各种构件的混凝土标号、砌体的砂浆标号、材料的标号要求等,以及图纸中无法交待清楚的问题等。

（2）门窗做法表。用列表的形式说明各种门、窗的型号或代号,选用的标准图集名称,门、窗所在的页数、图号等。

（3）工程做法表。用列表的形式说明各部位的具体做法或选用的标准图集名称,该做法所在页数、编号等。做法包括地面、楼面、屋面的做法,台阶、散水、花池的做法,内墙面、外墙面、柱面、室内吊顶或天棚抹灰的做法,门窗油漆的做法等。

3. 建筑施工图

包括总平面图,底层平面图,标准层平面图,屋顶平面图,立面图（正立面图、背立面图、侧立面图）,剖面图,楼梯间平面图、剖面图,构件详图,选用的标准图（如水池、窗帘盒、垃圾箱、垃圾门、倒灰门等的标准做法）。

4. 结构施工图

包括基础平面图,基础详图（断面图）,标准层楼板平面布置图,顶层楼板平面布置图,楼梯结构平面图、剖面图、配筋图,构件详图（梁、现浇板、圈梁、柱、挑檐、雨篷等的详图）,选用的标准图（预制板、预制过梁、地沟盖板、地沟过梁以及工业厂房的梁、板、柱、吊车梁、天窗、架等选用的标准图号和选用的构件编号）。

5. 给排水施工图

包括平面图、系统图、设备表（以列表形式表明设备名称、图例、代号、规格等）、说明等。

6. 采暖施工图

包括顶层平面图、底层平面图、系统图、说明等。

7. 煤气施工图及说明

8. 电气照明施工图

包括各层平面图、系统图、电器表（以列表形式表明电器名称、图例、符号、规格、型号等）。

第六节 识图方法

建筑识图总的原则是:先看建筑图,后看结构图;先看说明,后看图;先看整体图,后看局部图和详图。遇到复杂的图,要建筑图与结构图对照看,整体图与详图对照看,图纸与实际（头脑中的模型）想象着看。

一、总平面图

对于总平面图，要看懂各建筑物在平面图中的位置、形状、层数，建筑物与周围道路及相邻建筑物的距离，室外自然地坪标高，室外设计地坪标高，以达到建筑物定位、放线的目的。

二、单项工程施工图

包括以下内容：

（1）首页及说明。要弄清墙体厚度、墙体所用材料等有关说明。对门窗表，要看清门窗型号、数量、洞口尺寸、所选用的标准图。对工程做法表，要搞清屋面、楼地面、墙面、天棚、台阶、散水的做法和所选用的标准图。

（2）平面图。要看清各层平面形状、轴线、开间、进深、建筑物总长和总宽，门窗位置和宽度、门窗和轴线间关系，房间布置、墙体布置、墙体厚度和所用材料，台阶、散水的长、宽，落水管位置和个数。看平面图时，要对照剖面图和详图看。

（3）立面图。要看懂各立面的形状、外墙面的装饰做法等。

（4）剖面图。首先应看清剖切的位置，然后看懂建筑物的层数、层高、各层标高、室内外高度差、各主要部位标高、门窗的高度等。

（5）详图。应看懂各详图（如楼梯、阳台、厕所、外墙剖面等的详图）中的尺寸和做法。还应看清详图在平面图上的位置。

（6）基础图。应看懂基础平面图上各段基础的做法、种类、编号（或剖切号）、地图梁的布置等，看懂各种基础详图的基底标高、垫层宽度、各部分详细尺寸等。

（7）楼板结构图。应看懂各层楼顶的梁、板、柱、过梁、圈梁、阳台、楼梯、雨篷等的布置及板面标高。

（8）结构详图。应看懂梁、板、柱、圈梁、阳台、楼梯、雨篷的设置位置、详细尺寸和配筋根数、直径等。

（9）结构说明。应看清混凝土标号、砂浆标号、砖强度等级、标准件（如预制过梁、圆孔板等）所选用的标准图号等。

三、建筑工程识图示例——三层住宅楼

兹举一幢三层住宅楼的建筑施工图和结构施工图，如图

1－35(a)~(n)所示,作为识图示例。

(一)工程做法

1.建筑施工说明

(1)门窗表。如表1－8所示。

表1－8　门窗表

编　　号	洞口尺寸(宽×高,mm)	选用标准图或做法	
M－1	900×2 400		单扇带亮铝合金门
M－2	900×2 400		单扇带亮胶合板门
M－3	800×2 400	05J4－1	单扇带亮胶合板门
M－4	700×2 400		单扇带亮胶合板门
M－5	900×2 100		单扇无亮胶合板门
C－1	1 500×1 500		三扇带亮铝合金平开窗
C－2	1 200×1 500		双扇带亮铝合金平开窗
C－3	900×1 500		双扇带亮铝合金平开窗
C－4	1 200× 600		双扇无亮铝合金平开窗

(2)工程做法表。如表1－9所示。

表1－9　工程做法表

	厨房、厕所	阳　台	楼　梯	其他房间
顶　棚	05J1 顶3	05J1 顶3	05J1 顶3	05J1 顶3
内墙面	05J1 内墙11	05J1 内墙4	05J1 内墙4	05J1 内墙4
踢脚线			05J1 踢2	05J1 踢2
地　面	05J1 地20			05J1 1
楼　面	05J1 楼10	05J1 楼10	05J1 楼5	05J1 楼10
屋　面	05J1 屋1			
散　水	05J1 散1			
台　阶	05J1 台1			
屋面排水	镀锌铁皮			
外墙面	05J1 外墙21			
楼梯栏杆	铁栏杆木扶手,油漆调和漆两遍			

2. 结构施工说明

（1）基础:垫层3:7灰土,MU10黏土砖与M5水泥砂浆砌筑。

（2）墙体:MU10黏土砖与M2.5水泥石灰砂浆砌筑。

（3）梁、板、柱:均为C20混凝土浇筑。梁、柱、圈梁钢筋的混凝土保护层厚度为25mm;板、楼梯钢筋的混凝土保护层厚度为15mm。

（4）预制空心板:选用标准图G-871图集。

（5）预制过梁:如表1-10所示。

表1-10 预制过梁选用表

代 号	相应标准图号	选用标准图集
GL-1	GLC21-11(图中未用)	冀G-14过梁图集
GL-2	GLC15-11	
GL-3	GLC13-11	
GL-4	GLC10-12	

表中符号、数字含义如下所示:

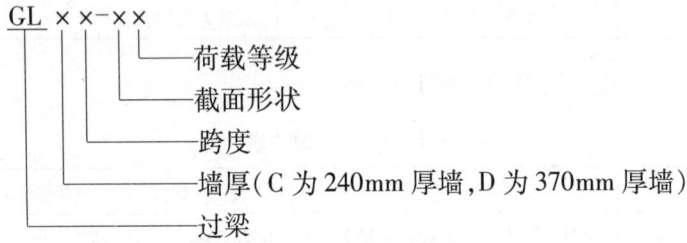

例如GLC10-12,用于240mm厚墙,过梁跨度为1m,截面形状为1型,承受荷载等级为2级。

下面列出标准图集05J1的工程做法说明,供参考。

〈顶棚抹灰05J1-67-顶3〉:7厚1:1:4水泥石灰砂浆;5厚1:0.5:3水泥石灰砂浆;表面喷刷涂料另选。

〈内墙面抹灰05J1-40-内墙11〉:15厚1:3水泥砂浆;刷素水泥浆一遍;4~5厚1:1水泥砂浆加水重20%建筑胶镶贴;8~10厚面砖,水泥砂浆擦缝或1:1水泥砂浆勾缝。

〈内墙面抹灰05J1-39-内墙4〉:15厚1:1:6水泥石灰砂浆;5厚1:0.5:3水泥石灰砂浆。

〈踢脚线05J1-59-踢2〉:6厚1:3水泥砂浆;6厚1:2水泥砂浆抹面

压光,高 150mm。

〈地面 05J1 - 12 - 地 1〉:20 厚 1:2 水泥砂浆抹面压光;素水泥砂浆结合层一遍;60 厚 C15 混凝土,素土夯实。

〈地面 05J1 - 14 - 地 20〉:8 ~ 10 厚地砖铺实压平,水泥浆擦缝;20 厚 1:4 干硬性水泥砂浆;素水泥浆结合层一遍;100 厚 C15 混凝土;素土夯实。

〈楼面 05J1 - 27 - 楼 10〉:8 ~ 10 厚地砖铺实拍平,水泥浆擦缝;20 厚 1:4 干硬性水泥砂浆;素水泥浆结合层一遍。

〈屋面 05J 屋 1〉:40 厚 C20 细石混凝土,内配钢筋网片;干铺物防聚氨酯纤维布一层;d 厚激素聚苯乙烯泡沫塑料板;SBS 卷材防水层;1:3 水泥砂浆,内掺聚丙烯;1:8 水泥膨胀珍珠岩找 2% 坡。

〈散水 05J1 - 113 - 散 1〉:60 厚 C15 混凝土,面上加 5 厚 1:1 水泥砂浆随打随抹光;150 厚 3:7 灰土;素土夯实向外坡 4%。

〈台阶 05J1 - 115 - 台 1〉:20 厚 1:2 水泥砂浆抹面压光;素水泥浆结合层一遍;60 厚 C15 混凝土台阶;300 厚 3:7 灰土素土夯实。

〈外墙面 05J1 - 50 - 外墙 21〉:12 ~ 15 厚 1:3 水泥砂浆;5 ~ 8 厚 1:2.5 水泥砂浆木抹搓平;喷刷涂料,一底两涂。

(二)识图示例说明

本例为一幢一个单元的点式住宅楼。

1. 建筑施工图

(1)底层平面图。图 1 - 35(a)是该楼的底层平面图。底层平面图是根据从底层的窗台以上,用横剖切面将楼房切开,移去上半部分,留下其下半部分往下看到的情况而画出来的。平面图的右上角有指北针,箭头指向为北。

从平面图上看,尺寸线有三道。由第三道尺寸线可看出,该楼轴线长(从①轴至⑩轴)17.10m,楼全长(外包尺寸)为 17.34m。楼宽(从Ⓐ轴至Ⓕ轴)为 9.90m,外包尺寸宽为 10.14m。第二道尺寸线为定位轴线间的距离,⑤轴至⑥轴距离为 2.7m,其他各轴距(即房间的开间)均为 3.6m。第一道尺寸线标注了窗洞口的宽度及其与轴线之间的尺寸关系。

从平面图还可看出,该楼有一个楼道口,进楼经过三步台阶到一楼,分左右两户。右边户为四室一厅,北面有一室、卫生间、厨房,南面有三室。北面卧室宽(开间)为 3.00m,长(进深)为 3.60m,门代号为 M - 2,

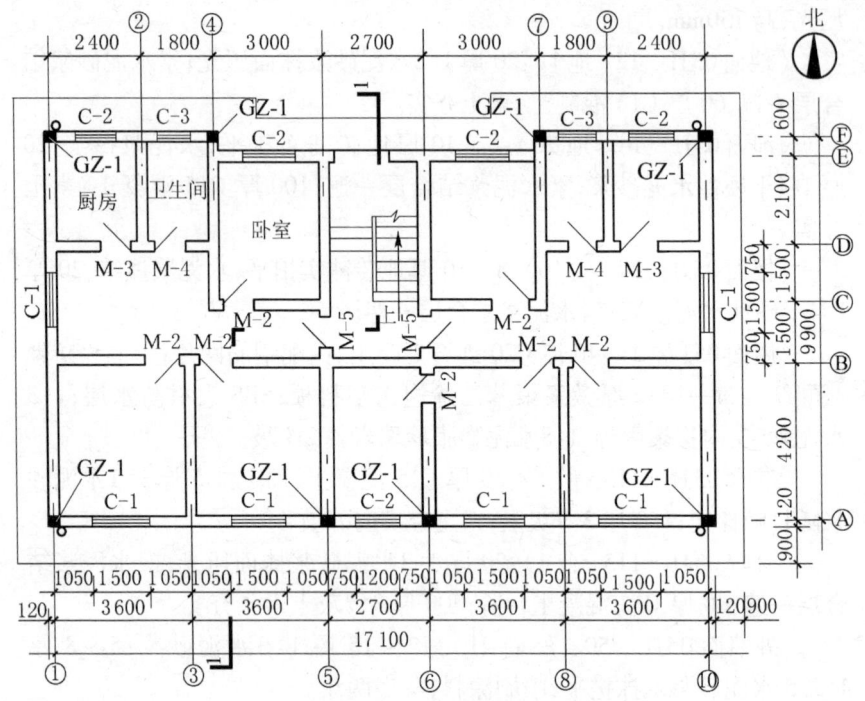

图 1-35(a)　住宅楼底层平面图

窗代号为 C-2,门窗用料、尺寸、做法详见门窗表及门窗详图。卫生间开间为 1.80m,进深为 2.70m,门代号为 M-4,窗代号为 C-3。厨房开间为 2.40m,进深为 2.70m,门代号为 M-3,窗代号为 C-2。方厅长4.20m(2.40m + 1.80m),宽 3.00m(1.50m + 1.50m),设一外窗,代号C-1。南面的两个大卧室,开间为 3.60m,进深为 4.20m,门代号为M-2,窗代号为 C-1。小卧室开间为 2.70m,进深为 4.20m,门代号为M-2,窗代号为 C-2。左边户为三室一厅,其他均同右户,不再述。

　　从底层平面图还可看到,外墙、内墙厚均为 240mm,墙内有构造柱GZ-1 共 8 个。外墙外边的细线表示散水,宽度为 0.9m。

　　底层平面图上还有一个很重要的符号,即剖切符号 1-1,为剖面图的剖切位置。从 1-1 剖切符号可看出,剖切面是从北面楼道口开始,从走廊转到③至⑤轴线间的居室,这样剖切是为了显示出楼梯间和居室被剖切后的立面情况。剖切符号指向左边表示剖切后向左边看,从而可画出剖面图。

（2）标准层平面图。图1-35（b）为该楼的标准层平面图,此平面图是从二层楼窗台以上剖切开后向下看画出来的,表示二层楼和三层楼的平面图。

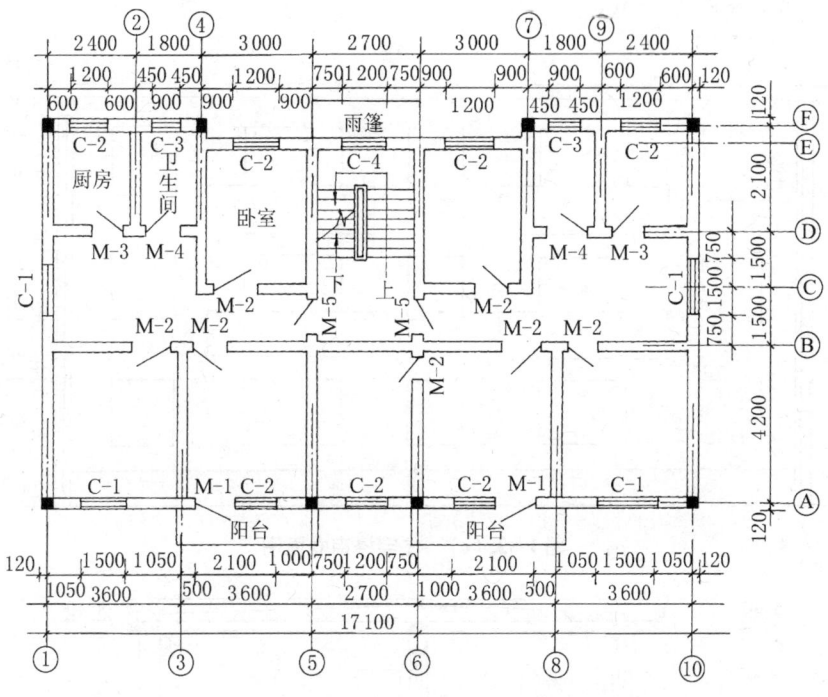

图1-35（b）　住宅楼标准层平面图

从标准层平面图可看到二、三楼各房间的平面位置,墙体平面位置,门窗位置、宽度以及定位轴线之间的尺寸关系等。

南面各户有一房间有阳台,阳台外开门代号为 M-1,窗代号为C-2。

楼梯间可看到第三段楼梯的全部和第四段及第二段楼梯的局部,以折断线为分界。楼梯间有窗 C-4。楼梯间墙外可看到楼道入口门上的雨篷平面。

（3）立面图。图1-35（c）是该楼的南立面图。从立面图可以看到外窗位置和形式、阳台栏板立面、墙两端落水管的位置等。立面图最底下的一道粗线条表示室外地坪线,上边的细线条表示外墙裙的高度线。

立面图最上的两条细线表示挑檐。立面图右边的标高线及数字表示室外地坪标高、门窗上下洞口标高、挑檐标高。

（4）剖面图。图 1 - 35(d) 是该楼的 1 - 1 剖面图，其剖切位置见底层平面图图 1 - 35(a)。

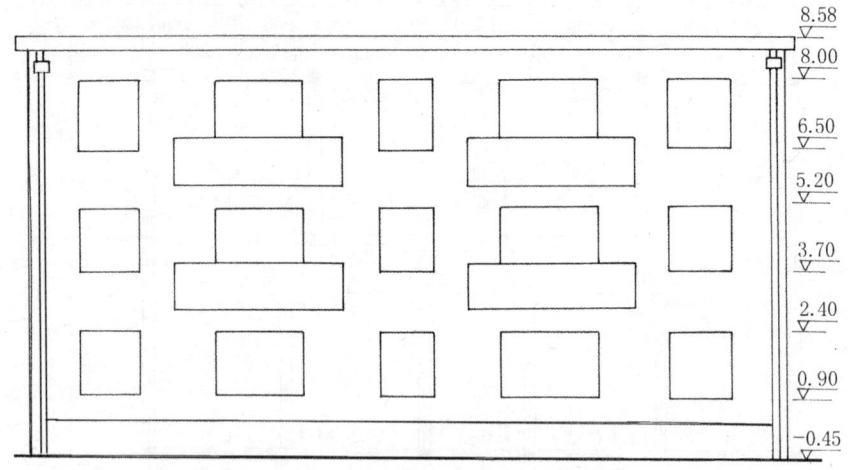

图 1 - 35(c)　住宅楼南立面图

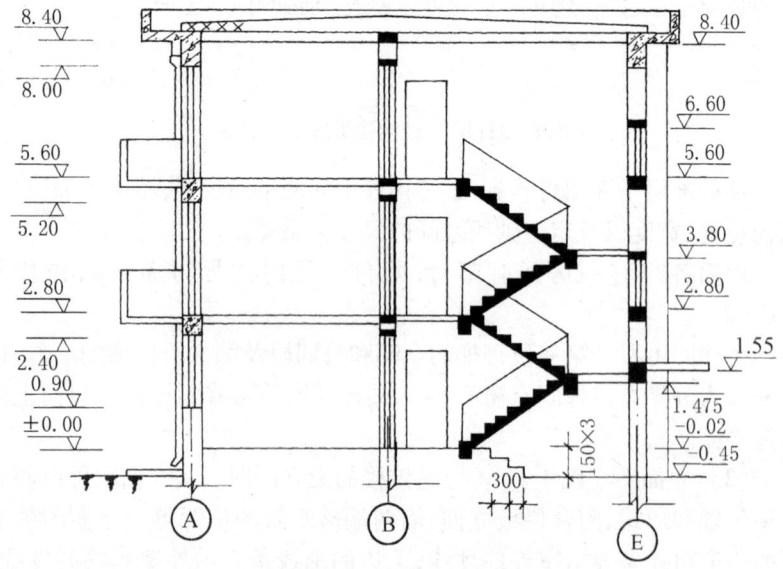

图 1 - 35(d)　住宅楼剖面图

剖面图主要表示建筑物的层数、层高及各部分的材料和构件的情况。从剖面图可看出，该住宅楼为三层，层高为 2.8m，底层地面标高为 ±0.00，室外地坪标高为 -0.45m，楼道标高为 -0.02m，楼道洞口标高为 1.475m，雨篷标高为 1.55m，楼道一层窗下口标高为 2.80m，上口标高为 3.80m，二层窗下口标高为 5.60m，上口标高为 6.60m。左侧标高线表示出了室外地坪、一层地面、二层楼面、三层楼面以及挑檐和门窗洞口的标高。

从剖面图还可看到楼道的三步台阶和第一、二、三、四楼梯段和栏杆的做法代表符号。

楼梯第一段为 9 步，每步高 175mm，第二段为 7 步，第三段和第四段均为 8 步，每步高均为 175mm。

从剖面图还可看到进户门、墙体和圈梁、门窗、过梁、阳台及其栏板、挑檐、屋顶的保温层等。

2. 结构施工图

(1) 基础图。图 1-35(e) 是该楼的基础平面布置图。图中粗线条表示墙体，细线条表示基础灰土垫层的边线，剖切符号 1-1、2-2 可理解为基础的种类代号。从图中可看出，墙下的基础有两种，横墙下均为 1-1 基础，纵墙下均为 2-2 基础，各种基础的详细尺寸及做法见基础详图。

图 1-35(f) 是该楼的基础详图。1-1 剖面基础宽 1.1m，灰土底标高为 -1.9m，灰土厚 0.3m，灰土上为四步间隔式大放脚砖条形基础。基础有地圈梁(代号为 DQL)，其断面尺寸为 240mm×250mm，主筋为 4 根 φ12mm 钢筋，箍筋为 φ6mm 钢筋，间距为 200mm。地圈梁上表面标高为 -0.55m。在 ±0.00 标高下 70mm 处，设有防水水泥砂浆防潮层。

2-2 剖面基础宽 1.0m，灰土上为三步等高式大放脚砖条形基础，有地圈梁，其他均同 1-1 剖面基础。

基础详图中还有构造柱(代号为 GZ-1)的详图，其断面尺寸为 240mm×240mm，主筋为 4 根 φ12mm 钢筋，箍筋为 φ6mm 钢筋，间距为 200mm。柱基础坐落在标高为 -1.5m 的灰土垫层上，为 0.6m 宽、0.6m 长、0.2m 高的 C15 混凝土基础，下设 8 根 φ6mm 的钢筋网片，柱主筋 4 根 φ12mm 伸入基础底部，直脚长 100mm，带半圆钩。

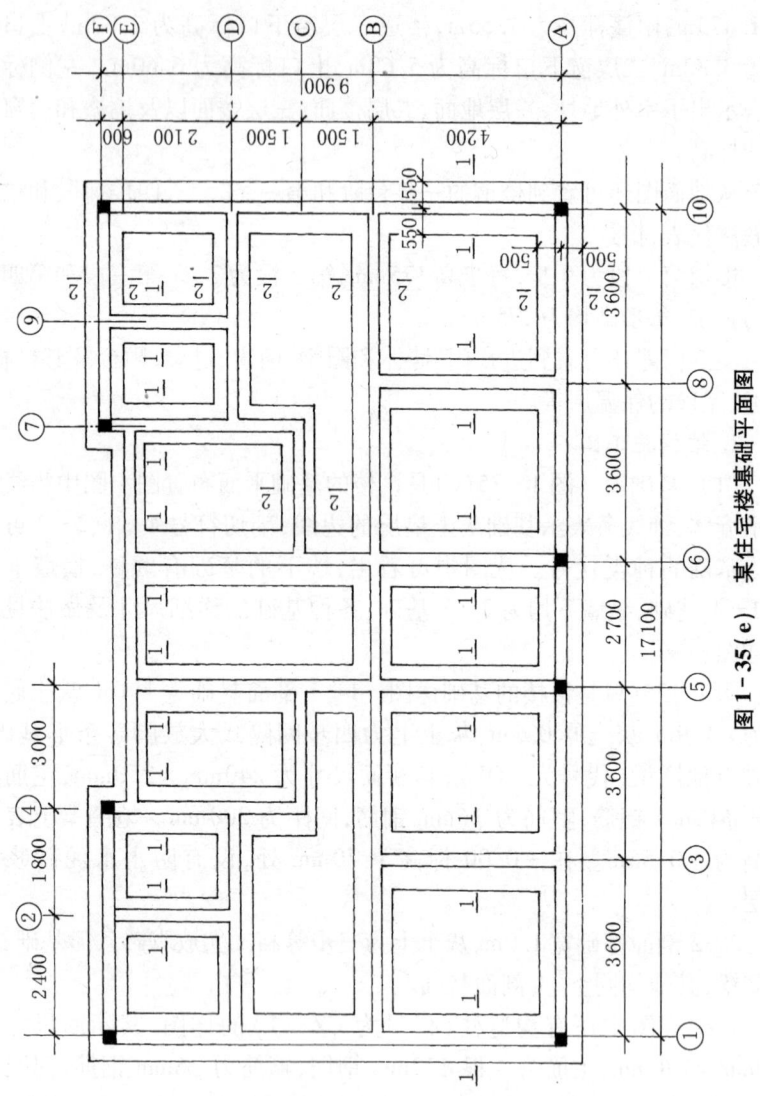

图1-35(e) 某住宅楼基础平面图

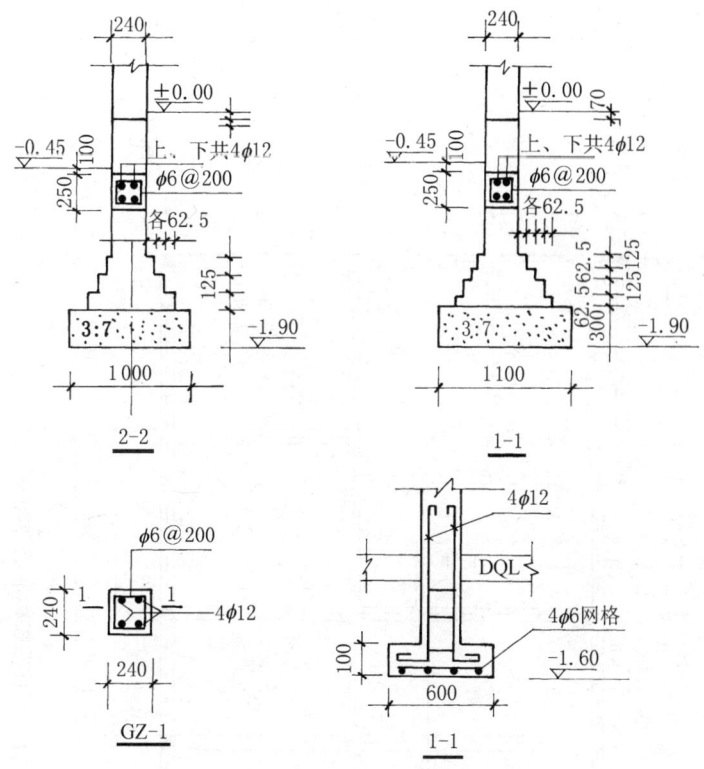

图 1-35(f) 某住宅楼基础详图

（2）标准层结构平面图。图 1-35（g）是该楼的标准层结构平面图,它表明现浇楼板、预制楼板、现浇圈梁、预制门窗过梁、现浇梁、楼梯等的布置情况。

每间房间的楼板用斜向对角线画出其范围,在斜线的上方及下方注明板的数量、型号或编号等。例如厨房标注 B-1,表明厨房采用 1 号现浇板;厕所标注 B-2,表明厕所采用 2 号现浇板。板的厚度、配筋详见 B-1 板、B-2 板的详图。有的施工图也直接将板厚、配筋画在该板位置图上而不另画其详图。

方厅斜线上标注的 4YKB4.2Ia,表示板的型号及数量,即表示铺 4 块 YKB4.2Ia 型号的板。板的型号中每个字母及数字均各有其含义。板的长、宽、厚尺寸及配筋等要根据设计说明中此种板所选用的标准图集而定,本设计选用的是邯 G-871 空心板标准图,YKB 代表预应力圆

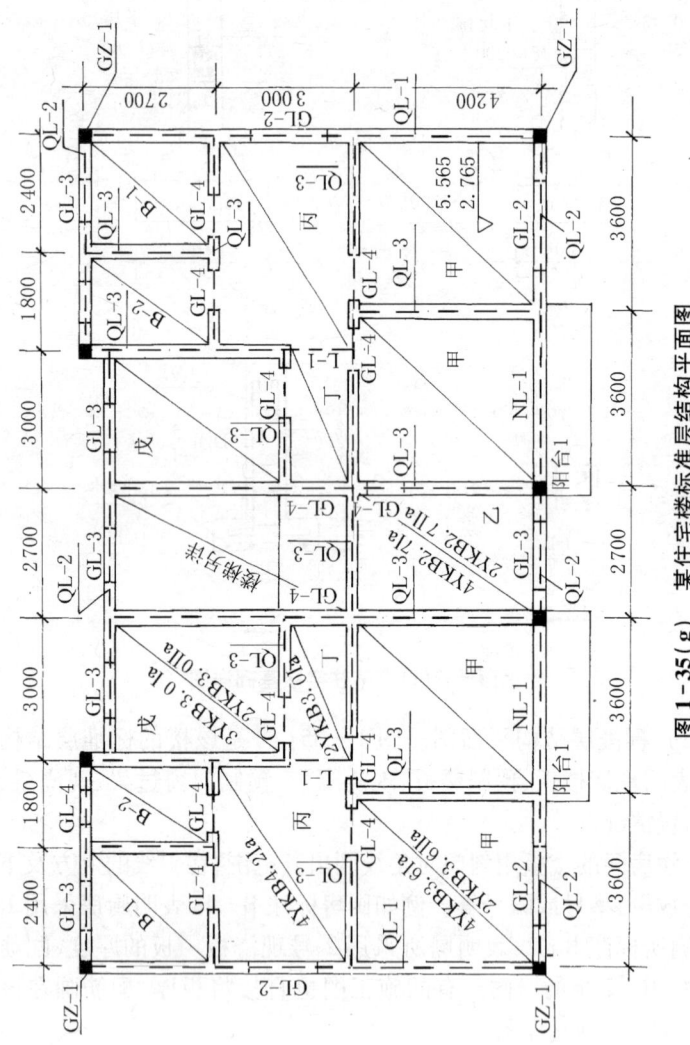

图 1-35 (g)　某住宅楼标准层结构平面图

44

孔板,4.2 代表板的跨度为 4.2m,I 代表板的宽度是 600mm,II 代表板的宽度是 750mm,a 表示板的承重能力(荷载)。各地标准图的表示方法不同,所以必须看标准图才能知道板的所有参数。

南面两间大卧室都写有一个"甲"字,说明两间房铺板相同,均为 4 块 3 600mm 长、600mm 宽和 2 块 3 600mm 长、750mm 宽的空心板。

北面卧室铺 3 块 3.0m 长、600mm 宽的板和 2 块 3.0m 长、750mm 宽的空心板。

楼梯间与楼梯,其详细做法另见详图。

南面外墙外每户设一阳台,详细尺寸及配筋另见详图。

外横墙上标注的 QL-1 为 1 号圈梁,外纵墙上标注的 QL-2 为 2 号圈梁,内墙上均注有 QL-3,为 3 号圈梁,各圈梁断面尺寸、配筋另见详图。

门窗洞口上注有 GL-1、GL-2、GL-3,它们是预制过梁的代号,详见预制过梁图集,设计说明中有交待。

标准层结构平面图右边南向房间中注有楼板顶面标高,2.765 表示二层楼楼板顶面标高是 2.765m,5.565 表示三层楼楼板顶面标高为 5.565m。建筑剖面图中标注的二层楼楼面标高为 2.8m,三层楼楼面标高为 5.6m,这是包含了楼面做法的厚度 35mm 的标高,称为建筑标高,因此施工时要注意结构标高和建筑标高的区别。

(3)屋面结构平面图。图 1-35(h)是该楼房的屋面结构平面图,它表示屋面板、圈梁、挑檐、过梁等的布置情况。

从屋面结构平面图可看出,厨房、厕所、楼梯间也布置了圆孔空心板,其他房间板的布置同结构标准层平面图。

外纵墙圈梁为 QL-5,带挑檐,外横墙为 QL-4,带挑檐,挑檐在阳台处加宽至同阳台宽。

(4)结构构件详图。图 1-35(i)是该楼的结构构件详图,包括圈梁、挑檐、B-1 板、B-2 板等的详图。

圈梁 QL-1,断面为 240mm × 250mm,L 型,主筋为 6 根 φ12mm 钢筋,箍筋为 φ6mm 钢筋,间距为 200mm。圈梁 QL-2、QL-3 的断面尺寸、配筋均同理可在图中识别清楚。QL-4、QL-5 圈梁带挑檐,圈梁配筋分别同 QL-1、QL-2,挑檐挑出宽 300mm,栏板高 180mm,厚 60mm,主筋为 φ8mm@150mm,钢筋形状及尺寸均在图中标注清楚。

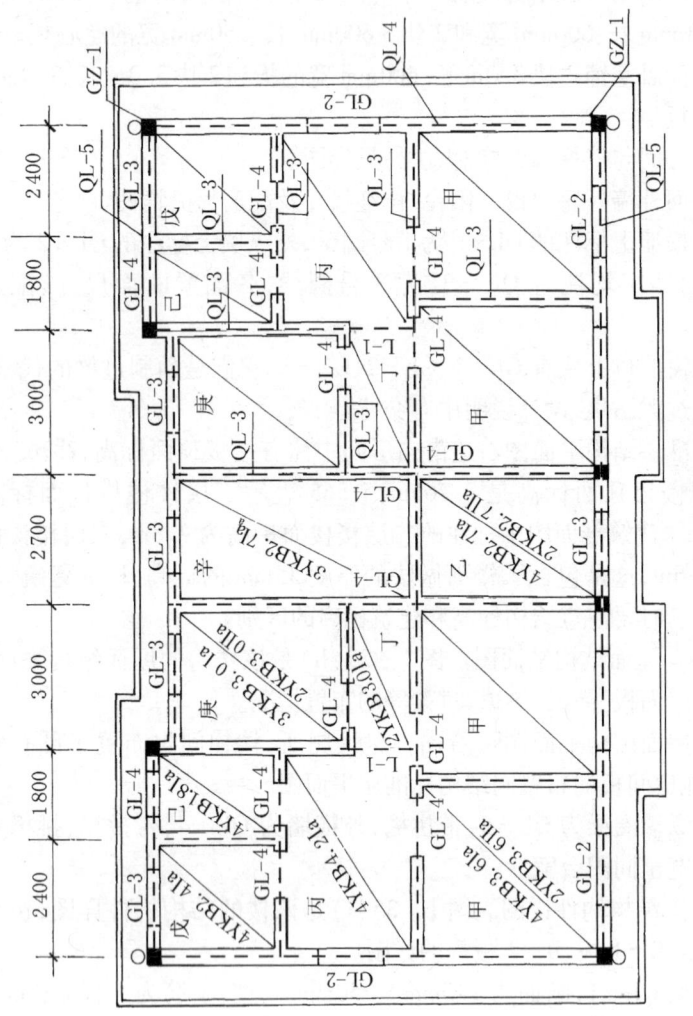

图 1-35(h) 某住宅楼屋面层结构平面图

46

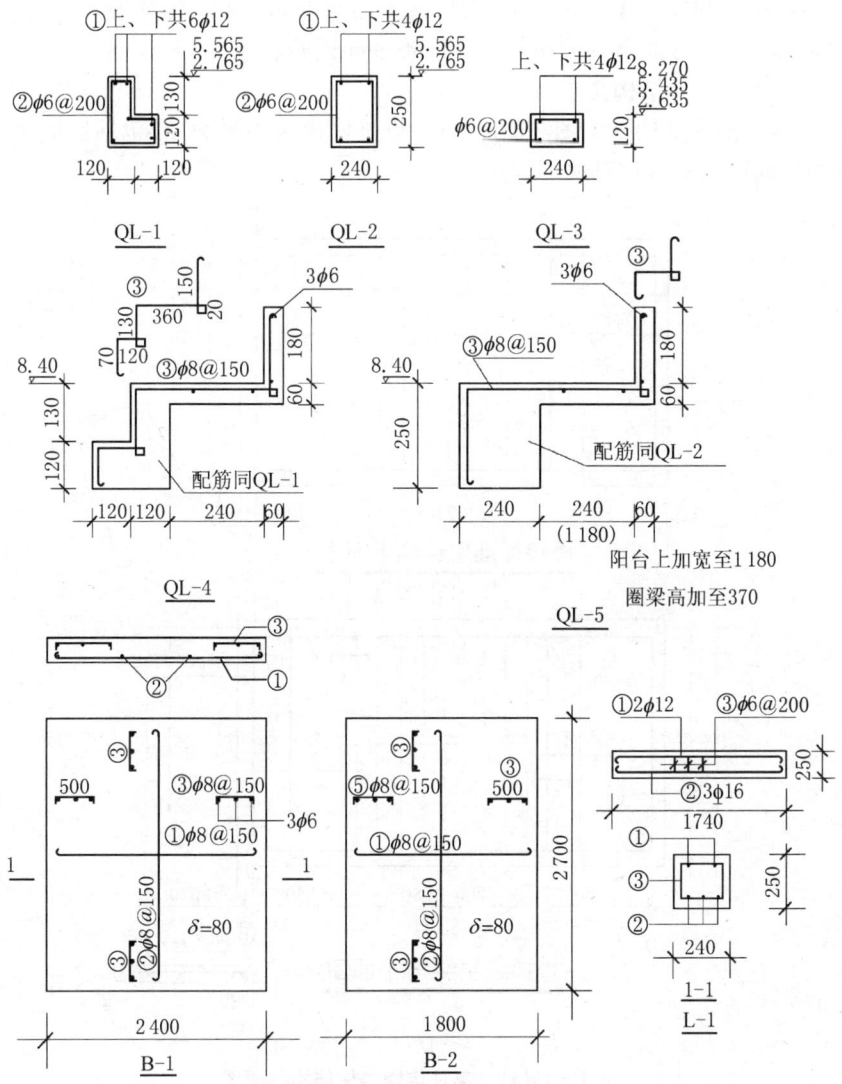

图 1 - 35(i)　某住宅楼圈梁、板详图

现浇板 B - 1 宽 2 400mm, 长 2 700mm, 板厚 $\delta = 80$mm。①号筋为 $\phi 8$mm@150mm, 表示①号筋直径为 8mm, 间距为 150mm, 沿板长向布置, 放在板的下部作为受力钢筋;②号筋为 $\phi 8$mm@150mm, 沿板短向布置在板下部作为受力筋;③号筋为 $\phi 8$mm@150mm, 布置在板的上部, 起到抵抗支座处负弯矩的作用,沿板四周边沿布置,每根长 500mm,做直钩 60mm,③号筋上的分布筋为 3 根 φ6mm 钢筋。

(5)楼梯结构图。

① 楼梯结构平面图。图 1-35(j)是楼梯结构平面图,包括底层结构平面图和标准层结构平面图。

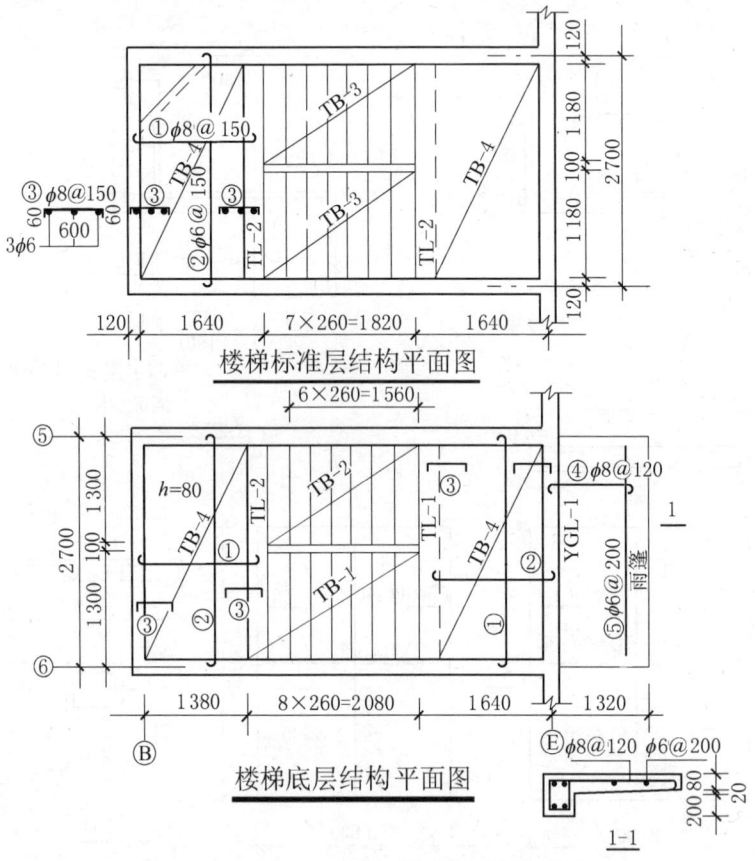

图 1-35(j) 某住宅楼楼梯结构平面图

从底层结构平面图可看到,在⑧轴外墙外有雨篷,挑出长 1.32m,宽 2.7m,其主筋是④号筋,φ8mm@120mm,放在板的上部,⑤号筋是分布筋,用于固定主筋位置和使其均匀受力。

从底层结构平面图还可看到,TB-4 板右边的是休息平台板,左边的是楼梯间楼板,板长、宽、厚及配筋均相同。①号筋为主筋,

$\phi8mm@150mm$,其分布筋为 $\phi6mm@150mm$,放在板的下部;③号筋为 $\phi6mm@150mm$,长600mm,放在板的上部,沿板长方向的两边布置,以抵抗板在支座处的负弯矩,其分布筋为3根 $\phi6mm$ 钢筋。

TB-1、TB-2是楼梯踏步板,支承在楼梯梁TL-1、TL-2上。TB-1、TB-2板的详细尺寸及配筋另见其配筋图。

标准层结构平面图,为从二层楼到三层楼的楼梯结构平面图。从图中可看到,右边的休息平台板和左边的楼板均为TB-4板,其长、宽、厚、配筋等均同底层平面的TB-4板。踏步板两侧,均为TB-3板,详见其配筋图。

雨篷过梁YGL-1,楼梯梁TL-1、TL-2的详细尺寸、配筋可参见配筋图。

② 楼梯配筋图。图1-35(k)是楼梯踏步板TB-1、TB-2、TB-3的配筋图。

TB-1板有9个踏步,每步高175mm、宽260mm,板厚80mm,下部支撑在TL-3地梁上,上端支撑在休息平台处的TL-1梁上。主筋①号筋为 $\phi10mm@100mm$,长2.929m,两端设半圆弯钩,放在板的下部,沿板宽布置,为受力钢筋,其上分布筋为③号钢筋, $\phi6mm@250mm$,长1.14m,沿①号筋均匀布置。②号筋为 $\phi10mm@100mm$,长0.95m,两端设直钩,在TB-1板的两端上部沿板宽方向布置,承受支座处的负弯矩,其分布筋为③号钢筋。

TB-2板有7个踏步,下部支撑在TL-1梁上,上部支撑在二层楼板处的TL-2梁上,配筋、尺寸等图中均有标注。

TB-3踏步板有上、下两块。下边的一块板,其下部支撑在2.78m标高楼板处的TL-2梁上,其上部支撑在4.18m标高的休息平台梁TL-2上,是从二楼到三楼去的第一踏步。上边的一块TB-3板,其下部支撑在4.18m标高的TL-2梁上,其上部支撑在5.58m标高的TL-2梁上,是去三楼的第二踏步,两踏步相同,仅位置、方向相反。

③ 楼梯构件图。图1-35(1)是该楼的楼梯构件过梁YGL-1,楼梯梁TL-1、TL-2详图。

其中,上图是YGL-1梁和TL-2梁的纵剖面图,TL-2带括号是因为这两根梁不完全相同,图中带括号的数字适用于TL-2,不带括号的数字适用于YGL-1,这是画图的一种简化方法。YGL-1梁长2.94m,

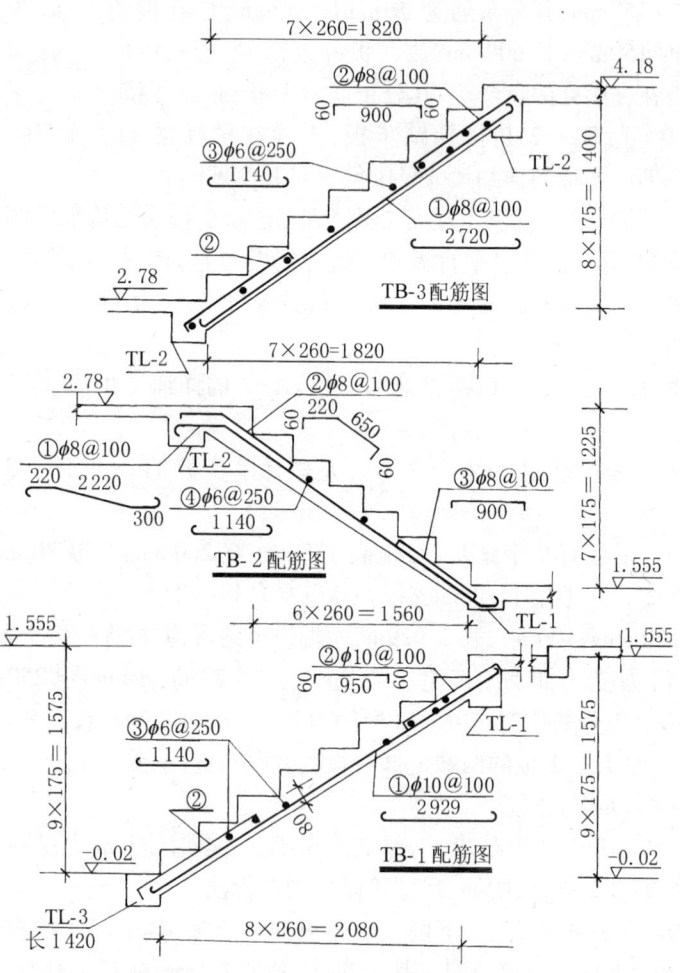

图 1 – 35 (k)　某住宅楼楼梯配筋图

宽 0.24m,高 0.30m,梁上部配 3 根 ϕ10mm 钢筋,下部也是 3 根 ϕ10mm 钢筋,箍筋为 ϕ6mm@200mm。TL – 2 梁长 2.94m,宽 0.24m,高 0.30m,下部 ① 号筋为 2ϕ12mm、上部 ② 号筋为 2ϕ10mm,箍筋为 ϕ6mm@200mm。

　　中间图是 TL – 1 梁的纵剖面图。TL – 1 梁长 2.94m,分为两段不同高度的断面。左边段长 1.52m,宽 0.24m,高 0.15m(见 2 – 2 剖面图),上部配筋为 2ϕ10mm,下部配筋为 3ϕ14mm,箍筋为 ϕ6mm@200mm;右

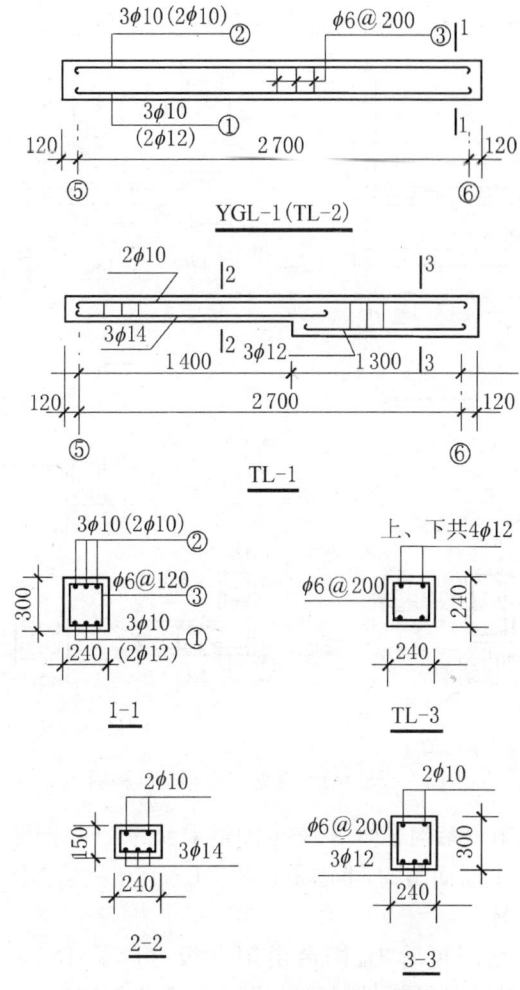

图 1 - 35(1)　某住宅楼楼梯构件图

边段长 1.42m,宽 0.24m,高 0.30m(见 3 - 3 剖面图),上部配筋为
2φ10mm;下部配筋为 3φ14mm,箍筋 φ6mm@200mm。因为该梁设在楼
道入口处,为了增加入口处的梁下净空高度,所以将左边一段减少了梁
高,增加了钢筋用量。

　　TL - 3 图是楼梯第一块踏步板 TB - 1 下部地梁的断面图。梁长
1.42m,宽 0.24m,高 0.24m,上、下各配筋 2φ12mm,箍筋为 φ6mm
@200mm。

（6）阳台结构图。图 1-35(m)是该楼的阳台结构图。

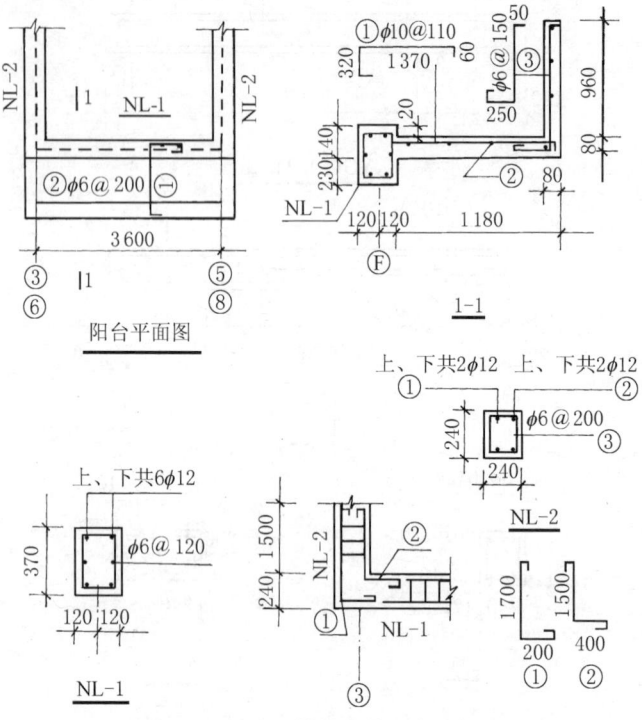

图 1-35(m)　某住宅楼阳台结构图

左上图是阳台结构平面图,右上图是阳台的 1-1 剖面图,左下图是阳台过梁 NL-1 断面图,右下图是过梁 NL-1 和挑梁 NL-2 关系图及 NL-2 的断面图。

从阳台平面图可看出,阳台由阳台板、过梁 NL-1 和 2 根挑梁 NL-2 组成。从注的轴线号可看出,阳台位于Ⓐ轴墙外、③、⑤轴之间和⑥、⑧轴之间,共两个阳台。阳台宽 3.84m(3.6m + 0.24m),挑出长 1.18m。①号钢筋是主筋,②号钢筋是分布筋。

从 1-1 剖面可看出,阳台栏板高 0.96m,厚 80mm,与阳台板浇筑成整体,其主筋是③号钢筋,在板上部,尺寸、形状在钢筋图中注明;阳台板挑出长 1.18m,板厚在根部为 120mm,在端部为 80mm,上平下向上坡,NL-1 过梁比板高 20mm。

NL-1 过梁长 3.84m,宽 0.24m,高 0.37m,主筋为 6φ12mm,箍筋为 φ6mm@120mm。

NL-2挑梁长1.5m,宽0.24m,高0.24m,主筋为4ϕ12mm。①号筋长1.7m,弯入NL-1梁内0.2m,②号筋长1.5m,弯入NL-1梁内0.4m,两端带半圆钩,箍筋为ϕ6mm@200mm。

(7) 门窗详图。图1-35(n)是M-2门详图。该图由立面图和节点详图构成。

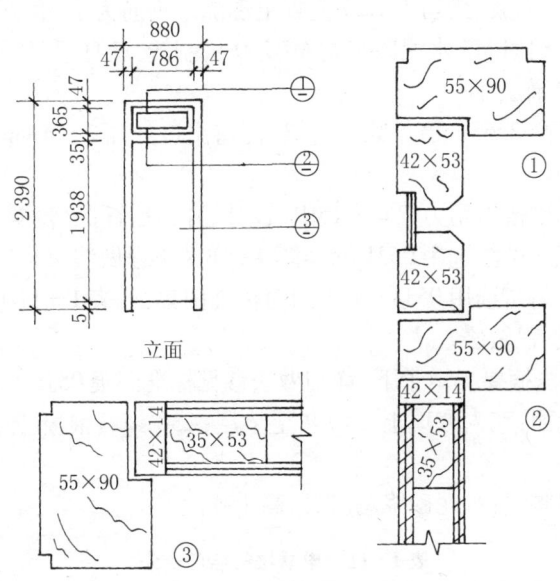

M—2(1M—38胶合板门)详图

图1-35(n)　某住宅楼木门详图

从立面图可看出,此门高2.39m,宽0.88m;门扇高1.938m,宽0.786m;门亮子高0.365m,宽0.786m。立面图上还标注了3个索引符号①、②、③,分别表示这3个节点的详图为①、②、③,下边的一横表示详图在本张图纸上。

从详图①可看出,门框料断面尺寸是55mm×90mm,亮子料断面尺寸是42mm×53mm。

从详图②可看出,门扇料断面尺寸是35mm×53mm,为三夹板门扇。

从详图③可看出,边框断面尺寸也是55mm×90mm,门扇四周的压条尺寸是42mm×14mm。

根据以上详图可以看出该门结构情况并能制作施工。

四、建筑工程识图示例二——电器维修店

本示例为一一层的电器维修店。

（一）设计说明

（1）圆孔板选自"邯 G - 871"预应力短向圆孔板标准图集。预制过梁选自"冀 - 14"标准图集。

（2）柱、圈梁、梁均为 C20 混凝土现浇。钢筋为 I、II 级。

（3）基础用 M5 水泥砂浆砌 MU100 机制砖，墙身用 M5 水泥石灰砂浆砌 MU100 砖。

（4）标高 2.65m 圈梁兼作过梁，门窗洞口处加 $2\phi14$mm 钢筋，伸出洞口 300mm。

（5）基础按地耐力 $R = 0.1$MPa 设计，开槽后钎探、验槽。

（6）工程做法选用 05J1 标准图集（详见工程做法表）。

（7）木门窗选用 05J4 - 1 木门窗标准图集，如表 1 - 11 所示。

（二）工程做法

工程做法摘要提示于下，详细做法参见标准图集 05J1。

（1）地面：室内夯填土，3:7 灰土垫层，C30 细石混凝土 40 厚，随打随抹光。

（2）踢脚线：水泥砂浆踢脚线，高 150。

表 1 - 11　电器维修店门窗表

名　称	编　号	洞口尺寸(mm)	数　量	图　集　号
窗	11C55	1 500 × 1 500	2	
窗	11C65	1 500 × 1 800	6	
窗	11C75	1 500 × 2 100	2	
窗	14C63	900 × 1 800	4	
窗	14C73	900 × 2 100	2	05J4 - 1
窗	14C43	900 × 1 200	1	
窗				
门	2M1 - 48	1 200 × 2 400	2	
门	1M1 - 38	900 × 2 400	2	
门	2M1 - 79	2 100 × 2 700	1	

（3）屋面：1:6 水泥炉渣，厚 30，找坡 2%，加气混凝土保温层，厚150，1:2.5 水泥砂浆找平，三毡四油一砂防水，镀锌铁皮水落管，铸铁出

水口。

（4）顶棚抹灰：水泥石灰砂浆打底、罩面，刷内墙涂料两遍。

（5）内墙面：水泥石灰砂浆打底、罩面，刷内墙涂料两遍。

（6）外墙面：止面贴面砖，背侧两面水泥砂浆勾缝。

（7）外墙裙（勒脚）：水泥砂浆抹勒脚。

（8）雨篷：顶面防水砂浆抹面，顶棚石灰砂浆抹底、面。

（9）台阶：砖砌台阶、水泥砂浆抹面。

（10）坡道：防滑坡道。

（11）散水：C10 混凝土，随打随抹，厚 60。

（12）门窗油漆：底油一遍，调和漆两遍。

（三）施工图

1. 平面图

图 1-36（a）是此电器维修店的平面图。轴线①至⑤的轴线尺寸为 15.2m，Ⓐ轴至Ⓓ轴的轴线尺寸为 11.7m。各轴线均居墙、柱中心。墙均为 240mm 厚砖墙。

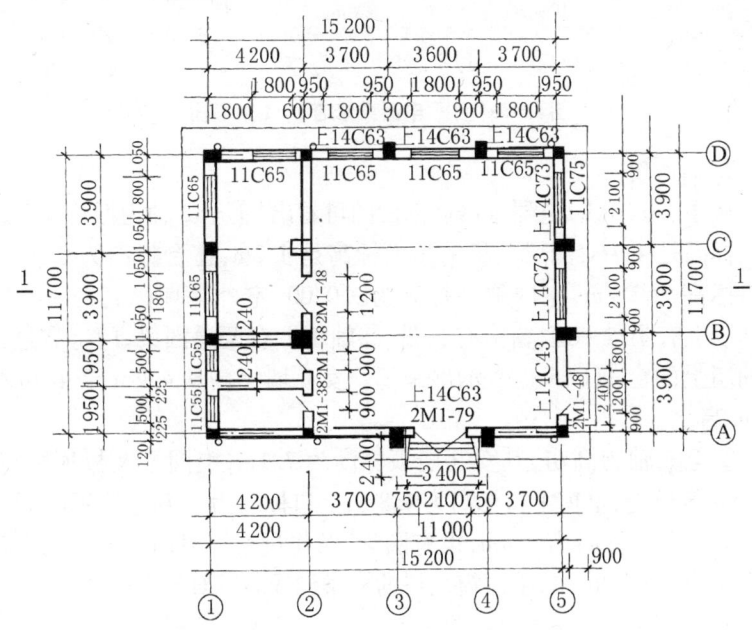

图 1-36（a）　电器维修店平面图

55

①轴墙上有 11C55 窗 2 樘,11C65 窗 2 樘。②轴墙上开门 2M1 -38 型 2 樘,2M1 -48 型 1 樘。⑤轴上有 2M1 -48 型门 1 樘,低窗 11C75 型 2 樘,高窗 14C43 型 1 樘,14C73 型 2 樘。Ⓐ轴墙上有 2M1 -79 型门 1 樘,上有高窗 14C63 型 1 樘。Ⓓ轴上一层有 11C65 型窗 4 樘,上层有 14C63 型窗 3 樘。门窗宽度及距轴线尺寸均已标注清楚。

此建筑物共有钢筋混凝土柱 16 个,其编号、尺寸详见结构平面图。

2M1 -79 门外有防滑坡道,宽 2.4m,长 3.4m。2M1 -48 门外有台阶,宽 1.2m,长 2.4m。沿外墙四周有散水,宽为 900mm。Ⓐ、Ⓓ轴墙外的 6 个小圆圈为落水管。

Ⓒ、Ⓑ轴之间标有剖切符号 1 -1,其剖面图详见图 1 -36(b)。

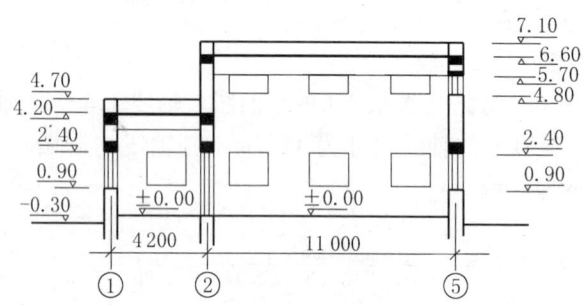

图 1 -36(b)　电器维修店 1 -1 剖面图

2. 剖面图

从图 1 -36(b)电器维修店剖面图可看出,①至②轴为低房,其女儿墙顶标高是 4.7m,圈梁及板的顶面标高是 4.2m,窗台标高为 0.9m,窗上口标高为 2.4m,室内地坪标高为 ±0.00,室外地坪标高为 -0.3m。①轴墙上有圈梁一道,窗上有过梁,②轴墙上有两道圈梁,门上有过梁,Ⓓ轴墙上的窗 11C65 也表示出来了。女儿墙标高从 4.2m 至 4.7m,即 0.5m 高。

②至⑤轴为高房,其女儿墙顶标高为 7.1m,上圈梁及板顶标高为 6.6m。⑤轴上,上窗下口标高为 4.8m,上口标高为 5.7m,下窗下口标高为 0.9m,上口标高为 2.4m,设有圈梁,兼作过梁。对面Ⓓ轴上的上、下两层窗均已显示出来,上层窗上口的一条细线表示Ⓒ轴上的梁。

3. 立面图

图 1 -36(c)是此电器维修店的正立面图。从图中可看出正立面的

形状,墙上的门、窗、门外坡道,门上的雨篷,⑤轴外墙外的台阶,①轴墙外的散水和墙上的踢脚线等。

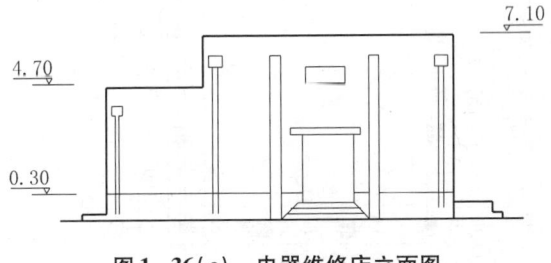

图 1 - 36(c)　电器维修店立面图

4. 基础图

图 1 - 36(d)是此电器维修店的基础图,上图是基础平面布置图,下图是基础详图。

从平面图可看出,①至②轴间的内外墙基础均为 1 - 1 型基础,除Ⓐ、Ⓑ轴间的一道内墙无地圈梁(DQL)外,其他均设地圈梁。

②至⑤轴间的Ⓐ轴外墙、Ⓓ轴外墙为 2 - 2 型基础,并设地圈梁。②、⑤轴墙下为 3 - 3 型基础,均设地圈梁。

从基础详图可知,1 - 1 基础宽 1.0m,埋深为 1.7m,3:7 灰土垫层厚 0.3m,砖基础放脚三步,每步高均为 125mm,宽 62.5mm。标高 -0.4m 处设地圈梁(DQL)。地圈梁截面高 0.37m,宽 0.24m,主筋为 5 根 ϕ14mm 的钢筋,箍筋为 ϕ6mm,间距 0.25m。标高 ±0.00 下设水泥防水砂浆防潮层。

2 - 2 基础宽 1.1m,四步大放脚,为间隔式。3 - 3 基础宽 1.2m,五步大放脚,为间隔式。

5. 屋顶结构平面图

图 1 - 36(e)是此电器维修店的屋顶结构平面图,图中标明了梁、板、柱、圈梁、过梁、雨篷的布置情况。

①和②轴间的Ⓐ与Ⓑ轴间、Ⓑ与Ⓒ轴间、Ⓒ与Ⓓ轴间的三个区间,均布置了 2 块跨度为 3.9m 的Ⅱa 型号和 4 块Ⅰa 型号圆孔空心板。高跨②、⑤轴间,Ⓐ、Ⓑ轴区和Ⓒ、Ⓓ轴区均布置了 6 块跨度为 3.9m 的Ⅱa 型号和 7 块Ⅰa 型号圆孔空心板;Ⓒ、Ⓑ轴区间布置了 4 块跨度为 3.9m 的Ⅱa 型号和 12 块Ⅰa 型号圆孔空心板;中间 1 块 B - 1 为现浇板,另见详图。空心板详图查看"邯 G - 871"标准图集。

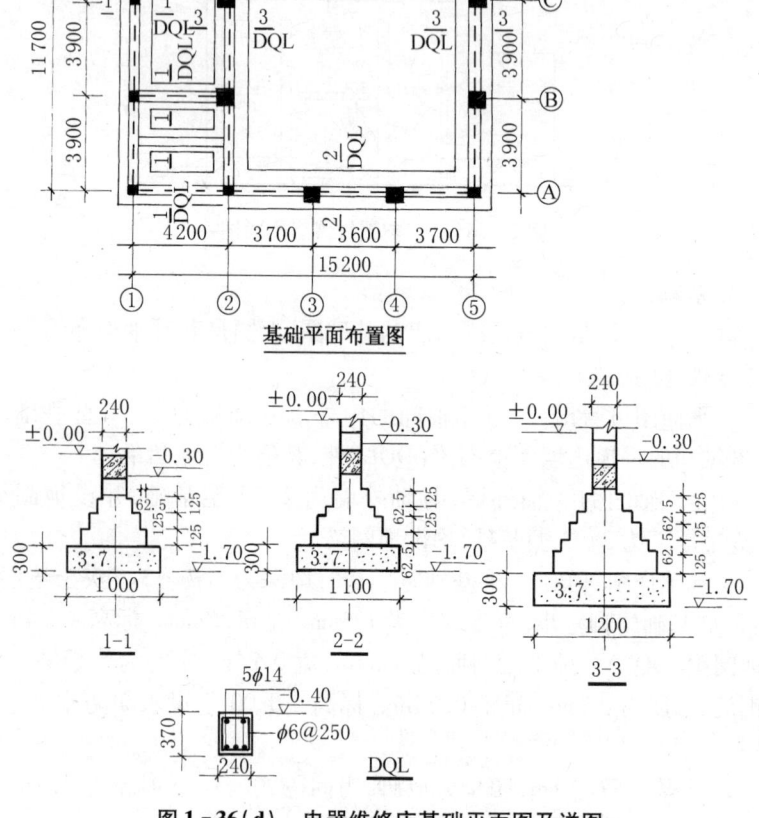

图 1-36(d) 电器维修店基础平面图及详图

低跨在⑥轴有 L-2 梁 1 根,高跨在⑥、⑧轴均有 L-1 梁,共 2 根。

①轴有 GLC15-12 窗过梁 2 根,GLC18-12 梁 2 根。②轴有 GLC10-12 门过梁 2 根,GLC13-12 梁 1 根。⑤轴有 GLC15-12 上窗过梁 1 根,GLC21-12 梁 2 根,⑤轴的下窗上设 GL-1 圈梁,兼窗过梁,从⑩轴至与雨篷过梁相接。⑥轴有 GLC18-12 上窗过梁 1 根。⑩轴有上、下窗过梁 GLC18-12 共 7 根。过梁详图查看"冀-14"标准图集。

屋顶结构平面图①轴上有1、⑤轴上有1a、⑥和⑩轴上低跨有2、高跨有2a 等断面符号[其断面图详见图 1-36(f)]。各断面图分别表达了各段墙上圈梁的布置情况及与楼板的相互关系。1 断面表明了①轴线墙

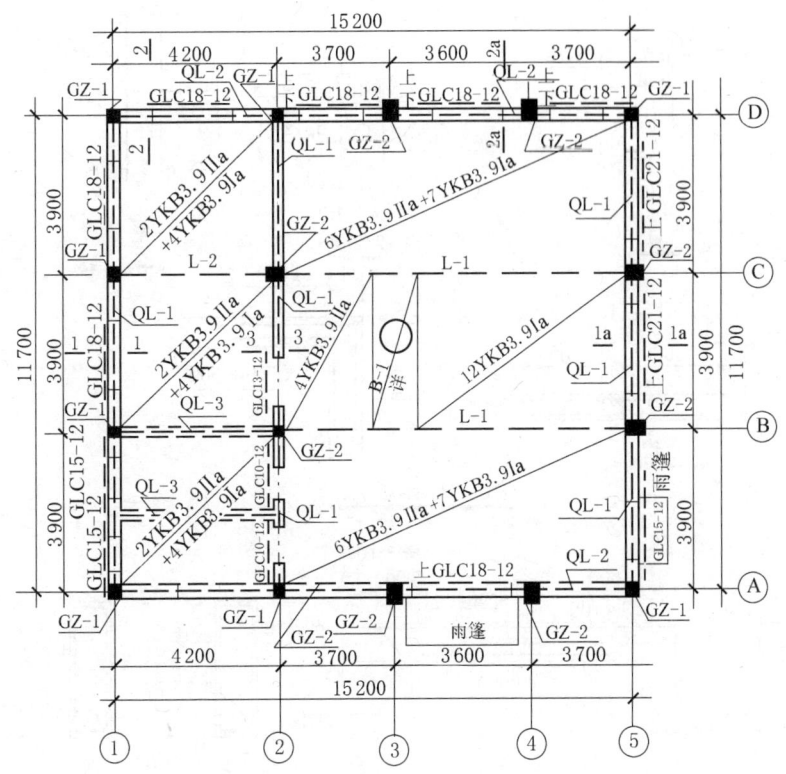

图 1-36(e)　电器维修店屋顶结构平面图

上 4.20m 标高处设圈梁 QL-1。1a 断面表明在⑤轴标高 6.6m、2.65m 分别设圈梁 QL-1,2.65m 标高的圈梁兼作窗的过梁。3 断面表明在②轴上 4.20m 标高、6.60m 标高处分别设 QL-1 圈梁 2 道。2 断面表明在低跨的Ⓐ、Ⓓ轴标高 4.2m 处均设 QL-2 圈梁。2a 断面表明在高跨的Ⓐ、Ⓓ轴标高 6.6m 处设 QL-2 圈梁。各圈梁断面尺寸、配筋均在图 1-36(f) 中表示清楚。

屋顶结构平面图上标有构造柱 GZ-1-8 根,GZ-2-8 根,其断面尺寸、配筋见图 1-36(g) 详图。

6. 构件详图

图 1-36(f) 的构造柱与墙的拉结筋图表明一字墙与柱的拉结筋 (φ6mm) 长 2.24m,两端加弯钩(12.5D),每层摆放 2 根,每层间距 0.5m,从地圈梁上 0.5m 处开始摆放直至屋顶。

59

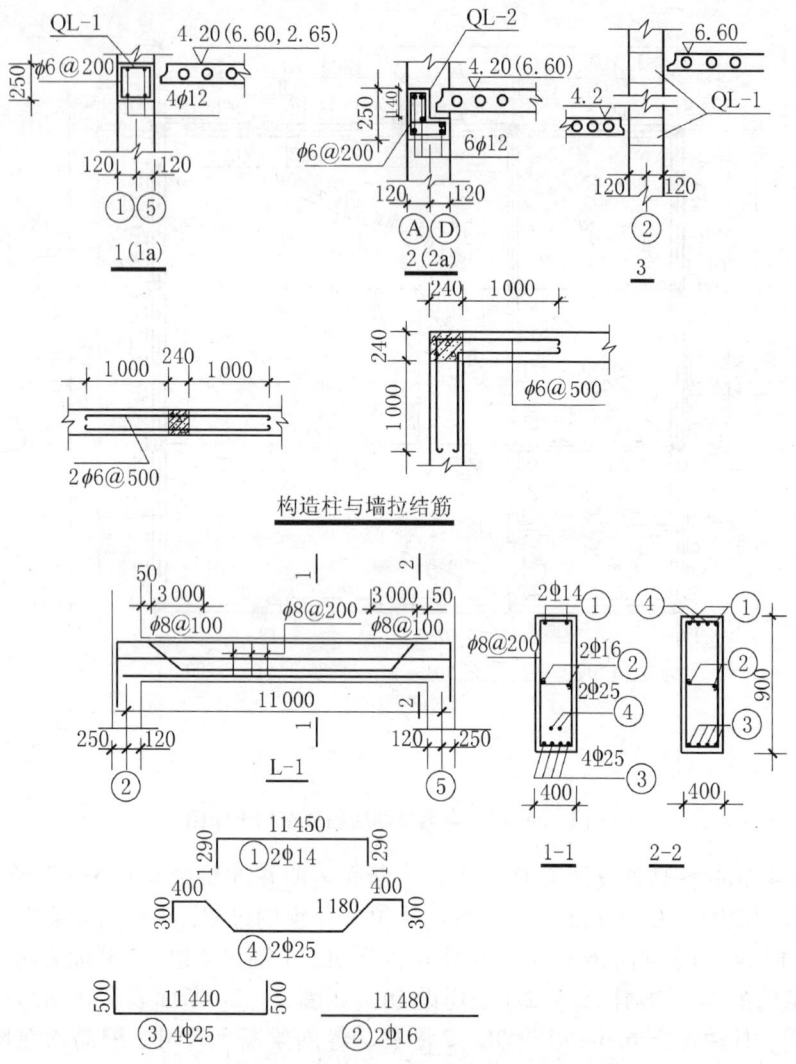

图 1-36(f)　电器维修店构造节点及 L-1 梁详图

下图为 L-1 梁的纵剖面图和断面 1-1、2-2 详图。纵剖面图表明梁长(柱间净长)是 11 000mm-240mm=10 760mm。柱外皮长是 11.0m +0.5m=11.5m(预算计算时,梁体积按净长,钢筋的配置和计算长度按外皮长)。断面图表明梁高 0.9m,宽 0.4m。①号筋 2φ14mm 在梁的上部,②号筋 2φ16mm 在梁的中部,③号筋 4φ25mm 在梁的下部,④号筋

2 φ25mm在③号筋的上部,在支座处弯到了梁的上部与①号筋并排(见2-2断面)。箍筋为φ8mm,在梁两端3m范围内间距为100mm,其余处间距为200mm。

图1-36(g)中,L-2详图表明梁长在轴线间为4.2m,净长为4.2m-0.24m=3.96m。钢筋编号是接着L-1梁编号编排的,⑤号筋在上部,为2φ14mm,⑥号筋在下部,为3φ18mm,箍筋为φ6mm@200mm。

B-1板详图表明,板长3.9m,宽0.8m,厚0.13m,中间开洞直径为0.4m。洞两侧配筋分别是3φ16mm,均匀布置。洞两端各配3根φ12mm钢筋,相距50mm均匀布置,用于加强板的洞口处的强度。另沿洞口上下布置3根φ12mm的环形筋,以加强洞口强度(详见1-1断面)。板的

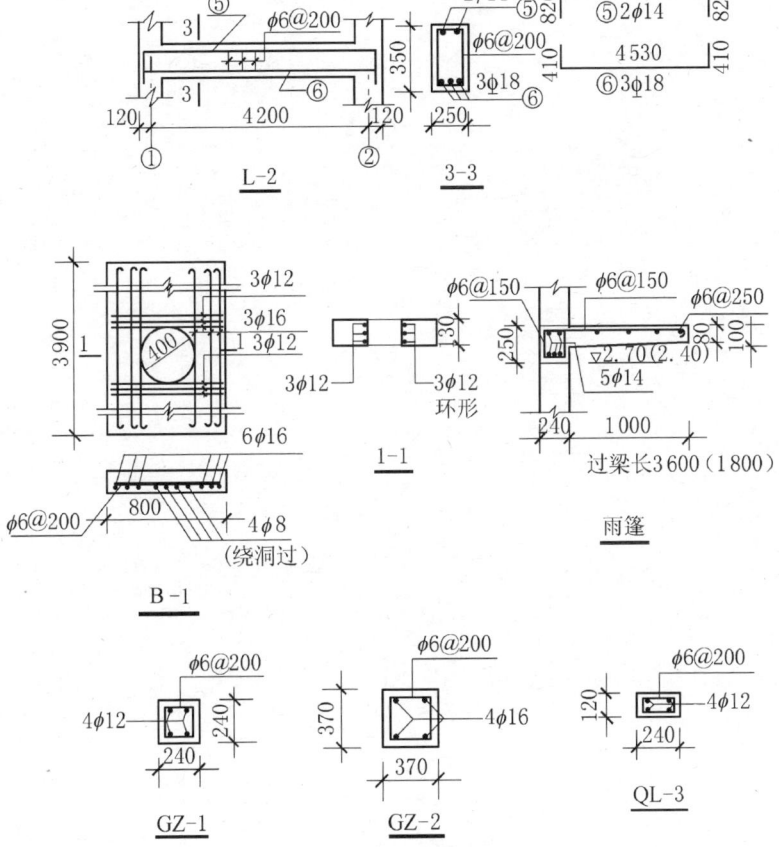

图1-36(g)　电器维修店构件详图

长方向布置分布筋 φ6mm@200mm,在板宽洞口范围内布置 4 根 φ8mm 受力筋,经过洞时绕洞而过。

　　雨篷详图表明,雨篷有两个,挑出外墙皮均为 1.0m,雨篷和过梁同长,分别为 3.6m、1.8m。雨篷主筋为 φ6mm,间距为 0.25m,与过梁箍筋形成一体。雨篷分布筋为 φ6mm@250mm。过梁主筋为 5φ14mm,上部 2 根,下部 3 根。

　　构造柱详图表明,GZ－1 断面尺寸为 240mm × 240mm,主筋为 4φ12mm,箍筋为 φ6mm@200mm;GZ－2 断面尺寸为 370mm × 370mm,主筋为 4φ16mm,箍筋为 φ6mm@200mm。

　　圈梁 QL－3 详图表明其断面尺寸为 120mm × 240mm,主筋为 4φ12mm,箍筋为 φ6mm@200mm。

第二章 土建工程预算、概算

第一节 概　　述

一、预算分类

1. 相关概念

建设项目:指一个工厂、一所学校、一所医院等,它包括若干个单项工程。

单项工程:指一个具有独立使用功能的建筑,如一幢办公楼、一幢住宅楼、一个车间。它由若干个单位工程组成。

单位工程:具有独立的施工图纸和施工、设计专业,单独编制预算的工程,如土建工程、安装工程(给排水、采暖、通风、电气),它们是单项工程的组成部分。

分部工程:在土建工程定额内由若干分部组成,如实体项目有土石方、砌筑、混凝土……措施项目有模板脚手架等。

分项工程:分部工程内由若干分项组成的工程,如钢筋混凝土分部工程内由现浇梁、现浇板、预制梁、预制板等分项工程组成。

定额子目:在分项工程中所分的子项叫子目,如现浇混凝土矩形梁、现浇混凝土异形梁等。子目是定额的基本项目,规定了其基价及人工、材料、机械使用费和其消耗量。

建设项目、单项工程、单位工程、分部工程、分项工程、定额子目之间的关系举例如图 2-1 所示。

2. 分类

何谓预算? 预算即按编制要求和规定计算单位工程的工程造价(元)和耗用人工、材料的数量,并汇总出单项工程的造价(元)和人工、材料耗用量。

预算包括设计概算、施工图预算和竣工决算。概算、预算、决算谓之"三算",统称工程预算。

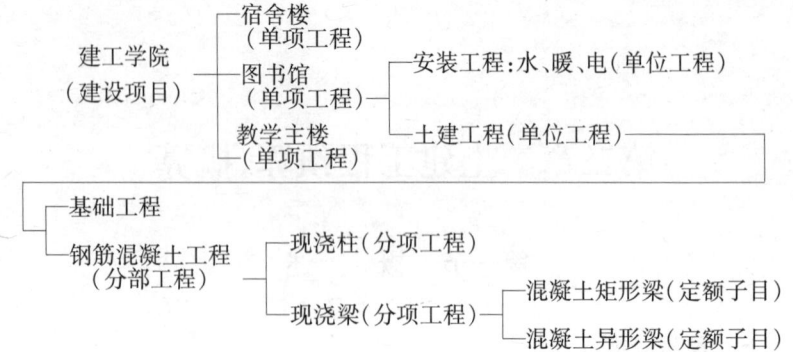

图 2-1　预算相关概念间关系

概算、预算、决算之间的关系是:在工程初步设计阶段,用概算定额编制设计概算;在施工图阶段,用预算定额编制施工图预算(由施工单位编制);在工程竣工时,编制竣工决算,有时在施工图预算的基础上修改预算后作为竣工决算。一项工程要求预算不能超出概算,决算不能超出预算,以保证工程投资不超过计划。

工程建设程序与概算、预算、决算之间的关系流程图如图 2-2 所示。

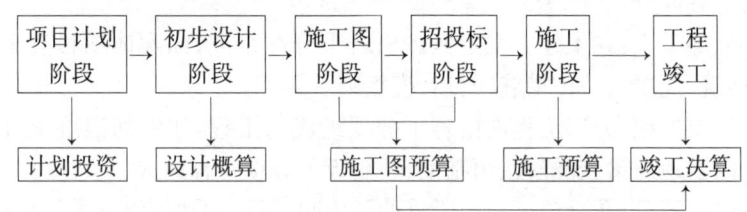

图 2-2　工程建设程序与概算、预算、决算的关系流程图

现在招投标工程要编制招标控制价、投标报价、竣工结算总价等,都属预算工作范畴(第四章专讲)。

本书主要针对施工图预算投标报价编制进行讲述,同时也就会触类旁通地使读者熟悉其他行业专业的预算编制理论和方法。

二、施工图预算

1. 施工图预算的作用

施工图预算有以下作用:

(1) 它是甲乙双方签订工程承包合同中工程造价的依据,也是工程竣工决算的依据。

（2）它是工程招投标中的招标标底和投标标价的依据。为了实现工程承包的公开、平等、竞争，国家要求推行招投标制，建设单位做的预算造价为标底，施工单位做的预算造价为标价，规定按低价中标原则评标，由此可见施工图预算在工程招投标中的重要性。

（3）它是工程分期拨款和银行贷款的依据。在工程施工过程中，根据工程进度分期分批拨款，有时需要向银行贷款，拨款和贷款的依据均以预算造价为准。

（4）它是施工单位编制施工进度计划、材料供应计划和劳动力计划的依据。预算书（表）中有各项工程的工程数量和人工、材料的用量，这些数据是编制各种计划的依据。

（5）它是施工单位进行经济活动分析的依据，也是进行班组之间分包工的依据。工程预算中分别算出了工程的各项费用，为工程施工过程中和完工以后分析各项费用的节约和超支提供了依据。

2. 编制施工图预算的依据

施工图预算的编制依据包括：

（1）建筑工程施工图，选用的标准图集及设计变更文件说明等。这些资料是计算工程量最重要的依据。

（2）预算定额或单位估价表。定额和估价表中规定了分项工程中子目的单价、人工费、材料费、机械费及用工用料的数量，这些是计算工程直接费的参考依据，也是计算用工用料的唯一依据。使用时，必须采用工程所在地区的现行定额。

（3）工程取费定额及人工、材料、机械调价的规定文件。取费定额也称取费标准，它规定了工程管理费、利润、规费、税金计取标准和方法。人工、材料、机械台班的单价随时间变化，当与定额中的预算价格比较已发生变化时，为了保证预算的真实性，必须进行调整。调整时，可按照各地的定额管理站定期下达的文件规定进行。

（4）施工现场自然状况、地质资料等，这是确定平整场地、开挖土石方方案的依据。

（5）施工组织设计及重大施工方案。施工组织设计是由施工单位编制（部分专业化工程由设计院编制）、指导施工的重要文件。它主要包括施工总平面布置、重大施工方案、施工机械的选用等。所以施工组织设计是编制预算时确定挖土方案、运土距离、混凝土构件的制作方式及运输距离等的依据。如果在编制预算时没有施工组织设计,则要根据自己的经验和现场实际编制。

3. 单项工程施工图预算包括内容

单项工程的施工图预算包括以下内容:

(1)预算编制说明。说明工程概况、使用的图纸、定额、取费标准文件的名称等。

(2)工程造价汇总表、主要材料用量汇总表。各单位工程(土建、水、暖、电)预算编完后将其造价及材料予以汇总。

(3)土建工程预算表。该表是预算的主要部分,详见表2-1,包括工程项目名称、工程单位、数量、单价、复价、定额编号、各项费用及工程造价,是土建单位工程预算的最终成果。

(4)安装工程预算表。包括给排水预算表、采暖预算表、通风预算表、电气预算表。内容大致同土建预算表,是安装单位工程预算的最终成果。

(5)工料分析表。包括土建工料分析表、安装工料分析表,分析深度视预算作用而定。

4. 单位工程施工图预算编制程序步骤

工程预算造价构成如图2-3所示,它将使你明确了解工程造价的构成和预算编制。

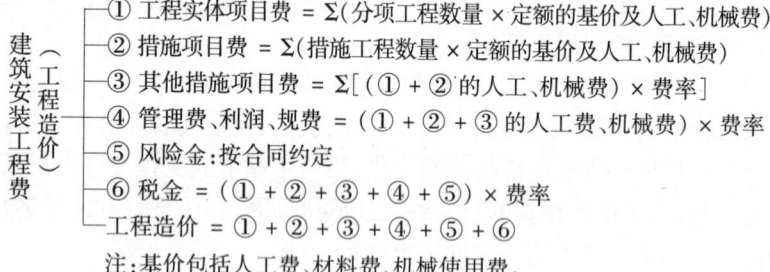

图2-3 工程预算造价构成

预算编制步骤如下:

(1)搜集资料,即编制预算的依据资料,如图纸、定额、取费标准、施工方案、现场情况、材料及人工市场价格等信息。

（2）计算工程量。计算工程量是最重要的一道工序，约占整个预算工作量的70%左右。计算工程量要根据定额的分项和计算规则的规定计算，本书根据工程量计算规则编制了一套"程序公式"，可简便快速地计算。工程量分实体项目和技术措施项目。

（3）填写预算表和套定额。将实体项目工程量、措施项目工程量及其他措施项目分别填在预算表中，然后查定额，填上各项目的基价及人工费、机械费和其他措施各项目的取费率（称为套定额）。

（4）计算各项费用。

① 实体项目费：工程量×基价及人工费、机械费，然后合计。

② 措施项目费：工程量×基价及人工费、机械费，然后合计。

③ 其他措施项目费：实体项目、措施项目的人工费和机械费合计×费率。

④ 管理费、利润、规费：实体项目费、措施项目、其他措施项目中（人工费+机械费）×费率。

⑤ 风险金：按合同规定计取，如有的规定为实体、技术措施费的5%。

⑥ 税金：（实体项目费+措施项目费+其他措施项目费+管理费、利润、规费+风险金）×费率。

工程造价=实体项目费+措施项目费+其他措施项目费+管理费、利润、规费+风险金+税金。

（5）工料分析，即计算单位工程的用工、用料的数量。工料计算的种类，根据需要，一般要算出三大材料（钢材、木材、水泥）。如果材料调价按实际价格进行调整，则必须计算出要进行实际调价的所有材料的数量。

（6）技术经济分析，分析出每平方米建筑面积的造价和各种材料用量，以此可衡量设计方案的经济合理性、预算编制的准确性。主要经济指标如下：

造价指标：$\dfrac{\text{造价（元）}}{\text{建筑面积（m}^2\text{）}}=\quad\text{元/m}^2$

钢材：$\dfrac{\text{钢材用量（kg）}}{\text{建筑面积（m}^2\text{）}}=\quad\text{kg/m}^2$

木材：$\dfrac{\text{木材用量（m}^3\text{）}}{\text{建筑面积（m}^2\text{）}}=\quad\text{m}^3/\text{m}^2$

$$水泥:\frac{水泥用量(kg)}{建筑面积(m^2)} = \quad kg/m^2$$

（7）汇总，书写编制说明，复印、装订成一式数份。将土建、安装各单位工程的预算造价汇总在一张表上，计算出单项工程的总造价。

编制说明主要说明图纸名称编号、定额名称、取费标准、人工及材料调价的依据文件和其他需要说明的事项。定额、取费详见第三、四节。

5. 举例

表2-1是某住宅楼的土建预算书（表），以此为例说明预算的形式和主要内容。

预算书（表）中的数量即工程分项的工程量，是根据施工图计算而来的。定额编号和单价从定额中查得，即所谓套定额。管理费、利润、规费、税金根据取费标准和取费程序方法计算，合计为工程造价。

从上例看出，预算工作并不难学，第一步计算工程量，第二步套定额，第三步取费。工程量算得要准，定额套得要合理，取费要按规定，这样编制的预算就可以达到标准。可见让更多的专业人员和管理人员学会、掌握，并能快速、准确地编制和审核预算不难做到。

三、工程量计算方法概述（"程序公式"模式计算法）

工程量计算是编制预算的主要环节，学习工程量计算最重要的是解决：①计算哪些项目；②先算什么，后算什么，如何安排；③每个项目如何计算，如何列算式；④如何算得准、算得快，掌握一些经验和技巧。

工程量计算的特点是：项目多、数字多、计算量大、繁琐，要一点一点地去抠，占时间长，漏算、错算难以避免。由于没有一个统一的计算模式，大家都依据定额中工程量计算规则去算，每个人的思路、习惯、方法、技巧不同，速度和准确度差异也较大。在计价算量软件不断成熟的今天，个人的综合计算能力依然主导着工程造价的诸多方面。本书将从以下几方面着手考虑。

（一）工程量计算要灵活机动、主次分明

工程量计算很难做到绝对准确、丝毫不差，过分追求会束缚住自己的手脚，难有进展，要该细的细，该粗的粗些。一般主要项目、单价高的

工程名称：住宅楼（土建）　　建筑面积：521.31 m²

预算造价：469 963.82 元

表 2 - 1　建筑工程预算书

序号	定额编号	子　目　名　称	工 程 量		价值（元）		其中（元）	
			单 位	工程量	单　价	合　价	人工费	机械费
		一、实体项目						
1	A1 - 39	人工 平整场地	100m²	1.71	142.88	244.32	244.32	0
2	A1 - 11	人工挖沟槽 一、二类土 深度（2m 以内）	100m³	2.28	1 529.38	3 486.99	3 486.99	0
3	借 B1 - 2 换	垫层 灰土 3:7	10m³	3.58	1 191.13	4 264.25	1 494.15	133.25
		（其他项目略）						
		钢筋混凝土						
9	A4 - 84	预制钢筋混凝土 屋架 拱板	10m³	2.71	3 940.36	10 678.38	2 556.07	647.53
10	A4 - 74	预制钢筋混凝土 过梁	10m³	0.35	3 253.63	1 138.77	275.1	111.96
11	A4 - 23	现浇钢筋混凝土 圈梁弧形圈梁	10m³	1.33	3 498.43	4 652.91	1 860.94	92.01
		（其他项目略）						
		墙体						
35	A3 - 3	砖砌内外墙（墙厚）一砖	10m³	18.35	3 204.01	58 793.58	14 654.31	721.34
36	A3 - 30	砌体内钢筋加固	t	0.34	6 185.74	2 103.15	567.53	12.76
		屋面						
37	A8 - 230	屋面保温 1:6 水泥炉渣	10m³	1.38	2 550.76	3 520.05	537.04	104.26
38	A8 - 228	屋面保温 加气混凝土块	10m³	3.42	2 268.89	7 759.6	782.8	0

序号	定额编号	子目名称	单位	工程量	单价	合价	人工费	机械费
			工程量		价值（元）		其中（元）	
39	借 B1 – 27 + B1 – 30	找平层 水泥砂浆	100m²	1.98	1 125.49	2 228.47	1 073.95	63.5
40	A7 – 42	屋面防水 防水层 石油沥青 三毡四油带砂	100m²	1.98	6 720.65	13 306.89	1 278.29	0.61
		（其他项目略）						
		地面、楼面						
44	借 B1 – 1	垫层 素土	10m³	4.1	243.12	996.79	828.61	127.18
45	借 B1 – 2	垫层 灰土 3:7	10m³	1.41	1 115.37	1 572.67	490.4	43.74
46	借 B1 – 24	垫层 混凝土	10m³	0.09	2 624.85	236.24	69.55	6.55
		（其他项目略）						
		装修及其他						
58	借 B3 – 1	天棚抹灰 石灰砂浆 混凝土	100m²	4.76	1 456.28	6 931.89	4 958.02	108.34
59	借 B2 – 2	石灰砂浆 墙面 标准砖	100m²	9.37	1 701.97	15 947.46	11 602.87	319.89
60	借 B2 – 139	内墙瓷砖 水泥砂浆粘贴 152×152	100m²	2.54	8 204.53	20 839.51	11 100.05	231.47
		（其他项目略）						
		门窗						
66	借 B4 – 55	普通木门框 单裁口 制作	100 m	2.43	2 032.96	4 940.09	354.29	82.91
67	借 B4 – 56	普通木门框 单裁口 安装	100 m	2.43	536.68	1 304.13	835.43	2.28

序号	定额编号	子目名称	单位	工程量	单价	合价	人工费	机械费
			工程量		价值（元）		其中（元）	
68	借B4-1	胶合板门厨 制作	100m²	0.55	10857.49	5971.62	961.95	177.69
		（其他项目略）						
		二、措施项目						
		（一）可竞争项目						
84	A11-5	外墙脚手架 外墙高度在15m以内 单排	100m²	5.07	1117.41	5666.61	1789.12	241.39
85	A11-20	内墙砌筑脚手架 3.6m以内里脚手架	100m²	5.72	257.78	1474.17	1142.6	54.44
86	借B7-3	外墙面装饰脚手架 外墙高度15m以内	100m²	5.07	1368.96	6942.27	2428.09	144.83
87	借B7-20	简易脚手架 天棚	100m²	16.15	119.92	1937.3	882.06	153.79
88	借B7-21	简易脚手架 墙面	100m²	4.24	36.09	152.96	81.38	20.17
89	A13-5	建筑物垂直运输 ±0.00m以上,20m（6层）以内 砖混结构 卷扬机	100m²	5.21	1262.65	6578.41	0	6578.41
90	A12-62	现浇混凝土复合木模板 地圈梁模板	100m²	0.62	4392.78	2723.52	1055.18	70.23
		（其他项目略）						
		建筑及措施合计				224292.6	60605.27	16168.1
		装饰装修				128782.7	61173.51	2592.27
105	借B8-5	垂直运输费 ±0.00以上 建筑物檐高20m以内/6层以内	100工日	61173/60÷100=10.19	381.59	3759.58	0	3759.58

（二）其他可竞争项目措施费汇总表（实体、措施人工费＋机械费）×费率

序号	定额编号	子目名称	工程量		价值（元）		其中（元）	
			单位	工程量	单价	合价	人工费	机械费
106	A15-59	1. 建筑部分	基数	76773.37				
		冬季施工增加费			0.64%	491.35	99.81	20.27
		（其他项目略）						
115	B9-1	2. 装修部分	基数	67525.36				
		冬季施工增加费			0.28%	189.07	101.29	
		（其他项目略）						
		1. 直接费合计						
		①土石方、垂直运输				14405.58	6777.01	7234.58
		②建筑工程（含措施）				204307.12	51837.33	10329.5
		③装饰装修（含措施）中其他可竞争及不可竞争的装修部分				148631.40	67549.23	6581.87
		2. 直接费中人工费＋机械费						
		①土石方、垂直运输：						
		②建筑工程（含措施）：				14011.59		
		③装饰装修：				62166.78		
		3. 企业管理费				74131.10		

序号	定额编号	子目名称	工程量		价值(元)		其中(元)	
			单位	工程量	单价	合价	人工费	机械费
		① 土石方、垂直运输:(2) ①×4%				560.46		
		② 建筑工程(含措施):(2) ②×17%				10 568.35		
		③ 装饰装修:(2) ③×18%				13 343.60		
		4. 利润						
		① 土石方、垂直运输:(2) ①×4%				560.46		
		② 建筑工程(含措施):(2) ②×10%				6 216.68		
		③ 装饰装修:(2) ③×13%				9 637.04		
		5. 规费						
		① 土石方、垂直运输:(2) ①×7%				980.81		
		② 建筑工程(含措施):(2) ②×25%				15 541.70		
		③ 装饰装修:(2) ③×20%				14 826.22		
		6. 价款调整:(按合同确认的方式方法)						
		7. 安全生产、文明施工费						
		① 土石方、垂直运输:(1+3+4+5+6)×3.55%				586.01		
		② 建筑工程(含措施):(1+3+4+5+6)×3.55%				8 400.50		
		③ 装饰装修:(1+3+4+5+6)×3%				5 593.15		
		8. 税金:(1+3+4+5+6+7)×3.48%				15 804.74		
		9. 工程造价:(1+3+4+5+6+7+8)				469 963.82		

项目要细算,尽量准确;单价低的、小的项目,难以算得准确的项目,则不必为之花费太多的时间,纠缠不休。总之,不要眉毛胡子一把抓,丢掉西瓜去拣芝麻。

（二）要有效地利用统筹法的"三线"、"一面",一次算出、多次使用

"三线"即外墙中心线、外墙外边线、内墙净长线。三线的长度与计算基础、墙体、墙面抹灰、圈梁、散水等工程量有相关的联系。

"一面"即底层建筑面积,它与平整场地、地面、楼面、屋面工程量有相关的联系,可以一次算出来多次重复使用。

（三）合理安排先后顺序,避免多次翻阅图纸

工程量项目多,翻阅图纸的次数多,计算顺序考虑不好则会来回、反复翻阅图纸、找数字,既麻烦,又占去很多时间。工程量计算一般有四种顺序:一是按图纸顺序计算;二是按定额分部分项顺序计算;三是按施工先后顺序计算;四是按统筹法原理计算。这四种方法各有利弊,要择其利。

综合以上四种方法,本书认为按以下顺序计算较为合理:基础→钢筋混凝土→门窗→墙体→屋面→楼地面→装修→措施项目。这种顺序符合先主后次,先结构后建筑,还顺应施工顺序和工程在头脑里的形象。

（四）复杂问题简单化(制成表格),常用数据手册化(制成手册)

砖基础大放脚的计算、混凝土条形基础大放脚的计算,有的要增加,有的要扣除,很麻烦,可以制成表格,便于相关数据查找。各种常用数据、标准图的工程数量等也可汇集成手册,便于查询,否则为找数据去重复翻书,查图很烦人、很耗时。

（五）钢筋计算利用乘系数法、m^2 折算法及钢筋表计算法

钢筋施工数量的计算很麻烦,有人比喻计算钢筋如同抽筋,确实有一定道理。

1. 乘系数法

长钢筋由于不够长需要搭接时,规定 8m 或 6m 一个接头搭接 $30D$,钢筋两端的锚固也要有一定的长度($30D$),按要求一一计算很麻烦,经测算,其增加长度约为构件长度的 10% 左右,为了简便可以用构件长 $\times 1.1$ 去计算。单对某一构件,误差可能大些,但对于一个工程而言差别很小。

2. m² 折算法

不规则平面上的配筋长短不一,要逐根计算,如果钢筋间距相同、直径相同,则可以计算出 1m² 的数量,再乘以面积,其结果计算误差很小。

3. 钢筋表计算法

当工程的钢筋混凝土梁的构件数量种类多,并列有钢筋表时,可在钢筋表上直接计算钢筋的长度,省去列很多算式和重复的计算。

(六)在同一张图纸上计算要有规律,应标注记号,以防漏算、重算

在一张图纸上先算什么、后算什么、如何计算,要有一定的规律和方法。常用的方法有如下两种:

1. 顺时针计算法

按先外墙、后内墙,先纵墙、后横墙,从左至右顺时针转向计算长度和统计构件数量,如图 2-4 所示。①路用于计算外墙基础长、外墙长、圈梁长、过梁根数;②路计算内纵墙上基础长、墙长、圈梁长、过梁数量;③路计算内横墙上基础长、墙长、圈梁长、过梁根数及预制板的数量。

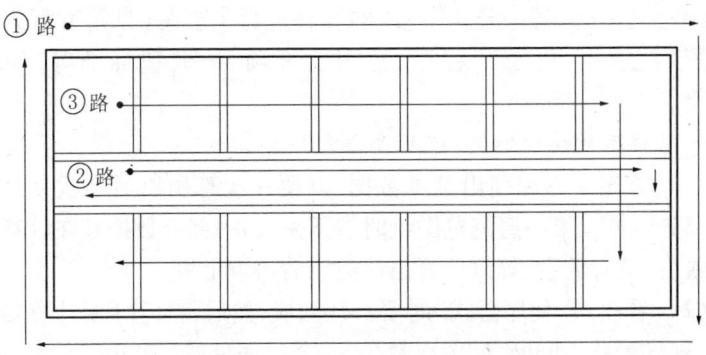

图 2-4 工程量计算顺时针法

2. 标记号计算法

在计算长度和统计构件数量过程中,为了防止漏算和重算,将计算过的构件标注记号"√"。

(七)算什么按程序,怎么算有公式

算什么、怎么算是初学者常遇到的问题,往往因此看着图纸发愣,不知从何入手。对于工作多年的预算员,也有遇到问题现想公式的情况,

不仅浪费时间,还会因考虑不周而出现错误。若将常用分部分项工程的工程量计算编制成"程序公式",就可以不加思索地去按"程序公式"计算。

（八）"程序公式"模式计算法

综合以上几方面的研究分析,本书提出了"程序公式"模式计算法,经过深思熟虑,将常用的工程项目按照工程计算规则编制了若干个工程量计算"程序公式"。

1. "程序公式"模式计算法的优点

（1）为预算人员提供快速、准确、简便易学的计算方法,只需按"程序公式"计算,不必反复看规则、想方法、找公式。

（2）使工程量计算从随意性变成程序化、公式化、标准化、规范化。公式容易记住,操作方便,需要审核校对时也快捷,同时提高了预算编制质量和水平。

（3）使预算工作者摆脱了繁琐枯燥的数字计算,变其为有趣的数字游戏,极大地提高了计算速度和减轻了脑力劳动,使预算工作者能够轻松愉快地工作。

（4）对配合"程序公式"使用的资料进行了汇总（见第五章）,包括常用资料、数据、标图工程量、常用定额项目、取费标准等,使用更加方便。

2. 怎样有效快捷地使用"程序公式"模式

（1）首先计算和列出基本数据,以便一次算出以后多次使用。其中一部分数据在第一遍浏览图纸时抄下来,另一部分数据是在计算时先列出项目,空着数字,等以后算出该数字后再填上去。

（2）看图列"程序公式"时要一气列成,然后再计算（用计算器或算盘）。这样思路不间断,翻图次数少,一个工程只需几个小时就可列完。

（3）有些常用数据要记住,可减少翻手册找数据和按计算器的次数和时间,如钢筋每米重量,钢板每平方米重量,圈梁、柱断面积$[0.24 \times 0.25 \setminus 0.37 \times 0.25 \setminus (0.37 \times 0.25 - 0.12 \times 0.14)]$,$12.5d$ 的长度,弯起筋的增长系数等。

（4）一个单位工程的工程量计算"程序公式"可列一遍、计算一遍,填表时再看一遍,一共经过三遍。算式中空缺的数字,在第二遍计算出该数后填上去,如墙体要扣的圈梁、构造柱等,在第三遍填表时就可以算出其体积填在预算表上。

（5）填表（预算表）时要注意实体项目（建筑、装饰装修）、措施项目分别前后填写（一是实体项目，二是措施项目）。

（6）经过数个工程的实践，就可以记住"程序公式"，从而熟练地加以运用。

"程序公式"模式本书首次推出，属于首创。所谓模式是因为书中只列出了部分常用项目的工程量计算"程序公式"，未包罗所有的工程项目，其他项目需要时可随时补充上去。

现行的2012定额在结构、内容和计算规则方面全国各地均相同，所以"程序公式"模式全国各地均可使用。

第二节　工程量计算规则、方法及"程序公式"

工程量计算要注意以下几点：

（1）单位要统一。工程量计量单位要与定额保持一致，长度以 m 为单位，面积以 m^2 为单位，体积以 m^3 为单位。因此图纸中的毫米（mm）要换算成 m，如 3 300mm 换算成 3.3m，240mm 换算成 0.24m 等。

（2）公式要规范。

面积：$S = 长 \times 宽 = \quad m^2$

体积：$V = 长 \times 宽 \times 高（厚）= \quad m^3$

重量：钢筋　m × 　kg/m = 　kg

　　　　钢板　m^2 × 　kg/m^2 = 　kg

（3）数字要精确。工程量计算过程中和其计算结果要保留两位小数，预算表中合价也保留两位小数。

（4）工程分项要与定额相一致，并书写清楚，以防查定额时因写得不清楚再去查图纸。如 M2.5 混合砂浆砌 240 砖外墙要写明砂浆标号、墙厚、外墙；C20 现浇单梁要写明混凝土标号、现浇单梁。

（5）算式要简练，以提高计算速度。为此预算的算式有其特殊性，即等式两边量纲不一定是恒等。如 C20 现浇混凝土圈梁，30 + 30 + 40 = 100 × 0.24 × 0.25 = 6m³，第一个等号的前面是三段圈梁的长，共 100m，等号后边是 100m 长乘以断面面积，第二个等号的后面 6m³ 是计算结果，为了计算简便连着写下来，所以等号两边量纲不一定均系恒等。从数学列式来看是不合理的,但预算为了简便是可以的。

下面按工程量的计算顺序,分别介绍各分项工程的计算规则、方法及其具体的计算"程序公式"。实际工作中计算工程量的顺序、方法、项目、程序、公式按下列所述即可。

为了计算方便,实体项目和技术措施项目统一编入程序计算,填预算表时分别填入。

一、基本数据

1. 基本数据的作用

基本数据是计算工程量经常重复用到的主要数据,数据的多少要根据工程的复杂程度和每个人运用的习惯而选用,写在计算书的首页,以便查用。

基本数据中一部分数据可在第一遍浏览图纸的过程中摘抄下来[下述(1)~(4)],有的数据是在工程量计算过程中将其结果填上,还有的是就地算出来的。

有了这些数据,就可大大减少反复翻阅图纸找数据的时间,另外还可以根据这些基本数据推算出一部分工程量来,又可以作为核对工程量的依据。这些基本数据一定要准确无误。

2. 基本数据包括的内容

基本数据包括以下内容:

(1) 房高,即檐下总高度:$H =$ m。

(2) 室内外差,即室外地坪至标高 ±0.00 的高度:$H_{差} =$ m。

(3) 女儿墙净高:$H_{女} =$ m。

(4) 楼层层数:$n =$ 层,层高 =   m。

(5) 一层建筑面积:$S_1 =$ m^2(建筑面积算完后抄过来)。

(6) 总建筑面积:$S = S_1 + S_2 + \cdots + S_{阳} + \cdots =$ m^2。

(7) 外墙中心线总长度:$L_{中} =$ m(各层不同,分别计算)。

(8) 外墙外边线长:$L_{外} = L_{中} + 4 \times$ 墙厚(240mm 厚墙为 0.96) =   m。

(9) 内墙净长线:一层 $L_{净} =$ m;标准层 $L_{净} =$ m。

(10) 一层地面面积:$S_{地} = S_1 - L_{中} \times$ 墙厚 $- L_{净} \times$ 墙厚 =   m^2。

(11) 楼面面积:$S_{楼} = \sum\limits_{2}^{n} S_i - \sum\limits_{2}^{n} (L_{中} \times$ 墙厚 $+ L_{净} \times$ 墙厚) =   m^2。

（12）楼梯工程量面积：$S_梯 = \quad m^2$。

（13）阳台工程量面积：$S_阳 = \quad m^2$。

注意：工程很小，只有几张图时，以上数据不必抄在计算书首页；工程较大，图纸有数十张之多时，要抄下来，以利于查找；当各层面积不同、墙布置不同时，要各层分别计算面积和墙长；当差别不大时，可以底层为准，个别调整，这应在实践中自己去体会。

【例】　计算图 2-5 中的 $L_中$、$L_外$、$L_净$、S、$S_地$。

解：外墙中心线长：

$$L_中 = (6.6 + 5.0) \times 2 = 23.2m$$

外墙外边线长：

$$L_外 = 23.2 + 0.96（即 0.24 \times 4）$$
$$= 24.16m$$

内墙净长线：

$$L_净 = 5.0 - 0.24 = 4.76m$$

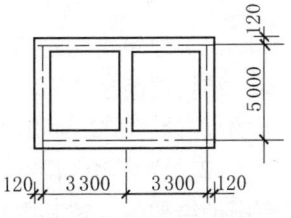

图 2-5　小平房平面图

建筑面积：

$$S = (6.6 + 0.24) \times (5.0 + 0.24) = 35.84m^2$$

室内净面积：

$$S_地 = 35.84 - 23.2 \times 0.24 - 4.76 \times 0.24$$
$$= 29.13m^2$$

复杂图形的外墙中心线长、外边线长计算如图 2-6 所示。

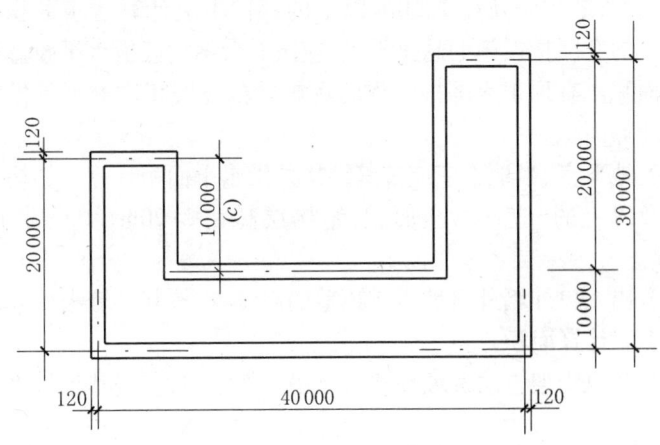

图 2-6　复杂外墙平面示意图

外墙中心线长：

$$L_{中} = (长 + 宽) \times 2 + 重合部分(c) \times 2$$
$$= (40 + 30) \times 2 + 10 \times 2 = 160\text{m}$$

外墙外边线长：

$$L_{外} = 160 + 0.96 = 160.96\text{m}$$

二、计算建筑面积新规则①（2013 规范）

1. 计算建筑面积的规定

（1）建筑物的建筑面积应按自然层外墙结构外围水平面积之和计算。结构层高在 2.20m 及以上的，应计算全面积；结构层高在 2.20m 以下的，应计算 1/2 面积。

（2）建筑物内设有局部楼层时，对于局部楼层的二层及以上楼层，有围护结构的应按其围护结构外围水平面积计算，无围护结构的应按其结构底板水平面积计算，且结构层高在 2.20m 及以上的，应计算全面积，结构层高在 2.20m 以下的，应计算 1/2 面积。

（3）对于形成建筑空间的坡屋顶，结构净高在 2.10m 及以上的部位应计算全面积；结构净高在 1.20m 及以上至 2.10m 以下的部位应计算 1/2 面积；结构净高在 1.20m 以下的部位不应计算建筑面积。

（4）对于场馆看台下的建筑空间，结构净高在 2.10m 及以上的部位应计算全面积；结构净高在 1.20m 及以上至 2.10m 以下的部位应计算 1/2 面积；结构净高在 1.20m 以下的部位不应计算建筑面积。室内单独设置的有围护设施的悬挑看台，应按看台结构底板水平投影面积计算建筑面积。有顶盖无围护结构的场馆看台应按其顶盖水平投影面积的 1/2 计算面积。

（5）地下室、半地下室应按其结构外围水平面积计算。结构层高在 2.20m 及以上的，应计算全面积；结构层高在 2.20m 以下的，应计算 1/2 面积。

（6）出入口外墙外侧坡道有顶盖的部位，应按其外墙结构外围水平面积的 1/2 计算面积。

（7）建筑物架空层及坡地建筑物吊脚架空层，应按其顶板水平投影

① 摘自现行国际《建筑工程建筑面积计算规范》（GB/T 50353—2013）。

80

计算建筑面积。结构层高在2.20m及以上的,应计算全面积;结构层高在2.20m以下的,应计算1/2面积。

(8)建筑物的门厅、大厅应按一层计算建筑面积,门厅、大厅内设置的走廊应按走廊结构底板水平投影面积计算建筑面积。结构层高在2.20m及以上的,应计算全面积;结构层高在2.20m以下的,应计算1/2面积。

(9)对于建筑物间的架空走廊,有顶盖和围护设施的,应按其围护结构外围水平面积计算全面积;无围护结构、有围护设施的,应按其结构底板水平投影面积计算1/2面积。

(10)对于立体书库、立体仓库、立体车库,有围护结构的,应按其围护结构外围水平面积计算建筑面积;无围护结构、有围护设施的,应按其结构底板水平投影面积计算建筑面积。无结构层的应按一层计算,有结构层的应按其结构层面积分别计算。结构层高在2.20m及以上的,应计算全面积;结构层高在2.20m以下的,应计算1/2面积。

(11)有围护结构的舞台灯光控制室,应按其围护结构外围水平面积计算。结构层高在2.20m及以上的,应计算全面积;结构层高在2.20m以下的,应计算1/2面积。

(12)附属在建筑物外墙的落地橱窗,应按其围护结构外围水平面积计算。结构层高在2.20m及以上的,应计算全面积;结构层高在2.20m以下的,应计算1/2面积。

(13)窗台与室内楼地面高差在0.45m以下且结构净高在2.10m及以上的凸(飘)窗,应按其围护结构外围水平面积计算1/2面积。

(14)有围护设施的室外走廊(挑廊),应按其结构底板水平投影面积计算1/2面积;有围护设施(或柱)的檐廊,应按其围护设施(或柱)外围水平面积计算1/2面积。

(15)门斗应按其围护结构外围水平面积计算建筑面积,且结构层高在2.20m及以上的,应计算全面积;结构层高在2.20m以下的,应计算1/2面积。

(16)门廊应按其顶板的水平投影面积的1/2计算建筑面积;有柱雨篷应按其结构板水平投影面积的1/2计算建筑面积;无柱雨篷的结构外边线至外墙结构外边线的宽度在2.10m及以上的,应按雨篷结构板的水平投影面积的1/2计算建筑面积。

（17）设在建筑物顶部的、有围护结构的楼梯间、水箱间、电梯机房等，结构层高在 2.20m 及以上的应计算全面积；结构层高在 2.20m 以下的，应计算 1/2 面积。

（18）围护结构不垂直于水平面的楼层，应按其底板面的外墙外围水平面积计算。结构净高在 2.10m 及以上的部位，应计算全面积；结构净高在 1.20m 及以上至 2.10m 以下的部位，应计算 1/2 面积；结构净高在 1.20m 以下的部位，不应计算建筑面积。

（19）建筑物的室内楼梯、电梯井、提物井、管道井、通风排气竖井、烟道，应并入建筑物的自然层计算建筑面积。有顶盖的采光井应按一层计算面积，且结构净高在 2.10m 及以上的，应计算全面积；结构净高在 2.10m 以下的，应计算 1/2 面积。

（20）室外楼梯应并入所依附建筑物自然层，并应按其水平投影面积的 1/2 计算建筑面积。

（21）在主体结构内的阳台，应按其结构外围水平面积计算全面积；在主体结构外的阳台，应按其结构底板水平投影面积计算 1/2 面积。

（22）有顶盖无围护结构的车棚、货棚、站台、加油站、收费站等，应按其顶盖水平投影面积的 1/2 计算建筑面积。

（23）以幕墙作为围护结构的建筑物，应按幕墙外边线计算建筑面积。

（24）建筑物的外墙外保温层，应按其保温材料的水平截面积计算，并计入自然层建筑面积。

（25）与室内相通的变形缝，应按其自然层合并在建筑物建筑面积内计算。对于高低联跨的建筑物，当高低跨内部连通时，其变形缝应计算在低跨面积内。

（26）对于建筑物内的设备层、管道层、避难层等有结构层的楼层，结构层高在 2.20m 及以上的，应计算全面积；结构层高在 2.20m 以下的，应计算 1/2 面积。

（27）下列项目不应计算建筑面积：

① 与建筑物内不相连通的建筑部件。

② 骑楼、过街楼底层的开放公共空间和建筑物通道。

③ 舞台及后台悬挂幕布和布景的天桥、挑台等。

④ 露台、露天游泳池、花架、屋顶的水箱及装饰性结构构件。

⑤ 建筑物内的操作平台、上料平台、安装箱和罐体的平台。

⑥ 勒脚、附墙柱、垛、台阶、墙面抹灰、装饰面、镶贴块料面层、装饰性幕墙,主体结构外的空调室外机搁板(箱)、构件、配件,挑出宽度在2.10m以下的无柱雨篷和顶盖高度达到或超过两个楼层的无柱雨篷。

⑦ 窗台与室内地面高差在0.45m以下且结构净高在2.10m以下的凸(飘)窗,窗台与室内地面高差在0.45m及以上的凸(飘)窗。

⑧ 室外爬梯、室外专用消防钢楼梯。

⑨ 无围护结构的观光电梯。

⑩ 建筑物以外的地下人防通道,独立的烟囱、烟道、地沟、油(水)罐、气柜、水塔、贮油(水)池、贮仓、栈桥等构筑物。

2. 术语

(1)建筑面积:建筑物(包括墙体)所形成的楼地面面积。

(2)自然层:按楼地面结构分层的楼层。

(3)结构层高:楼面或地面结构层上表面至上部结构层上表面之间的垂直距离。

(4)围护结构:围合建筑空间的墙体、门、窗。

(5)建筑空间:以建筑界面限定的,供人们生活和活动的场所。

(6)结构净高:楼面或地面结构层上表面至上部结构层下表面之间的垂直距离。

(7)围护设施:为保障安全而设置的栏杆、栏板等围挡。

(8)地下室:室内地平面低于室外地平面的高度超过室内净高的1/2的房间。

(9)半地下室:室内地平面低于室外地平面的高度超过室内净高的1/3,且不超过1/2的房间。

(10)架空层:仅有结构支撑而无外围护结构的开敞空间层。

(11)走廊:建筑物中的水平交通空间。

(12)架空走廊:专门设置在建筑物的二层或二层以上,作为不同建筑物之间水平交通的空间。

(13)结构层:整体结构体系中承重的楼板层。

(14)落地橱窗:突出外墙面且根基落地的橱窗。

(15)凸窗(飘窗):凸出建筑物外墙面的窗户。

(16)檐廊:建筑物挑檐下的水平交通空间。

（17）挑廊：挑出建筑物外墙的水平交通空间。

（18）门斗：建筑物入口处两道门之间的空间。

（19）雨篷：建筑出入口上方为遮挡雨水而设置的部件。

（20）门廊：建筑物入口前有顶棚的半围合空间。

（21）楼梯：由连续行走的梯级、休息平台和维护安全的栏杆（或栏板）、扶手以及相应的支托结构组成的作为楼层之间垂直交通使用的建筑部件。

（22）阳台：附设于建筑物外墙，设有栏杆或栏板，可供人活动的室外空间。

（23）主体结构：接受、承担和传递建设工程所有上部荷载，维持上部结构整体性、稳定性和安全性的有机联系的构造。

（24）变形缝：防止建筑物在某些因素作用下引起开裂甚至破坏而预留的构造缝。

（25）骑楼：建筑底层沿街面后退且留出公共人行空间的建筑物。

（26）过街楼：跨越道路上空并与两边建筑相连接的建筑物。

（27）建筑物通道：为穿过建筑物而设置的空间。

（28）露台：设置在屋面、首层地面或雨篷上的供人室外活动的有围护设施的平台。

（29）勒脚：在房屋外墙接近地面部位设置的饰面保护构造。

（30）台阶：联系室内外地坪或同楼层不同标高而设置的阶梯形踏步。

【例】 计算以下各图建筑面积。

解：① 图2-7(a)凸阳台（未封闭或封闭）。

建筑面积：$3.54 \times 1.2 \times 0.5 = 2.12 \text{m}^2$

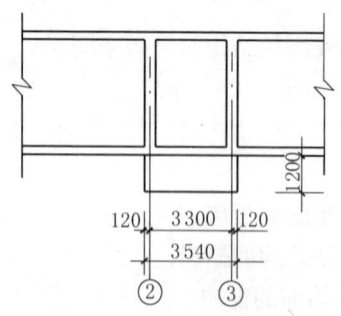

图2-7(a) 凸阳台平面图

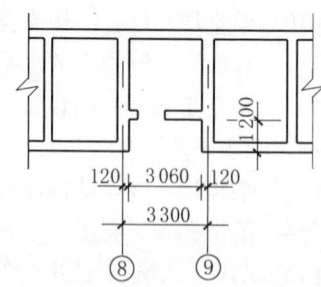

图2-7(b) 凹阳台平面图

② 图 2-7(b)凹阳台(未封闭或封闭)。

建筑面积:$3.06 \times 1.2 = 3.67 \mathrm{m}^2$

③ 图 2-7(c)带伸缩缝的建筑。

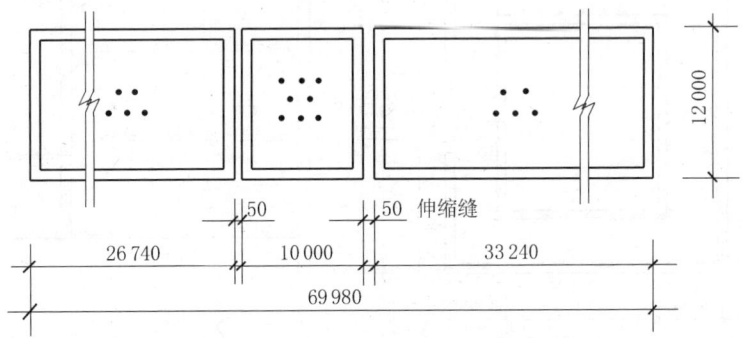

图 2-7(c)　有伸缩缝的建筑平面图

建筑面积: $69.98 \times 12 \times 5$（层）$+ 10 \times 12 \times 3$（层）（中间）$= 4558.8 \mathrm{m}^2$

④ 图 2-7(d)外走廊、檐廊(层高 2.2m 以上)。

建筑面积:$30 \times 2 \times 2$（层）$= 120 \mathrm{m}^2$

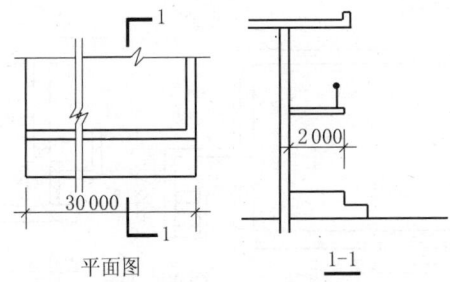

平面图　　　1-1

图 2-7(d)　外走廊平面图及剖面图

⑤ 图 2-7(e)大厅及回廊。

大厅建筑面积:$10.24 \times 12.24 \times 2$（层）$= 250.68 \mathrm{m}^2$

回廊建筑面积:$10.24 \times 12.24 - 5.24 \times 7.24 = 87.4 \mathrm{m}^2$

合计:$338.08 \mathrm{m}^2$

⑥ 图 2-7(f)地下室。

建筑面积:$18.0 \times 10.0 + 2 \times 2.5 + 2 \times 3.5 = 192 \mathrm{m}^2$

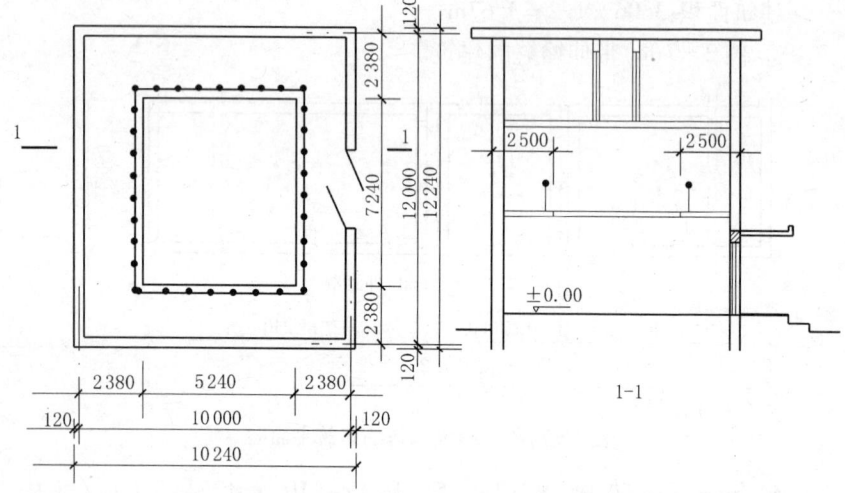

图 2-7(e)　大厅及回廊平面图和剖面图

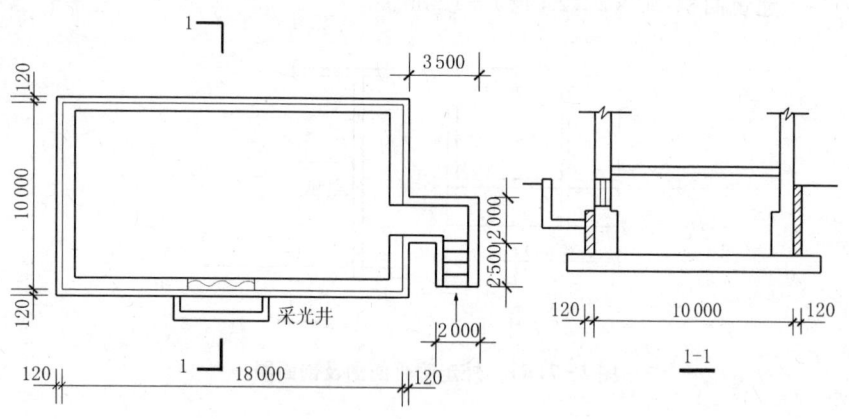

图 2-7(f)　地下室平面图和剖面图

3. 建筑面积计算综合公式

多层建筑按以下几种情况计算:

（1）主体部分：层高 2.2m 以上,结构或保温墙外围面积 = ▢ m²

层高 2.2m 以下,结构或保温墙外围面积 $\times \dfrac{1}{2}$ = ▢ m²

（2）有柱雨篷或宽 2.1m 以上无柱雨篷：水平投影面积 $\times \dfrac{1}{2}$ = ▢ m²

（3）凸阳台：水平投影面积 $\times \dfrac{1}{2}$ = ▢ m²

凹阳台：水平投影面积：▢ m²

（4）坡屋顶利用：净空高 >2.1m 的面积 = ▢ m²

净空高 1.2~2.1m 的面积 $\times \dfrac{1}{2}$ = ▢ m²

（5）地下室：层高 2.2m 以上外墙上口外围面积 = ▢ m²

层高 2.2m 以下外墙上口外围面积 $\times \dfrac{1}{2}$ = ▢ m²

$\Biggr\}$ = ▢ m²

三、平整场地

1. 定额计算规则

（1）场地挖填厚度在 ±0.3m 以内的就地挖填找平,其工程量按建筑物(或构筑物)的底层面积(包括有基础的阳台)计算。围墙按中心线每边各加 1m 计算。

（2）当场地挖填厚度超过 ±0.3m 时按挖填土计算,不再计平整场地。

2. 平整场地公式

简单图形(矩形)平整场地：

底层平面　长×宽 = ▢ m²

有基础的阳台　Σ(长×宽) = ▢ m²

$\Biggr\}$ = ▢ m²

复杂图形平整场地(切块计算)：

底层平面　Σ(长×宽) = ▢ m²

有基础的阳台　Σ(长×宽) = ▢ m²

$\Biggr\}$ = ▢ m²

式中　长、宽——指外边线。

四、土石方工程

（一）定额规定

定额规定如下：

（1）基础与墙体的分界线,±0.00 以下为基础,以上为墙体。

（2）挖土要分清以下三种概念。

① 挖地槽。凡槽宽在 3m 以内，且槽长大于槽宽 3 倍的，为挖地槽。

② 挖地坑。凡坑底面积在 20m² 以内的挖土为地坑。

③ 挖土方。坑底面积在 20m² 以上且挖土深度在 0.3m 以上的为挖土方。

以上规定要灵活掌握，譬如条形基础，不必要逐条基础去比较它们的长宽比例。一般掌握条形基础按挖地槽、柱基按挖地坑、满堂基础按挖土方定额执行。

（3）挖土，系将土抛于槽、坑边 1m 以外，挖土方包括挖土、装土及运至地面、修理边坡。河北定额的挖土单价内已含槽底钎探、夯实在内，否则要另列项计算。

（4）挖土一律以室外设计地坪起计算，室外地坪以上按山坡切土定额，单独计算体积。

（5）挖土体积按天然密实体积计算。外运土也按天然密实体积计算。

（6）放坡、挖土超过一定深度，为防止塌方，要按表 2-2 放坡系数 K 进行放坡挖土。放坡宽 $b = KH$，见图 2-8。

表 2-2　挖土放坡系数 K

土壤类别	人工挖土放坡系数 K	机械挖土放坡系数 K		放坡起点深（m）	土 壤 特 点
		坑内	坑上		
一、二类土	1:0.50	1:0.33	1:0.75	1.2	用尖锹，少数用镐挖
三类土	1:0.33	1:0.25	1:0.67	1.5	用尖锹，同时用镐（30%）开挖
四类土	1:0.25	1:0.1	1:0.33	2.0	用尖锹及镐、撬棍挖

注：土壤分类见表 2-3。

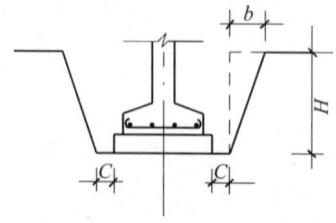

图 2-8　挖土放坡示意图

人工挖地槽、地坑，深超过 3m 时分层开挖，底分层按深 2m、层间每侧留工作台 0.8m 计算。

（7）挖土放坡时，相邻基础放坡产生的重合挖土部分不扣除。但要掌握条形基础挖土总体积不应超过大揭盖开挖的体积，否则不合理。

（8）挖土需要留工作面，工作面宽度 C 见表 2-4 及图 2-8。

表 2-3 土壤类别划分标准

定额分类	普氏分类	土 壤 名 称	天然湿度下平均容重（kg/m³）	开挖方法及工具
一类土壤	Ⅰ	砂 砂壤土 腐殖土 泥炭	1 500 1 600 1 200 600	用尖锹开挖
二类土壤	Ⅱ	轻壤土和黄土类土 潮湿而松散的黄土，软的盐渍土和碱土 平均 15mm 以内的松散而软的砾石 含有草根的密实腐殖土 含有直径在 30mm 以内根类的泥炭和腐殖土 掺有卵石、碎石和石屑的砂和腐殖土 含有卵石或碎石杂质的胶结成块的填土 含有卵石、碎石和建筑材料杂质的砂壤土	1 600 1 600 1 700 1 400 1 100 1 650 1 750 1 900	用锹开挖，少数用镐开挖
三类土壤	Ⅲ	肥黏土其中包括石炭纪、侏罗纪的黏土和冰黏土 重壤土、粗砾石、粒径为 15～40mm 的碎石和卵石 干黄土和掺有碎石或卵石的自然含水量黄土，含有直径大于 30mm 根类的腐殖土或泥炭 掺有碎石或卵石和建筑材料的土壤	1 800 1 750 1 790 1 400 1 900	用尖锹开挖，同时用镐开挖（30%）
四类土壤	Ⅳ	含碎石重黏土，其中包括侏罗纪和石炭纪的硬黏土 含有碎石、卵石、建筑碎料和重达 25kg 的顽石（总体积 10% 以内）等杂质的肥黏土和重壤土 冰碛黏土，含有重量在 50kg 以内的巨砾，其含量为总体积 10% 以内 泥板岩 不含或含有重量达 10kg 的顽石	1 950 1 950 2 000 2 000 1 950	用尖锹开挖，同时用镐和撬棍开挖

表2-4　工作面宽度 C 值

基础类别	工作面宽度 C(mm)	说　　明
砖基础	200	砖基础下有灰土垫层不留
毛石、条石基础	300	
混凝土基础、垫层支模	300	混凝土垫层需支横板，也留工作面
基础立面做防水	800	贴油毡及做防水
搭设脚手架	1 200	

（9）挖土分干土、湿土、淤泥、流沙和排水几种情况。

地下水位以上为干土，地下水位以下为湿土。挖湿土时按干土定额×1.18系数计算单价。

淤泥系指慢慢沉积成的土。流沙系指挖到地下水时底、侧被水冲下去的土。排水系指挖出地下水需进行排水，应计算排水费用（详见定额）。

（10）基础回填土体积＝挖土体积－室外地坪以下基础体积。

回填土取土以5m以内为准，超过5m取土要增加运费。

（11）房心填土体积＝室内净面积×（室内外高差－地面厚度）。

（12）外运余土体积＝挖土体积－基础回填土体积－房心填土体积。

有的地区还规定减去"0.9×灰土"的灰土用土，本书认为不减为好，因挖出的土为自然密实土，而回填进的土经过夯实压缩了，式中没考虑这个因素，因此以夯实压缩体积与灰土用土相抵。

（二）几种情况的挖土公式

1. 地槽挖土

（1）如图2-9（a）所示，根据放坡系数 K、工作面宽度 C 判断需放坡并需留工作面时（如 $H \geqslant$ 放坡起点，混凝土基础），挖土体积计算公式如下：

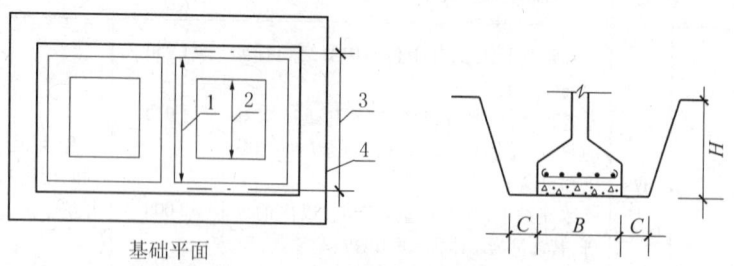

基础平面

图2-9（a）　地槽挖土示意图（一）

1—$L_{墙净长}$（内墙）；2—$L_{槽净长}$（内墙）；3—外墙中心线长；4—垫层外边线

$$V = L_槽 \times (B + 2C + KH) \times H = \quad m^3$$

或

$$V = L_槽 \times \left[(B + 2C)H + KH^2 \right] = \quad m^3$$

式中　$L_槽$——地槽长(m),外墙为中心线长,内墙为槽净长;

　　　　B——基础垫层宽度(m);

　　　　C——工作面宽度(m),按表2-4规定;

　　　　H——挖土深度(m),从室外地坪至垫层底面;

　　　　K——放坡系数,见表2-2规定,如一、二类人工挖:$K = 0.5$。

(2) 如图2-9(b)所示,需放坡、不需留工作面时($H \geqslant$放坡起点,灰土垫层,砖基础),挖土体积计算公式如下:

$$V = L_槽 \times B \times H + L_槽 \times KH_坡^2 = \quad m^3$$

或

$$V = L_槽 \times (BH + KH_坡^2) = \quad m^3$$

式中　$H_坡$——灰土垫层放坡高度(m)。

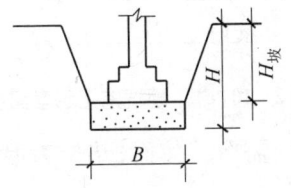

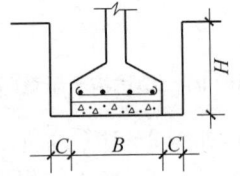

图2-9(b)　地槽挖土示意图(二)　　**图2-9(c)　地槽挖土示意图(三)**

(3) 如图2-9(c)所示,不需放坡、需留工作面时($H <$放坡起点,混凝土基础),挖土体积计算公式如下:

$$V = L_槽 \times (B + 2C) \times H = \quad m^3$$

(4) 如图2-9(d)所示,不需放坡、不需留工作面时($H <$放坡起点,灰土垫层),挖土体积计算公式如下:

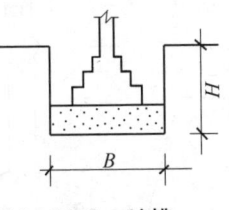

图2-9(d)　地槽挖土示意图(四)

$$V = L_槽 \times B \times H = \quad m^3$$

2. 地坑挖土

(1) 如图2-10(a)所示,不需放坡并不需留工作面(柱基础下为灰土垫层,$H <$放坡起点)时,挖土体积计算公式如下:

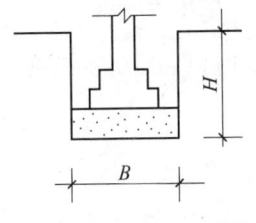

图2-10(a)　地坑挖土示意图(一)

$$V = B \times A \times H = \quad m^3$$

式中　A——垫层的另一边长度(m)。

（2）如图 2-10（b）所示，需放坡、不需留工作面（柱基下为灰土垫层，$H \geqslant$ 放坡起点）时，挖土体积计算公式如下：

$$V = B \times A \times (H - H_{坡}) + (B + KH_{坡}) \times (A + KH_{坡}) \times H_{坡}$$
$$+ \frac{1}{3}K^2 H_{坡}^3 \quad \mathrm{m}^3$$

式中　B、A——坑的垫层宽与长（m）；

　　　　K——放坡系数；

　　　　$H_{坡}$——放坡部分的深度（m），从灰土上表面至室外地坪。

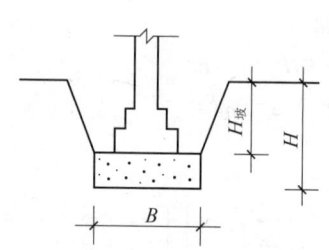

图 2-10（b）　地坑挖土示意图（二）

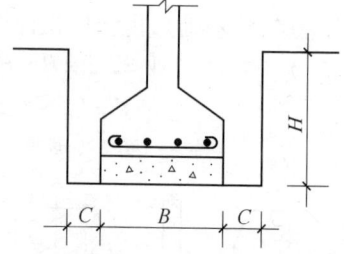

图 2-10（c）　地坑挖土示意图（三）

（3）如图 2-10（c）所示，不需放坡、需留工作面（垫层为混凝土，$H <$ 放坡起点）时，挖土体积计算公式如下：

$$V = (B + 2C) \times (A + 2C) \times H = \quad \mathrm{m}^3$$

式中　C——工作面宽度，见表 2-4，混凝土基础为 $C = 0.3\mathrm{m}$。

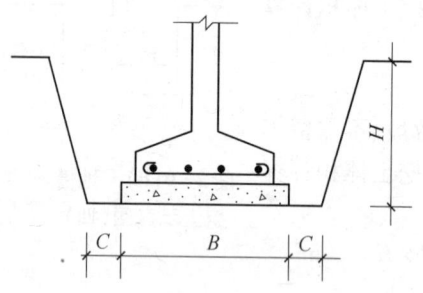

图 2-10（d）　地坑挖土示意图（四）

（4）如图 2-10（d）所示，需放坡、需留工作面（混凝土垫层，需要支模板，$H \geqslant$ 放坡起点）时，挖土体积计算公式如下：

$$V = (B + 2C + KH) \times (A + 2C + KH) \times H + \frac{1}{3}K^2 H^3 = \quad \mathrm{m}^3$$

当 $B = A$ 时，即正方形柱坑，挖土体积

$$V = (B + 2C + KH)^2 \times H + \frac{1}{3}K^2 H^3 = \quad \mathrm{m}^3$$

（5）如图 2-11（a）所示，圆形坑，不放坡，挖土体积计算公式如下：

$$V = \pi R_1^2 H$$

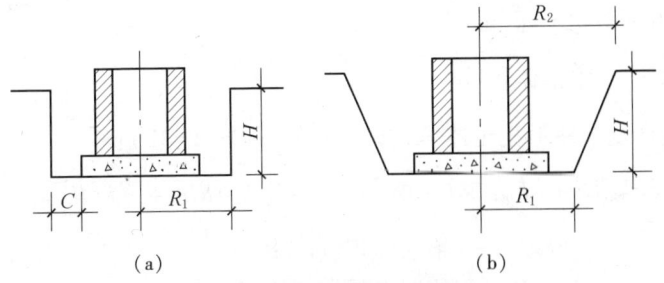

（a）　　　　　　　（b）

图 2 - 11　圆形坑挖土示意图

式中　π——圆周率；

R_1——坑半径（m）；

H——坑深（m）。

（6）如图 2 - 11（b）所示，圆形坑，放坡，挖土体积计算公式如下：

$$V = \frac{1}{3}\pi H \times (R_1^2 + R_2^2 + R_1 R_2)$$

$$= \frac{1}{3}\pi H \times (3R_1^2 + 3R_1 KH + K^2 H^2) = \quad m^3$$

式中　R_1——坑下底半径（m），需工作面时 C 含在 R_1 内；

R_2——坑上口半径（m），$R_2 = R_1 + KH$。

3. 挖土方（如满堂基础）、地下室挖土

（1）正方形坑挖土体积计算公式如下：

$$V = (A + 2C + KH)^2 H + \frac{1}{3}K^2 H^3 = \quad m^3$$

式中　A——垫层长（宽）；

C——工作面宽度，见表 2 - 4；

K——放坡系数，见表 2 - 2；

H——坑深（m）。

（2）长方形坑挖土体积计算公式如下：

$$V = (A + 2C + KH) \times (B + 2C + KH) \times H + \frac{1}{3}K^2 H^3 = \quad m^3$$

式中　A——垫层边长（m）；

B——垫层边宽（m）；

C——工作面宽度，见表 2 - 4；

K——放坡系数，见表 2 - 2；

H——挖土深(m);

$\frac{1}{3}H^2K^3$——角锥体积(m^3)。

(3) 复杂图形挖土体积计算公式如下(图2-12):

$$V = F_{垫层}H + (L_{垫外} \times C + 4C^2) \times H + \frac{1}{2}L_{C外}KH^2 + \frac{4}{3}K^2H^3 = \quad m^3$$

式中 $\qquad F_{垫层}$——垫层面积(m^2);

$\qquad F_{垫层}H$——垫层上的挖土体积(m^3);

$\qquad L_{垫外}$——垫层外边线周长(m);

$\qquad C$——工作面宽度,见表2-4;

$(L_{垫外} \times C + 4C^2) \times H$——工作面上的挖土体积($m^3$);

$\qquad L_{C外}$——工作面的外边线长(m),$L_{垫外} + 8C$;

$\frac{1}{2}L_{C外}KH^2 + \frac{4}{3}K^2H^3$——放坡的体积($m^3$),$\frac{4}{3}K^2H^3$ 系放坡的四个角锥。

【例】 计算图2-12挖土体积,坑深2m。

解:挖土体积

$$V = \underbrace{(40 \times 10 + 20 \times 5)}_{垫层面积} \times \underbrace{2}_{深} + \underbrace{[(40+15) \times 2 \times 0.3 + 4 \times 0.3^2]}_{工作面面积}$$

$$\times \underbrace{2}_{深} + \underbrace{\frac{1}{2} \times (40.6 + 15.6) \times 2 \times 0.37 \times 2^2}_{放坡体积}$$

$$+ \underbrace{\frac{4}{3} \times 0.37^2 \times 2^3}_{因放坡产生的四个角锥体体积} = 1\,151.36 m^3$$

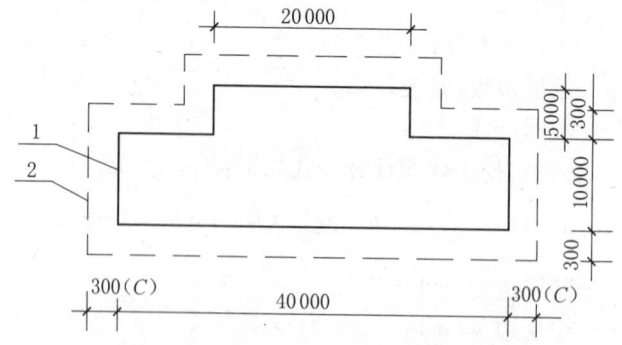

图2-12 复杂图形挖土体积计算示意图

1—垫层边线;2—工作面外边线

4. 管沟挖土

计算时,管沟长按图示尺寸,沟深按分段的平均深度(自然地坪至管底或基础底),沟宽按设计规定,当设计无规定时按表 2-5 规定,挖沟放坡按前述放坡规定。

表 2-5　管沟挖土宽度　　　　　　　　(m)

管　径 (mm)	铸铁管、钢管、 砖棉水泥管	塑料管	混凝土管、 预应力混凝土管	陶 土 管
50 ~ 75	0.6	0.7	0.8	0.7
100 ~ 200	0.7	0.8	0.9	0.8
250 ~ 350	0.8	0.9	1.0	0.9
400 ~ 450	1.0	1.10	1.3	1.1
500 ~ 600	1.3	1.40	1.5	1.4
700 ~ 800	1.6	1.70	1.8	
900 ~ 1 000	1.8	1.90	2.0	
1 100 ~ 1 200	2.0	2.10	2.3	
1 300 ~ 1 400	2.2	2.40	2.6	

挖土体积计算公式如下:

不放坡,V = 沟长 × 宽 × 深 = 　　　m^3;

放坡,V = 管沟沟长 × 沟宽 × 沟深 + 沟长 × K × 沟深^2 = 　　　m^3。

计算管沟回填土时,每米管道所占体积按表 2-6 计算。

回填土体积计算公式:V = 挖土体积 − 管占体积 = 　　　m^3。

表 2-6　每米管所占体积　　　　　　　(m³)

管　径(mm)	钢　　管	铸 铁 管	塑 料 管	混凝土管
500 ~ 600	0.21	0.24	0.22	0.33
601 ~ 800	0.44	0.49	0.46	0.60
801 ~ 1 000	0.71	0.77	0.74	0.92
1 001 ~ 1 200			1.15	1.15
1 201 ~ 1 400			1.25	1.31
1 401 ~ 1 600			1.45	1.55

【例】　沟长 100m,铸铁管管径 D = 500mm,沟深 1.5m,普硬土,计算挖土和回填土体积。

解:挖土体积 = 沟长 × 沟宽 × 深 + $\dfrac{1}{2}KH^2$(放坡)

$$= 100 × 1.3 × 1.5 + 100 × 0.37 × 1.5^2 = 278.5m^3$$

回填土体积 $= 278.5 - 100 \times 0.24 = 254.3 m^3$

5. 清单挖土工程量计算规则

工程量清单计价的清单挖土工程量计算规则,按基础垫层宽度乘以挖土深度乘以长度,即 $B \times H \times L$,不考虑放坡和留工作面。

(三)利用网格法计算大型土石方

大面积土石方的计算可以利用网格法近似计算其挖填体积,计算方法、步骤如下:

(1)在标有自然等高线的图上,找出自然标高与设计标高相同的点,作为标准点,如图 2 - 13(a)示例中的①点,自然标高、设计标高均为 3.24m。

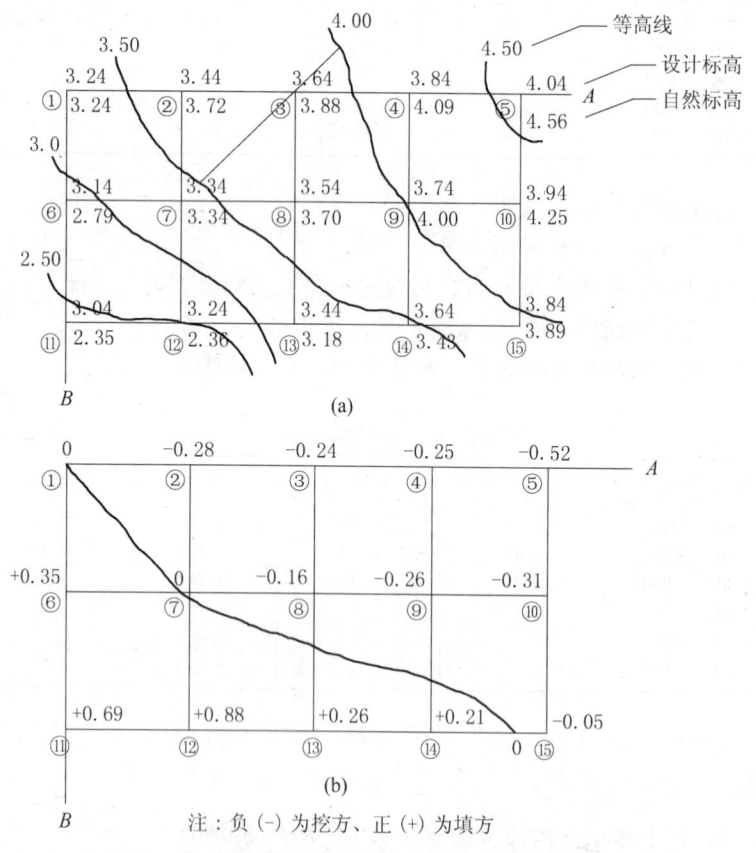

注:负 (-) 为挖方、正 (+) 为填方

图 2 - 13 利用网格法计算大型土石方挖填体积示意图

（2）经过标准点画互相垂直的两条直线 A 和 B，称为标准线。

（3）按中距为 10m 或 20m、30m 等（本图按 20m），划出平行于标准线的方格网，标出各交点的编号：②、③、④……

（4）将各交点的自然标高、设计标高填在方格网的交点处。

自然标高的计算，是根据相邻两条等高线的标高用插入法近似计算，即自然标高 $= \dfrac{两相邻等高线标高差值}{两相邻等高线的垂直距离} \times$ 低等高线与计算点的垂直距离 + 低等高线值，如③点自然标高 $= \dfrac{4.0 - 3.5}{3.0} \times 2.2 + 3.5 = 3.88\text{m}$。

设计标高由设计图中指定或由设计地坪坡度推算出来。

（5）将网格各点的挖、填高差（即设计标高值 - 自然标高值）填入网格点处，如图 2-13（b）所示。

（6）计算零点（即自然地坪与设计地坪标高相同的点）位置，画出零线图，如图 2-14 所示。

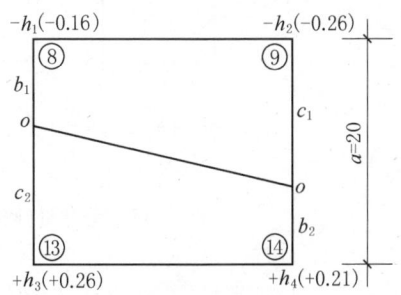

图 2-14 零点位置计算示意图

零点的计算公式如下：

$$b_1 = \frac{ah_1}{h_1 + h_3}, \quad c_1 = \frac{ah_2}{h_2 + h_4}$$

$$c_2 = a - b_1, \quad b_2 = a - c_1$$

此例中，$a = 20\text{m}$，$h_1 = -0.16$，$h_2 = -0.26$，$h_3 = +0.26$，$h_4 = +0.21$，则

$$b_1 = \frac{20 \times 0.16}{0.16 + 0.26} = 7.9, \quad c_2 = 20 - 7.9 = 12.1,$$

$$c_1 = \frac{20 \times 0.26}{0.26 + 0.21} = 11.1, \quad b_2 = 20 - 11.1 = 8.9。$$

注意，式中的数字只考虑绝对值相加。

（7）挖、填土方基本计算公式。

① 方格点均为挖或填时（即零线），如图 2-15（a）所示，计算公式为：

$$V = \frac{a^2}{4}(h_1 + h_2 + h_3 + h_4) = \quad \text{m}^3$$

② 三角形挖或填时，如图 2-15（b）所示，计算公式为：

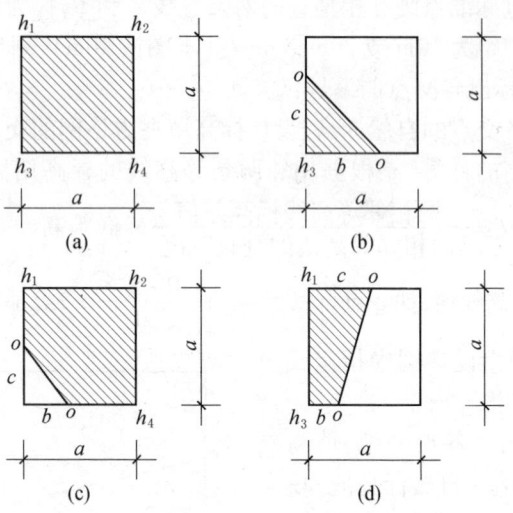

图 2-15 土方量(阴影部分体积)计算示意图

$$V = \frac{1}{2}c \cdot b \cdot \frac{\Sigma h}{3} = \quad \text{m}^3$$

③ 五角形挖或填时,如图 2-15(c)所示,计算公式为:

$$V = \left[a^2 - \frac{c \cdot b}{2} \right] \cdot \frac{\Sigma h}{5} = \quad \text{m}^3$$

④ 梯形挖或填时,如图 2-15(d)所示,计算公式为:

$$V = \frac{b + c}{2} \cdot a \cdot \frac{\Sigma h}{4} = \quad \text{m}^3$$

式中 Σh——方格、三角形、五角形、梯形范围内的 h 之和。

五、基础工程

(一)砖条形基础(图 2-16)

1. 定额规定

砖条形基础工程量计算定额规定:

(1)要扣除砖基础中的混凝土构件体积和 0.3m^2 以上的洞口所占体积。

(2)丁字墙大放脚相交部分的重合体积不扣除,但暖气沟的挑砖体积也不增加。

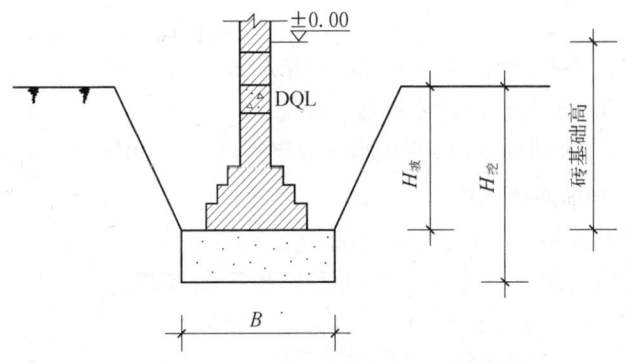

图 2-16　砖条形基础断面示意图

2. 工程量计算内容和步骤

砖条形基础工程量包括挖槽、垫层、砖基础、防潮层、地圈梁、回填土、余土外运。

工程量计算之前,首先应按基础平面图、剖面图,算出各不同断面基础的长度。外墙基础按中心线长(即中心线至中心线)计算;内墙基础按墙净长和挖槽净长计算两个数值 $L_墙$、$L_槽$,$L_槽$ 用于计算挖槽、垫层等的工程量,$L_墙$ 用于计算砖基等的工程量。

基础长度计算完后,统计于表格中,如表 2-7 所示,然后按"程序公式"计算各项工程量。

表 2-7　基础长度计算统计表

基础断面号	墙　长($L_墙$)	槽　长($L_槽$)
1—1	×××m	×××m
2—2	×××m	×××m
3—3	×××m	×××m
……	……	……

3. 工程量计算"程序公式"

(1) 人工挖基槽(普硬土)工程量:

$$\left. \begin{array}{l} L_槽 \times 槽宽(B) \times 槽深(H_挖) = \quad m^3 \\ 放坡:L_槽 \cdot K \cdot H_坡^2 = \quad m^3 \end{array} \right\} = \quad m^3$$

式中　$H_挖$——室外地坪至槽底深度(m);

　　　$H_坡$——$H_挖$ - 灰土垫层厚(m),如是混凝土垫层则需支模板留工作面宽度 C;

K——放坡系数,见表 2-2,一、二类土是 0.5,三类土是 0.33。

(2)3:7 灰土垫层工程量:$L_{槽} ×$ 槽宽(B)× 垫层厚 = m³

(3)M5 水泥砂浆砌砖基础工程量:

$$\left.\begin{array}{l} L_{墙} × 墙厚 × (砖基础高 + 放脚折高) = \quad m³ \\ 扣地圈梁体积 \quad - \quad m³ \end{array}\right\} = \quad m³$$

式中 砖基础高——从垫层上表面至 ±0.00 的高度;

放脚折高——查阅砖基础大放脚折加墙高度表(表 5-20、表 5-21)。

(4)防水砂浆防潮层工程量:$L_{墙} ×$ 墙厚 = m²

(5)地圈梁工程量。

C20 混凝土体积:$L_{墙}$(设地圈梁的墙)× 宽 × 高 = m³

钢筋重量:主筋($\phi××$) $L_{墙} ×$ 主筋根数 × 1.1 × kg/m = kg

箍筋($\phi×$) $L_{墙} /@ ×$(宽 + 高)× 2 × kg/m = kg

式中 宽、高——圈梁的宽度(m)、高度(m);

@——箍筋间距;

1.1——主筋长度搭接系数(即长钢筋中间搭接和端部锚固长度之和,约 10%)。

注意,钢筋施工操作损耗 2% 在此处不计算,待全部工程量计算完毕,钢筋汇总后统一增加损耗。钢筋计算在"六、钢筋混凝土工程"中详述。

圈梁模板:$L_{墙} ×$ 梁高 × 2 = m²

(6)回填土工程量:

$$\frac{挖土工程量 - 灰土工程量 - 砖基础工程量 - 地圈梁工程量 +}{室内外高差 × 防潮层面积} = \quad m³$$

因砖基础算到了 ±0.00,多减了室内外高差的体积,所以再加上

即(1)-(2)-(3)-(5)+$H_{差} × S_{防潮}$ = m³

(7)余土外运工程量:

挖土工程量 - 回填土工程量 - 房心填土工程量 = m³

即(1)-(6)- 室内净面积 ×(室内外高差 - 地面厚)= m³

式中 房心填土工程量——此处也可以先空着,待地面工程中算出后将数值抄过来。

注意,各断面基础均从(1)算到(5),然后合并相同工程量,再算(6)、(7)。

4. 例题

计算如图 2 - 17 所示基础的工程量。

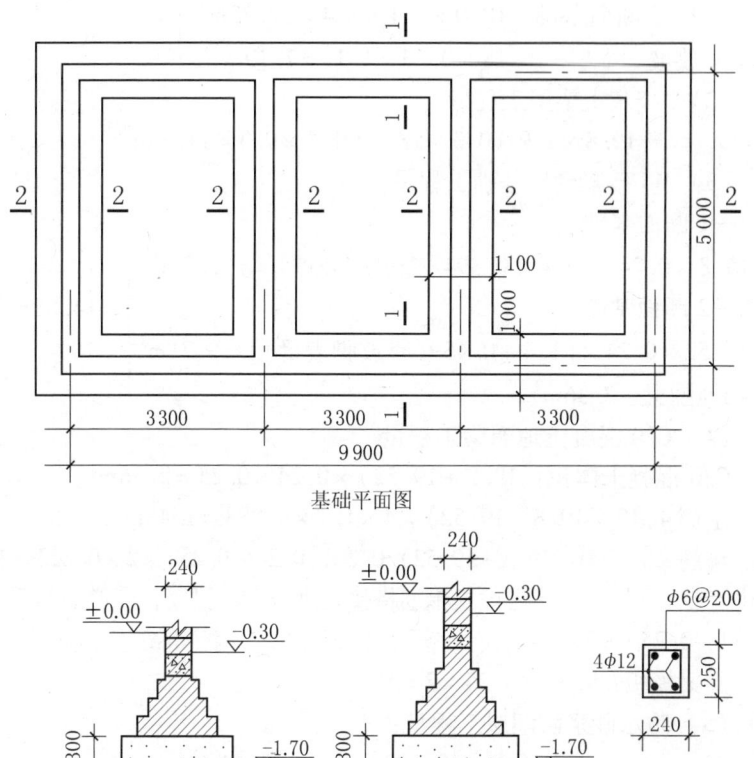

基础平面图

图 2 - 17　基础平面图、剖面图示意

解:基础长度计算如表 2 - 8 所示。

表 2 - 8　基础长度计算表

基础断面	墙　长(m)	槽　长(m)
1—1 断面	9.9 × 2 = 19.8	19.8
2—2 断面	5.0 × 2 + (5.0 - 0.24) × 2 = 19.52	5.0 × 2 + (5.0 - 1.0) × 2 = 18.0

(1) 人工挖槽(普硬土)工程量:

$$\left.\begin{aligned} &1\text{—}1 \text{ 断面基础} \quad 19.8 \times 1.0 \times 1.4 = 27.72\text{m}^3 \\ &\text{放坡（三类土）} \quad 19.8 \times 0.33 \times 1.1^2 = 7.91\text{m}^3 \\ &2\text{—}2 \text{ 断面基础} \quad 18.0 \times 1.1 \times 1.4 = 27.72\text{m}^3 \\ &\text{放坡} \quad 18 \times 0.33 \times 1.1^2 = 7.19\text{m}^3 \end{aligned}\right\} = 70.54\text{m}^3$$

（2）3:7灰土垫层工程量：

$$19.8 \times 1.0 \times 0.3 + 18.0 \times 1.1 \times 0.3 = 11.88\text{m}^3$$

（3）M5砂浆砌砖基础工程量：

$$\left.\begin{aligned} &1\text{—}1 \text{ 断面基础} \\ &19.8 \times 0.24 \times [1.4 + 0.394(\text{查放脚表得})] = 8.53\text{m}^3 \\ &2\text{—}2 \text{ 断面基础} \\ &19.52 \times 0.24 \times [1.4 + 0.459(\text{查放脚表得})] = 8.71\text{m}^3 \\ &\text{扣地圈梁} -2.36\text{m}^3 \end{aligned}\right\} = 14.88\text{m}^3$$

（4）C20混凝土地圈梁工程量。

C20混凝土体积：$(19.8 + 19.52) \times 0.24 \times 0.25 = 2.36\text{m}^3$

主筋$4\phi12$：$(19.8 + 19.52) \times 4 \times 1.1 \times 0.888 = 154\text{kg}$

箍筋$\phi6@200$：$(19.8 + 19.52)/0.2 \times (0.24 + 0.25) \times 2 \times 0.222 = 26\text{kg}$

式中　　　　1.1——考虑长钢筋搭接长度、弯钩、锚固长度增加的系数；

$(0.24 + 0.25) \times 2$——简便计算公式。详见"六、钢筋混凝土工程"部分。

圈梁模板：$39.32 \times 0.25 \times 2 = 19.66\text{m}^2$

（5）防水砂浆防潮层工程量：

$$(19.8 + 19.52) \times 0.24 = 9.44\text{m}^2$$

（6）回填土工程量：

$$70.54 - 11.88 - 14.88 - 2.36 + (19.8 + 19.52) \times 0.3 \times 0.24 = 44.25\text{m}^3$$

（7）余土外运工程量：

挖土工程量 - 回填土工程量 - 房心填土工程量

$= 70.54 - 44.25 - (3.06 \times 4.76) \times 3 \times 0.22(\text{填土厚})$

$= 16.68\text{m}^3$

（二）钢筋混凝土带形基础（图2-18）

1. 工程量计算内容和步骤

钢筋混凝土带形基础工程量包括挖槽、垫层、混凝土带形基础、钢筋、砖基础、地圈梁、防潮层、回填土、余土外运等。

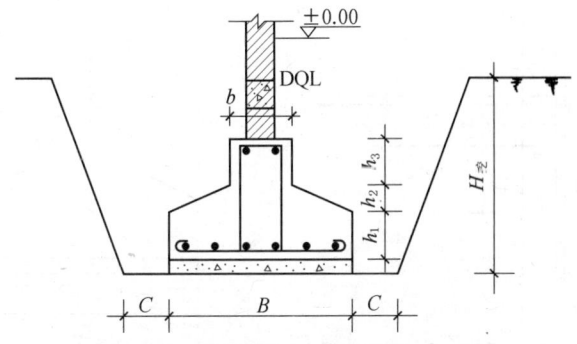

图 2 - 18　钢筋混凝土带形基础断面示意图

首先按基础平面图、剖面图计算出各不同断面的基础长度。外墙的基础长度按外墙中心线长计算(即中心线至中心线的长度);内墙基础按墙净长和槽净长(不考虑工作面)两个数值计算。然后按"程序公式"计算各项工程量。

2. 定额规定

(1) 不扣除混凝土中钢筋铁件所占体积。

(2) 梁式基础其梁高超过 1.2m 时,其梁按混凝土墙列项。

(3) 混凝土带形基础大放脚的 T 形接头处的重叠工程量要扣除(图 2 - 19)。扣除办法可选择有代表性的接头,计算出一个重合的混凝土体积,然后乘以接头个数,得出总重合体积,再从混凝土基础工程量中扣除。一个接头的重合体积已制成表格[表 2 - 9(a)、表 2 - 9(b)、表 2 - 10(a)、表 2 - 10(b)],可供查阅。

定额中,长钢筋的搭接规定是:$\phi 25mm$ 以内 8m 一个接头,$\phi 25mm$ 以上 6m 一个接头,搭接长度为 $30D$,圆钢筋加弯钩长为 $42.5D$。但按以上规定计算钢筋长度很麻烦,实践证明,钢筋混凝土带形基础内的长钢筋及圈梁中的长钢筋用乘系数的办法为宜。经测算,若乘以 1.1 的系数,则包括了搭接长度和抗震构造的锚固增加长度。

3. T 形接头重合体积表制作说明

钢筋混凝土带形基础的长度计算方法同砖条形基础一样,外墙基础长按其中心线长度计算,内墙基础按墙净长度和槽净长度两个数值计算。槽长用于计算挖槽、垫层工程量,墙净长用于计算混凝土基础及以上的其他项目的工程量,由此产生了混凝土基础的重叠计算,其重合体

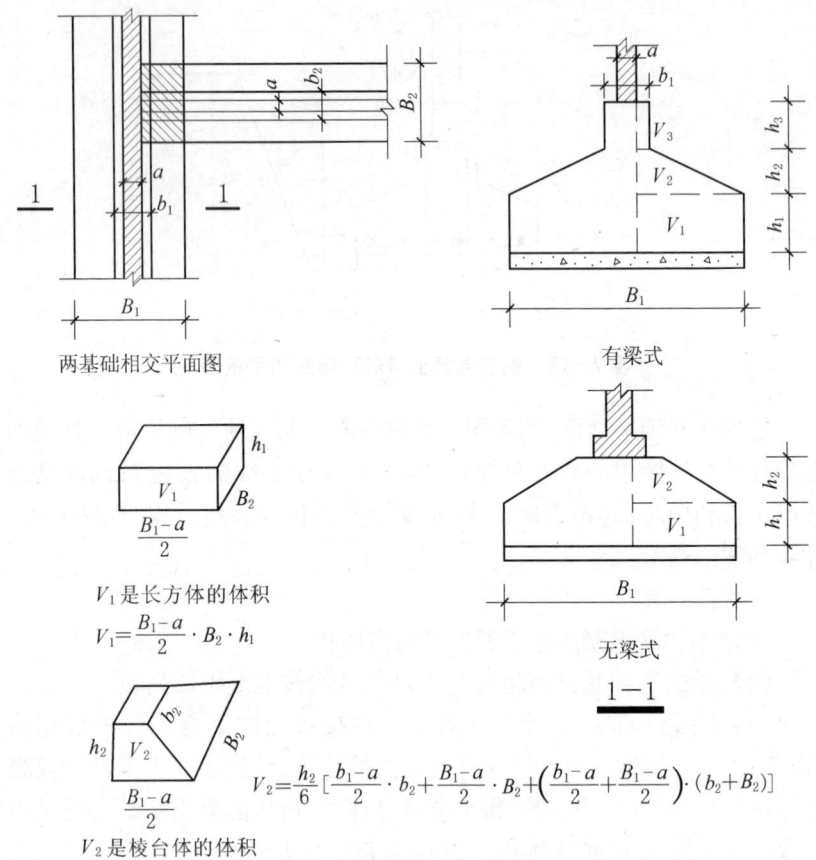

V_1 是长方体的体积

$$V_1 = \frac{B_1-a}{2} \cdot B_2 \cdot h_1$$

V_2 是棱台体的体积

$$V_2 = \frac{h_2}{6} \Big[\frac{b_1-a}{2} \cdot b_2 + \frac{B_1-a}{2} \cdot B_2 + \Big(\frac{b_1-a}{2} + \frac{B_1-a}{2} \Big) \cdot (b_2 + B_2) \Big]$$

图 2 - 19　T 形接头重合体积计算示意图

积计算示意图见图 2 - 19。

　　有梁式基础重叠了 V_1、V_2、V_3，因为 V_3 重叠很少（一般一个是 0.009m³ 左右），故可以忽略不考虑，只剩下 V_1、V_2 需要扣除。V_1 是一个长方体，V_2 是一个棱台体，其体积公式见图 2 - 19。

　　B_2 基础的长度，计算到 B_1 基础的墙里边线处，这种计算方法兼顾了底板钢筋、有梁式基础的梁的混凝土计算和其钢筋的计算，简便、准确，否则这些项目的计算就复杂了。

　　墙厚 a 常见的有两种情况，即 240mm 厚墙和 370mm 厚墙，因此根据这两种情况，制定了 240mm 厚墙的 V_1 计算表［表 2 - 9（a）］、V_2 计算表［表2 - 9（b）］和 370mm 厚墙的 V_1 计算表［表 2 - 10（a）］、V_2 计算表[表 2 - 10(b)]。

表 2 - 9(a)　外墙厚 240mm 时 V_1 计算表　　　　　　　　（m^3）

B_1（m）＼B_2（m）	1.2	1.4	1.6	1.8	2.0	2.2	2.4
1.2	0.058	0.067	0.077	0.086	0.096	0.106	0.115
1.4	0.07	0.081	0.093	0.105	0.116	0.128	0.139
1.6	0.082	0.095	0.109	0.122	0.136	0.149	0.163
1.8	0.094	0.11	0.125	0.140	0.156	0.172	0.187
2.0	0.106	0.123	0.141	0.158	0.176	0.194	0.211
2.2	0.117	0.137	0.157	0.176	0.196	0.216	0.236
2.4	0.13	0.151	0.173	0.194	0.216	0.238	0.259

注：1. V_1 计算公式如下：

$$V_1 = \frac{B_1 - a}{2} \cdot B_2 \cdot h_1$$

式中　B_1——B_1 基础底宽（m）；

　　　a——墙厚，本表取 0.24m；

　　　B_2——B_2 基础底宽（m）；

　　　h_1——搭接长方体高度，本表取 0.1m。

2. 当 $h_1 = 0.15$m 时，表中 V_1 数值×1.5；当 $h_1 = 0.2$m 时，表中 V_1 数值×2.0……依此类推。

表 2 - 9(b)　外墙厚 240mm 时 V_2 计算表　　　　　　　　（m^3）

B_1（m）	b_1（m）＼B_2（m）	1.2	1.4	1.6	1.8	2.0	2.2	2.4
1.2	$b_1 \leqslant 0.34$	0.024	0.027	0.030	0.034	0.038	0.041	0.044
	0.47	0.027	0.031	0.034	0.037	0.041	0.044	0.048
	0.60	0.031	0.035	0.039	0.042	0.046	0.050	0.054
1.4	$b_1 \leqslant 0.34$	0.028	0.032	0.036	0.040	0.044	0.048	0.052
	0.47	0.032	0.036	0.041	0.044	0.048	0.052	0.057
	0.60	0.036	0.041	0.045	0.050	0.054	0.058	0.062
1.6	$b_1 \leqslant 0.34$	0.033	0.037	0.042	0.046	0.051	0.056	0.061
	0.47	0.037	0.042	0.047	0.052	0.057	0.062	0.066
	0.60	0.041	0.046	0.052	0.057	0.062	0.067	0.072
1.8	$b_1 \leqslant 0.34$	0.037	0.043	0.048	0.053	0.059	0.063	0.069
	0.47	0.041	0.047	0.053	0.058	0.064	0.069	0.075
	0.60	0.046	0.052	0.058	0.064	0.070	0.075	0.081

B_1(m)	b_1(m)	B_2(m) 1.2	1.4	1.6	1.8	2.0	2.2	2.4
2.0	$b_1 \leqslant 0.34$	0.042	0.048	0.054	0.060	0.066	0.072	0.078
	0.47	0.046	0.052	0.059	0.065	0.071	0.077	0.083
	0.60	0.052	0.058	0.064	0.070	0.076	0.084	0.090
2.2	$b_1 \leqslant 0.34$	0.046	0.057	0.060	0.067	0.073	0.080	0.087
	0.47	0.051	0.058	0.065	0.072	0.079	0.086	0.093
	0.60	0.056	0.068	0.071	0.078	0.085	0.092	0.099
2.4	$b_1 \leqslant 0.34$	0.051	0.055	0.066	0.073	0.080	0.087	0.094
	0.47	0.056	0.063	0.071	0.079	0.086	0.093	0.100
	0.60	0.062	0.069	0.077	0.085	0.092	0.099	0.108

注：1. V_2 计算公式如下：

$$V_2 = \frac{h_2}{6}\left[\frac{b_1 - a_1}{2}\cdot b_2 + \frac{B_1 - a_1}{2}\cdot B_2 + \left(\frac{b_1 - a_1}{2} + \frac{B_1 - a_1}{2}\right)\cdot(b_2 + B_2)\right]$$

式中 h_2——棱台高(m)，本表取 0.1m；

b_1——外墙基础（B_1 基础）的棱台上宽(m)；

b_2——B_2 基础的棱台上宽，通常取 $b_2 = b_1$(m)；

B_2——B_2 基础宽(m)；

a_1——墙厚，本表取 0.24m。

2. 当 $b_1 = 0.24$m、0.3m 时，表中 V_2 数值 ÷1.1；当 $h_2 = 0.15$m 时，表中数值 ×1.5；当 $h_2 = 0.2$m 时，表中 V_2 数值 ×2.0……依此类推。

表 2-10(a)　外墙厚 370mm 时 V_1 计算表　　　　（m³）

B_1(m)	B_2(m) 1.2	1.4	1.6	1.8	2.0	2.2	2.4
1.2	0.050	0.058	0.066	0.075	0.083	0.091	1.000
1.4	0.062	0.072	0.082	0.093	0.103	0.113	0.064
1.6	0.074	0.086	0.098	0.111	0.123	0.135	0.148
1.8	0.086	0.100	0.114	0.129	0.143	0.157	0.172
2.0	0.100	0.116	0.133	0.150	0.166	0.018	0.196
2.2	0.110	0.128	0.146	0.165	0.183	0.201	0.220
2.4	0.122	0.142	0.162	0.183	0.203	0.223	0.244

注：1. V_1 计算公式见表 2-9(a)注。

2. 表中数值按照 $h_1 = 0.1$m，$a = 0.37$m 编制。

3. 当 $h_1 = 0.15$m 时，表中 V_1 数值 ×1.5；当 $h_1 = 0.2$m 时，表中 V_1 数值 ×2.0……依此类推。

表 2 - 10(b)　外墙厚 370mm 时 V_2 计算表　　　　（m³）

B_1 (m)	b_1 (m) \ B_2 (m)	1.2	1.4	1.6	1.8	2.0	2.2	2.4
1.2	0.47	0.022	0.025	0.028	0.030	0.033	0.036	0.039
	0.60	0.025	0.029	0.031	0.034	0.037	0.041	0.044
1.4	0.47	0.026	0.030	0.034	0.037	0.041	0.045	0.049
	0.60	0.029	0.033	0.036	0.040	0.044	0.047	0.050
1.6	0.47	0.030	0.034	0.038	0.042	0.046	0.050	0.053
	0.60	0.033	0.037	0.042	0.046	0.050	0.054	0.058
1.8	0.47	0.033	0.038	0.042	0.047	0.052	0.056	0.061
	0.60	0.037	0.042	0.047	0.052	0.057	0.061	0.066
2.0	0.47	0.037	0.042	0.048	0.053	0.058	0.062	0.067
	0.60	0.042	0.047	0.052	0.057	0.062	0.068	0.073
2.2	0.47	0.033	0.047	0.053	0.058	0.064	0.070	0.075
	0.60	0.045	0.050	0.058	0.063	0.069	0.073	0.080
2.4	0.47	0.045	0.051	0.058	0.064	0.070	0.075	0.081
	0.60	0.050	0.056	0.062	0.056	0.075	0.080	0.087

注：1. V_2 计算公式见表 2-9(b)注。

2. 表中数值按照 $h_2 = 0.1$m，$a_1 = 0.37$m 编制。

3. 当 $h_2 = 0.15$m 时，表中 V_2 数值×1.5；当 $h_2 = 0.2$m 时，表中 V_2 数值×2.0……依此类推。

【例1】 某钢筋混凝土带形基础，纵墙基础宽 $B_1 = 1.8$m，$b_1 = 0.47$m，横墙基础宽 $B_2 = 1.4$m，$h_1 = 0.15$m，$h_2 = 0.1$m，墙厚 240mm，求 1 个接头重合部分的体积。

解：查表 2 - 9(a)，当 $B_1 = 1.8$m，$B_2 = 1.4$m，$h_1 = 0.1$m 时，$V_1 = 0.11$m³，而本例 $h_1 = 0.15$m，所以本例 $V_1 = 0.11 × 1.5 = 0.164$m³。

查表 2 - 9(b)，当 $B_1 = 1.8$m，$B_2 = 1.4$m，$h_2 = 0.1$m，$b_1 = 0.47$m 时，$V_2 = 0.047$m³。

故 1 个接头重合部分的体积为：

$$V_1 + V_2 = 0.164 + 0.047 = 0.211 \text{m}^3。$$

【例2】 某钢筋混凝土带形基础，纵墙基础宽 $B_1 = 1.4$m，横墙基础宽 $B_2 = 1.8$m，$b_2 = 0.47$m，$h_1 = 0.2$m，$h_2 = 0.15$m，墙厚 370mm，求 1 个接头重合部分的体积。

解：查表 2 - 10(a)，$B_1 = 1.4$m，$B_2 = 1.8$m，$h_1 = 0.2$m 时，$V_1 = 0.093 × 2 = 0.19$m³。

查表 2‐10(b)，$B_1 = 1.4\text{m}$，$B_2 = 1.8\text{m}$，$b_1 = 0.47\text{m}$，$h_2 = 0.15\text{m}$ 时，$V_2 = 0.037 \times 1.5 = 0.056\text{m}^3$。

故 1 个接头重合部分的体积为：

$$V_1 + V_2 = 0.19 + 0.056 = 0.25\text{m}^3。$$

4. 工程量计算"程序公式"

首先，计算出基础长度，统计于表中，如表 2‐11 所示。

表 2‐11　基础长度计算统计表

	墙长($L_墙$)	槽长($L_槽$)
1—1 断面基础	$L_1 = \quad$ m	$L_{1槽} = \quad$ m
2—2 断面基础	$L_2 = \quad$ m	$L_{2槽} = \quad$ m
……	……	……

（1）第一套算式：各断面基础分别计算工程量，然后合并。

1—1 断面基础工程量：

① 挖槽工程量：$L_{1槽} \times (B + 2C) \cdot H_挖 + L_{1槽} \cdot K \cdot H_挖^2 = \quad$ m³

② C10 混凝土垫层工程量：$L_{1槽} \cdot B \cdot 垫层厚 = \quad$ m²

垫层模板：$L_{1槽} \times 垫层厚 \times 2 = \quad$ m²

③ 钢筋混凝土带形基础工程量（有梁式）：

$$L_1 \cdot \left[B \cdot h_1 + (B + b) \cdot \frac{h_2}{2} + b \cdot h_3 \right] = \quad \text{m}^3$$

式中　$B、b、h_1、h_2、h_3$——见图 2‐18；

$\qquad L_{1槽}$——1—1 断面基础的槽长（m）；

$\qquad L_1$——1—1 断面基础的墙长（m）；

$\qquad K$——放坡系数，见表 2‐2，三类土为 0.33；

$\qquad C$——工作面宽度，见表 2‐4，混凝土基础为 $C = 0.3\text{m}$；

$\qquad B \cdot h_1$——基础矩形截面面积；

$\quad (B + b) \cdot \dfrac{h_1}{2}$——基础梯形截面面积；

$\qquad b \cdot h_3$——基础梁断面面积。

注意，当梁高超过 1.2m 时，应按相应厚度的混凝土墙计算，底板按无梁式基础计算。

模板：$(h_1 + h_3) \times 2 \times L = \quad$ m²

④ 钢筋工程量。

108

（a）底板上钢筋。

主筋 $\phi \times \times : (B - 2 \times 保护层厚度 + 12.5d) \cdot \dfrac{L_1}{@} \times \quad kg/m = \quad kg$

分布筋 $\phi \times \times : L_1 \cdot \left(\dfrac{B}{@} + 1 \right) \times 1.1 \times \quad kg/m = \quad kg$

式中　保护层厚度——混凝土基础是35mm，即0.035m；

　　　　12.5d——钢筋两端弯钩长(m)，d 是钢筋直径；

　　　　　　@——主筋的间距或分布筋间距(m)；

　　　　　　B——基础底宽度(m)；

　　　　　　L_1——基础长度(m)；

　　　　　1.1——长钢筋搭接系数，分布筋为通长钢筋，它的搭接
　　　　　　　　长度按10%计算，所以乘以系数1.1。

（b）基础梁钢筋。

主筋 $\phi \times \times : L_1 \times 根数 \times 1.1 \times \quad kg/m = \quad kg$

箍筋 $\phi \times \times : \dfrac{L_1}{@} \times 梁周长 \times \quad kg/m = \quad kg$

⑤ 砖基础工程量：
$$\left. \begin{array}{l} L_1 \times 墙厚 \times (砖基高 + 放脚折高) = \quad m^3 \\ 扣地圈梁体积 \quad - \quad m^3 \end{array} \right\} = \quad m^3$$

⑥ 地圈梁工程量。

C20混凝土：$L_1 \times 断面面积 = \quad m^3$

主筋 $\phi \times \times : \quad L_1 \times 根数 \times 1.1 \times \quad kg/m = \quad kg$

箍筋 $\phi \times \times : \dfrac{L_1}{@} \times 圈梁外周长 \times \quad kg/m = \quad kg$

圈梁模板：$L_1 \times 梁高 \times 2 = \quad m^2$

⑦ 防潮层工程量：
$$L_1 \times 墙厚 = \quad m^2$$

其余各断面基础都按以上方法计算到⑦
项，然后合并各断面的相同工程量。从混凝土
基础工程量中扣除 T 形接头处混凝土重叠部
分的体积，如图 2－20 所示，然后再计算回填土
工程量和余土外运工程量。

扣重叠体积用查表法，当墙厚为 240mm

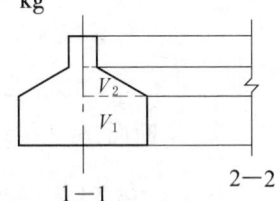

**图 2－20　T 形接头处
混凝土重叠部分示意图**

注：与 1—1 基础相交的另
一基础 2—2 压在 1—1 基
础上，产生 V_1、V_2 的重叠

时,查表 2-9(a) 得 V_1,查表 2-9(b) 得 V_2;当墙厚为 370mm 时,查表 2-10(a) 得 V_1,查表 2-10(b) 得 V_2。

⑧ 回填土工程量:

$$挖土工程量 - 基础工程量 + (L_1 + L_2 + \cdots)$$
$$\times H_差 \times 墙厚 = \quad m^3,$$

即回填土工程量 = ① - ② - ③ - ⑤ - ⑥
$$+ \underbrace{(L_1 + L_2 + L_3 + \cdots)H_差 \times 墙厚}_{砖基础中多减的 H_差 高的体积} = \quad m^3。$$

⑨ 余土外运工程量:挖土工程量 - 回填土工程量 - 室内填土工程量(此数可从地面工程量中取得,为室内净面积 × 填土厚度) = $\quad m^3$。

(2) 第二套算式:各断面同时计算。

① 挖槽工程量。

$$槽底面积:\left.\begin{array}{l} 1—1 断面 \quad L_{1槽} \times B = \quad m^2 \\ 2—2 断面 \quad L_{2槽} \times B = \quad m^2 \\ \cdots\cdots \end{array}\right\} = \quad m^2(总和)$$

$$\left.\begin{array}{l} 挖槽工程量: \quad m^2(槽底面积总和) \times H_挖 = \quad m^3 \\ 放坡工程量:(L_{1槽} + L_{2槽} + \cdots) \times K \times H_挖^2 = \quad m^3 \\ 工作面工程量:(L_{1槽} + L_{2槽} + \cdots) \times 2C \times H_挖 = \quad m^3 \end{array}\right\} = \quad m^3$$

② 混凝土垫层工程量: $\quad m^2$(槽底面积总和) × 厚 = $\quad m^3$

垫层模板:$(L_{1槽} + L_{2槽} + \cdots) \times 厚 \times 2 = \quad m^2$

③ 钢筋混凝土带形基础工程量。

$$\left.\begin{array}{l} 1—1 断面:L_1 \times B \times h_1 = \quad m^3 \\ \qquad L_1 \times (B + b) \times \dfrac{h_2}{2} = \quad m^3 \\ \qquad L_1 \times b \times h_3 = \quad m^3 \\ 2—2 断面:L_2 \times B \times h_1 = \quad m^3 \\ \qquad L_2 \times (B + b) \times \dfrac{h_2}{2} = \quad m^3 \\ \qquad L_2 \times b \times h_3 = \quad m^3 \end{array}\right\} = \quad m^3$$

扣除 T 形接头重叠部分体积(查表):

$$- (V_1 + V_2) \times 接头数 = - \quad m^3$$

$$合计 = \quad m^3$$

带形基础模板:1—1 $(h_1 + h_3) \times 2 \times L_1 = $ m^2

2—2 $(h_1 + h_3) \times 2 \times L_2 = $ m^2

④ 钢筋工程量。

（a）1—1断面。

底板上:主筋 $\phi \times \times$

$$(B - 2 \times 保护层厚度 + 12.5D) \times \frac{L_1}{@} \times \quad kg/m = \quad kg$$

$$分布筋 \phi \times \times \quad L_1 \times \left(\frac{B}{@} + 1\right) \times 1.1 \times \quad kg/m = \quad kg$$

梁内:主筋 $\phi \times \times$ $L_1 \times 根数 \times 1.1 \times$ kg/m = kg

$$分布筋 \phi \times \times \quad \frac{L_1}{@} \times 梁周长 \times \quad kg/m = \quad kg$$

（b）2—2断面:计算方法同1—1断面。

......

⑤ 砖基础工程量: $L_1 \times 墙厚 \times (砖基高 + 放脚折高) = $ m^3

$L_2 \times 墙厚 \times (砖基高 + 放脚折高) = $ m^3

......

⑥ 地圈梁工程量。

混凝土工程量: $(L_1 + L_2 + \cdots) \times 断面面积 = $ m^3

钢筋工程量:主筋

$(L_1 + L_2 + \cdots) \times 主筋根数 \times 1.1 \times$ kg/m = kg

箍筋

圈梁断面周长 $\times (L_1 + L_2 + \cdots)/@ \times$ kg/m = kg

注意,本式条件为各基础上的圈梁均相同,否则应分别计算。

圈梁模板: $(L_1 + L_2 + \cdots) \times 高 \times 2 = $ m^2

⑦ 防潮层工程量: $(L_1 + L_2 + \cdots) \times 墙厚 = $ m^2

注意,本式条件为各基础墙厚相同,否则应分别计算。

⑧ 回填土工程量:

①－②－③－⑤－⑥＋$H_差 \times$⑦ = m^3

⑨ 余土外运工程量:

①－⑧－室内净面积$\times (H_差 - 地面厚) = $ m^3

其中,室内净面积 = 一层建筑面积(S_1) － ⑦ = m^3。

5. 示例

计算如图 2‑21 所示钢筋混凝土带形基础的工程量。

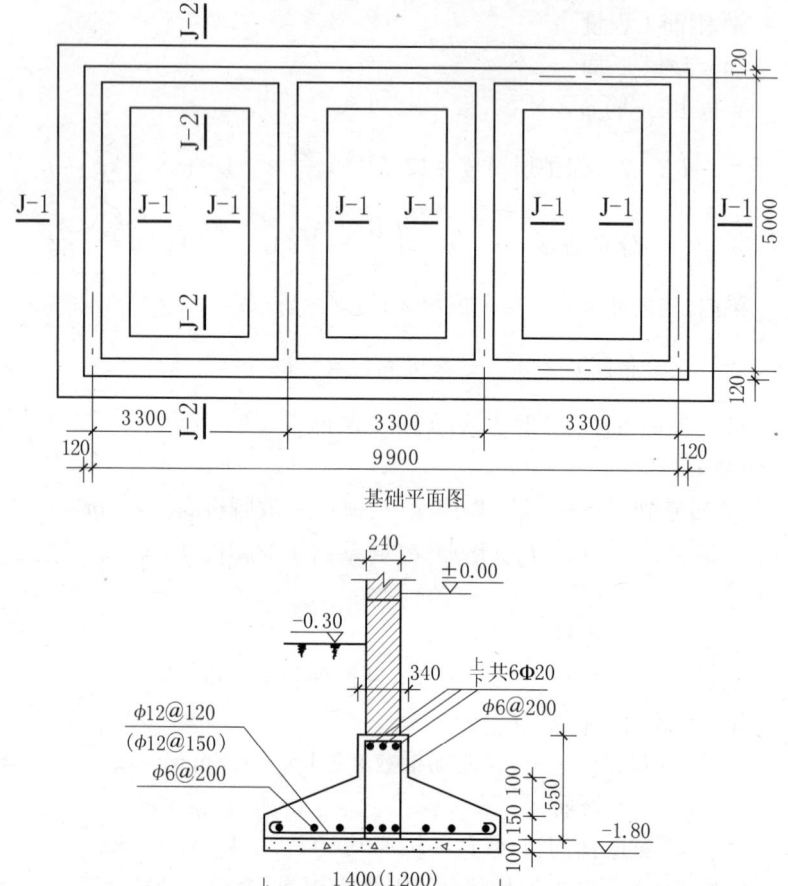

图 2‑21　某钢筋混凝土带形基础平面图、剖面图示意

解：首先计算出基础长度，如表 2‑12 所示。

表 2‑12　基础长度计算表

基础断面号	墙　净　长	槽　净　长
J‑1	$5.0 \times 2 + (5.0 - 0.24) \times 2 = 19.52\text{m}$	$5.0 \times 2 + (5.0 - 1.2) \times 2 = 17.6\text{m}$
J‑2	$9.9 \times 2 = 19.8\text{m}$	19.8m

（1）槽底面积。

J-1 基础:$17.6 \times 1.4 = 24.64\text{m}^2$ ⎫
J-2 基础:$19.8 \times 1.2 = 23.76\text{m}^2$ ⎭ $= 48.4\text{m}^2$

（2）人工挖槽（普硬土,深 2m 以内）工程量。

垫层工程量:$48.4 \times 1.5 = 72.6\text{m}^3$ ⎫

放坡工程量:

$(17.6 + 19.8) \times 0.33 \times 1.5^2 = 27.77\text{m}^3$ ⎬ $= 134.03\text{m}^3$

工作面工程量:

$(17.6 + 19.8) \times 0.3 \times 2 \times 1.5 = 33.66\text{m}^3$ ⎭

（3）C10 混凝土垫层工程量:$48.4 \times 0.1 = 4.84\text{m}^3$

模板:$(17.6 + 19.8) \times 0.1 \times 2 = 7.48\text{m}^2$

（4）C20 钢筋混凝土带形基础(有梁式)工程量。

① J-1 基础:

$$19.52 \times \left[1.4 \times 0.15 + \frac{1.4 + 0.34}{2} \times 0.1 \right.$$
$$\left. + 0.34 \times (0.55 - 0.25) \right] = 7.79\text{m}^3$$

② J-2 基础:

$$19.8 \times \left[1.2 \times 0.15 + \frac{1.2 + 0.34}{2} \times 0.1 \right.$$
$$\left. + 0.34 \times (0.55 - 0.25) \right] = 7.11\text{m}^3$$

③ 应扣除的 T 形接头重合部分体积:查表 2-9(a),$B_1 = 1.2\text{m}$,$B_2 = 1.4\text{m}$,$h_1 = 0.15\text{m}$,所以 $V_1 = 0.067 \times 1.5 = 0.1\text{m}^3$;

查表 2-9(b),$V_2 = 0.027\text{m}^3$,共 4 个接头,故重合部分体积为 $(0.1 + 0.027) \times 4 = 0.51\text{m}^3$。

合计后,C20 有梁式钢筋混凝土带形基础的工程量为:
$$7.79 + 7.11 - 0.51 = 14.39\text{m}^3$$

模板:$(19.52 + 19.8) \times (0.15 + 0.3) \times 2 = 35.39\text{m}^2$

（5）钢筋工程量。

① 梁内。

主筋 6 φ20:$(19.52 + 19.8) \times 6 \times 1.1 \times 2.47 = 640.99\text{kg}$

箍筋 φ6@200:

113

$$(19.52 + 19.8) \div 0.2 \times (0.34 + 0.55) \times 2 \times 0.222 = 77.69 \text{kg}$$

② 底板上。

J－1 基础 $\phi12@120$ 钢筋：

$$[1.4 - 2 \times 0.035(\text{保护层厚度}) + 12.5 \times 0.012]$$
$$\times 19.52 \div 0.12 \times 0.888 = 213.78 \text{kg}$$

J－2 基础 $\phi12@150$ 钢筋：

$$[1.2 - 2 \times 0.035 + 12.5 \times 0.012] \times 19.8 \div 0.15 \times 0.888 = 150.04 \text{kg}$$

J－1 基础 $\phi6@200$ 钢筋：

$$(1.4 \div 0.2 + 1) \times 19.52 \times 1.1(\text{长钢筋搭接系数})$$
$$\times 0.222 = 38.13 \text{kg}$$

J－2 基础 $\phi6@200$ 钢筋：

$$(1.2 \div 0.2 + 1) \times 19.8 \times 1.1 \times 0.222 = 33.85 \text{kg}$$

（6）M5 砂浆砌砖基础工程量：

$$(19.52 + 19.8) \times (1.8 - 0.1 - 0.55) \times 0.24 = 10.9 \text{m}^3$$

（7）防水砂浆防潮层工程量：$(19.52 + 19.8) \times 0.24 = 9.44 \text{m}^2$

（8）回填土工程量：

$$137.4 - 4.84 - 14.39 - 10.9 + 9.44 \times 0.3 = 104.44 \text{m}^3$$

（9）余土外运（100m 内）工程量：

$$137.4 - 104.44 - \underset{\text{室内填土工程量}}{\underline{(10.14 \times 5.24 - 9.44)}} \times 0.2 = 24.22 \text{m}^3$$

（三）钢筋混凝土矩形柱基础工程量"程序公式"

如图 2－22 所示为钢筋混凝土矩形柱基础,其高度为垫层上表面至台体顶的高度（h_1、h_2）,台体顶面以上为柱子。

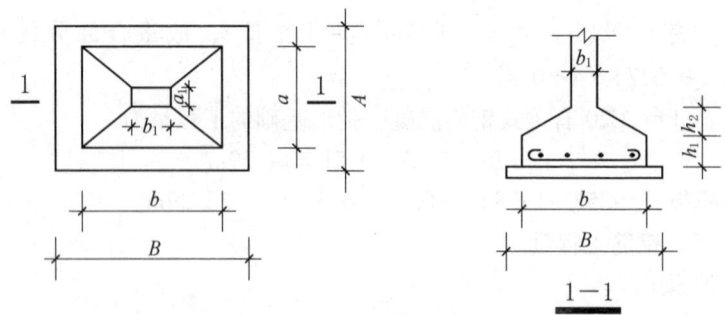

图 2－22 钢筋混凝土矩形柱基础

1. 钢筋混凝土矩形柱基础工程量计算"程序公式"

（1）挖坑工程量：分两种情况。

① 不需放坡（根据表2-2定），一、二类土 $H_挖$ < 1.2m 时，

$$V = (A + 2C) \times (B + 2C) \times H_挖 = \quad m^3$$

② 需放坡（根据表2-2定），一、二类土 $H_挖$ ≥ 1.2m 时，

$$V = (A + 2C + KH_挖) \times (B + 2C + KH_挖) \times H_挖 + \frac{1}{3}K^2 H_挖^3 = \quad m^3$$

式中　C——工作面宽度，见表2-4，混凝土基础 $C = 0.3$m；

　　　K——放坡系数，见表2-2，一、二类土 $K = 0.50$；

　　　$H_挖$——挖土深（室外地坪至坑底高度）。

（2）C10 混凝土垫层工程量：$A \times B \times 厚 = \quad m^3$

（3）C20 混凝土柱基础工程量。

长方体：$a \times b \times h_1 = \quad m^3$

棱台体：$\dfrac{h_2}{6}[a \times b + a_1 \times b_1 + (a + a_1) \times (b + b_1)] = \quad m^3$

（4）钢筋工程量。

A 向筋 $\phi \times \times$：

$$(a - 2 \times 保护层厚度 + 12.5d) \times \left(\frac{b}{@} + 1\right) \times \quad kg/m = \quad kg$$

B 向筋 $\phi \times \times$：

$$(b - 2 \times 保护层厚度 + 12.5d) \times \left(\frac{a}{@} + 1\right) \times \quad kg/m = \quad kg$$

式中　保护层厚度——基础是 35mm，即 0.035m；

　　　　　　d——钢筋直径，$\phi10$ 为 0.01m；

　　　　　　@——钢筋间距，如@120，表示间距为 0.12m。

（5）回填土工程量：

挖土工程量 - 垫层工程量 - 柱基础工程量

$$= (1) - (2) - (3) = \quad m^3$$

（6）余土外运工程量：$(1) - (5) = \quad m^3$

（7）模板：垫层$(A + B) \times 2 \times 厚 = \quad m^2$

矩形柱：$(a + b) \times 2 \times h_1 = \quad m^2$

2. 钢筋混凝土圆形柱基础工程量计算"程序公式"

如图2-23所示为钢筋混凝土圆形柱基础。

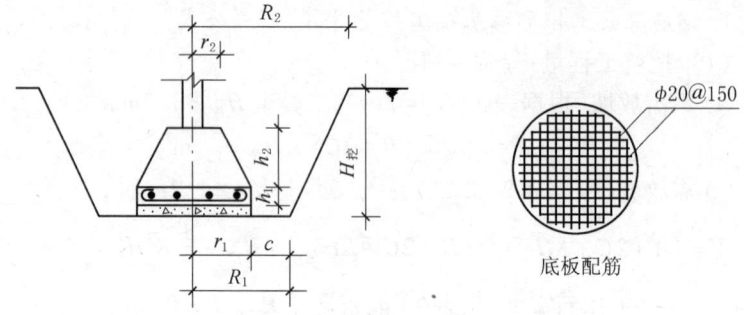

图 2-23　钢筋混凝土圆形柱基础

（1）挖坑工程量。

① 不放坡时：$V = \pi R_{1坑}^2 H_{挖} = \quad$ m³

式中　$R_{1坑}$——圆坑半径（包括工作面宽度）；

　　　π——圆周率，约等于 3.14。

② 放坡时：

$$V = \frac{\pi H_{挖}}{3}(R_1^2 + R_2^2 + R_1 \cdot R_2)$$

$$= \frac{\pi H_{挖}}{3}(3R_1^2 + 3R_1 K H_{挖} + K^2 H_{挖}^2) = \quad \text{m}^3$$

（2）垫层工程量：$\pi r_1^2 \times$ 垫层厚度 $= \quad$ m³

模板：$\pi D \times$ 垫层厚 $= \quad$ m²

（3）圆台基础工程量：

$$V_1 = \pi r_1^2 h_1 = \quad \text{m}^3$$

$$\left. V_2 = \frac{\pi h_2}{3}(r_1^2 + r_2^2 + r_1 \cdot r_2) = \quad \text{m}^3 \right\} = \quad \text{m}^3$$

圆台模板：$\left. \pi D_1 h_1 = \quad \text{m}^2 \right.$

$$\left. \pi(D_1 + D_2) \times h_2 \times \frac{1}{2} = \quad \text{m}^2 \right\} = \quad \text{m}^2$$

（4）钢筋工程量。

① 当钢筋单根长不超过 8m 时，即不需要搭接，可用 m² 折算法。

底板面积（m²）× 钢筋平方米数 $= \dfrac{D^2 \pi}{4} \times \dfrac{1}{@} \times \quad$ kg/m ×2 $= \quad$ kg

式中　$\dfrac{D^2\pi}{4}$——底板面积（m²）；

　　　　@——钢筋间距（m）；

$\dfrac{1}{@}\times$　kg/m——单向筋 1m² 重量；

　　　　2——双向配筋时，乘以 2。

② 当单根钢筋长大于 8m 时，需要搭接，要逐根计算。

钢筋单根长度 = 保护层以内圆的弦长 + 弯钩长

　　　　　　　+ 需要搭接的长度 =　　m

钢筋总重量 $= \displaystyle\sum_{1}^{n}$ 单根长 $\times$　kg/m $=$　kg

（a）当钢筋根数为双数时，钢筋的单根长度计算公式为：

$$C_i = @\cdot\sqrt{(n+1)^2-(2i-1)^2}+12.5d+\text{搭接长度}=\quad\text{m}$$

钢筋重量计算公式为：

$$2\sum_{i=1}^{n}C_i\times\quad\text{kg/m}\times2(\text{双向配筋时})=\quad\text{kg}$$

（b）当钢筋根数为单数时，钢筋单根长度计算公式为：

$$C_i = @\cdot\sqrt{(n+1)^2-(2i)^2}+12.5d+\text{搭接长度}=\quad\text{m}$$

钢筋重量计算公式为：

$$\left[2\sum_{i=1}^{n}C_i+(D-\text{保护层厚度}\times2)\right]\times\quad\text{kg/m}$$

$$\times2(\text{双向配筋时})=\quad\text{kg}$$

式中　C_i——第 i 根钢筋长度（m）；

　　　@——钢筋间距（m）；

　　　n——钢筋根数，$n=\dfrac{D-\text{保护层厚度}\times2}{@}-1$；

　　　D——钢筋混凝土底板直径；

　　　i——从圆心向两边计算的顺序号；

　　　$@\cdot\sqrt{(n+1)^2-(2i-1)^2}$——第 i 根钢筋所在弦长；

　　　搭接长——ϕ25mm 以内 8m 长一个接头，ϕ25mm 以上 6m 长一个

　　　　　　接头，圆钢接头长为 42.5d，螺纹钢接头长为 30d；

　　　$2\displaystyle\sum_{i=1}^{n}C_i$——从 $i=1$ 至 n 根钢筋总长；

$$2\sum_{i=1}^{n} C_i + (D - \text{保护层厚度} \times 2)$$ ——单根钢筋时加圆心上一根。

③ 环形筋的计算。

如图 2 - 24 所示。

外环筋长：

$C_{外} = (D - \text{保护层厚度} \times 2) \cdot \pi + 42.5d(\text{或} 30d) = \quad \text{m}$

内环筋长：

$C_{内} = [D - \text{保护层厚度} \times 2 - @ \times (n-1) \times 2] \cdot \pi = \quad \text{m}$

钢筋重量：

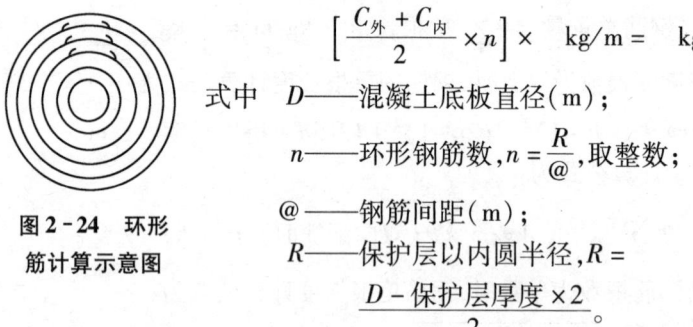

$$\left[\frac{C_{外} + C_{内}}{2} \times n\right] \times \quad \text{kg/m} = \quad \text{kg}$$

式中　D——混凝土底板直径(m)；

　　　n——环形钢筋数，$n = \dfrac{R}{@}$，取整数；

　　　$@$——钢筋间距(m)；

　　　R——保护层以内圆半径，$R = \dfrac{D - \text{保护层厚度} \times 2}{2}$。

图 2 - 24　环形
筋计算示意图

上式适用条件为：钢筋直径为 $\phi 25\text{mm}$ 以上时，$D \leqslant 2\text{m}$，$\phi 25\text{mm}$ 以内时，$D \leqslant 2.5\text{m}$。

若超出以上条件，则要考虑钢筋搭接长度 $30d$(或 $42.5d$)，接头为 8m 一个或 6m 一个。此时，要按下式分别计算各环筋长度：

$$C_i = [D - \text{保护层厚度} \times 2 - @ \times (i-1) \times 2] \cdot \pi + \text{搭接长} = \quad \text{m}$$

式中　C_i——从外往里第 i 根环筋的长度；

第 1 根筋，$i - 1 = 0$。

$$\text{钢筋重量} = \sum_{i=1}^{n} C_i \times \quad \text{kg/m} = \quad \text{kg}$$

（5）回填土工程量：(1) - (2) - (3) = $\quad \text{m}^3$

（6）余土外运工程量：(1) - (5) = $\quad \text{m}^3$

（四）钢筋混凝土满堂基础

钢筋混凝土满堂基础分为无梁式满堂基础和有梁式满堂基础，应分别套相应定额。

118

钢筋混凝土满堂基础工程量计算内容包括挖土方、混凝土垫层、混凝土满堂基础、砖基础、地圈梁、防潮层、钢筋、回填土、余土外运。

1. 工程量计算"程序公式"

(1) 挖土方(人工挖土)工程量。

垫层上挖土工程量:

$V_1 = 垫层面积总和 \times H_挖 = \quad m^3$

工作面上挖土工程量:

$V_2 = (L_{垫外} \cdot C + 4C^2) \cdot H_挖 = \quad m^3$

放坡挖土工程量:

$V_3 = (L_{垫外} + 8C) \times \dfrac{1}{2} K H_挖^2 + \dfrac{4}{3} K^2 H_挖^3 = \quad m^3$

$\left. \begin{array}{} \\ \\ \\ \end{array} \right\} = \quad m^3$

式中　　　K——放坡系数,见表2-2(一、二类土$K=0.50$);

C——工作面宽度,见表2-4(混凝土基础$C=0.3$m);

垫层面积总和——底层面积+($L_外 \times$垫层宽$+4 \times$垫层宽^2);

$L_{垫外}$——垫层外边线长,$L_外 + 8 \times$垫层宽;

$L_外$——外墙外边线长;

垫层宽——外墙皮至垫层外边线。

挖土方法有两种方案:一是人工挖土、人工运土,适宜土方量小、弃土运距近的工程;二是机械挖土、机械运土,适宜土方量大、弃土运距远的工程。

机械挖土要按机械挖土的放坡系数K,在坑下挖土时,机械运行坡度增加的土方量为挖土量的5%,故其总挖土工程量为:挖土工程量 × 1.05。

机械挖湿土时,人工费、机械费乘以系数1.15。

机械挖松散土时,套用挖土方一、二类土相应项目乘以系数0.70。

机械挖桩间土时,按实际挖土体积(扣除桩所占体积),相应项目乘以系数1.50。

(2) C10混凝土垫层工程量:

垫层面积总和×垫层厚度 = 　　m^3

垫层模板:$L_{垫外} \times$垫层厚度 = 　　m^2

(3) C20满堂基础(有梁式)工程量。

$$底板:底板面积 \times 底板厚度 = \quad m^3 \left.\vphantom{\begin{array}{c} \\ \\ \end{array}}\right\} = \quad m^3$$
$$梁:\Sigma(L \times 梁断面面积) = \quad m^3$$

式中　L——各不同断面的梁长,外墙上按中心线长,内墙上按墙净长。

$$满堂基础模板工程量:\begin{array}{l} 底板周长 \times 底板厚 = \quad m^2 \\ \Sigma(L \times 梁高 \times 2) = \quad m^2 \end{array} \left.\vphantom{\begin{array}{c} \\ \\ \end{array}}\right\} = \quad m^2$$

（4）砖基础工程量:
$$V = \Sigma[L \times 墙厚 \times (砖基高 + 放脚折高)] = \quad m^3$$

式中　L——各不同厚度的墙长。

（5）防潮层工程量:$\Sigma(L \times 墙厚) = \quad m^2$

（6）地圈梁工程量:$\Sigma(L \times 梁断面面积) = \quad m^3$

圈梁模板工程量:$\Sigma(L \times 梁高 \times 2) = \quad m^2$

（7）钢筋工程量。

① 底板上钢筋。

上层筋:横向筋 $\phi \times \times$

$$筋长 \times \left(\frac{纵向筋净长}{@} + 1\right) \times 1.1 \times \quad kg/m = \quad kg$$

纵向筋 $\phi \times \times$

$$筋长 \times \left(\frac{横向筋净长}{@} + 1\right) \times 1.1 \times \quad kg/m = \quad kg$$

式中　　　筋长——按图中注明的尺寸,一般$\lceil 1\,200 \rceil$表示 1 200 不含弯钩长(12.5d),筋长 = 1.2 + 12.5 × 0.012(m),$\lceil l = 1\,200 \rceil$表示 1 200 含弯钩长度(12.5d),筋长 = 1.2m;

$\left(\dfrac{纵向筋净长}{@} + 1\right)$——横向筋根数(因横向筋在纵向筋长度范围内布置);

1.1——搭接系数,钢筋在 ϕ25mm 以上超过 6m、ϕ25mm 以内超过 8m 时要搭接;

纵向筋净长——净长,即不加弯钩的长。

下层钢筋计算方法同上。

用以上方法计算大面积而且平面图形不正规的底板配筋比较麻烦,因此可以采取较简单的方法计算,如 m^2 折算法,即先计算出 $1m^2$ 的钢筋数量,然后乘以底板面积。注意,1m^2钢筋计算时,根数 $= 1 \div$ 间距,不要再加 1,否则多算 1 根。

所以 1m^2 钢筋重 $= \dfrac{1}{@} \times 1.1 \times$ $\text{kg/m} =$ kg(@ 为钢筋间距)。

② 底板梁的钢筋。

主筋 $\phi \times \times$:梁长(L)$\times$ 筋根数 $\times 1.1 \times$ $\text{kg/m} =$ kg

箍筋 $\phi \times \times$:梁断面周长 $\times \dfrac{L}{@} \times$ $\text{kg/m} =$ kg

③ 圈梁钢筋。

主筋 $\phi \times \times$:圈梁长(L)$\times$ 筋根数 $\times 1.1 \times$ $\text{kg/m} =$ kg

箍筋:圈梁断面周长 $\times \dfrac{L}{@} \times$ $\text{kg/m} =$ kg

④ 底板中的马铁重量,有图则按图计算,若无图,底板厚度超过 40cm,则按每立方米混凝土 8.5kg 计算。

(8) 回填土工程量:(1) - (2) - (3) - (4) - (6) = m^3

(9) 余土外运工程量:(1) - (8) - 室内填土 = m^3

(10) 满堂脚手架工程量:

基础底面积 = m^2(套满堂脚手架基价 $\times 0.5$)

注意,当有梁式满堂基础的梁高超过 1.2m 时,其梁按相应厚度的钢筋混凝土墙计算,基础底板按无梁式满堂基础计算。无梁式满堂基础底板上有柱墩时,应并入满堂基础内计算。

2. 示例

计算如图 2-25 所示钢筋混凝土满堂基础的工程量。

解:(1) 人工挖土方一、二类土工程量。

垫层上:$9.2 \times 4.7 \times (2.6 - 0.6) = 86.48\text{m}^3$

放坡:$LKH_{坡}^2 \times \dfrac{1}{2} + \dfrac{4}{3}K^2 H_{坡}^3$

$$= (9.2 + 4.7) \times 2 \times 0.37 \times (2.6 - 0.6 - 0.45)^2$$

$$\times \dfrac{1}{2} + \dfrac{4}{3} \times 0.33^2 \times (2.6 - 0.6 - 0.45)^3$$

$$= 12.90\text{m}^3$$

合计:99.38m^3

注意:灰土垫层不需要留工作面。

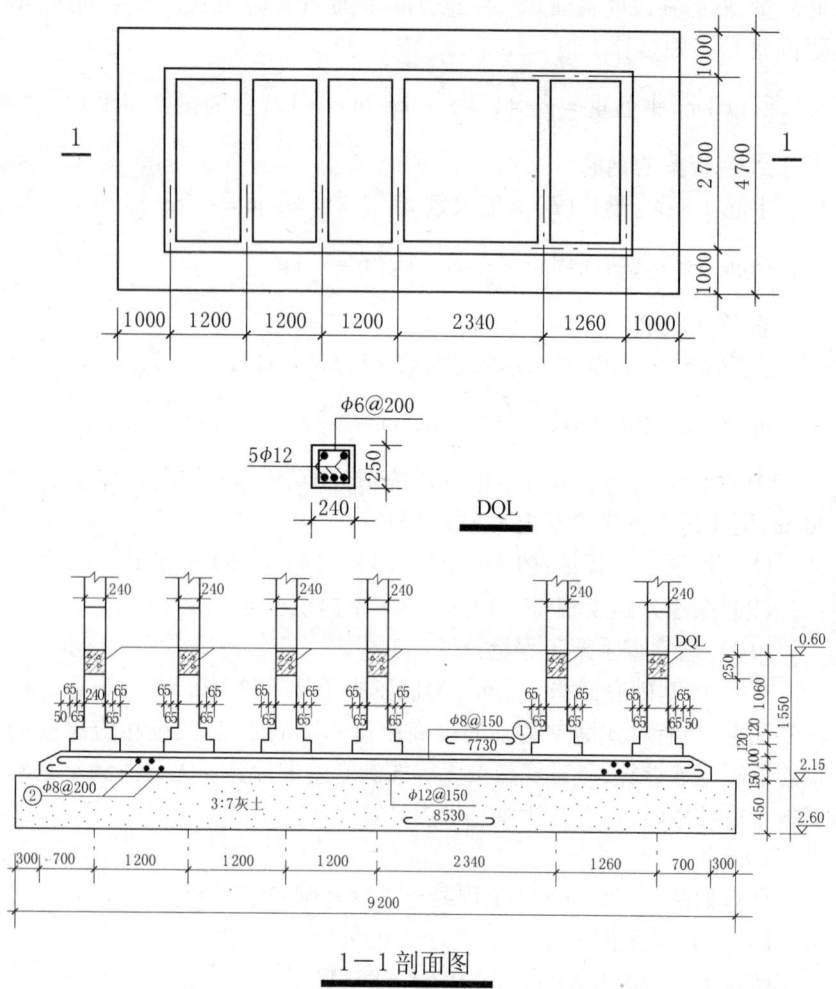

图 2-25 钢筋混凝土满堂基础的平面图、剖面图

（2）3:7灰土垫层工程量：$9.2 \times 4.7 \times 0.45 = 19.46 \text{m}^3$

（3）满堂基础工程量。

① C20 混凝土工程量：

$$(9.2 - 0.6) \times (4.7 - 0.6) \times 0.25 = 8.82 \text{m}^3$$

满堂基础模板工程量：$(9.2 - 0.6 + 4.7 - 0.6) \times 2 \times 0.15 = 3.81 \text{m}^2$

② 钢筋工程量。

上层：①号 $\phi8@150$

$$(7.73 + 12.5 \times 0.008) \times \frac{4.1}{0.15} \times 0.395 = 85 \text{kg}$$

②号 $\phi8@200$ $4.1 \times \frac{8.6}{0.2} \times 0.395 = 70 \text{kg}$

下层：③号 $\phi12@150$

$$(8.53 + 12.5 \times 0.012) \times \frac{4.1}{0.15} \times 0.888 = 211 \text{kg}$$

②号 $\phi8@200$ $4.1 \times \frac{8.6}{0.2} \times 0.395 = 70 \text{kg}$

（4）砖基础工程量：

$$\left.\begin{array}{r} \underbrace{[(7.2 + 2.7) \times 2 + (2.7 - 0.24) \times 4]}_{29.64\text{m}} \times 0.24 \times (1.55 + 0.60 \\ -0.25 + 0.197) = 14.91 \text{m}^3 \\ \text{扣地圈梁工程量} - 1.78 \text{m}^3 \end{array}\right\} = 13.13 \text{m}^3$$

（5）地圈梁工程量。

混凝土：$29.64 \times 0.24 \times 0.25 = 1.78 \text{m}^3$

钢筋：$5\phi12$ $29.64 \times 5 \times 1.1 \times 0.888 = 145 \text{kg}$

　　$\phi6@200$ $(0.25 + 0.24) \times 2 \times 29.64 \div 0.2 \times 0.222 = 32 \text{kg}$

$$\left.\begin{array}{l} \text{圈梁模板工程量：} 29.64 \times 0.25 \times 2 = 14.82 \text{m}^2 \\ \text{减圈梁相交部分：} -0.24 \times 0.25 \times 8 \text{ 处} = -0.48 \text{m}^2 \end{array}\right\} = 14.34 \text{m}^2$$

（6）防水砂浆防潮层工程量：$29.64 \times 0.24 = 7.11 \text{m}^2$

（7）回填土工程量：

$$(1) - (2) - (3) - (4) - (5) + \underbrace{29.64 \times 0.24 \times 0.6}_{\text{室外地坪以上砖基础工程量}}$$

$$= 99.38 - 19.46 - 8.82 - 13.13 - 1.78 + 4.27$$

$$= 60.46 \text{m}^3$$

（8）余土外运工程量：

挖土工程量 – 回填土工程量 – 室内填土工程量

$$= (1) - (7) - \underbrace{[(7.2 + 0.24) \times (2.7 + 0.24) - 29.64 \times 0.24]}_{\text{室内净面积}}$$

$$\times \underbrace{(2.15 - 0.25 - 0.1)}_{\text{填土厚}} = 12.35 \text{m}^3$$

（五）桩基础

1. 预制桩

预制桩基础施工程序及内容包括打桩、送桩、接桩(长度不够需要接长时)。定额分项也如此,所以工程量的计算也按此程序和内容。

定额规定送桩长度为打桩架的底至桩的顶面,即从自然地坪至桩顶面 +500mm,如图 2‑26 所示。桩的长度包括桩尖在内。

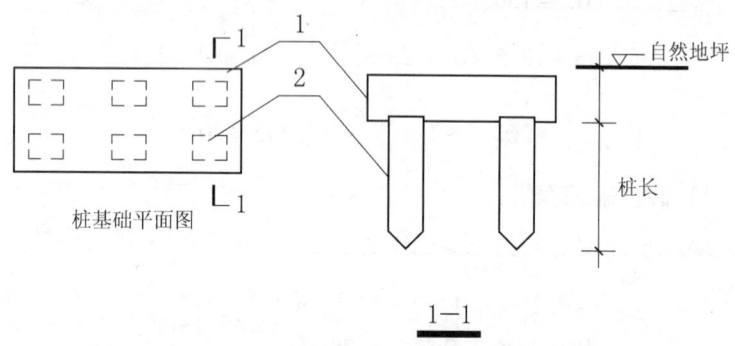

图 2‑26　桩基础平面图、剖面图示意(自然地坪至桩顶 +0.5m 为送桩深度)

(1)工程量计算"程序公式"。

① 打桩工程量:

$$桩长 \times 桩根数 = \quad m$$

② 送桩工程量:

$$送桩长(m) \times 桩根数 = (桩顶面标高 - 自然地坪标高 +0.5) \times$$
$$桩根数 = \quad m$$

③ 接桩工程量:电焊接桩按设计接头以个计算。

④ 桩承台混凝土及钢筋工程量另列项目计算。

2. 灌注桩

灌注桩是成孔后灌入混凝土或其他材料制成的桩基础。成孔方式有四种:干作业成孔、泥浆护壁成孔、套管成孔、人工挖孔。

工程量计算公式如下:

(1)混凝土灌注桩工程量:$\dfrac{\pi}{4}D^2 \times L = \quad m^3$

式中　D——桩外径;

　　　L——桩长(含桩尖在内)。

(2)钢筋笼工程量:按实际用量计算。

124

六、钢筋混凝土工程

(一) 概述

1. 基本知识(施工时钢筋加工基本知识,预算工作者一般了解即可)

(1) 各种钢筋代表符号。

Ⅰ级钢筋(HPB300):ϕ;

Ⅱ级钢筋(HRB335):ϕ;

Ⅲ级钢筋(HRB400):Φ;

冷拔低碳钢丝(ϕ5mm 以内钢筋):ϕ^b;

冷拉钢筋:ϕ^l、ϕ^l、Φ^l。

(2) 钢筋的延伸及弯曲调整值。

钢筋弯曲后的特点是,弯曲时内皮收缩,外皮延长,轴线长度不变,在弯曲处形成圆弧,如图 2-27 所示。施工时钢筋的量度方法是沿直线量外皮尺寸,而钢筋的施工下料长度是按轴线尺寸,所以下料长度小于量度长度,两者之间的差称为弯曲调整值,其值根据理论推算和实践经验列于表 2-13。

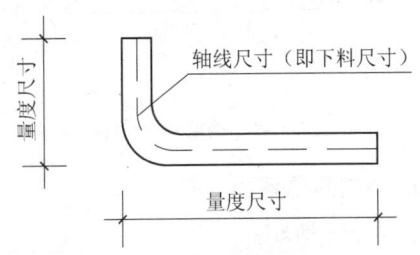

图 2-27 钢筋弯曲变形情况

表 2-13 钢筋弯曲延伸调整值

弯曲角度	30°	45°	60°	90°	135°
调 整 值	0.35d	0.5d	0.85d	2d	2.5d

注:d 为钢筋直径。

因此,钢筋施工下料长度 = 量度长 - 弯曲调整值 =   m。

注意,预算时钢筋量度计算不考虑,弯曲调整值。

【例】 计算如图 2-28 所示 L-1 梁的钢筋施工下料长度。

解:L-1 梁ϕ20mm 钢筋下料长度

$$= 量度长(梁长 - 保护层厚度 \times 2 + 直钩长)$$
$$- 弯曲调整值(2d \times 2)$$
$$= (5.0 - 0.025 \times 2 + 0.3 \times 2) - 2 \times 0.02 \times 2 = 5.47\text{m}$$

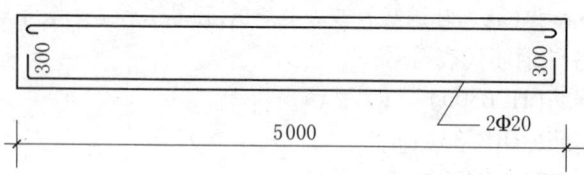

图 2 - 28   L - 1 梁示意图(混凝土保护层厚度为 25mm)

（3）钢筋常用弯钩增加长度。

如图 2 - 29 所示,钢筋常用弯钩增加长度为:半圆钩,6.25d;直钩,3.5d;斜钩,4.9d。

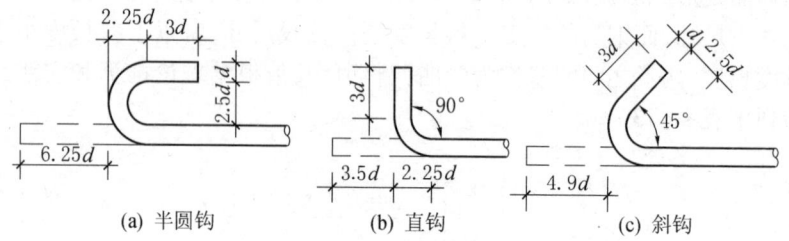

图 2 - 29   钢筋弯钩示意图

（4）弯起钢筋斜长调整系数。

如图 2 - 30、表 2 - 14 所示。

表 2 - 14   弯起钢筋斜长调整系数

钢筋长度 a	斜 长 调 整 系 数		
	30°	45°	60°
斜边长度 S	2.00h	1.414h	1.135h
底边长度 L	1.732h	1.00h	0.557h
增加长度 S - L	0.268h	0.414h	0.578h

注:1. 一般,梁高 H < 300mm 时,α 为 30°;300mm < H < 700mm 时,α 为 45°;H > 700mm 时,α 为 60°。

　　2. 表中 h = 梁高度 - 保护层厚度 × 2 - 钢筋直径。

（5）混凝土保护层厚度。

为了防止钢筋锈蚀损坏，钢筋的外边至构件的外表面必须有一定厚度的混凝土作为保护层，保护层厚度在施工图未注明时可参考表 2-15 取值。

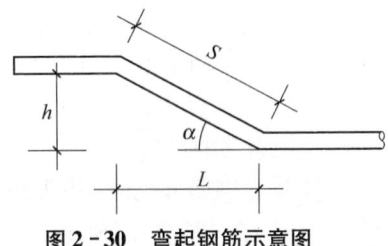

图 2-30　弯起钢筋示意图

表 2-15　混凝土保护层厚度

构　件　名　称	保护层厚度（mm）
墙和板	15
梁和柱	20
基　础	40

（6）箍筋调整值。

箍筋的下料长度与构件的断面尺寸、混凝土保护层厚度、钢筋弯钩长度、钢筋的弯曲调整值有关。为了简化计算，将箍筋的弯钩长与弯曲调整值的差值（称为箍筋调整值）列于表 2-16，以便计算箍筋时查用。

箍筋下料长度 = 箍筋周长 + 箍筋调整值 =　　m

表 2-16　箍筋调整值

箍筋周长量度方法	箍　筋　直　径（mm）			
	$\phi4 \sim \phi5$	$\phi6$	$\phi8$	$\phi10 \sim \phi12$
量外包尺寸（外周长）（mm）	40	50	60	70
量内包尺寸（内周长）（mm）	80	100	120	150 ~ 170

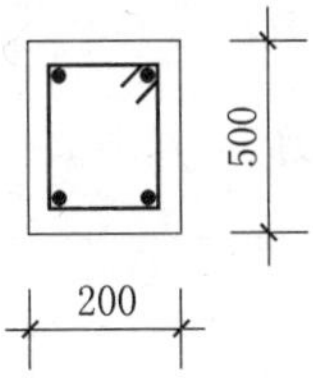

【例】　计算如图 2-31 所示 $\phi6mm$ 箍筋下料长度。

解：① 按外包尺寸：

箍筋宽度方向尺寸 = 200 - 20 × 2 = 160mm

箍筋高度方向尺寸 = 500 - 20 × 2 = 460mm

查表 2-16，得箍筋调整值为 50mm。

因此，箍筋下料长度 = （160 + 460）× 2 + 50
　　　　　　　　　 = 1 290mm。

② 按内包尺寸算：

图 2-31　箍筋示意图

箍筋下料长度 $= [(200 - 20 \times 2 - 2d) + (500 - 20 \times 2 - 2d)] \times 2 + 100$
$$= [(200 - 40 - 2 \times 6) + (500 - 40 - 2 \times 6)] \times 2 + 100$$
$$= 1\,292\text{mm}$$

（7）钢筋的搭接长度。

① 受力钢筋绑扎时,接头搭接最小长度 L_d 如图 2 - 32 和表2 - 17（施工图未注明时参考）所示。

(a) 光面钢筋   (b) 螺纹钢筋

图 2 - 32　钢筋搭接长度示意图

表 2 - 17　钢筋绑扎搭接长度 L_d

钢 筋 类 别	受 力 情 况	
	受拉区钢筋	受压区钢筋
Ⅰ 级钢筋	$30d$	$20d$
Ⅱ 级钢筋	$35d$	$25d$
Ⅲ 级钢筋	$40d$	$30d$
冷拔低碳钢丝	250mm	200mm

② 受力钢筋焊接时,搭接长度如表 2 - 18 所示。

表 2 - 18　钢筋焊接搭接长度

焊接形式	搭 接 长 度	
接触对焊		⟨图⟩
两条焊缝绑条焊（单面焊）	$4d$($5d$ 用于 Ⅱ、Ⅲ级钢筋)	搭接长度 ⟨图⟩
四条焊缝绑条焊（双面焊）	$2d$($2.5d$ 用于 Ⅱ、Ⅲ级钢筋)	
一条焊缝搭接焊（单面焊）	$8d$($10d$ 用于 Ⅱ、Ⅲ级钢筋)	搭接长度 ⟨图⟩
两条焊缝搭接焊（双面焊）	$4d$($5d$ 用于 Ⅱ、Ⅲ级钢筋)	

（8）施工时钢筋加工下料长度公式：

直钢筋下料长度 = 构件长度 - 保护层厚度
    + 弯钩长度 + 搭接长度 =   m

弯起钢筋下料长度 = 直段长度 + 斜段长度 + 弯钩长度
    - 弯曲调整值 + 搭接长度 =   m

箍筋下料长度 = 箍筋周长 + 箍筋调整值 =   m

【例】 计算如图 2 - 33 所示钢筋下料长度（不需搭接）。

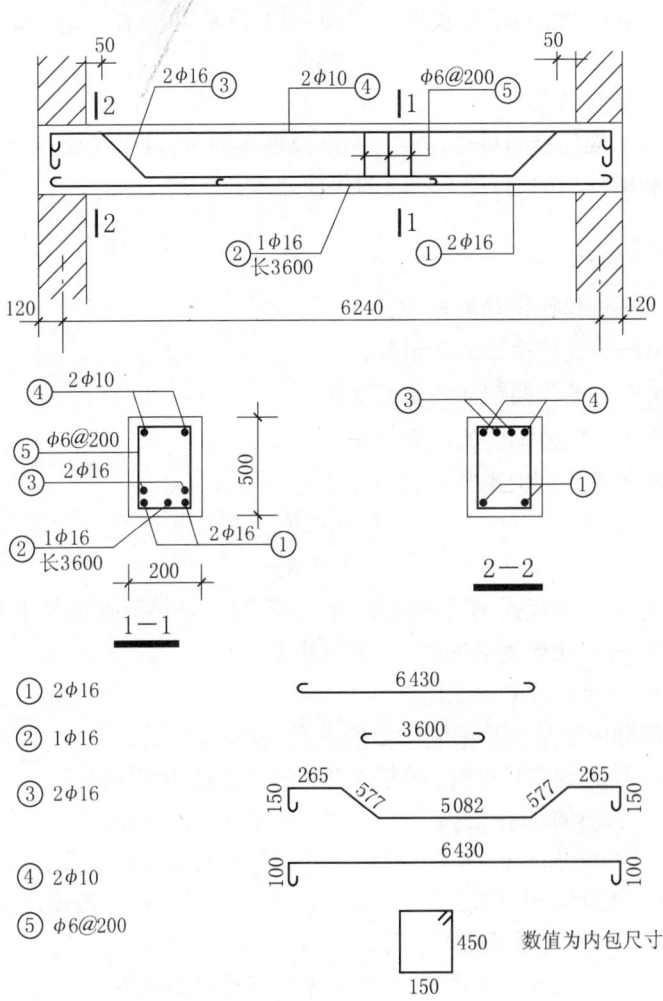

图 2 - 33 L - 1 梁配筋示意图

解：①号筋($\phi16$mm)下料长度 $= 6\,440 + 12.5 \times 16 = 6\,640$mm

②号筋($\phi16$mm)下料长度 $= 3\,600 + 12.5 \times 16 = 3\,800$mm

③号筋($\phi16$mm)下料长度 $= (150 + 265 + 577) \times 2 + 5\,082 + 12.5$
$$\times 16 - 0.5 \times 16 \times 4 - 2 \times 16 \times 2$$
$$= 7\,170\text{mm}$$

④号筋($\phi10$mm)下料长度 $= 6\,440 + 100 \times 2 + 12.5 \times 10 - 2 \times 10 \times 2$
$$= 6\,785\text{mm}$$

⑤号筋($\phi6$mm)下料长度 $= (200 - 20 \times 2 + 500 - 20 \times 2) \times 2 + 50$
$$= 1\,290\text{mm}$$

（9）钢筋代换。

当施工现场钢筋规格与设计图纸规格不同时，可以代换。

钢筋钢种相同、直径不同时的代换公式如下：

$$n_2 \geqslant n_1 \frac{d_1^2}{d_2^2}$$

式中　n_2——代换钢筋的根数；

$\quad\quad n_1$——被代换钢筋的根数；

$\quad\quad d_1^2$——被代换钢筋的截面面积；

$\quad\quad d_2^2$——代换钢筋的截面面积。

钢筋钢种不同时的代换公式如下：

$$n_2 \geqslant \frac{n_1 d_1^2 R_{g_1}}{n_1 d_2^2 R_{g_2}}$$

式中　R_{g_1}——被代换钢筋的强度，见钢筋表（可从第五章资料中查得）；

$\quad\quad R_{g_2}$——代换钢筋的强度，见钢筋表。

2. 编制预算的定额规定

这部分内容是预算编制学习的重点，包括以下规定：

（1）计算钢筋长度时，不考虑钢筋的弯曲延伸调整值。

（2）钢筋的绑扎搭接规定：$\phi10$mm 以内的，12m 计算一个接头；$\phi10$mm 以上至 $\phi25$mm 以内，10m 计算一个接头；$\phi25$mm 以上，9m 计算一个接头，竖向钢筋按楼层的自然层设置。接头的搭接长度按设计规定，设计无规定时按 $30d$，圆钢还应加半圆钩长，为 $42.5d$。

（3）钢筋的重量计算时，圆钢每米重与螺纹钢相等。

（4）钢筋弯钩增加长度：半圆钩为 $6.25d$，直钩为 $3.5d$，斜钩为

4.9d,均指一个钩长。

    (5) 弯起筋斜长调整系数见表2-14,混凝土保护层厚度见表2-15。

    (6) 钢筋损耗已含在相应的定额子目中,计算时无需考虑。

    (7) 钢筋长度计算公式(当图中未注明钢筋尺寸时):

直钢筋不带弯钩长度 = 构件长度 - 保护层厚度 + 搭接长度 =   m

直钢筋带弯钩长度 = 构件长度 - 保护层厚度 + 弯钩增加长度

                        + 搭接长度 =   m

弯起钢筋长度 = 构件长度 - 保护层厚度 + 弯钩增加长度

                 + 斜段增加长度 + 搭接长度 =   m

箍筋长度 = (构件宽度 + 构件高度 - 80)×2 + 弯钩长度 =   m

也可简化为:

                (构件宽度 + 构件高度)×2 =   m

箍筋的根数 = 构件长度(高度)÷间距   个

套环箍筋长度 = $\left(\dfrac{2}{3}a+b\right)\times 2$ =   m(一个套子)(图2-34)

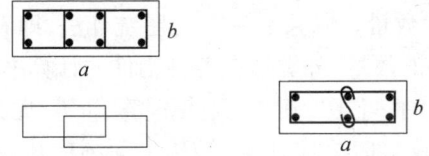

    图2-34　套环箍筋　　图2-35　单肢环箍筋

单肢箍筋长度 = b + 弯钩长度(12.5d) =   m(图2-35)

菱形箍筋长度 = $4\times\dfrac{1}{2}\sqrt{a^2+b^2}+12.5d$ =   m(图2-36)

螺旋箍筋长度 = $n\cdot\sqrt{S^2+\pi^2D^2}+12.5d$ =   m(图2-37)

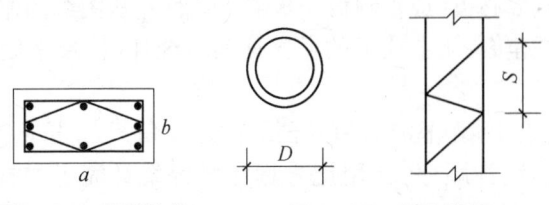

  图2-36　菱形箍筋　　图2-37　螺旋箍筋

式中　n——螺旋转数；

　　　S——螺距；

　　　π——圆周率，一般取为 3.14；

　　　D——构件直径。

（8）当施工图或钢筋表中钢筋表示为 $\phi20\ \lceil 2\ 100\ \rceil$，则 2 100（mm）是不包括两端弯钩长度在内的，钢筋长度应为：$2.1 + 12.5 \times 0.02 = 2.35\text{m}$。

当钢筋表示为 $\lceil l = 2\ 100\ \rceil$，则 2 100（mm）包括两端弯钩长度，钢筋长为 2.1m。

3. 预算工程量计算一般方法介绍

钢筋混凝土构件较多，一般工程包括预制板（圆孔板）、现浇板、现浇板缝、现浇梁、预制梁、现浇过梁、预制过梁、现浇圈梁、现浇柱、构造柱、楼梯、阳台、雨篷等。每种构件要根据定额中计算规则分别计算其混凝土体积或面积及钢筋的重量，即预算工程量。

工程量要根据结构平面图和构件详图计算。为了防止漏算和重复计算，应按以下方法计算：

（1）统计构件数量。应采取一次看图统计法，即看一张图尽量一次统计完所有构件的数量，分类填在各种构件的计算书或计算表中，其一可避免重复翻阅同一张图，其二可避免漏算、重算，尤其当图纸布置紧密、构件种类数量较多时更应这样，结构平面图应从底层到顶层逐张统计。

统计构件应按现浇板→预制板（空心板）→现浇板缝→单梁→外墙上过梁及圈梁→内墙上过梁及圈梁→柱子（构造柱）→楼梯→阳台→雨篷等的先后顺序进行。

在同一张结构平面图中统计数据时，也要按一定的顺序进行，防止漏掉或重算。

现浇板、空心板（或预制板）、板缝、单梁，宜从图纸的左上角一间屋开始，按从左至右、从上往下的顺序逐间房统计（简单平面图也可用最顺手的方法）。

预制过梁、圈梁、构造柱宜从图纸的左上角开始，按从左至右，先外墙、后内墙的统计顺序，并用记号标注已经统计完了的构件（如打钩"√"）。统计顺序可参考图 2-4。

（2）计算工程量。统计完主要构件数量后，即可开始计算各自的工程量，按本书已编制的工程量计算"程序公式"进行。

注意每一个构件的工程量要一次计算完，以防止漏算。如现浇或预制板的混凝土体积、钢筋和模板一次算完；钢筋混凝土水池的混凝土体积、钢筋，水池下的砖腿及贴瓷砖等一次算完。

（3）钢筋的计算。钢筋混凝土构件工程量计算完后，要汇总钢筋的总用量，汇总时按现浇构件、预制构件、冷拔低碳钢丝、预应力钢筋等不同规格分别进行。

（二）工程量计算"程序公式"

1. 圆孔板工程量计算"程序公式"

预算定额中关于圆孔板的定额项目分别列有圆孔板预制、钢筋加工和绑扎、模板、圆孔板安装。若在预制构件厂制作或购买，尚需计算圆孔板从预制厂至工地的运输费。因此一般需要计算圆孔板的制作、钢筋、模板、运输、安装五项费用，即计算五项工程量。按圆孔板的块数计算出来的为安装工程量，安装工程量再增加 1% 的安装损耗是制作、运输、模板的工程量，钢筋数量也要算出来。工程量计算程序及方法如下：

首先根据结构平面图按以前讲述的统计构件数量的方法，准确无误地计算出每种规格的圆孔板的块数，填入计算表。然后查圆孔板标准图，从经济指标栏目中查得每块板的混凝土和钢筋数量，填入表中，再计算出总的制作、安装工程量和钢筋的数量。为了方便查找，第五章摘抄了圆孔板标准图中的经济指标数据，可直接查用。

圆孔板工程量计算"程序公式"见表 2-19 算例。

表 2-19　圆孔板数量统计及工程量计算表

型　号	板　数（块）			C30 混凝土体积（m^3）		预应力钢筋重量（kg）		$\phi10mm$ 内钢筋重量（kg）	
	一层	二层	合计	每块板	合计	每块板	合计	每块板	合计
YKB3.3 I a YKB3.3 II a …	10 20	15 10	25 30	0.136 1 0.179 7	3.4 5.39	3.26 3.81	81.5 114.3	0.58 0.58	14.5 17.4
合　计	圆孔板安装工程量 制作、运输、模板 工程量			8.79 8.79 × 1.01 = 8.88		195.8 195.8 × 1.01 = 198		31.9 31.9 × 1.01 = 32.1	

表中"×1.01"是由于定额中规定了安装损耗为1%。

2. 现浇板缝工程量计算"程序公式"

现浇板缝工程量计算"程序公式"见以下算例。

首先，统计板缝数量，列于表中(表2-20)。

表2-20 板缝数量统计表

开 间(m)	板 缝 宽 度 及 数 量
3.3	缝宽30mm,13条;缝宽200mm(加2ϕ12钢筋),2条
3.6	缝宽20mm,15条;缝宽250mm(加3ϕ12钢筋),4条

定额规定，板缝宽20~200mm,套板缝定额;板缝宽200mm以上,套现浇板定额,所以此例应按现浇板缝与现浇板分别计算工程量。

C20混凝土现浇板缝工程量:

$$3.3 \times 0.03 \times 0.13 \times 13 + 3.3 \times 0.2 \times 0.13 \times 2$$
$$+ 3.6 \times 0.02 \times 0.13 \times 15 = 0.48m^3$$

C20混凝土现浇板工程量:

$$3.6 \times 0.25 \times 0.13 \times 4 = 0.47m^3$$

(缝宽250mm>200mm,所以这4条缝按现浇板单列项进行计算)

现浇板缝模板工程量:$3.3 \times 0.03 \times 13 + 3.3 \times 0.2 \times 2 = 2.61m^2$

平板模板工程量:$3.6 \times 0.25 \times 4 = 3.6m^2$

钢筋工程量:

$2\phi12$ $(3.3 + 12.5 \times 0.012) \times 2 \times 2 \times 0.888 = 12kg$
$3\phi12$ $(3.6 + 12.5 \times 0.012) \times 3 \times 4 \times 0.888 = 40kg$ }$= 52kg$

$\phi6@200$ $0.2 \times 3.3 \times 5 \times 0.222 \times 2 = 2kg$
$0.25 \times 3.6 \times 5 \times 0.222 \times 4 = 4kg$ }$= 6kg$

板缝、现浇板工程量算式中,0.13为圆孔板高度,即板缝的高度。

钢筋工程量算式中,12.5$\times$0.012是两端弯钩长,$\phi6@200$钢筋工程量算式中,3.3$\times$5即3.3m$\div$0.2,用"$\times$"计算比用"$\div$"快(可少按一次计算器键)。

钢筋均未计算施工损耗,待工程量算完,汇总钢筋总数后,再按表2-19规定计算。

3. 现浇板计算"程序公式"

定额规定,凡带有梁的板,梁和板分别计算。板算至梁的侧面,梁、板分别套相应项目。伸入砌体内的板头并入板体积内,板与混凝土墙交接时,板算至墙内侧,板中留单个孔在 $0.3m^2$ 以内不扣除。无梁板指由柱支撑的板,体积按板与柱头(帽)之和计算。叠合板指预制板上二次浇混凝土面层,按平板项目计算。

工程量计算"程序公式"如下:

(1)平板。

$$\left.\begin{array}{l} B_1 \text{板}:\text{长}\times\text{宽}\times\text{厚}\times\text{块数} = \quad m^3 \\ B_2 \text{板}:\text{长}\times\text{宽}\times\text{厚}\times\text{块数} = \quad m^3 \\ \cdots\cdots \\ \text{扣板上洞} -\Sigma(\text{洞面积}\times\text{板厚}) = - \quad m^3 \end{array}\right\} = \quad m^3$$

其中,板的长与宽按(2)里规定计算。

(2)无梁板。

$$\left.\begin{array}{l} B_1 \text{板}:\text{长}\times\text{宽}\times\text{厚}\times\text{块数} = \quad m^3 \\ B_2 \text{板}:\text{长}\times\text{宽}\times\text{厚}\times\text{块数} = \quad m^3 \\ \text{柱帽}:(\text{上截面面积}+\text{下截面面积}) \\ \qquad \times\text{帽高}\div 2\times\text{帽个数} = \quad m^3 \\ \text{扣板上孔} -\Sigma(\text{洞面积}\times\text{板厚}) = - \quad m^3 \end{array}\right\} = \quad m^3$$

其中,板的长与宽按如下情况确定:

① 当平板放置在砖墙上时,式中长与宽为板的实际长度与宽度尺寸。

② 当平板与圈梁、过梁连接时,长与宽算至圈梁、过梁的内侧面。

③ 当有多种不同厚度的板相连接时,以内墙中心线为分界线,按不同厚度分别计算。

(3)板模板工程量:板投影面积 $-0.3m^2$ 以上洞面积 + 洞口侧壁面积 = $\quad m^2$

(4)板的钢筋。

主筋 $\phi\times\times$:

$$(\text{板宽} - \text{保护层厚度}\times 2 + 12.5d)\times\frac{\text{板长}}{@}\times \quad kg/m = \quad kg$$

分布筋 $\phi \times$:板长 $\times \dfrac{板宽}{@} \times$ $kg/m =$ kg

扣筋 $\phi \times \times$:筋长 $\times \dfrac{配置扣筋区段长}{@} \times$ $kg/m =$ kg

扣筋上的分布筋 $\phi \times$:

$$配置扣筋区段长 \times 根数 \times \quad kg/m = \quad kg$$

其中,扣筋上分布筋根数,当图中未注明时,按间距250mm一根计算。

上式仅适用于住宅、办公楼的卫生间等小面积现浇板的配筋。大面积的现浇板钢筋计算要考虑超过6m和8m长度的搭接规定。复杂平面图形(非矩形平面)也可以利用每平方米折算法,即先按配筋计算出 $1m^2$ 的钢筋数量,然后乘以现浇板的总面积(m^2),再考虑搭接钢筋数量。

板中钢筋的根数 = 长/@,是否再加1根,应视情况而定。施工规定主筋要摆放到墙上1根即可,如果板长按中心线长度计算,就不需再加1根,如果板长是按墙间净长计算,则需加1根。

【例】 计算如图2-38所示现浇板和圆孔板工程量。

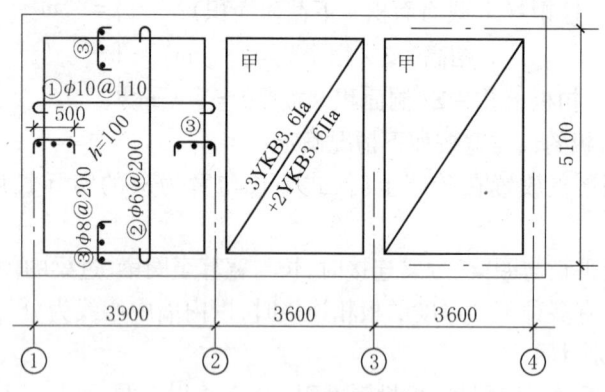

图2-38 局部结构平面图

解:① C20混凝土现浇平板(厚100mm以内)工程量:

$$5.1 \times 3.9 \times 0.1 = 1.99 m^3$$

平板模板工程量:$(5.1 - 0.24) \times (3.9 - 0.24) = 17.79 m^2$

钢筋工程量：

①号筋 $\phi10\text{mm}$ $3.9 \times \dfrac{5.1}{0.11} \times 0.619 = 112\text{kg}$

②号筋 $\phi6\text{mm}$ $5.1 \times \dfrac{3.9}{0.2} \times 0.222 = 22\text{kg}$

③号筋 $\phi8\text{mm}$

$(0.5 + 0.08 \times 2) \times (5.1 + 3.9) \times 2 \times 5 \times 0.395 = 24\text{kg}$

分布筋 $\phi6\text{mm}$ $(5.1 + 3.9) \times 2 \times 3$ 根 $\times 0.222 = 12\text{kg}$

② 圆孔板数量统计及工程量计算如表 2-21 所示。

表 2-21 圆孔板数量统计及工程量计算表

型 号	板数（块）	C30 混凝土体积（m³）		预应力钢筋重量（kg）		$\phi10\text{mm}$ 内钢筋重量（kg）	
		每块板	合 计	每块板	合 计	每块板	合 计
YKB3.6 Ⅰ a	$3 \times 2 = 6$	0.148 6	0.89	4.71	28	0.58	4
YKB3.6 Ⅱ a	$2 \times 2 = 4$	0.196 2	0.79	8.26	33	0.58	2
合 计	安装工程量	1.68		61		6	
	制作、模板、运输工程量	$1.68 \times 1.01 = 1.7$		$61 \times 1.01 = 62$		$6 \times 1.01 = 6.1$	

4. 现浇梁工程量计算"程序公式"

定额规定，梁按图示尺寸断面积×梁长计算，伸入墙内的梁头或梁垫并入梁体积内。梁长规定，梁与柱交接时算至柱侧面，次梁与主梁交接，次梁算至主梁侧面。基础梁指基础之间承受墙荷载的梁。

根据结构平面图统计出来的各种梁根数，按下列"程序公式"计算其工程量。

（1）C20 混凝土单梁工程量（有梁垫者其体积并入梁内）：

$$V = \Sigma(长 \times 宽 \times 高 \times 根数) = \quad \text{m}^3 \left.\begin{array}{r} \\ \\ \end{array}\right\} = \quad \text{m}^3$$
$$梁垫 \quad V = \Sigma(长 \times 宽 \times 高 \times 个数) = \quad \text{m}^3$$

式中 Σ——合计符号，即 L-1 梁、L-2 梁……的体积之和。

单梁模板工程量：$\Sigma[梁净长 \times (宽 + 高 \times 2) \times 根数] = \quad \text{m}^2$

（2）C20 混凝土带板梁工程量：

$$V = \Sigma(长 \times 宽 \times 高 \times 根数) = \quad \text{m}^3$$

137

式中　高——梁断面全高,含板厚度。

梁长的确定方法为:单梁、主梁为其全长;次梁长为主梁间的净长;框架结构的梁框架主梁长为柱侧面净长,连系梁长为主梁间的净长。

带板梁模板工程量:Σ[梁净长×(宽＋净高×2)×根数]＝　　m^2

(3) 梁钢筋工程量计算。

主筋:长度×根数×　　kg/m＝　　kg

箍筋:梁断面外周长×$\dfrac{梁长}{@}$×　　kg/m＝　　kg

其中钢筋长度的确定方法为:当图纸中有钢筋表已注明了钢筋长度时按表中长度计算;有钢筋简图时按简图所注尺寸计算。但超过搭接长度时($\phi10mm$以内12m一个接头,$\phi10mm$以上至$\phi25mm$以内10m一个接头,$\phi25mm$以上9m一个接头),要增加搭接长度,一个接头增加长度为:圆钢42.5d,螺纹钢30d。当钢筋长度无注明、无简图时按下式计算:

$$直钢筋长\ l = 构件长 - 保护层厚度(0.02m)\times 2$$
$$+ 弯钩长(12.5d) + 搭接长 = \quad m$$
$$弯起钢筋长\ l = 构件长 - 保护层厚度(0.02m)\times 2$$
$$+ 弯钩长(12.5d) + 弯起部分增加长(表2-14)$$
$$+ 搭接长 = \quad m$$

弯起部分(一处)增加长按如下取值:弯起度数为45°时,为0.414H_0;30°时,为0.268H_0;60°时,为0.577H_0。其中,H_0＝梁高－2倍保护层厚度(0.04m)－钢筋直径－2倍箍筋直径。

【例】　计算如图2-39所示现浇梁L-2梁的工程量。

解:① C20混凝土梁工程量:

$$6.48\times 0.25\times 0.5 = 0.81m^3 \left.\right\} = 0.83m^3$$

梁垫工程量:

$$0.5\times 0.24\times 0.1\times 2 = 0.02m^3$$

梁模板工程量:(6.24－0.24)×(0.25＋0.5×2)＝7.5m^2

② 钢筋工程量。

①号筋2$\phi16$:

(6.48－0.02×2＋12.5×0.016)×1.58×2＝20.98kg

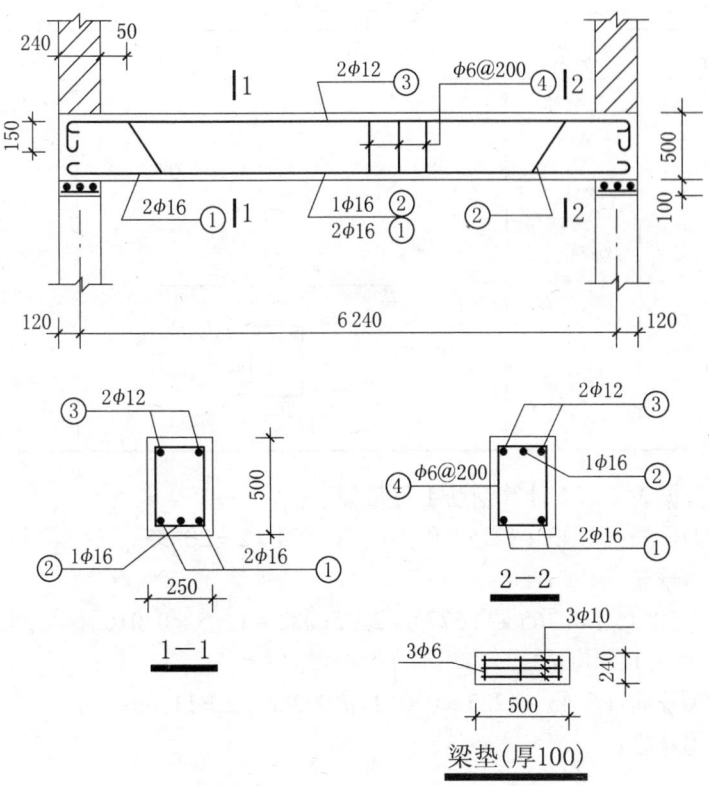

图 2-39 L-2 梁详图

②号筋 1φ16：

$$[6.48 - 0.02 \times 2 + 0.15 \times 2 + 12.5 \times 0.016 + 0.414$$
$$\times (0.5 - 0.02 \times 2 - 0.016 - 0.006 \times 2) \times 2] \times 1.58 = 11.53 \text{kg}$$

③号筋 2φ12：

$$(6.48 - 0.02 \times 2 + 12.5 \times 0.012) \times 0.888 \times 2 = 11.70 \text{kg}$$

④号筋 φ6@200：

$$(0.25 + 0.5) \times 2 \times \frac{6.48}{0.2} \times 0.222 = 10.79 \text{kg}$$

梁垫筋 3φ10：$0.5 \times 3 \times 0.617 \times 2$ 块 $= 1.85 \text{kg}$

        3φ6：$0.24 \times 3 \times 0.222 \times 2$ 块 $= 0.32 \text{kg}$

有的设计者附钢筋表(表 2-22)，则可按简图计算。

表 2 - 22　钢筋表

构　　件	钢筋编号	简　　　　图	型号、根数
L - 2 梁	①号筋	6 430	2φ16
	②号筋	150　265　577　5 082　577　265　150	1φ16
	③号筋	6 430	2φ12
	④号筋	450　200	φ6@200

根据表 2 - 22 计算钢筋工程量如下：

①号筋：$(6.43 + 12.5 \times 0.016) \times 1.58 \times 2 = 20.95 \text{kg}$

②号筋：

$$[(0.15 + 0.265 + 0.577) \times 2 + 5.082 + 12.5 \times 0.016] \times 1.58$$
$$= 11.48 \text{kg}$$

③号筋：$(6.43 + 12.5 \times 0.012) \times 0.888 \times 2 = 11.69 \text{kg}$

④号筋：

$$[(0.2 + 0.45) \times 2 + 12.5 \times 0.006] \times \frac{6.48}{0.2} \times 0.222 = 9.89 \text{kg}$$

5. 预制过梁工程量计算"程序公式"

　　预算定额中关于预制过梁的定额项目分别列有预制过梁的制作、钢筋加工和绑扎、预制过梁的安装。若在预制构件厂制作或购买时，尚需计算预制过梁、从预制厂至工地的运输费。因此一般需要计算预制过梁的制作、钢筋、模板、运输、安装五项费用，也即计算五项工程量。按预制过梁的根数计算出的为安装工程量。安装工程量再增加 1.5% 的安装损耗为制作、运输、模板的工程量。钢筋数量也要计算出来。

　　计算程序及方法如下：首先根据结构平面图按以前讲述的统计构件数量的方法，准确无误地计算出各种规格的过梁根数，填入计算表中。然后查预制过梁标图，从经济指标栏目中查得每根过梁的混凝土和钢筋数量,填入表中,再计算出总的制作、安装工程量和钢筋数量。为了方便查找,第五章中已摘抄了预制过梁标准图中的经济指标数据,可直接查用。

工程量计算"程序公式"可见表 2-23 算例。

表 2-23　预制过梁数量统计及工程量计算表

过 梁 型 号	过 梁 根 数				C20 混凝土工程量(m³)		钢筋工程量(kg)	
	一层	二层	三层	合计	每根梁	合计	每根梁	合计
GLB15-11	5	5	5	15	0.057	0.86	4.98	75
GLB12-11	6	7	7	20	0.048	0.96	2.89	58
GLB10-11	12	12	12	36	0.043	1.55	2.37	85
安装工程量						3.37		218
制作、模板、运输工程量						3.37×1.015 =3.42		218×1.015 =221

注:表中 1.015 是考虑增加 1.5% 的安装损耗。

6. 圈梁、挑檐工程量计算"程序公式"

(1) 圈梁、挑檐工程量计算规定及应注意的事项。

① 首先从结构平面图中算出各种圈梁和挑檐的长度,然后计算混凝土和钢筋工程量。圈梁长度确定如下:外墙上按外墙中心线长计算;内墙上按内墙净长计算。当柱与圈梁相交时,要从圈梁中扣除柱占的体积,但不要从圈梁长度中扣除柱占长度,因为钢筋通过柱,计算钢筋要利用圈梁长度。

② 圈梁与阳台挑梁伸入内墙的部分相连接时,及外墙上圈梁与阳台过梁相连接时,圈梁的长应算至与阳台梁的相交处,即内横墙圈梁长要扣除阳台的挑梁长,外纵墙圈梁长要扣除阳台的过梁长(图 2-47)。

③ 当圈梁兼作洞口过梁时,规定按洞口宽度尺寸加 0.5m 以现浇过梁计算,套现浇过梁定额,其他情况按圈梁计算。

④ 圈梁带出檐板时,其出檐板挑出 10cm 以内,板体积并入圈梁内;出檐在 10cm 以上,执行雨篷定额,按其挑出体积计算工程量。

⑤ 直形、弧形圈梁分别计算工程量,套相应定额。

⑥ 挑檐按伸出圈梁外(墙外)的体积计算工程量(m³)。当挑檐上的栏板高度<40cm时,其体积与挑檐合并,执行挑檐定额;当栏板高度>40cm时,单独列项计算其体积,执行栏板定额。空调板、飘窗板执行挑檐项目。

(2) 圈梁计算"程序公式"。

圈梁一般有三种断面形式:外纵墙上为矩形,如370mm×250mm或240mm×250mm;外横墙上因搭放预制板,一般为矩形带缺口断面;内墙上一般为小断面形式,如240mm×120mm。所以计算长度时要分别计算不同断面的圈梁长度。直形和弧形也要分清,弧形注明,不注为直形。圈梁经过洞口时,兼作洞口过梁,按过梁计算,要从圈梁体积中扣除其体积。当外墙上有阳台时,圈梁长要扣除 NL-1、NL-2 长度,如图 2-47。

① 圈梁长度。

外纵墙上 QL-1:××(一层楼) + ××(二层楼)

- 阳台过梁(NL-1)长×阳台数 =   m

外横墙(山墙)QL-2:××(一层楼) + ××(二层楼) =   m

内墙上 QL-3:××(一层楼) + ××(二层楼)

- 阳台挑梁(NL-2)长×2×阳台数 =   m

② C20 混凝土圈梁工程量体积:

$$
\left.
\begin{array}{l}
\text{QL-1} \quad \text{梁长×断面面积} = \quad \text{m}^3 \\
\text{QL-2} \quad \text{梁长×断面面积} = \quad \text{m}^3 \\
\text{QL-3} \quad \text{梁长×断面面积} = \quad \text{m}^3 \\
\text{扣圈梁兼过梁} \\
\quad -\Sigma[(\text{洞口宽}+0.5)\times\text{断面面积}\times\text{洞数}] = - \quad \text{m}^3 \\
\text{扣与柱重叠部分} \\
\quad -\Sigma(\text{柱宽}\times\text{圈梁断面面积}\times\text{交点数}) = - \quad \text{m}^3
\end{array}
\right\} = \quad \text{m}^3
$$

式中 Σ——不同宽度的洞口、不同断面的圈梁算出的体积和以及不同宽度的柱、不同断面圈梁计算的体积和。

圈梁模板工程量:(圈梁长 - 过梁长 - 柱宽×柱数)×梁高×2 =   m²

③ 钢筋工程量。

圈梁 QL‑1:主筋　梁长×根数×1.1×　kg/m =　kg

　　　　　　箍筋　圈梁断面周长×梁长/@

　　　　　　　　×　kg/m =　kg　　　　　　　　= kg

圈梁 QL‑2:计算公式同圈梁 QL‑1

圈梁 QL‑3:计算公式同圈梁 QL‑1

式中　1.1——主筋长度增加系数,包括弯钩长、抗震构造锚固长、筋长
　　　　　　超过 10m 的中间需搭接长,长度增加总计约为圈梁长
　　　　　　的 10% 。

(3) 圈梁兼过梁工程量计算"程序公式"。

C20 混凝土过梁工程量:

$$\Sigma[(洞口宽 +0.5) × 断面面积 × 洞数] = \quad m^3$$

钢筋(洞口需加强时所设)工程量:

$$\Sigma[(洞宽 +0.5 +12.5d) × 根数 × \quad kg/m × 洞个数] = \quad kg$$

过梁模板工程量:(梁宽 + 梁高 ×2) × 洞口宽 × 洞口数 = 　m^2

(4) 挑檐工程量计算"程序公式"(直形、弧形分别计算)。

C20 混凝土挑檐工程量:

$$V = (L_外 +4 × 宽) × 宽 × 厚 = \quad m^3$$

C20 混凝土栏板工程量:　　　　　　　　　　= 　m^3

$$V = (L_外 +8 × 宽) × 高 × 厚 = \quad m^3$$

式中　$L_外$——(带圈梁挑檐的)外墙的外边线长;

　　　宽——挑檐宽度;

　　　高——栏板的高度,当栏板高度 >40cm 时,套栏板定额;

　　　厚——分别为挑檐和栏板的厚度。

挑檐模板工程量:挑檐与模板接触面截面总长 × 挑檐长。当栏板高
度超过 40cm 时,另列栏板模板项目:栏板长 × 高 ×2 = 　m^2。

钢筋工程量:

　　　主筋　筋长 × ($L_外$/@ +20 根) × 　kg/m =　kg

　　　分布筋　($L_外$ +8 × 宽) ×1.1 × 根数 × 　kg/m =　kg

式中　　　主筋长——按图示尺寸加弯钩;

　　($L_外$/@ +20)——主筋根数,20 为四角的放射筋;

　　($L_外$ +8 × 宽)——分布筋一根长,也即栏板的长;

　　分布筋根数——包括挑檐和栏板上的通长筋。

【例】 计算如图 2-40 所示圈梁、挑檐工程量。

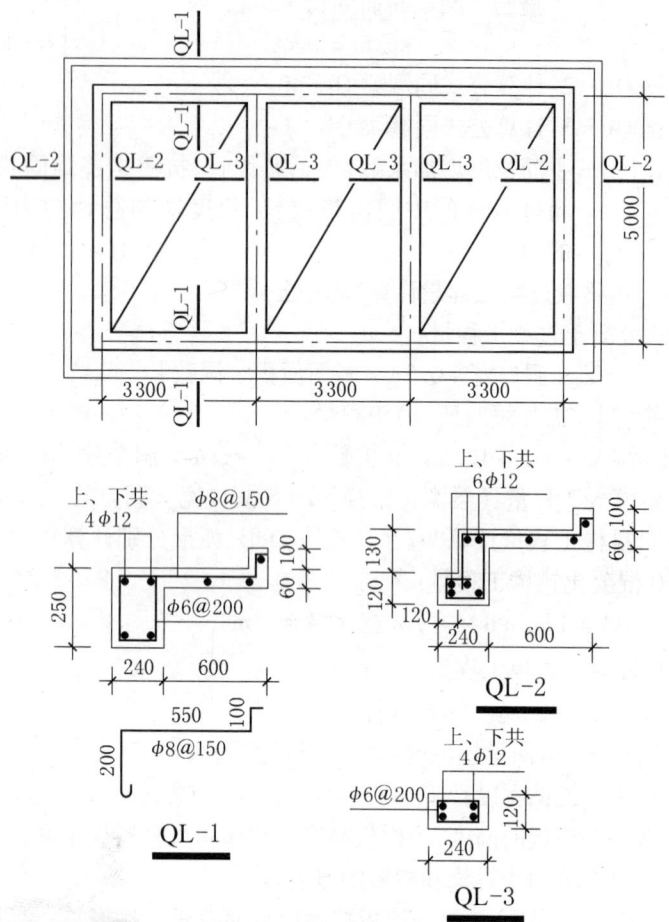

图 2-40 屋顶结构平面图及详图

解:① C20 混凝土工程量。

圈梁 QL-1:

$9.9 \times 2 \times 0.24 \times 0.25 = 1.19 \text{m}^3$

圈梁 QL-2:

$5.0 \times 2 \times (0.24 \times 0.25 - 0.12 \times 0.13) = 0.44 \text{m}^3 \left.\right\} = 1.90 \text{m}^3$

圈梁 QL-3:

$(5.0 - 0.24) \times 2 \times 0.24 \times 0.12 = 0.27 \text{m}^3$

圈梁模板工程量：$[(9.9+5.0)×2×0.25+(5.0-0.24)×2$
$×0.12]×2=17.18m^2$

② 挑檐工程量：

$L_{外}=(9.9+5.0)×2+0.12×8=30.76m$

挑檐混凝土工程量：

$V=(30.76+4×0.6)×0.6×0.06=1.19m^3$

栏板混凝土工程量：$\left.\begin{matrix}\\\end{matrix}\right\}=1.40m^3$

$V=(30.76+8×0.55)×0.1×0.06=0.21m^3$

挑檐底板模板工程量：

$(30.76+4×0.6)×0.6=19.90m^2$

栏板模板工程量：

$(0.1+0.16)×(30.76+8×0.55)=9.14m^2$

③ 钢筋工程量。

圈梁 QL-1：主筋 4ϕ12　19.8×4×1.1×0.888=77kg

　　　　　箍筋 ϕ6@200

　　$(0.24+0.25)×2×19.8÷0.2×0.222=22kg$

圈梁 QL-2：主筋 6ϕ12　10×6×1.1×0.888=50kg

　　　　　箍筋　$(0.24+0.25)×2×10÷0.2×0.222=11kg$

圈梁 QL-3：主筋 4ϕ12　9.52×4×1.1×0.888=37kg

　　　　　箍筋 ϕ6@200

　　$(0.24+0.12)×2×9.52÷0.2×0.222=8kg$

挑檐：主筋 ϕ8　$(0.2+0.55+0.1+0.1)×\dfrac{30.76}{0.15}×0.395=85kg$

　　分布筋 ϕ6　$30.76×3(根)×1.1×0.222=23kg$

7. 构造柱工程量计算"程序公式"

构造柱是为加固墙体，先砌墙后浇注混凝土的柱子。

首先，根据图纸统计出各种型号构造柱的数量，然后按下述公式计算混凝土和钢筋工程量。

（1）C20 混凝土工程量：柱高×断面面积×柱根数＝　　m^3

式中　柱高——自柱基上表面至柱顶面高度，或自地圈梁顶面至屋顶圈
　　　　　　　梁顶面高度。当带马牙磋时其体积并入柱内。

构造柱模板工程量：柱高×宽×2×柱根数＝　　m^2

（2）钢筋工程量。

主筋：主筋长×根数× kg/m×柱根数＝ kg

箍筋：柱断面周长×$\dfrac{柱高}{@}$× kg/m×柱根数＝ kg

其中，主筋长＝柱高＋伸入地圈梁长＋上下的直钩长＋42.5dn（n
为楼层数），因定额规定主筋在±0.00和
各层楼板处搭接，并在搭接区段箍筋加密
为$\phi6@100$。

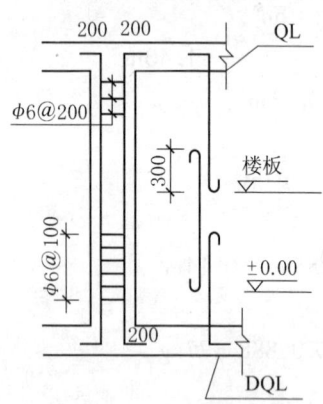

图2-41 某六层楼构造
柱结构示意图

【例】 如图2-41所示为某六层楼构
造柱，DQL顶标高-0.5m，屋顶圈梁顶标
高18.5m，柱断面240mm×240mm，构造柱
主筋为4ϕ12，箍筋为$\phi6@200$，计算1根
柱混凝土及钢筋工程量。

解：C20混凝土工程量：

$$(18.5+0.5)\times0.24\times0.24=1.09m^3$$

构造柱模板工程量：

$$19.0\times0.24\times2=9.12m^2$$

主筋工程量：

$$(19.0+0.25+0.2\times2+42.5\times0.012\times6)\times4\times0.888=81kg$$

箍筋工程量：

$$0.24\times4\times\dfrac{19}{0.2}\times0.222=20kg$$
$$0.24\times4\times\dfrac{0.5\times6}{0.2}\times0.222=3kg$$ $\Bigg\}=23kg$

式中 $0.24\times4\times\dfrac{0.5\times6}{0.2}\times0.222$——6个搭接处加密的箍筋重量。

8. 框架结构柱、梁、板工程量计算

框架、柱、梁、板工程量分别计算，套相应定额。

（1）框架柱的体积＝柱截面面积×柱高度。

柱的高度是从基础上表面至梁板的顶面的高度。

柱截面面积：矩形截面为长×宽；变截面柱应分段计算，以较长段的
截面周长为准，套用矩形柱定额；圆形柱截面面积为πR^2（R为柱截面半

146

径),套用圆形柱定额;多边形柱截面面积为 $\frac{1}{2}nr_na_n$(n 为边数,r_n 为边心距,a_n 为边长),以截面的外接圆直径长套用圆形柱定额。

(2)框架梁、连系梁、次梁体积 = 高×宽×长,套用单梁定额。

框架梁、连系梁长算至柱侧面(即柱间净长),梁高按梁全高计算。

框架次梁长度为框架梁或连系梁之间的净长,梁高度按梁全高计算。

(3)框架现浇板体积按板面积×厚度计算。板面积为框架梁、连系梁、次梁之间的净面积。

公式:板体积 =(框架平面面积 – 梁占面积 – 柱占面积)× 板厚
$$= \qquad m^3$$

(4)柱模板工程量:柱高×柱断面周长 = $\qquad$ m^2

梁模板工程量:梁净长×(宽 + 高×2) = $\qquad$ m^2

板模板工程量:梁间净面积 = $\qquad$ m^2

支撑超高:地面至梁(板)底 – 3.6m = $\qquad$ m(不到1m按1m计算)

【例】 计算如图 2 – 42 所示柱间的梁、板工程量。

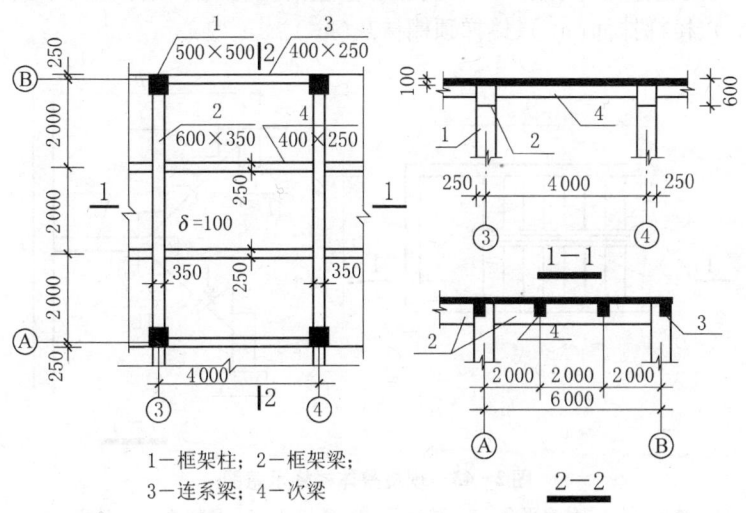

1—框架柱;2—框架梁;
3—连系梁;4—次梁

图 2 – 42 框架有梁板结构示意图

解:

① 矩形梁 C20 混凝土。

框架梁：

$$0.35 \times 0.6 \times (6.0 - 0.5) \times 2(根) = 2.31m^3$$

连系梁工程量：

$$0.25 \times 0.4 \times (4.0 - 0.5) \times 2(根) = 0.7m^3 \left.\vphantom{\begin{array}{c}1\\1\\1\end{array}}\right\} = 3.74m^3(套梁定额)$$

次梁工程量：

$$0.25 \times 0.4 \times (4.0 - 0.35) \times 2(根) = 0.73m^3$$

② 现浇板工程量：

$$(4.0 - 0.35) \times (6.0 - 0.25 \times 4) \times 0.1 = 1.83m^3$$

③ 梁模板工程量：

$$[(0.6 - 0.1) \times 2 + 0.35] \times (6.0 - 0.5) \times 2 = 14.85m^2$$
$$[(0.4 - 0.1) \times 2 + 0.25] \times (4 - 0.5) \times 2 = 5.95m^2 \left.\vphantom{\begin{array}{c}1\\1\\1\end{array}}\right\} = 26.61m^2$$
$$[(0.4 - 0.1) \times 2 + 0.25] \times (4 - 0.35) \times 2 = 6.21m^2$$

扣重叠部分 $\quad -0.4 \times 0.25 \times 4 = -0.4m^2$

④ 板模板工程量：$(4.0 - 0.35) \times (6.0 - 0.25 \times 4) = 18.25m^2$

9. 楼梯工程量计算

现浇整体楼梯(图2-43)的工程量包括现浇整体楼梯(m^2)、楼梯栏杆(m)、楼梯抹面(m^2)、楼梯顶棚抹灰(m^2)。

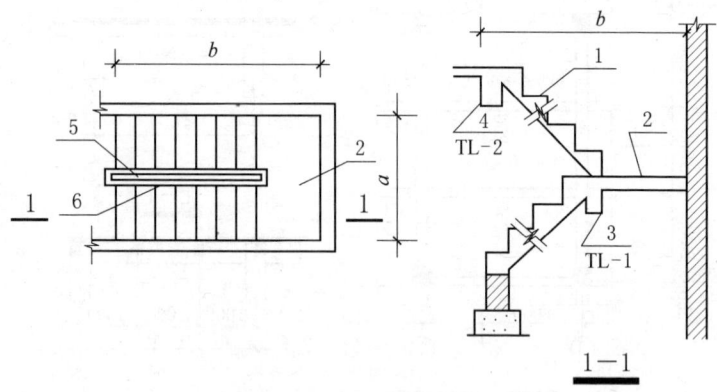

图2-43　现浇整体楼梯示意图

1—踏步板；2—休息平台；3—平台梁；4—楼梯梁；5—楼梯井；6—楼梯栏杆

(1) 定额规定,现浇楼梯工程量,按楼梯踏步板和休息平台在内的实体积计算。楼梯和楼板的划分,以楼梯梁(TL-2)的外边缘为界,楼梯梁(TL-2)包括在楼梯工程量之内,相连的楼板另列板项计算。

（2）楼梯间工程量计算"程序公式"如下：

（以一个标准层为例计算）

① 现浇混凝土楼梯工程量：

$$V_{梯} = V_{休息平台} + V_{斜板} \times 2 + V_{梯梁} \times 2 + V_{踏步} \times 踏步数$$

其中，$V_{休息平台}$ ＝ 平台板长 × 宽 × 厚

$\quad V_{斜板}$ ＝ 斜长 × 梯段宽 × 梯板厚度

$\quad V_{梯梁}$ ＝ 梁长 × 宽 × 高

$\quad V_{踏步}$ ＝ 踏步宽 × 高 × 长 × 0.5 × 踏步数

② 楼梯模板工程量：

$$S_{梯} = S_{休息平台} + S_{斜板} \times 2 + S_{梯梁} \times 2 + S_{踏步踢面} \times 踏步数 + S_{踏步侧面}$$

其中，$S_{休息平台}$ ＝ 平台板长 × 宽

$\quad S_{斜板}$ ＝ 斜长 × 梯段宽

$\quad S_{梯梁}$ ＝ 梁长 × 宽 × 高

$\quad S_{踏步踢面}$ ＝ 踏步宽 × 长 × 踏步数

$\quad S_{踏步侧面}$ ＝（梯板斜长 × 厚 × 2）＋（踏步宽 × 高 × 踏步数）

③ 钢筋工程量：包括梯板、休息平台和平台梁（TL - 1、2）等项目。

④ 楼梯栏杆工程量，按其他部分的栏杆公式计算。

⑤ 楼梯面层以楼梯水平投影面积计算。

楼梯底面抹灰并入相应的天棚抹灰工程量内计算，楼梯底面积（包括休息平台）的工程量按其水平投影面积计算，平板式乘以系数 1.3，踏步式乘以系数 1.8。

楼梯侧面抹灰按"墙柱面工程"相应项目计算。

当楼层较多时，一个楼梯的构件又很多，计算前要首先统计出各构件的数量，如 TL - 1、2 根数，梯板块数，休息平台块数等，以防计算混凝土和钢筋重量时漏算。

【例】 某四层砖混结构办公楼，层高 3.90m，墙厚均为 240mm，轴线居中，二层楼梯如图 2 - 44 所示，使用 C20 预拌混凝土。以二层为例，计算楼梯混凝土及模板工程量。

解：① C20 现浇混凝土工程量：

1. 标高 5.82m 处平台板

$$V_{平台板} = 0.1 \times 1.225 \times (1.425 \times 2 + 0.15) = 0.368 m^3$$

2. 标高 5.82m 和 7.77m 处 TL - 1（标高 1.92m 和 3.87m 处 TL - 1

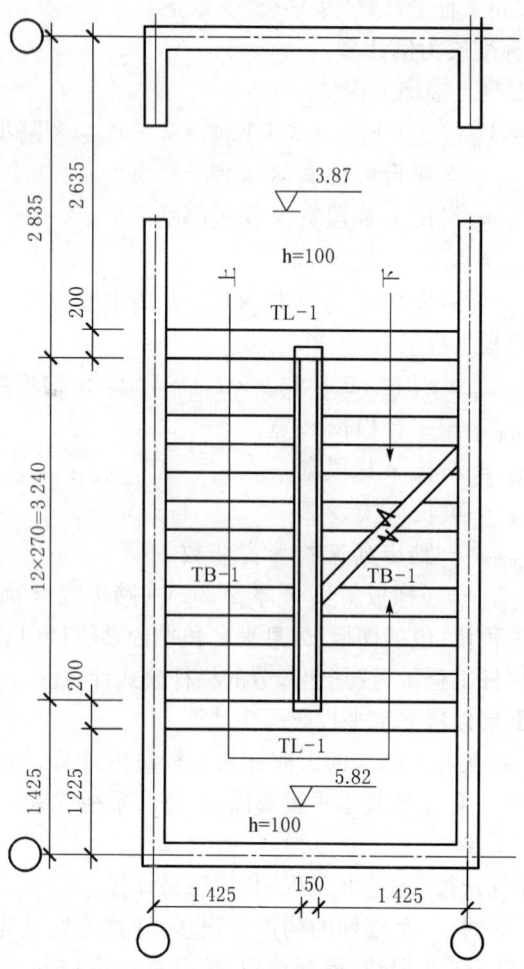

图 2-44 二层平面图

并在一层楼梯内）

$$V_{TL-1} = 0.2 \times 0.35 \times 3.24 \times 2 = 0.454 \text{m}^3$$

3. 标高 3.87 至 7.77 处斜板及踏步

$$V_{斜板} = 0.13 \times \sqrt{(3.24^2 + 1.8^2)} \times (1.425 - 0.12) \times 2 = 1.258 \text{m}^3$$

$$V_{踏步} = 0.15 \times 0.27 \times 0.5 \times (1.425 - 0.12) \times 12 \times 2 = 0.634 \text{m}^3$$

4. $V_{合计} = 0.368 + 0.454 + 1.258 + 0.634 = 2.714 \text{m}^3$

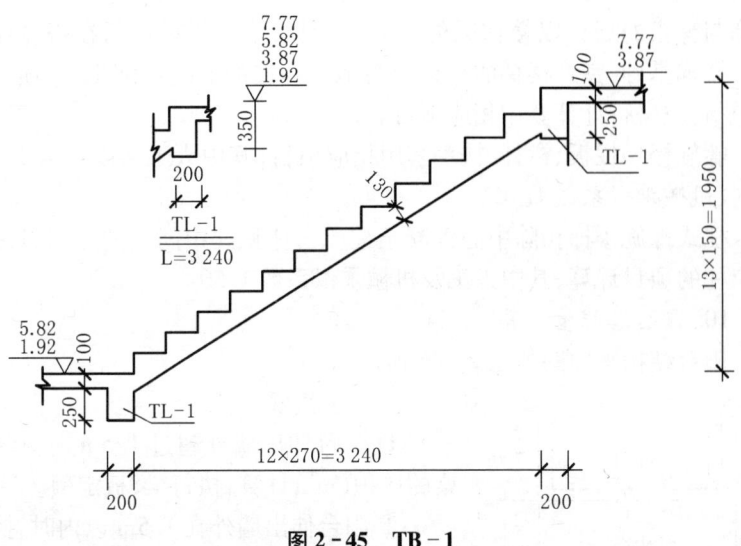

图 2-45   TB-1

② 现浇混凝土楼梯模板工程量：

1. 标高 5.82 处平台板

$S_{平台板} = (1.225 - 0.12) \times (1.425 \times 2 + 0.15 - 0.24) = 3.05 m^3$

2. 标高 5.82 和 7.77 处 TL-1（标高 1.92 和 3.87 处 TL-1 并在一层楼梯内）

$$S_{TL-1} = [(0.2 + 0.35 - 0.1 + 0.35 - 0.148) \times (1.425 - 0.12) \times 2$$
$$+ 0.15 \times (0.2 + 0.35 \times 2 - 0.1) + 0.2 \times 0.35 \times 2] \times 2$$
$$= 3.92 m^2$$

（0.148 计算依据：$\sin a = 0.27 / \sqrt{(0.27^2 + 0.15^2)} = 0.874$

$0.13 / \sin a = 0.148$）

3. 标高 3.87 至 7.77 处斜板及踏步

$S_{斜板} = \sqrt{(3.24^2 + 1.8^2)} \times (1.425 - 0.12) \times 2 = 9.67 m^2$

$S_{踏步} = 0.15 \times (1.425 - 0.12) \times 12 \times 2 = 4.70 m^2$

$$S_{踏步侧面} = (0.13 \times \sqrt{(3.24^2 + 1.8^2)} + 0.15 \times 0.27 \times 0.5 \times 12) \times 2$$
$$= 1.45 m^2$$

4. $S_{合计} = 3.05 + 3.92 + 9.67 + 4.70 + 1.45 = 22.79 m^2$

每 $10 m^2$ 楼梯模板接触面积 $S = 10 / 2.714 \times 22.79 = 83.97 m^2$

（3）柱式螺旋楼梯、整体楼梯同样以设计图示尺寸的实体积计算。

楼梯与梯板的划分以楼梯梁的外边缘为界,改楼梯梁包括在楼体体积内。楼梯基础、室外楼梯的柱以及与地坪相连的混凝土踏步等,项目均未包括,应另行计算套用相应项目。

螺旋楼梯栏板、栏杆、扶手套用相应项目,其中人工乘以系数1.30,材料、机械乘以系数1.10。

柱式螺旋楼梯扣除中心混凝土柱所占体积。中间柱的工程量另按相应柱的项目计算,其中人工及机械乘以系数1.50。

10. 阳台工程量计算

阳台结构平面图如图2-46所示。

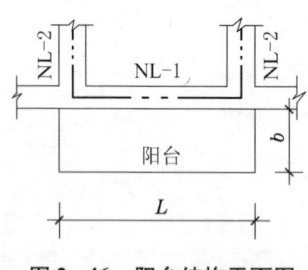

图2-46　阳台结构平面图

（1）定额规定。

① 阳台伸出墙外超过1.5m时,按板、梁的体积(m^3)计算,执行梁、板定额。

② 阳台伸出墙外在1.5m以内时,执行现浇阳台定额,按伸出墙外的实体积(m^3)计算。现浇过梁NL-1和挑梁NL-2的墙内部分体积以m^3计算,执行现浇过梁定额。凹进墙内的阳台按现浇平板计算。

③ 阳台顶的遮阳板按其墙外实体积(m^3)计算,执行雨篷定额。

④ 阳台板、遮阳板的四周向上弯起部分的高度超过60mm时,另列项目以m^3计算,执行栏板定额。

（2）工程量计算"程序公式"。

① C20混凝土现浇阳台工程量:$L \times b \times$平均厚＝　m^3

阳台模板工程量:$L \times b ＝$　m^2

② C20混凝土现浇过梁工程量。

$$\left.\begin{array}{l} NL\text{-}1:梁长 \times 断面面积 ＝　m^3 \\ NL\text{-}2:梁长 \times 断面面积 \times 2 ＝　m^3 \end{array}\right\} ＝　m^3$$

③ 钢筋、铁件工程量:包括阳台板、过梁NL-1、挑梁NL-2及栏杆的钢筋、铁件工程量,计算方法同梁、板。

④ 阳台栏杆,计算长度(m);如阳台为现浇栏板,则计算体积(m^3);如为预制栏板,则计算预制板体积(m^3);预制柱计算体积(m^3);现浇扶手计算体积(m^3)等。分别执行相应定额项目并计算相应模板。

⑤ 阳台装修工程量:阳台楼面工程量按阳台投影面积(m^2)计算;

阳台顶棚抹灰工程量按阳台投影面积（m²）计算；阳台栏板抹灰工程量计算栏板的垂直投影面积（m²）。阳台楼面执行楼面定额；顶棚抹灰执行顶棚抹灰定额；栏板抹灰执行普通腰线抹灰定额。

【例】 计算如图2-47所示阳台工程量。

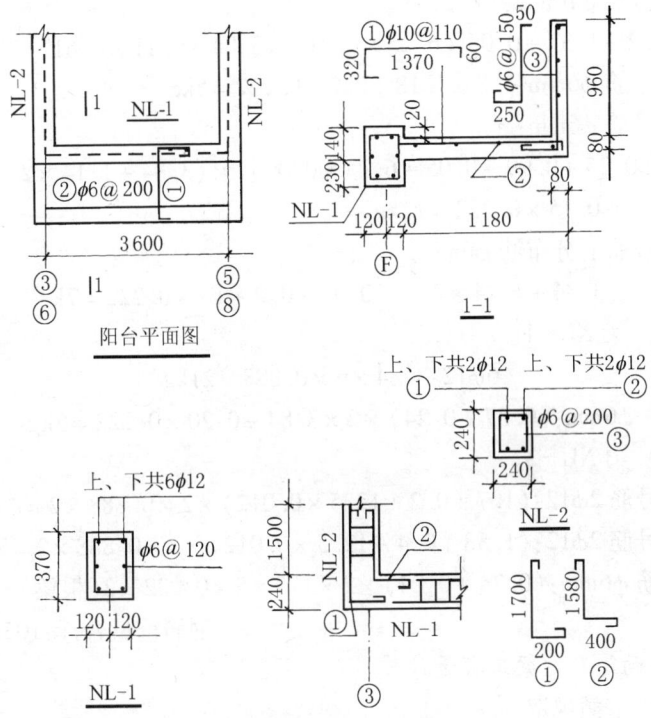

图2-47　某阳台结构平面图、详图

解：① C20 混凝土现浇阳台工程量：
$$3.84 \times 1.18 \times \frac{0.12 + 0.08}{2} = 0.45 \mathrm{m}^3$$

阳台模板工程量：$3.84 \times 1.18 = 4.53 \mathrm{m}^2$

② C20 混凝土过梁工程量：

$$\left. \begin{array}{l} \text{NL-1}\quad 3.84 \times 0.24 \times 0.37 = 0.34 \mathrm{m}^3 \\ \text{NL-2}\quad 1.5 \times 0.24 \times 0.24 \times 2 = 0.17 \mathrm{m}^3 \end{array} \right\} = 0.51 \mathrm{m}^3$$

③ C20 混凝土现浇栏板工程量：
$$(3.84 + 1.14 \times 2) \times 0.96 \times 0.08 = 0.47 \mathrm{m}^3$$

栏板抹面工程量：

$$(3.84 + 1.14 \times 2) \times 0.96 \times 2(面) = 11.75 \text{m}^2$$

④ 钢筋工程量。

（a）阳台板。

①号筋 $\phi10\text{mm}$：

$$(0.32 + 1.37 + 0.06 + 6.25 \times 0.01) \times 3.84 \div 0.11 \times 0.617 = 39\text{kg}$$

②号筋 $\phi6\text{mm}$：$3.8 \times 1.18 \div 0.2 \times 0.222 = 5\text{kg}$

③号筋 $\phi6\text{mm}$：

$$(0.25 + 0.99 + 0.05 + 6.25 \times 0.006) \times (3.84 + 1.14 \times 2)$$
$$\div 0.15 \times 0.222 = 12\text{kg}$$

③号筋上分布筋 $\phi6\text{mm}$：

$$(3.84 + 1.14 \times 2) \times (0.96 \div 0.2 + 1) \times 0.222 = 7\text{kg}$$

（b）梁 NL-1。

$$6\phi12:3.84 \times 6 \times 0.888 = 21\text{kg}$$

$$\phi6\text{mm}:(0.37 + 0.24) \times 2 \times 3.84 \div 0.20 \times 0.222 = 5\text{kg}$$

（c）梁 NL-2。

①号筋 $2\phi12$：$(1.7 + 0.2 + 12.5 \times 0.012) \times 2 \times 0.888 \times 2 = 4\text{kg}$

②号筋 $2\phi12$：$(1.58 + 0.4 + 12.5 \times 0.012) \times 2 \times 0.888 \times 2 = 7\text{kg}$

箍筋 $\phi6\text{mm}$：$(0.24 + 0.24) \times 2 \times 1.5 \times 5 \times 0.222 \times 2(根梁) = 3\text{kg}$

钢筋重量合计：103kg

11. 雨篷及过梁工程量计算

（1）定额规定。

① 雨篷挑出墙外在 1.5m 以内时，按图示尺寸以实体积（m^3）计算。伸入墙内部分的梁及通过门窗洞口的过梁应合并按过梁项目另行计算（m^3）。雨篷四周外边沿的弯起，如其高度超过 6cm 时，按全高计算体积，套栏板项目。

② 雨篷挑出墙外超过 1.5m 时，分别计算其板和梁的体积，执行现浇梁、板定额。

③ 雨篷过梁的长度图中无规定时，按洞口宽加 0.5m 计算。

（2）雨篷工程量计算"程序公式"。

① C20 混凝土现浇雨篷工程量：雨篷长 × 挑出宽 × 厚 ＝ m^3

雨篷模板工程量：雨篷长 × 挑出宽 ＝ m^2

② C20 混凝土现浇过梁工程量:梁长×断面面积 = m^3

式中　梁长——图中无规定,与圈梁相连时,为洞口宽加 0.5m。

过梁模板工程量:梁长×(宽 + 高 ×2) = m^2

③ 钢筋工程量:包括雨篷板钢筋、过梁钢筋,以 kg 计。

④ 雨篷顶抹防水砂浆面工程量,按顶面与侧面的展开面积(m^2)计算,执行腰线定额。

⑤ 雨篷底面天棚抹灰工程量,同雨篷投影面积,即模板面积。

【例】　计算如图 2-48 所示雨篷工程量。

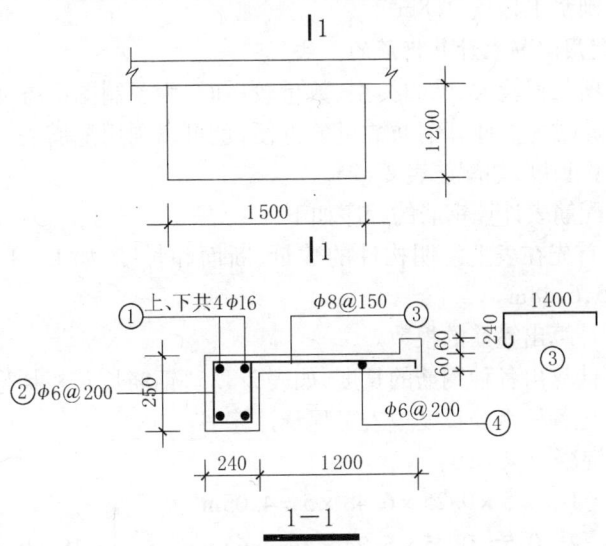

图 2-48　某雨篷结构平面图、剖面图

解:① C20 混凝土现浇雨篷工程量:

$$\left.\begin{array}{l} 1.5 \times 1.2 \times 0.06 = 0.108m^3 \\ (1.2 \times 2 + 1.5) \times 0.06 \times 0.06 = 0.01m^3 \end{array}\right\} = 0.12m^3$$

雨篷模板工程量:$1.5 \times 1.2 = 1.8m^2$

② C20 现浇过梁工程量:$1.5 \times 0.25 \times 0.24 = 0.09m^3$

现浇过梁模板工程量:$1.5 \times (0.24 + 0.25 \times 2) = 1.11m^2$

③ 钢筋工程量。

(a) $4\phi16$:$(1.5 - 0.05 + 12.5 \times 0.016) \times 4 \times 1.58 = 10kg$

(b) $\phi6@200$:$(0.25 + 0.24) \times 2 \times \dfrac{1.5}{0.2} \times 0.222 = 1.6kg$

155

（c）$\phi8@150:(0.24+1.4+0.2)\times\dfrac{1.5}{0.15}\times0.395=7.2kg$

（d）$\phi6@200:1.5\times\dfrac{1.2}{0.2}\times0.222=1.8kg$

④ 顶面防水砂浆抹面工程量：

$$\left.\begin{array}{l}1.5\times1.2=1.8m^2\\(1.2\times2+1.5)\times0.18=0.7m^2\end{array}\right\}=2.50m^2$$

⑤ 底面水泥砂浆抹面工程量：$1.5\times1.2=1.8m^2$

底面刷浆工程量：$1.8m^2$

12. 利用配筋表计算钢筋的方法

当单项工程较大，梁的类型、数量较多时，为了制图的方便，往往有配筋表。此时为了计算钢筋数量的方便，也可以利用配筋表，直接在配筋表上计算长度，如配筋表 2-25。

利用配筋表计算钢筋的程序如下：

（1）首先在表上注明构件的数量、断面和长度，如 L-1 梁：5 根，$0.5\times0.25,6.48m$。

（2）计算出箍筋的根数。

（3）计算出各种钢筋的长度，如表 2-25"钢筋长 l"栏括号中数字。

（4）把各种钢筋长度填入工程量计算书。

钢筋混凝土梁 C20：

$$\left.\begin{array}{l}L-1\quad0.5\times0.25\times6.48\times5=4.05m^3\\L-2\quad0.5\times0.25\times5.24\times4=2.62m^3\\L-3\sim L-10\quad0.4\times0.25\times3.0\times6=1.8m^3\end{array}\right\}=18.50m^3$$

钢筋见表 2-24。

表 2-24　钢筋工程量计算表

钢筋直径（mm）	结$_{11}$表 L_1、L_2、L_3	结$_{12}$表 L_4、L_5、L_6	结$_{13}$表 L_7、L_8、L_9、L_{10}	合　　计
$\phi20$		85.1	55.4	$140.5\times2.47=347kg$
$\phi16$	145.75	120.5	65.0	$331.8\times1.58=524kg$
$\phi14$	37.5			$37.5\times1.21=45kg$
$\phi12$	145.72	110.0	70.3	$326.0\times0.888=229kg$
$\phi6$	474.38	450.0	346.0	$1\,270.3\times0.222=282kg$

表 2 - 25 配筋表（利用配筋表计算钢筋量示意表）

构件	钢筋编号	简图	型号、根数	钢筋长 l
L-1 （5根, 0.5×0.25, 6.48m）	①号筋	150／265／577／5082／577／265／150 6430	2φ16	6 630（66.32）
	②号筋	150／265 6430	1φ16	7 266（36.33）
	③号筋	6430	2φ12	6 580（65.8）
	④号筋	450／200	φ6@200	1 380 （$1\,380 \times \dfrac{6.48}{0.2} \times 5 = 223.56$）
L-2 （4根, 0.5×0.25, 5.24m）	①号筋	5190	2φ16	5 350（43.12）
	②号筋	5190	2φ12	5 340（42.72）
	③号筋	450／200	φ6@200	1 380（144.62）
L-3 （6根, 0.4×0.25, 3.00m）	①号筋	2950	2φ14	3 125（37.5）
	②号筋	2950	2φ12	3 100（37.2）
	③号筋	350／200	φ6@200	1 180（106.2）

注：表中括号内的数是经计算后填上的各号钢筋长度；如①号筋 6.63×2×5＝66.3m。

七、门窗工程

目前常用的门窗是木门窗、铝合金及塑钢门窗、铝合金卷帘门等。

1. 木门窗

木门窗定额项目如图2-49所示。

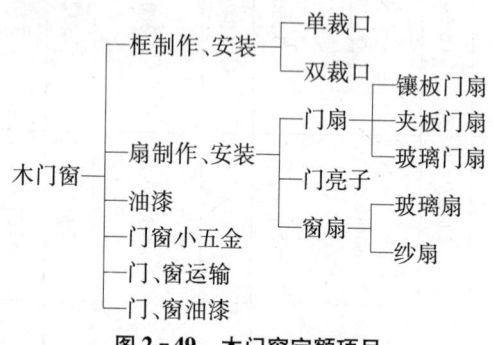

图2-49 木门窗定额项目

（1）工程量计算规定。

①门、窗框按满外尺寸计算每根料的长度(m)，如图2-50窗，共有6根1.48m长的框料。

②门、窗扇按扇的外围面积计算面积(m^2)。

③门、窗油漆按其外围面积计算(m^2)，并根据各种不同门、窗的油漆系数乘以其相应系数。

④门、窗五金按樘计，定额中有各种门窗的五金表，包括五金数量和一樘的单价。

⑤框、扇的运输按从加工厂到工地中心处的距离计算，其工程数为框的外围面积(m^2)。

⑥断面换算。门窗框、扇料的实际设计断面与定额中的断面不同时，要进行断面换算。按其定额中烘干木材的用量比例换算框、扇的定额单价。

断面面积以断面的长与宽方向的最大尺寸的乘积计算；也即配料的断面尺寸。定额中的断面为毛料，一般门、窗框要三面刨光，靠墙一面为毛面；扇料四面刨光，规定刨光一面增加刨光损耗3mm，两面刨光增加刨光损耗5mm。例如窗框料图纸断面尺寸是4.5cm×9.0cm，其毛料断面积为$(4.5+0.3)×(9.0+0.5)=45.6cm^2$。

（2）木窗工程量计算"程序公式"。

①窗框工程量：

$$框长 = \Sigma \ 满外尺寸 = \quad m$$

$$断面面积 = (宽 + 刨光损耗) \times (高 + 刨光损耗)$$

将计算出的断面面积与定额中规定的断面面积比较,判定是否需要换算单价。

② 玻璃窗扇工程量。

外围面积:$\Sigma(扇高 \times 扇宽) = \quad m^2$

扇料断面面积:$(料高 + 0.5) \times (料宽 + 0.5) = \quad m^2$,与定额相比较,不同时换算定额单价。

③ 纱扇工程量。

外围面积:$\Sigma(扇高 \times 扇宽) = \quad m^2$

纱扇料断面面积:$(料高 + 0.5) \times (料宽 + 0.5) = \quad m^2$,与定额比较,不同时换算定额单价。

④ 油漆工程量:框外围面积×系数(取值见表 2 - 33 ~ 表 2 - 36),即窗高×窗宽×系数 $= \quad m^2$。

⑤ 五金工程量:查定额中相应窗扇、亮子的每樘单价(元)。

⑥ 运输工程量:按每樘窗的框外面积(m^2)计算。运距为从加工工厂到工地的距离。

框及扇料断面面积与定额不同时,换算单价公式如下:

$$图纸需用烘干木材 = 定额用烘干木材 \times \frac{图纸断面面积}{定额断面面积} = \quad m^3$$

$$换算后单价 = 定额单价 + (图纸需用烘干木材 - 定额用烘干木材)$$

$$\times 烘干木材单价 = \quad 元$$

一般木门、木窗是选用的标准图,有的地区的定额管理站按以上的计算方法,编制出每樘门、窗的预算价,制成手册,可以直接利用。

【例】 计算如图 2 - 50 所示单玻带纱扇木窗的综合单价(含实体项目费、技术措施项目费)。

解:① 计算工程量。

(a) 窗框工程量。

框长:$1.48 \times 3 + 1.48 \times 3 = 8.88m$

框料断面面积:$(4.5 + 0.3) \times (9.0 + 0.5) = 45.6cm^2$(同定额 $45.6cm^2$)

(b) 玻璃窗扇工程量。

外围面积:$(0.388 + 0.99) \times (0.461 + 0.451 + 0.466) = 1.9m^2$

扇料断面面积:

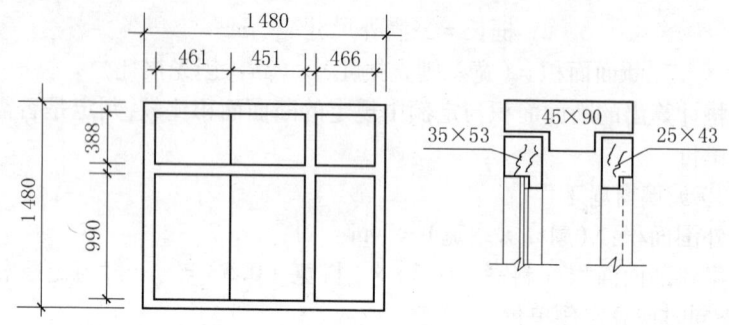

图 2 - 50 单玻带纱扇木窗 C - 1 示意图

$$(3.5+0.5)×(5.3+0.5)=23.2cm^2(同定额23.2cm^2)$$

（c）纱扇工程量。

外围面积:$1.9m^2$（同玻璃扇面积）

纱扇料断面面积:$(2.5+0.5)×(4.3+0.5)=14.4cm^2$（同定额的$14.4cm^2$）

（d）五金工程量:查定额五金表,三开扇、三开亮子、一樘五金费。

（e）油漆（调和漆两遍）工程量:

$$1.48×1.48×1.4（系数）=3.07m^2$$

（f）运输工程量:$1.48×1.48=2.19m^2$

② 填预算表,套定额,计算定额直接费,如表 2 - 26 所示。

（3）木门工程量计算"程序公式"。

① 框长:Σ 满外尺寸 =　　m

框料断面面积:（料高+0.5）×（料宽+0.3）=　　cm^2（与定额比较,不同时换算定额单价）

② 门扇工程量。

外围面积:扇高×扇宽 =　　m^2

料断面:（料高+0.5）×（料宽+0.5）=　　cm^2（与定额比较,不相同时换算定额单价）

③ 门亮子工程量。

外围面积:亮子高×亮子宽 =　　m^2

料断面面积:（料高+0.5）×（料宽+0.5）=　　cm^2（当与定额不同时,换算亮子定额单价）

④ 门油漆工程量:框外围面积×系数（取值见表 2 -32 ～表 2 -35）。

表 2-26 单玻带纱扇窗 C-1 预算直接费费表

分项工程名称	定额号	单位	数量	定额（元）			合计（元）		
				人工费	机械费	基 价	人工费	机械费	合 价
窗框双裁口制作	B4-162	100m	0.0888	236.40	43.70	1 812.77	20.99	3.88	160.97
窗框安装	B4-163	100m	0.0888	288.60	0.94	405.26	25.63	0.08	35.99
玻璃窗扇制作	B4-146	100m²	0.019	813.00	237.56	7 688.36	15.45	4.51	146.08
玻璃窗扇安装	B4-147	100m²	0.019	1 995.00		3 620.95	37.91		68.80
纱扇制作	B4-148	100m²	0.019	932.40	259.31	5 706.01	17.72	4.93	108.41
纱扇安装	B4-149	100m²	0.019	2 082.60		2 308.00	39.57		43.85
油漆（底油一遍，调合漆两遍）	B5-6	100m²	0.031	1 161.30		1 719.69	36.00		53.31
五金：三开扇 三开亮子		樘 樘	1 1			13.14×2 10.05×2			26.28 20.10
运输（运距5km）	A9-66	100m²	0.022	58.28	351.04	409.32	1.28	7.72	9.01
合　计（元）							194.55	21.12	663.70

注：直接费即不包括取费。

⑤ 五金工程量:查定额五金表,得每樘单价(元)。

⑥ 运输工程量:框外围面积(m²)。

门框、扇料断面面积与定额不同时,单价换算公式同窗,即

$$图纸需用烘干木材 = 定额上用烘干木材 \times \frac{图中断面面积}{定额规定断面面积} = \quad m^3$$

$$\begin{aligned}换算后基价 &= 定额基价 + (图纸用烘干木材 - 定额用烘干木材)\\&\times 烘干木材单价 = \quad 元\end{aligned}$$

【例】 图 2-51 为一带亮子夹板门,计算其综合单价(含实体项目费、技术措施项目费)。

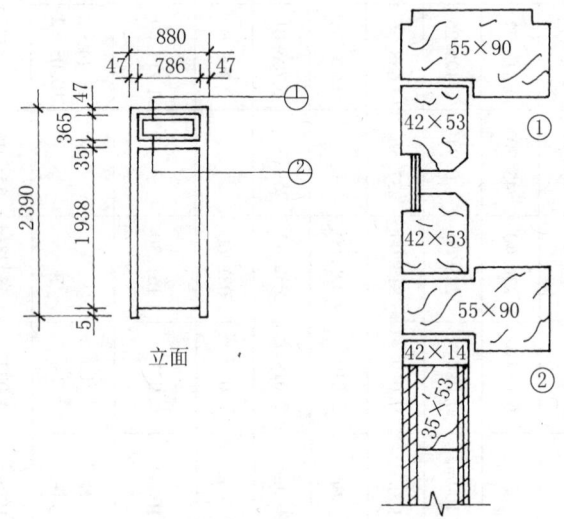

图 2-51 带亮子夹板门示意图

解:首先,计算工程量。

① 门框制作安装工程量。

框长:$(2.39 + 0.88) \times 2 = 6.54 m$

框料断面面积:$(5.5 + 0.3) \times (9.0 + 0.5) = 55.1 cm^2$(与定额中的 $55.1 cm^2$ 相同,不用换算单价)

② 门扇制作安装工程量。

外围面积:$1.938 \times 0.786 = 1.529 m^2$

扇料断面面积:$(3.5 + 0.5) \times (5.3 + 0.5) = 23.2 cm^2$(与定额中的 $23.2 cm^2$ 相同,不用换算单价)

③ 亮子制作安装工程量。

外围面积:$0.786 \times 0.365 = 0.287 \text{m}^2$

亮子料断面面积:$(4.2 + 0.5) \times (5.3 + 0.5) = 27.26 \text{cm}^2$(与定额中的 27.26cm^2 相同,不用换算单价)

④ 油漆工程量:$2.39 \times 0.88 = 2.1 \text{m}^2$

⑤ 五金单价:查"单扇、带亮子"木门定额。

⑥ 运输工程量:$2.39 \times 0.88 = 2.1 \text{m}^2$

其次,填预算表,套定额,计算预算直接费,如表 2-27 所示。

(4) 厂库房木板大门工程量计算"程序公式"。

① 木板大门扇制作:门高×门宽 = 　　 m^2

② 木板大门扇安装:门高×门宽 = 　　 m^2

③ 木板大门扇运输:门高×门宽 = 　　 m^2

④ 木板大门扇油漆:门高×门宽×1.1(系数) = 　　 m^2

⑤ 五金:按木大门查定额表中每樘单价。

⑥ 预埋混凝土块:以实际体积计算(m^3)。

　　预埋铁件:计算其重量(kg)。

(5) 钢木大门工程量计算"程序公式"。

① 钢木大门扇分平开、推拉分别计算面积:门高×门宽 = 　　 m^2

② 计算钢材用量:按图计算钢骨重量(kg)。

③ 钢木大门扇安装:门高×门宽 = 　　 m^2

④ 运输:门高×门宽 = 　　 m^2

⑤ 油漆:门高×门宽×1.1(系数) = 　　 m^2

⑥ 五金:按钢木大门查定额中每樘单价。

⑦ 预埋混凝土块:以实际体积计算(m^3)。

　　预埋铁件:计算重量(kg)。

⑧ 当查定额时,定额用钢量与图纸计算出的钢用量不同时,要换算定额中的制作单价,公式如下:

$$换算后单价 = \left[\frac{实际用钢量 \times 1.06}{门扇面积(\text{m}^2)} - \frac{定额用钢量}{门扇面积(\text{m}^2)} \right]$$
$$\times 钢价(元/\text{kg}) + 定额单价 = 　　 元$$

钢大门、铁栅门、钢管钢丝网大门等计算方法在金属结构工程中讲述。

(6) 铝合金门窗、塑钢门窗制作、安装工程量均按门窗洞口计算面

表 2 - 27　带亮子夹板门(M1)预算直接费表

分项工程名称	定额号	单 位	数 量	定 额(元)			合 计(元)		
				人工费	机械费	基 价	人工费	机械费	合 价
门框单裁口制作 安装	B4－55 B4－56	100m	0.065 0.065	145.80 343.80	34.12 0.94	2 032.96 536.68	9.48 22.35	2.22 0.06	132.14 34.88
胶合板门扇制作 安装	B4－1 B4－2	100m²	0.015 0.015	1749.00 323.07	717.60	10857.49 717.60	26.24 4.85	10.76	162.86 10.76
玻璃亮子制作 安装	B4－51 B4－52	100m²	0.003 0.003	1015.80 2493.00	263.35	9383.40 3964.29	3.05 7.48	0.79	28.15 11.89
油漆(底油一遍,调合 漆两遍)	B5－5	100m²	0.021	1161.30		1831.24	24.39		38.46
五金(带亮单扇门)		樘	1			8.27			8.27
运输(运距5km)	A9－66	100m²	0.021	58.28	351.04	409.32	1.22	7.37	8.60
合　计(元)							99.06	21.56	436.01

积（m²）。定额内含安装玻璃。

（7）铝合金卷帘门制作、安装工程量按洞口高增加600mm再乘以门实际宽度计算面积，以m²计。电动安装以套计，小门安装以个计。其工作内容已包括卷闸门、支架、直轨、附件、门锁制作、安装及试车等。

（8）钢窗工程量计算。

厂库房常用钢窗，而且选用全国统一的标准图集，图集中钢窗代号C代表钢窗，后面数字为编号，带纱扇时数字后加B，密闭钢窗数字后加A，密闭并带纱扇者数字后加C。例如：C65表示钢窗，C65A表示密闭钢窗，C65B表示单玻带纱扇钢窗，C65C表示密闭带纱扇钢窗。

钢窗工程量计算"程序公式"如下：

① 带纱扇钢窗：Σ（洞口宽×洞口高）＝ ____ m²

② 不带纱扇钢窗：Σ（洞口宽×洞口高）＝ ____ m²

③ 钢窗安玻璃：①＋②＝ ____ m²

④ 钢窗纱扇：Σ（各窗开扇面积）＝ ____ m²

⑤ 钢窗油漆。

带纱扇钢窗： ____ m²×1.3＝ ____ m²
不带纱扇钢窗： ____ m²×1＝ ____ m²
＝ ____ m²

⑥ 拼管：组合钢窗要计算拼管重量（kg）。

⑦ 封闭条：密闭钢窗要计算封闭条延长（m），京J802标准图集第73、74页可查找数量。

⑧ 预埋铁件：按标准图集预埋件数量计算重量（kg）。

八、墙体工程

1. 工程做法及定额分项（图2-52）

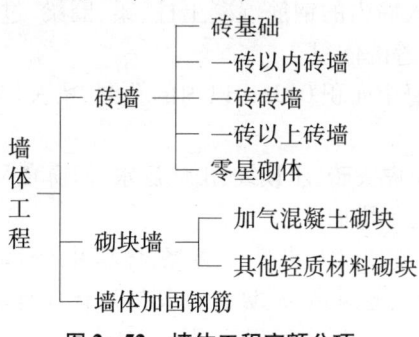

图2-52 墙体工程定额分项

2. 定额规定

（1）墙体长度：外墙长度按外墙中心线长度计算；内墙长度按内墙净长度计算。

（2）墙体高度。

外墙高度：平屋面从±0.00算至钢筋混凝土板底；坡屋面无檐口天棚者算至屋面板底；有屋架且室内外有顶棚者算至屋架下弦底，另加200mm；无顶棚者算至屋架下弦底，另加300mm；坡屋面山墙高度算至$\frac{1}{2}$山尖处。

内墙高度：钢筋混凝土楼板算至板底；有框架梁者算至梁底面；位于屋架下者算至屋架底；无屋架者算至顶棚底，另加100mm。

（3）墙厚度按表2-28规定计算。

表2-28　墙体俗称厚度与计算厚度

墙体俗称厚度	计算厚度（m）
半砖墙（12墙）	0.115
18墙	0.18
1砖墙（24墙）	0.24
$1\frac{1}{2}$砖墙（砖半墙、37墙）	0.365
2砖墙（50墙）	0.49

（4）框架间墙以框架间的净面积乘以厚度计算。框架外面的贴砖并入框架墙体积内，套相应砖墙定额。

（5）墙体积要扣除门窗洞口和每个面积0.3m² 以上孔洞所占体积。还要扣除嵌入墙内的钢筋混凝土柱、梁、圈梁、过梁、板头（但外墙上的板头不用扣）等的体积。

（6）不扣除每个面积0.3m² 以内的孔洞、梁头、外墙板头、加固钢筋的体积。

突出墙面的窗虎头砖、压顶线、山墙泛水、门窗套及三皮砖以内的腰线、挑檐等，体积也不增加。

（7）砖垛、三皮砖以上的腰线、挑檐，体积并入外墙体积内。

（8）附墙烟囱、通风道、垃圾道按其外形体积计算，并入所依附的墙体内，不扣除0.15m² 以内面积孔洞所占体积，但洞内抹灰工程量也不计算。超过 $0.15m^2$ 时应扣除,孔洞抹灰另列项目。

（9）女儿墙高度自外墙顶面算至女儿墙顶面,分别不同厚度并入墙体积内。

（10）砖砌地下室内、外墙及基础合并计算,墙身外面防潮贴砖另列项目计算。

（11）砌块墙以体积计算,镶嵌砖砌体已包括在相应项目内,不另算。

3. 墙体工程量计算

根据以上定额分项、定额规定,制定以下计算方法、程序和公式。

在计算墙体之前,首先按表 2－29 计算出要扣的门窗洞口面积。

表 2－29　各墙上的门窗洞口面积表

门窗编号及樘数	37 外墙上	24 外墙上	24 内墙上	12 内墙上
合　计				

（1）砖外墙工程量计算“程序公式”。

M2.5 混合砂浆砌 24 砖外墙工程量:

墙长$(L_{中})$ × 墙高(H) ＝　m^2(外墙毛面积)

扣门窗洞口面积　－　m^2

扣 $0.3m^2$ 以上其他洞口面积 －　m^2

＝　m^2(外墙净面积)

　m^2(外墙净面积) × 墙厚 ＝　m^3

扣墙内:

　柱体积(数量从钢筋混凝土工程量中抄来)　　　－　m^3

　圈梁体积(数量从钢筋混凝土工程量中抄来)　　－　m^3

　过梁体积(数量从钢筋混凝土工程量中抄来)　　－　m^3

增加下列情况:

　女儿墙、垃圾道、砖垛、三皮以上砖挑檐、腰线体积　＋　m^3

工程量合计:　　　m^3

式中　墙长$(L_{中})$——外墙中心线的长度(复杂工程在计算书首页基数中已算出,可直接引用,简单工程则要在公式中算);

墙高（H）——按前述定额规定（2）确定，平屋顶为板底高。

所扣混凝土构件体积，可列出项目，先空着数值，等到算完混凝土工程量后将需要的数抄过来。

（2）砖内墙工程量计算"程序公式"。

M2.5 混合砂浆砌 24 砖内墙工程量：

墙净长（$L_{净}$）× 墙高 ＝　　m²（内墙毛面积）

扣门窗洞口面积 －　　m²

扣 0.3m² 以上其他洞口面积 －　　m²　　　　＝　　m²（内墙净面积）

m²（内墙净面积）× 0.24 ＝　　m³

扣墙内柱子体积 －　　m³

扣墙内圈梁体积 －　　m³　　＝ －　　m³　　　＝　　m³

扣墙内过梁体积 －　　m³

式中　　　　　$L_{净}$——内墙净长度之和；

墙高——分各种不同情况按前述定额规定（2）确定，在板下为板底高，在梁下为梁底高，住宅办公楼的板厚不同，可取平均数，房总高（H）－0.1×楼层数（n）；

门窗洞口面积——来自门窗洞口面积计算表；

柱子、圈梁体积——待混凝土工程算完后抄过来。

定额中规定要扣的混凝土构件的种类较多，但要抓住主要的，如果在混凝土工程量计算过程中没有分得很清楚，也可以大致地在内、外墙和不同砂浆标号的墙上分配，但总数是构造柱、圈梁、过梁的总数量（m³）即可。

在同一层楼的板厚往往不同，如现浇板厚有 80mm、100mm，预制板厚有 100mm、120mm、130mm 等，所以内墙的净高度会不同，在一层楼中出现多种，使计算陷入复杂化，为了简化计算，板厚可取平均厚度为 0.1m，如住宅楼内墙平均高可为：楼总高（H）－0.1×楼层数（n）。

上述式中所注外墙毛面积、外墙净面积、内墙毛面积、内墙净面积，是为了提醒计算者，这些数在计算外墙勾缝、内墙装修时可利用。

（3）砖围墙工程量计算"程序公式"。

砖围墙分基础、墙身，室外地坪以下为基础，以上为墙身。

工程量计算"程序公式"如下。

① 平整场地工程量：围墙中心线长（$L_{中}$）×2m ＝　　m²

② 人工挖槽工程量：

$L_{中} \times 槽宽(B) \times 槽深(H) = \quad m^3$

放坡工程量

$$\left. \begin{array}{l} L_{中} \cdot K \cdot H_{坡}^2 = \quad m^3 \quad \begin{array}{l} H \geqslant 1.2m，一、二类土； \\ H \geqslant 1.5m，三类土 \end{array} \end{array} \right\} = \quad m^3$$

③ 3:7灰土垫层工程量：$L_{中} \times B \times 垫层厚 = \quad m^3$

④ M2.5混合砂浆砌砖基础工程量：

$$\left. \begin{array}{l} L_{中} \times 墙厚 \times (基础高 + 放脚折高) = \quad m^3 \\ 围墙砖垛工程量 \\ \quad 宽 \times 厚 \times 高 \times 个数 = \quad m^3 \end{array} \right\} = \quad m^3$$

式中　放脚折高——查表5-20。

⑤ M2.5混合砂浆砌砖围墙工程量：

$$\left. \begin{array}{l} L_{中} \times 墙厚 \times 墙高 = \quad m^3 \\ 砖垛工程量 \\ \quad 宽 \times 厚 \times 高 \times 个数 = \quad m^3 \end{array} \right\} = \quad m^3$$

⑥ 围墙面装修工程量：

$$\left. \begin{array}{l} L_{中} \times 墙高 \times 2 面 = \quad m^2 \\ 垛装修工程量 \\ \quad 厚 \times 墙高 \times 2 \times 垛个数 = \quad m^2 \end{array} \right\} = \quad m^2$$

⑦ 脚手架工程量：$L_{中} \times 墙高 = \quad m^2$

墙高3.6m以内，套3.6m以内简易脚手架定额；墙高3.6m以上，套单排脚手架定额。

⑧ 回填土工程量：②－③－④ = 　 m³

（4）砖柱工程量计算"程序公式"。

砖柱基础、柱身合并计算，套砖柱定额。

工程量计算"程序公式"如下。

① 人工挖坑工程量：按基础部分挖坑公式计算，不再重述。

② 垫层工程量：底面积 × 垫层厚度 = 　 m³

③ M5.0混合砂浆砌砖柱工程量：

$$断面面积 \times 柱高 + 四边放脚体积 = \quad m^3$$

式中　放脚体积——查表5-21。

④ 脚手架工程量：

169

（柱周长 +3.6）×柱高（室外地坪以上）= m^2

柱高在3.6m以内,套3.6m简易脚手架定额;柱高在3.6m以上,套单排脚手架定额。

⑤ 柱装修工程量:柱周长×装修高度 = m^2

回填土工程量:① -地下部分工程量 = m^3

（5）砌块墙工程量:按不同材料的砌块分别计算其实砌体积(m^3),不分内墙和外墙,扣除墙上0.3m^2以上的洞口和墙内混凝土构件的体积。

（6）墙体加固钢筋工程量计算。

据抗震构造标准图集要求,砖墙体要按规定设置加固钢筋,如图2-53构造节点图所示。

根据图2-53示例,按墙厚为240mm,计算出各层钢筋的长度。「形节点:4.65m;┝形节点:7.47m;-形节点:4.65m;+形节点:9.3m。

首先根据平面图统计各种节点数,然后按下式计算。

「形节点钢筋(ϕ6mm)工程量:

$$4.65 \times \left(\frac{H + H_差}{0.5} + 1 \right) \times 0.222 \times 节点数 =   kg$$

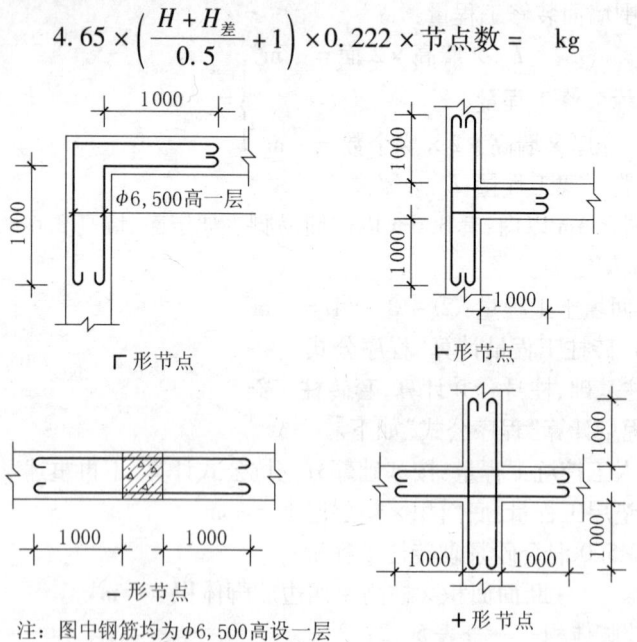

「形节点

┝形节点

-形节点

+形节点

注:图中钢筋均为ϕ6,500高设一层

图2-53 墙体加固结点示意图

├形节点钢筋(ϕ6mm)工程量：

$$7.47 \times \left(\frac{H + H_{差}}{0.5} + 1 \right) \times 0.222 \times 节点数 = \quad kg$$

—形节点钢筋(ϕ6mm)工程量：

$$4.65 \times \left(\frac{H + H_{差}}{0.5} + 1 \right) \times 0.222 \times 节点数 = \quad kg$$

+形节点钢筋(ϕ6mm)工程量：

$$9.3 \times \left(\frac{H + H_{差}}{0.5} + 1 \right) \times 0.222 \times 节点数 = \quad kg$$

式中　H——房高(室内地坪至屋顶高)；

　　　$H_{差}$——室内外地坪差,应从地圈梁开始放。

加固钢筋的长度,遇到洞口时要断开,因此实际长度短于图中尺寸,所以按公式算出的数值一般都大于实际用量。解决办法:一是根据洞口处要切断的长度,逐个洞口计算出总长度和总重量,但很麻烦;二是利用乘以系数(0.7 或 0.8)的办法。

（7）玻璃幕墙工程量:按面积(m^2)计算,套相应定额。

（8）玻璃隔断墙工程量:按玻璃隔断的面积(m^2)计算,套相应定额。

九、屋面工程

1. 工程做法及定额分项(图 2-54)

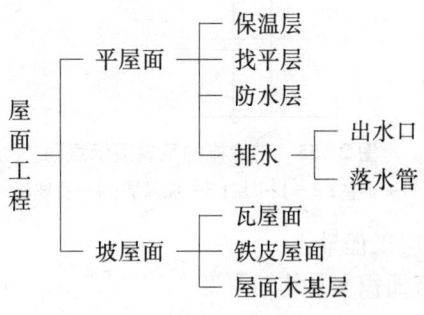

图 2-54　屋面工程定额分项

2. 定额规定

（1）防水屋面按屋面面积计算,不扣除屋顶上的上人孔、房上烟囱、透气孔所占的面积,向上卷起部分的面积也不计入。

（2）油毡在女儿墙上卷起高度设计无规定时按0.25m、在天窗上按0.5m 计算。附加油毡不计入,已含在定额内。

（3）铺卷材及防水涂料已包括冷底子油一遍。

（4）铁皮排水构件计算单位为 m^2 , 按表2-30计算各构件的折算面积。

表2-30　铁皮排水构件工程量折算表

名　称	单　位	折算(m^2)
天　沟	m	1.3
斜沟、天窗台泛水	m	0.5
天窗侧面泛水	m	0.7
烟囱泛水	m	0.8
通风管泛水	m	0.22
滴　水	m	0.11
檐头泛水	m	0.24

3. 工程量计算"程序公式"

（1）带挑檐的平屋顶,如图2-55所示。

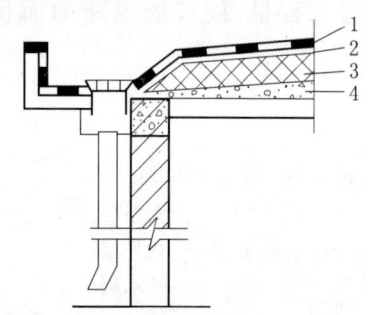

图2-55　带挑檐的平屋顶示意图

1—油毡;2—找平层;3—保温层;4—找坡层

① 屋面找坡层工程量:

V =屋顶建筑面积×平均铺厚度

$$=屋顶建筑面积×\left[最薄处厚+\frac{1}{2}(找坡长度×坡度系数)\right]$$

$$=\quad m^3$$

式中　最薄处厚——按施工图规定,如30mm;

　　　找坡长度——两面找坡时即铺宽度的一半;

坡度系数——按施工图规定，如最薄处 30mm，找 2% 的坡，如表 2-31 所示。

表 2-31　屋面坡度系数表

坡度 $B/2A$	角度 (Q)	坡度系数 C $(A=1)$	隔延尺系数 D $(A=1)$	坡度 $B/2A$	角度 (Q)	坡度系数 C $(A=1)$	隔延尺系数 D $(A=1)$
1/2	45°	1.414 2	1.732 1	1/5	21°48′	1.077 0	1.469 7
	36°52′	1.250 0	1.600 8		19°17′	1.059 4	1.456 9
	35°	1.220 7	1.577 9		16°42′	1.044 0	1.445 7
1/3	33°40′	1.201 5	1.562 0		14°02′	1.030 8	1.436 2
	33°01′	1.192 6	1.556 4	1/10	11°19′	1.019 8	1.428 3
	30°58′	1.166 2	1.536 2		8°32′	1.011 2	1.422 1
	30°	1.154 7	1.527 0		7°8′	1.007 8	1.419 1
	28°49′	1.141 3	1.517 0	1/20	5°42′	1.005 0	1.417 7
1/4	26°34′	1.118 0	1.500 0		4°45′	1.003 5	1.416 6
	24°14′	1.096 6	1.483 9	1/30	3°49′	1.002 2	1.415 7

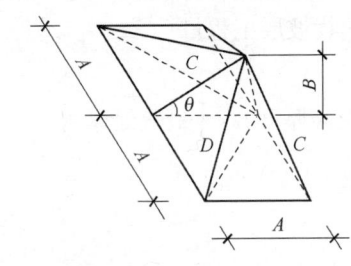

C 为坡度系数

$$C = \frac{斜长}{水平长} = \frac{A}{\cos\theta}$$

当 $A=1$ 时，$C = \dfrac{1}{\cos\theta}$

D 为隔延尺系数（四坡水斜脊系数）

$$D = \sqrt{A^2 + C^2}$$

当 $A=1$ 时，$D = \sqrt{1 + C^2}$

② 屋面保温层工程量：

$$V = 屋顶建筑面积 \times 铺厚度 = \quad m^3$$

③ 找平层工程量。

$$\left. \begin{array}{l} 屋顶建筑面积：\quad m^2（屋顶建筑面积不含挑檐） \\ 挑檐面积：L_{外} \times 檐宽 + 4 \times 檐宽^2 = \quad m^2 \\ 栏板立面高：(L_{外} + 8 \times 檐宽) \times 栏板高 = \quad m^2 \end{array} \right\} = \quad m^2$$

④ 防水层工程量：同找平层（m^2）。

⑤ 排水系统工程量：镀锌铁皮落水管计算展开面积，其他材料则按不同管径计算长度（m）。

（a）镀锌铁皮落水管工程量：

$$[0.4 \times (H + H_差 - 0.2) + 0.85] \times 道数 = \quad m^2$$

(b) 镀锌铁皮落水管油漆工程量:同以上面积(m^2)。

式中　H——±0.00 至檐板高度(即基数中的房高);

　　$H_差$——室内外高差;

　0.2——出水口至室外地坪距离及水斗高度,约 200mm;

　0.4——规定方管每米展开面积,圆型管为 0.3;

0.85——规定水斗和下水口的展开面积;

道数——落水管道数,从屋顶平面图中可查到。

(c) 铸铁出水口工程量:以个计,每道落水管一个。

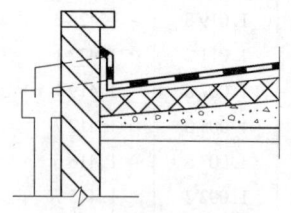

图 2-56　带女儿墙的屋面

有的屋面做法是先做一道屋面隔气层,即在屋面板上抹水泥砂浆找平层,刷冷底油一度,沥青隔气层一度,然后再做找坡层、保温层等,此时公式中增加项目为硬基上找平、隔气层。

(2) 带女儿墙的屋面,如图 2-56 所示。

① 屋面找坡层工程量:

V = 屋顶净面积 × 平均铺厚度

= (屋顶建筑面积 - 女儿墙长 × 厚度) × [最薄处厚 +

$\dfrac{1}{2}$ × (找坡长度 × 坡度系数)] = 　　m^3

② 屋面保温层工程量:

V = (屋顶建筑面积 - 女儿墙长 × 厚度) × 铺厚度 = 　　m^3

③ 找平层工程量。

$$\left. \begin{array}{l} 屋顶净面积:屋顶建筑面积 - 女儿墙长 × 厚 = \quad m^2 \\ 女儿墙上卷起:\qquad\qquad 女儿墙长 × 0.25 = \quad m^2 \end{array} \right\} = \quad m^2$$

④ 防水层工程量:同找平层(m^2)。

⑤ 排水系统工程量。

(a) 铁皮落水管制作安装工程量:

$$[0.4 \times (H + H_差 - 0.2) + 0.85] \times 道数 = \quad m^2$$

(b) 落水管油漆工程量:同上(m^2)。

(c) 铸铁出水口:　个。

【例】　计算如图 2-57 所示屋顶工程量。室内外差 450mm,檐口标高9.0m。做法：1:6水泥炉渣找坡2%，最薄处30mm；上铺加气混凝土，厚200mm；水泥砂浆找平，厚25mm；三毡四油防水；镀锌铁皮落水管，铸铁出水口。屋顶平面图如图2-57所示。

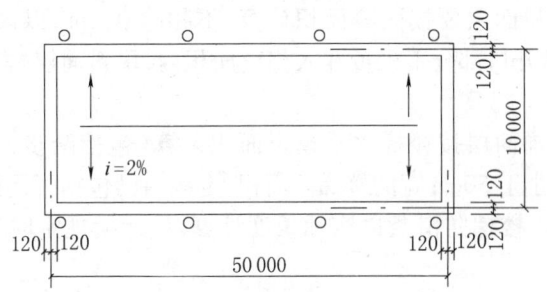

图2-57　屋顶平面示意图

解：① 屋顶净面积：
$$49.76 \times 9.76 = 485.07 \text{m}^2$$

② 1:6 水泥炉渣工程量：
$$485.07 \times \left(0.03 + \frac{9.76}{2} \times 2\% \times \frac{1}{2}\right) = 38.0 \text{m}^3$$

加气混凝土工程量：
$$485.07 \times 0.2 = 97.01 \text{m}^3$$

③ 找平层工程量：
$$\left.\begin{array}{l} 485.07 \text{m}^2 \\ \text{女儿墙上卷起：} \\ (49.76 + 9.76) \times 2 \times 0.25 = 29.76 \text{m}^2 \end{array}\right\} = 514.83 \text{m}^2$$

④ 三毡四油工程量：　514.83m^2

⑤ 排水工程量。

出水口：8个

落水管：$[0.4 \times (9.0 + 0.45 - 0.2) + 0.85] \times 8$ 道 $= 36.4 \text{m}^2$

（3）防水砂浆防水屋面工程量：按实抹面积计算（m^2）。

雨篷顶面如带反檐或反梁者，其工程量按水平投影面积 $\times 1.2$ 计算。

十、楼地面工程

1. 定额规定

（1）楼地面的整体面层、找平层、垫层按主墙间的净面积计算，扣除凸出地面的构筑物、设备基础及不做面层的地沟盖板面积,不扣除柱、垛、间壁墙及 0.3m² 以内的孔洞所占面积,但门洞、空圈、暖气包槽、壁龛开口处的面积也不增加。

(2) 块料面层要按图净面积计算,不扣除 0.1m² 以内的孔洞,门洞、暖气包槽开口部分工程量并入相应面积内,块料面层拼花按实贴面积计算。

(3) 楼梯面层按楼梯水平投影面积计算(包括踏步、中间休息平台),不扣除小于 50cm 宽的楼梯井面积,定额内已包括了踢脚线和踏步侧面的面积。楼梯防滑条以实际长度计算,设计无规定时按踏步长减15cm 计算。

(4) 踢脚线以 m² 计。整体面层踢脚线不扣除门窗洞口及空圈长度,侧壁也不增加。柱、垛工程量合并,其他面层踢脚线按实贴面积计算。

(5) 台阶按水平投影面积计算(包括踏步及最上一层踏步边沿加30cm 的面积)。30cm 以内的平台面积按地面计算。

(6) 散水按水平投影面积计算,扣除台阶、花台所占面积。

2. 楼地面做法及定额分项(图 2-58)

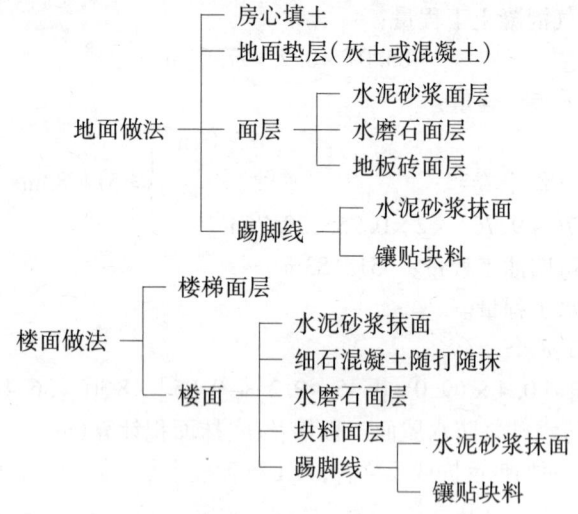

图 2-58 楼地面工程定额分项

3. 地面工程量计算"程序公式"

首先计算地面净面积,然后分别计算各项工程量。

地面净面积计算有两种算式,可任选其中一个。算式一,对于平面布置复杂、房间类型较多的建筑,需要列多个算式,这样计算量大且容易出错误;算式二是利用已算出的数据进行推算,计算简单,算错的概率减少。算式如下:

$$S_{地} = \Sigma(室内净长 \times 净宽) = \qquad m^2 \qquad (算式一)$$

式中 Σ——各房间的净面积之和。

$$S_{地} = 外墙外围面积 - L_{中} \times 厚 - L_{净} \times 厚 = \qquad m^2 \qquad (算式二)$$

（或 $S_{地} = 外墙外围面积 - 墙基防潮层面积 = \qquad m^2$）

式中 外墙外围面积——从建筑面积算式中查得;

$L_{中} \times 厚$——外墙所占面积,$L_{中}$ 系外墙长度,从外墙算式中查得;

$L_{净} \times 厚$——内墙所占面积,$L_{净}$ 从内墙算式中查得;

防潮层面积——在基础工程量中查得。

地面净面积($S_{地}$)计算出来后,按下式计算各项工程量。

（1）当只有一种做法时。

① 室内填土工程量 $= S_{地} \times (H_{差} - 地面厚度) = \qquad m^3$

② 垫层（灰土）工程量 $= S_{地} \times 厚度 = \qquad m^3$

③ 结构层（混凝土）工程量 $= S_{地} \times 厚度 = \qquad m^3$

④ 面层（水泥抹面等）工程量 $= S_{地} = \qquad m^2$

⑤ 踢脚线工程量 $= \Sigma(室内净长 + 净宽) \times 2 \times 踢脚高 = \qquad m^2$

或简化公式:

$$踢脚线工程量 = S_{地} \times 0.168 = \qquad m^2$$

（2）当有两种以上做法时,首先算出地面总面积($S_{地}$),然后计算面积小的地面,如 $S_{地1}$、$S_{地2}$,剩下 $S_{地3}$ 面积为 $S_{地}$ 减去 $S_{地1}$、$S_{地2}$。各净面积计算完后,再分别计算各地面分项工程量。

【例】 计算第一章如图 1 - 35（a）所示地面工程量。

厨房、卫生间地面做法是:素土夯实,100mm 厚 3∶7 灰土,50mm 厚 C10 混凝土,铺 8mm 厚地板砖。其他房间地面做法是:素土夯实,100mm 厚 3∶7 灰土,60mm 厚 C15 混凝土随打随抹光,水泥踢脚线。卫生间、厨房墙面贴瓷砖,不做踢脚线。

解:（1）计算室内净面积。

① 厨房:$2.16 \times 2.46 \times 2$ 间 $= 10.63 m^2$ 〕
② 卫生间: $1.56 \times 2.46 \times 2 = 7.68 m^2$ 〕$= 18.31 m^2$

③ 其他房间等。

3.6m 开间室：$3.36 \times 3.96 \times 4$ 间 $= 53.22 \text{m}^2$

2.7m 开间室：$\quad 2.46 \times 3.96 = 9.74 \text{m}^2$

3.0m 开间室：$\quad 2.76 \times 3.36 \times 2 = 18.55 \text{m}^2$

方厅：$\quad\quad 2.76 \times 3.96 \times 2 = 21.85 \text{m}^2$ $\Big\} = 122.89 \text{m}^2$

走道：$\quad\quad 1.26 \times 3.0 \times 2 = 7.56 \text{m}^2$

楼梯间：$\quad\quad 4.86 \times 2.46 = 11.96 \text{m}^2$

以上计算方法要列多个算式，工作量大又容易出错，而利用前面算过的数字推算则既简便又减少错误，如前面已经算出了一层建筑面积是 170.75m^2，外墙中心线长为 55.0m，内墙净长线为 68.08m，墙厚 240mm，则室内净面积是：

$$170.75 - (55.0 + 68.08) \times 0.24 = 141.2 \text{m}^2$$

其中，厨房、卫生间面积为 18.31m^2。

其他房间等面积为：

$$141.2 - 18.31 = 122.89 \text{m}^2$$

（2）工程量计算。

① 室内填土工程量：

$$141.2 \times (0.45 - 0.16) = 40.97 \text{m}^3$$

② 3:7 灰土垫层工程量：

$$141.2 \times 0.1 = 14.12 \text{m}^3$$

③ 厨房、卫生间 C10 混凝土结构层工程量：

$$18.31 \times 0.05 = 0.92 \text{m}^3$$

④ 铺地板砖工程量：$\quad 18.31 \text{m}^2$

⑤ 其他房间 C15 混凝土结构层工程量：

$$122.89 \times 0.06 = 7.38 \text{m}^3$$

面层（随打随抹光）工程量：122.89m^2

⑥ 水泥踢脚线工程量：$122.89 \times 0.168 = 20.6 \text{m}^2$

厨、卫墙贴瓷砖，所以不算踢脚线工程量。

4. 楼面工程量计算"程序公式"

楼面做法工程量包括楼梯抹面（或贴面层），室内、厅内各种做法的楼面，还有阳台的楼面种类较多，计算繁杂，必须考虑周全，安排适当，才能使算式简单，有条不紊。

首先,计算出楼面总面积,然后分别计算楼梯及面积小、容易算、造价高的项目,剩余则是大量的一般做法的项目。

(1) 楼面总面积:

$$S_{楼} = 各层外墙外围面积之和 - \Sigma(L_{中} \times 厚) - \Sigma(L_{净} \times 厚)$$
$$= \qquad m^2$$

式中　各层外墙外围面积之和——从建筑面积中查得;

$\Sigma(L_{中} \times 厚)$——各层外墙所占面积, $L_{中}$ 系各层外墙长度,从外墙算式中查得;

$\Sigma(L_{净} \times 厚)$——各层内墙所占面积, $L_{净}$ 系各层内墙长度,从内墙算式中查得。

(2) 楼梯工程量。

① 抹面工程量同现浇楼梯工程量(m^2)(从混凝土的楼梯工程量算式中查得),包括抹踏步侧面及踢脚线工程量。

② 楼梯踏步防滑条工程量 = (踏步长 - 0.15) × 踏步数

$$= \qquad m$$

(3) 少量做法楼面工程量(如卫生间铺预制水磨石板):

$$S_{楼1} = \Sigma(室内净长 \times 净宽) = \qquad m^2$$

(4) 大量做法的楼面工程量:

$$S_{楼2} = S_{楼} - S_{梯} - S_{楼1} = \qquad m^2$$

(5) 楼面踢脚线工程量:分别按不同做法计算,标准高、造价高的细算,用式ⓐ,标准低、造价低的粗算,用式ⓑ:

踢脚线工程量 = Σ(室内净长 + 净宽) × 2 × 踢脚高

$$= \qquad m^2 \cdots\cdots\cdots\cdots\cdots\cdots\cdots ⓐ$$

踢脚线工程量 = 楼面面积 × 0.168 = $\qquad m^2$ $\cdots\cdots\cdots\cdots\cdots$ ⓑ

(6) 阳台工程量:阳台楼面面积同混凝土中现浇阳台工程量的面积,套相应做法的楼面定额。阳台边沿的向上翻口,其里面抹灰包括在阳台楼面内,不另列项目计算,其外面装修面积按实际计算,套相应做法的腰线定额。当阳台有栏板时,其里面装修面积的计算高度为从楼面至栏板顶面,外面装修面积的计算高度为外面总高度(阳台 + 栏板),套相应做法的腰线定额。

阳台顶棚装修面积同阳台工程量的面积,套相应做法的天棚定额。

(7) 雨篷顶面抹灰、底面天棚抹灰工程量均同混凝土中的雨篷工程量,侧面抹灰面积以实际算,套腰线定额。

5. 散水工程量计算

散水工程量按散水的水平投影面积(m^2)计算,定额中包括了散水挖填土、垫层、基层、面层和沥青缝等做法。

$$S_{散} = (L_{外} - 台阶长) \times 散水宽 + 4 \times 散水宽^2 = \quad m^2$$

式中　　$L_{外}$——外墙外边线长(从计算书首页的基数中查得);

$4 \times 散水宽^2$——四个角的散水面积。

有的地区不是综合定额时,要按散水的面积 $S_{散}$ 分别计算挖土、垫层、面层和沥青缝的工程量,套相应定额项目计算。

散水模板工程量:$(L_{外} - 台阶长 + 8 \times 散水宽) \times \quad = \quad m^2$

6. 台阶工程量计算

台阶工程量按台阶的水平投影面积(m^2)计算,定额中包括了挖填土、垫层、结构层的做法,但不包括面层的做法,面层要按抹面实际面积(m^2)计算,套相应抹面定额。

台阶与平台的分界线,台阶算至最上一台,加 0.3m,如图 2-59 所示的虚线位置,虚线以内按地面计算。

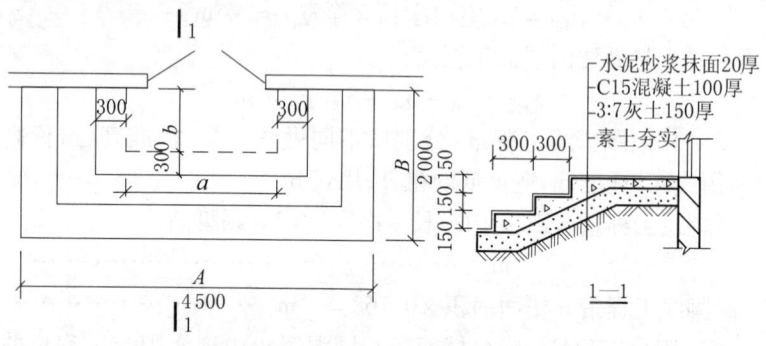

图 2-59　某台阶平面、剖面示意图

台阶工程量计算"程序公式"如下。

(1) 混凝土台阶工程量:$A \times B - a \times b = \quad m^2$

(2) 台阶抹面工程量。

平面:　　　　$A \times B - a \times b = \quad m^2$

立面:Σ(台阶边沿长 × 台阶高) $= \quad m^2$ $\Big\} = \quad m^2$

式中　Σ——各层台阶的边沿长 × 台阶高之和。

（3）台阶平台地面工程量。

　　面层：　　　$a \times b =$　　m^2

　　混凝土：　$a \times b \times 厚 =$　　m^3

　　灰土垫层：$a \times b \times 厚 =$　　m^3

　　素土夯实：$a \times b \times (H_差 - 地面厚) =$　　m^3

【例】　按图2-59中数字计算台阶工程量。

解：① 混凝土台阶工程量：

$$4.5 \times 2.0 - (4.5 - 0.3 \times 6) \times (2 - 0.3 \times 3) = 6.03 m^2$$

② 台阶抹水泥砂浆面工程量。

平面上：　　　　　$6.03 m^2$

立面上：$\left.\begin{array}{l}[4.5 \times 3 - 0.6 - 1.2 + (2 \times 3 - 0.3 \times 3) \times 2]\\ \times 0.15 = 2.52 m^2\end{array}\right\} = 8.55 m^2$

③ 地面部分工程量。

水泥砂浆抹面：

$$(4.5 - 0.3 \times 6) \times (2.0 - 0.3 \times 3) = 2.97 m^2$$

C15混凝土（100mm厚）：　　　　$2.97 \times 0.1 = 0.3 m^3$

3:7灰土垫层：　　　　　　　　$2.97 \times 0.15 = 0.45 m^3$

素土夯实：　　　　　　$2.97 \times (0.45 - 0.25) = 0.59 m^3$

十一、装修工程

1. 天棚装修

天棚装修做法及定额分项如图2-60所示。

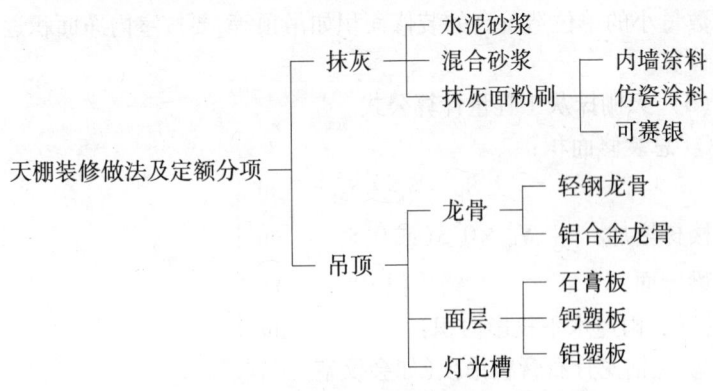

图2-60　天棚装修做法及定额分项

（1）定额规定。

① 天棚抹灰工程量按主墙间净面积计算（m²）；有坡及拱形按展开面积计算。

② 间壁墙、柱子、砖垛、检查洞、管道所占面积不扣除。但带梁板梁的侧面抹灰面积并入顶棚面积之内。

③ 楼梯的顶棚按其水平投影面积计算，板式楼梯乘以 1.3 的坡度系数，踏步式楼梯（板底是踏步式的）乘以 1.8 的系数。

④ 带井字梁天棚工程量以展开面积计算，100m² 增加 4.14 工日。

⑤ 檐口天棚抹灰工程量并入相同天棚抹灰工程量内。

⑥ 阳台、雨篷、挑檐下抹灰工程量按水平投影面积计算，并入相应天棚抹灰工程量内。

⑦ 槽形板、大型屋面板的勾缝按水平投影面积乘以 1.4 的系数计算。

（2）工程量计算方法：根据图纸的不同做法分别计算其装修面积。为了保证工程量的计算准确，应先计算总的装修面积，以此控制装修总面积的数值正确，然后再计算数量小的，如吊顶的面积、水泥砂浆抹灰的面积，剩下的则是大量的一般装修做法的面积。

总装修面积就是地面的面积、楼面的面积、阳台面积、楼梯顶棚抹灰面积（需增加其投影面积30% 或 80% 的面积）、梁的侧面抹灰面积、挑檐和雨篷的面积。以上数字均从楼地面工程、混凝土工程中已算出的楼地面面积、楼梯投影面积、梁体积、挑檐及雨篷面积等工程量中取得。这样计算既简便，又能避免和减少错误。

数量小的单位造价高的装修面积如吊顶等，要按室内净面积逐间房详细计算。

（3）天棚抹灰工程量计算公式。

① 总装修面积：

$$\left.\begin{array}{l} S_{地} + S_{楼} + S_{阳} = \quad m^2 \\ \text{楼梯增加：} \quad S_{梯} \times 0.3（或 0.8）= \quad m^2 \\ \text{梁侧面：} \quad 梁体积 \times 8 = \quad m^2 \\ \text{挑檐、雨篷水平投影面积：} \quad m^2 \end{array}\right\} = \quad m^2$$

② 轻钢龙骨石膏板吊顶（如会议室）工程量：

$$\Sigma（室内净长 \times 净宽）= \quad m^2$$

③ 水泥砂浆抹面(如卫生间)工程量：

$$\Sigma(室内净长 \times 净宽) = \quad m^2$$

④ 其他房间混合砂浆抹灰工程量：

$$总装修面积 - ② - ③ = \quad m^2$$

⑤ 天棚刷内墙涂料两遍工程量：

$$③ + ④ = \quad m^2$$

上述式中 $S_{地}$(地面面积)、$S_{楼}$(楼面面积)、$S_{阳}$(阳台面积)的数值从楼地面工程量中查得。阳台下如带悬臂梁时，其面积应乘以 1.3(即阳台的天棚面积 = 阳台工程量 × 系数 1.3)。

式中梁侧面面积 = 梁体积 × 8，为近似值(即按梁宽 0.25m 考虑的)，梁体积来自混凝土工程量中。

式中 $S_{梯}$ 系楼梯工程量，来自混凝土工程量中。

式中挑檐、雨篷面积来自混凝土工程量中，如雨篷底面带悬臂梁时，其工程量应乘以系数 1.2。

式中 Σ(室内净长 × 净宽)为若干房间天棚面积之和。

⑥ 天棚抹灰的装饰线工程量，分别按三道线以内或五道线以内以延长米计算，另列项目。线脚的道数以每凸出的一个棱角为一道线。

(4) 吊顶天棚工程量计算。吊顶天棚工程量分别计算吊顶龙骨和装饰面层，均以面积(m^2)计。

定额规定：

① 各种吊顶天棚龙骨工程量按主墙间净面积计算，不扣除间壁墙、检查口、附墙烟囱、柱、垛和管道所占面积，天棚中折线、叠落等圆弧形和高低吊灯槽计算面积不展开计算。

② 天棚饰面装饰面层工程量按主墙间实铺面积以 m^2 计算，不扣除间壁墙、检查口、附墙烟囱、垛和管道所占面积，应扣除独立柱、灯槽及与天棚相连的窗帘盒、0.3m^2 以上的孔洞所占面积。天棚中的折线、迭落等圆弧形和拱形及其他艺术形式的天棚面层均展开面积计算。灯光槽按延长米计算。

③ 龙骨、饰面材料及型号规格设计与定额中不同时可按设计规定调整、换算，但人工数量不变。

④ 天棚面层在同一标高或高差在 200mm 以内者为一级天棚，高差在 200mm 以上者为二、三级天棚。

⑤ 龙骨分圆木、方木、轻钢、铝合金等,饰面分薄板、胶合板、木丝板、刨花木屑板、玻璃纤维板、塑料板、铝塑板、钙塑板、石膏板等,详见定额,这里不再一一表述。

吊顶天棚工程量计算"程序公式"如下。

（a） ××龙骨工程量：Σ（室内净长×净宽）= m^2

（b） ××天棚饰面工程量：$\left.\begin{array}{l}\Sigma（室内净长×净宽）=   m^2 \\ 折线、迭落展开工程量：\Sigma（折线长×槽高）=   m^2 \\ 扣柱及窗帘盒所占面积 -   m^2 \end{array}\right\}=   m^2$

2. 内墙面抹灰

内墙装修做法及定额分项如图 2-61 所示。

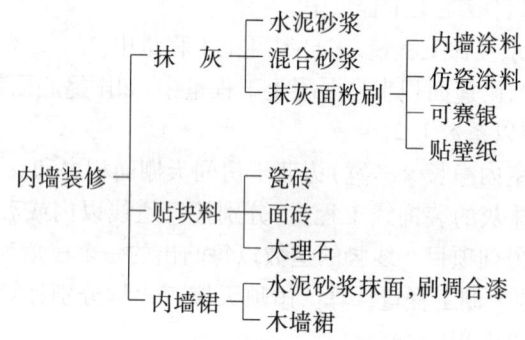

图 2-61　内墙装修做法及定额分项

（1） 定额规定。

① 内墙面抹灰面积按主墙间的图示净长尺寸乘以内墙抹灰高度计算。内墙抹灰高度:有墙裙时,自墙裙顶算至天棚底或板底面;无墙裙时,其高度自室内地坪或楼地面算至天棚底或板底面,有吊顶者内墙抹灰高度算至吊顶下表面另加 10cm。应扣除门窗洞口、空圈所占的面积,不扣除踢脚线、挂镜线、墙与构件交接处及 0.3m^2 以内的孔洞面积,洞口侧壁和顶面面积亦不增加。不扣除间壁墙所占的面积。垛的侧面抹灰工程量应并入墙面抹灰工程量内计算。

② 内墙裙抹灰面积,以墙裙长度乘以墙裙高度计算,应扣除门窗洞口、空圈及 0.3m^2 以上孔洞所占面积,但不增加门窗洞口和空圈的侧壁和顶面的面积,垛的侧壁面积应并入墙裙内计算。

③ 嵌入墙内的混凝土梁、柱面的抹灰工程量并入依附的墙体抹灰

工程量内(即不从内墙面垂直投影面积中扣除)。

(2) 工程量计算方法。内墙面装修工程量的计算是比较繁琐和复杂的,因为在一幢楼房里往往有多种做法,先算什么,后算什么,算得准、算不乱是不容易的,安排好计算方法和计算顺序是很重要的。

一幢楼有多种做法,首先要框住总的装修面积,然后分别计算量少的、容易算的做法面积,剩余则是大量做法的面积。

总装修面积可以逐间房计算,合计在一起,也可以利用已经算出来的工程数据进行推算,如墙体中计算出来的门窗洞口面积,内墙扣除洞口后的净面积($S_{内净}$),外墙扣除洞口后的净面积($S_{外净}$),使用哪种方法要视工程情况而定。

计算工程量要注意到:造价高的应细算,尽量准确;而造价低且工程量少的,若有误差也对总造价影响很小,不要因一点点复杂的面积,非要用复杂公式算得绝对准确不可,可以用近似简单公式计算。

(3) 内墙装修工程量计算"程序公式"。

① 瓷砖内墙裙工程量: 墙裙净长×净高 =   m²

② 水泥砂浆内墙裙工程量:墙裙净长×净高 =   m²

墙裙抹灰面上刷调和漆工程量:同上(m²)。

③ 混合砂浆内墙面工程量。

内墙抹灰总面积:

$$(S_{内净}×2 + S_{外净})×0.90 =   m^2$$

扣墙裙面积:减①的工程量   - m² ⎫
　　　　　　减②的工程量   - m² ⎬ = m²

④ 内墙面粉刷工程量:同③面积(m²)。

式中　$S_{内净}$——内墙体中扣除洞口的净面积;

　　　$S_{外净}$——外墙体中扣除洞口的净面积;

　　0.90——内墙与外墙相交处、墙与楼板相交处多算面积的折减系数。

内墙抹灰总面积的计算也可以逐间房计算,然后相加并扣洞口面积,即为∑(室内净周长×高度 - 洞口面积)。这种算法,从公式看计算方法是准确的,但往往需要列多个算式,列算式多了,算错的概率也就大了。实践证明,大工程、平面布置较复杂的工程,利用墙体中已经算出的数字$S_{内净}$、$S_{外净}$匡算,既省时,又接近实际,比较准确,况且室内抹灰仅占造价的 4% 左右,即使匡算误差面积为 2% ,总造价也仅差 0.3% 左右。

【例】 第一章中如图 1-35(a)所示为三层住宅楼的平面图,厨房、卫生间内墙面贴釉面砖,其他内墙面为混合砂浆抹面、刷乳胶漆两遍。楼层高为 2.8m,现浇板厚 80mm,圆孔板厚 130mm。外墙上门窗洞口面积已算出是 83.88m²,内墙上门窗洞口面积是 78.3m²。在墙体工程量中也算出外墙净面积是 378.1m²,内墙净面积是 473.2m²。计算内墙面装修工程量。

解:① 厨、厕贴瓷砖工程量:

$$[(2.4-0.24+2.7-0.24)\times2+(1.8-0.24+2.7-0.24)\times2]$$
$$\times(2.8-0.1)\times2\times3=279.9m^2$$

扣门窗洞口面积:

$$-(2.4\times0.8+2.4\times0.7+1.2\times1.5+0.9\times1.5)\times2\times3$$
$$=-40.5m^2$$

增加洞口侧面、顶面面积:

门 $[(2.4\times2+0.8)\times0.1+(2.4\times2+0.7)\times0.1]\times6=6.5m^2$

窗 $[(1.2+1.5)\times2\times0.1+(0.9+1.5)\times2\times0.1]\times6=6.12m^2$

合计: 252.02m²

② 混合砂浆抹面工程量。

简化算法:(内墙净面积 ×2 + 外墙净面积)×0.9

$$=(473.2\times2+378.1)\times0.9=1\,192m^2 \left.\begin{array}{l}\\ \end{array}\right\}=940m^2$$

扣厨房、卫生间贴瓷砖面积 -252.02m²

复杂算法:按各房间内"(净长 + 净宽)×2 × 净高"计算。

$$(3.6-0.24+4.2-0.24)\times2\times4\text{ 间}=58.56m \left.\begin{array}{l}\\ \\ \\ \\ \\ \end{array}\right.$$

$$(2.7-0.24+4.2-0.24)\times2=12.84m$$

$$(3.0-0.24+3.6-0.24)\times2\times2\text{ 间}=24.48m \Big\}=139.8m$$

$$(4.2-0.24+3.0-0.24)\times2\times2\text{ 间}=26.88m$$

$$(3.0+1.5-0.24)\times2\times2=17.04m$$

$$139.8m\times(2.8-0.13)\times3\text{ 层}=1\,119.8m^2 \left.\begin{array}{l}\\ \\ \end{array}\right.$$

扣墙上洞口:

内墙门洞 -78.3×2 面 = -156.6m² $\left.\begin{array}{l}\\ \\ \end{array}\right\}$ =920m²

外墙门、窗洞 -83.88m² $\Big\}$ = -199.98m²

卫生间、厨房已扣过的洞口 +40.5m²

以上两种算法结果比较,简化算式为940m²,复杂算式为920m²,相差20m²,误差2%,符合要求,但简化方法要快得多,并且不会再有笔误,而复杂法算式多有可能笔误、漏算、重算。

3. 外墙装修

(1) 定额规定。

① 外墙勾缝按外墙面垂直投影面积(m²)计算,扣除墙裙和墙面抹灰所占面积,不扣除门窗洞口及门窗套、腰线所占面积,垛、洞口侧面勾缝亦不增加。

② 外墙抹面,外墙面、墙裙(系指高度在1.5m以下)抹灰,按平方米计算,扣除门窗洞口、空圈、腰线套、遮阳板所占的面积,不扣除0.3m²以内的孔洞面积,附墙柱的侧壁应展开计算,并入相应工程量内。门窗洞口及孔洞侧壁面积已综合考虑在项目内,不另计算。墙内过梁、圈梁构造抹灰并入墙体抹灰内。

③ 镶贴块料面层。

(a) 粘贴块料面层按图示尺寸以实贴面积计算,即孔洞要扣除、侧壁要计算。

(b) 镶贴瓷砖、面砖块料,如需割角者,以实际切割长度,按延长米计算。

(c) 挂贴大理石、花岗岩中其他零星项目的花岗岩、大理石是按成品考虑的,成品花岗岩、大理石柱墩、柱帽按最大外径周长计算。

④ 女儿墙顶及内侧、暖气沟、化粪池的抹灰,以展开面积按墙面抹灰相应项目计算,突出墙面的女儿墙压顶,其压顶部分应以展开面积,按普通腰线项目计算。

⑤ 腰线按展开宽度乘以长度以平方米计算(展开宽度按图示的结构尺寸为准)。

⑥ 内外窗台板抹灰工程量,如设计图纸无规定时,可按窗外围宽度共加20cm乘以展开宽度计算,外窗台与腰线连接时并入相应腰线内计算。

(2) 工程量计算方法。

在一幢楼里外墙装修做法往往有几种,根据图纸分别计算各种装修面积。为了保证工程量的计算准确,应控制住总的装修面积。总的装修面积等于外墙外围周长乘以装修高度。各种装修面积之和应该等于总装修面积。

在计算工程量时应掌握这样一条原则:造价高的要细算,按规定该扣的孔洞要扣除,该增加的侧面面积要增加;造价低的不一定扣得太细,因为有点误差对造价影响甚小。

（3）工程量计算"程序公式"。

① 外墙基本为勾缝时的公式。

水泥砂浆外墙裙:$(L_外 - 门洞宽) \times 墙裙高 = \qquad \mathrm{m}^2$

外墙勾缝:$L_外 \times (H_差 + H + H_女) - 外墙裙 = \qquad \mathrm{m}^2$

式中 $L_外$——外墙外围周长（从计算书首页查得）；

$\qquad$ $H_差$——室内外高差（从计算书首页查得）；

$\qquad$ H——房高（± 0.00 至房顶），计算书首页可查得；

$\qquad$ $H_女$——有女儿墙的为女儿墙高度,计算书首页可查得。

外墙上圈梁构造柱抹灰时算实抹面积,套普通腰线定额项目。

② 外墙抹灰公式:

$$
\left.
\begin{array}{r}
L_外 \times (H_差 + H + H_女) = \qquad \mathrm{m}^2 \\
扣门窗洞口面积（取自墙体内的数） \quad - \qquad \mathrm{m}^2 \\
扣空圈面积 \quad - \qquad \mathrm{m}^2 \\
增加垛、柱侧面面积 \quad + \qquad \mathrm{m}^2
\end{array}
\right\} = \qquad \mathrm{m}^2
$$

③ 外墙贴块料公式。

（a）公式（一）（适用于门窗种类少的情况）：

$$
\left.
\begin{array}{l}
L_外 \times (H_差 + H + H_女) = \qquad \mathrm{m}^2 \\
扣门窗洞口面积 \quad - \qquad \mathrm{m}^2 \\
增加窗洞侧面面积 \\
\quad + \Sigma(洞高 + 洞宽) \times 2 \times \frac{1}{2}墙厚 \times 窗数 = + \qquad \mathrm{m}^2 \\
增加门洞侧面面积 \\
\quad + \Sigma(洞高 \times 2 + 洞宽) \times \frac{1}{2}墙厚 \times 门数 = + \qquad \mathrm{m}^2 \\
增加垛、柱侧面面积 \quad + \qquad \mathrm{m}^2 \\
增加窗套侧面面积 \quad + \qquad \mathrm{m}^2
\end{array}
\right\} = \qquad \mathrm{m}^2
$$

式中 Σ——各种不同大小门窗洞口高、宽尺寸之和。

以上公式适用于窗的种类少的情况。

当窗的大小种类较多时,上式显然复杂,计算其侧面积要列好多算

188

式,在此情况时可用以下公式(二)。

（b）公式（二）（适用于门窗种类多的情况）：

$$L_外 \times (H + H_差 + H_女) = \quad m^2$$

扣门窗洞口面积（取自墙体内数据） - $\quad m^2$

增加窗洞口侧面面积

$$洞高 \times 2 \times \frac{1}{2}墙厚 \times 窗数 = \quad m^2$$

增加窗洞口顶面、底面面积

$$\frac{窗面积（取自门窗工程量中）}{窗高度} \times \frac{1}{2}墙厚 \times 2 = \quad m^2$$

增加门洞口侧面面积

$$门洞高 \times 2 \times \frac{1}{2}墙厚 \times 门数 = \quad m^2$$

增加门洞顶面面积

$$\frac{门面积}{门高度} \times \frac{1}{2}墙厚 = \quad m^2$$

增加墙附垛侧面面积

$$垛高 \times 宽 \times 2 \times 个数 = \quad m^2$$

$$\left. \right\} = \quad m^2$$

式中　门、窗洞口面积——外墙上的面积,数据取自墙体扣门窗洞口面积表中；

　　　$L_外$、H、$H_差$、$H_女$——取自计算书首页基本数据中；

　　　$\dfrac{窗（门）面积}{窗（门）高度}$——全部窗（门）的宽度；

　　　窗或门的面积——从门、窗工程量中可查到,或用其洞口面积。

④ 外墙部分立面为勾缝时,可将勾缝工程量计算公式中 $L_外$ 改成 $L_勾$（勾缝的外墙长）,将抹灰工程量计算公式中 $L_外$ 改成 $L_抹$（抹灰的外墙长）,分别进行计算。

⑤ 外墙装修的匡算法。有时施工单位承包工程,或向班组分包工程需要匡算工程量,即快算但精确度可低些,此时可用下式：

$$L_外 \times (H_差 + H + H_女) = \quad m^2$$

扣洞口面积

$$-门窗洞口面积（m^2） \times (70\% \sim 75\%) = - \quad m^2（24墙）$$

$$(55\% \sim 60\%) = - \quad m^2（37墙）$$

$$\left. \right\} = \quad m^2$$

式中的"%"表示洞口扣除侧面、上下面的抹灰后的净洞口。

4.其他构件抹灰

(1)独立的柱和单梁抹灰工程量计算另列项目,按实抹面积计算,套相应柱、梁抹灰定额。柱与梁或梁与梁的接头面积,不予扣除。

(2)窗台单独抹灰工程量计算,其长度按窗宽另加0.2m,乘以展开宽度计算,套普通腰线定额,计算公式为:

$$\Sigma[\,(\text{窗宽}+0.2)\times\text{展开宽}\,]=\quad m^2$$

窗高度相同、宽度不同时,可用简化计算式:

$$\left(\frac{\text{窗面积}}{\text{窗高}}+0.2\right)\times\text{窗数}\times\text{展开宽}=\quad m^2$$

(3)突出墙面的女儿墙压顶抹灰工程量按展开宽度乘以中心线长度计算,套普通腰线定额项目。

(4)独立的窗间墙、窗下墙局部抹灰,清水墙抹柱面、圈梁面,楼梯、阳台的栏板抹面,厕所蹲台、挡墙抹面,浴池,水槽腿,垃圾箱,上人孔,碗框,天沟,泛水,一至两个棱的挑檐、砖出檐,门窗套,花台,花池,雨篷,阳台等的抹面工程量,均按实抹面积计算,套普通腰线定额。

(5)楼梯、阳台栏杆的扶手抹面,池槽、小便池、窨井、花饰,突出三至四个棱的挑檐等的工程量,按展开面积计算,套复杂腰线定额。扶手面积按每米长2.1m²计算。

(6)墙、柱(梁)饰面龙骨、基层、面层均按设计图示尺寸以面层外围尺寸展开面积计算。

(7)除内容已列有柱帽、柱墩的项目外,其他项目的柱帽、柱墩工程量按设计图示尺寸以展开面积计算,并入相应柱面积内,每个柱帽或柱墩另增加人工抹灰0.25工日、块料0.38工日、饰面0.5工日。

(8)隔断、间壁墙按净长乘以净高以平方米计算,扣除门窗洞口及0.3m²以上的孔洞所占的面积。浴厕隔断中门的材质与隔断相同时,门的面积并入隔断面积内,不同时按相应门的制作项目计算。

5.油漆工程

油漆工程定额中分木材面油漆、金属面油漆、抹灰面油漆等项目。

(1)木材面油漆。木材面油漆定额中编制了单层木窗、单层木门、木扶手、其他木材面等四个定额分项。这四个项目以外的其他项目的油漆按工程量乘以系数的方法分别套这四个项目的定额,其系数见

表 2 - 32 ~ 表 2 - 35。

木材面油漆:分别不同刷油部位,按表 2 - 32 ~ 表 2 - 35 各类工程量系数以平方米或延长米计算。

表 2 - 32　按单层木窗项目计算工程量的系数

(即多面涂刷按单面面积计算工程量)

序　号	项　　　目	系　数	计 算 方 法
1	单层木窗或部分带框上安玻璃	1.00	
2	单层木窗带纱扇	1.40	
3	单层木窗部分带纱扇	1.28	
4	单层木窗部分带纱扇、部分框上安玻璃	1.14	框
5	木百叶窗	1.46	外
6	双层木窗或部分带框上安玻璃(双裁口)	1.60	围
7	双层框扇(单裁口)木窗	2.00	面
8	双层框三层(二玻一纱)木窗	2.60	积
9	单层木组合窗	0.83	
10	双层木组合窗	1.13	

表 2 - 33　按单层木门项目计算工程量的系数

(即多面涂刷按单面面积计算工程量)

序　号	项　　　目	系　数	计 算 方 法
1	单层木板门或单层玻璃镶板门	1.00	
2	单层全玻璃门、玻璃间壁、橱窗	0.83	
3	单层半截玻璃门	0.95	
4	纱门扇及纱亮子	0.83	框
5	半截百叶门	1.53	外
6	全百叶门	1.66	围
7	厂库房大门	1.10	面
8	特种门(包括冷藏门)	1.00	积
9	双层(单裁口)木门	2.00	
10	双层(一玻一纱)木门	1.36	

注:无门框的门扇按相应种类的门计算。

表 2-34 按木扶手(不带托板)项目计算工程量的系数
(即多面涂刷按延长米计算工程量)

序 号	项 目	系 数	计算方法
1	木扶手(不带托板)	1.00	延长米
2	木扶手(带托板)	2.50	
3	窗帘盒	2.00	
4	封檐板、博风板	1.70	
5	挂衣板、黑板框、单独木线条100mm以外	0.50	
6	挂镜线、窗帘棍、单独木线条100mm以内	0.40	

表 2-35 按其他木材面项目计算工程量系数
(即单面涂刷按单面面积计算工程量)

序 号	项 目	系 数	计 算 方 法
1	木板、胶合板、纤维板天棚	1.00	长×宽
2	清水板条檐口天棚	1.10	
3	吸音板墙面或天棚面	0.87	
4	木方格吊顶天棚	1.20	
5	鱼鳞板墙	2.40	
6	暖气罩	1.30	
7	木窗台板、筒子板、盖板、门窗套、踢脚板	0.83	
8	木护墙、木墙裙	0.90	
9	屋面板(带檩条)	1.10	斜长×宽
10	壁柜、衣柜	1.00	实刷展开面积
11	方木屋架	1.77	跨度×中高×1/2
12	木间壁、木隔断	1.90	单面外围面积
13	玻璃间壁露明墙筋	1.65	
14	木栅栏、木栏杆(带扶手)	1.82	
15	零星木装修	0.87	展开面积
16	梁柱饰面	1.00	

（2）金属面油漆。

金属面油漆定额中编制了单层钢门窗、其他金属面、镀锌铁皮面、金属结构油漆四个主要项目。这四个项目以外的其他项目油漆按工程量乘以系数的办法套这四个项目定额,系数见表2-36~表2-39。

金属面油漆:分别不同刷油部位,按表2-36~表2-39工程量系数以平方米或吨计算。

表2-36　按单层钢门窗项目计算工程量的系数
（即多面涂刷按单面面积计算工程量）

序　号	项　　　目	系　　数	计 算 方 法
1	普通单层钢门窗	1.00	框外围面积
2	普通单层钢门窗带纱扇或双层钢门窗	1.48	
3	普通单层钢窗部分带纱扇	1.30	
4	钢平开、推拉大门、钢折叠门、射线防护门	1.70	
5	钢半截百叶门	1.53	
6	钢百叶门窗	1.66	框外围面积
7	钢板(丝)网大门	0.80	
8	间壁	1.60	长×宽

注:普通钢门窗包括空腹及实腹钢门窗。

表2-37　按其他金属面油漆项目计算工程量系数

序　号	项　　　目	系　　数	计 算 方 法
1	钢屋架、天窗架、挡风架、托架梁、支撑、檩条	1.00	以重量计算
2	钢墙架	0.70	
3	钢柱、吊车架、花式梁、柱	0.60	
4	钢操作台、走台、制动梁、车挡	0.70	
5	钢栅栏门、栏杆、窗栅	1.70	
6	钢爬梯及踏步式钢扶梯	1.20	
7	轻型钢屋架	1.40	
8	零星铁件	1.30	

表2－38 按镀锌铁皮面油漆项目计算工程量系数

序 号	项 目	系 数	计 算 方 法
1	平铁皮屋面	1.00	斜长×宽
2	瓦垄铁皮屋面	1.20	
3	包镀锌铁皮门	2.20	框外围面积
4	吸气罩	2.20	水平投影面积
5	铁皮排水、伸缩缝铁皮盖板	1.05	展开面积

金属结构防火涂料以不同涂料厚度按构件的展开面积以平方米计算。

表2－39 金属构件面积折算表

序 号	项目名称	单 位	折算面积（m²）
1	钢屋架、支撑、檩条	t	38
2	钢梁、钢柱、钢墙架	t	38
3	钢平台、操作台	t	27
4	钢栅栏门、栏杆	t	65
5	钢踏步梯、爬梯	t	45
6	零星铁件	t	50
7	钢球形网架	t	28

注：本表折算量金属表面面积如与实际不符时，可据实调整。

（3）抹灰面油漆、涂料，喷（刷）可按相应的抹灰工程量计算。

（4）混凝土栏杆花饰刷浆按单面外围面积乘以系数1.82计算。

（5）项目中的隔墙、护壁、柱、天棚木龙骨及木地板中木龙骨带毛地板，刷防火涂料工程量计算规则略。

十二、金属结构

金属结构包括钢柱、钢梁、钢屋架、钢檩条、钢支撑、钢栏杆、钢平台、钢梯子、钢板大门等。

1. 定额规定

（1）金属结构的制作包括钢材的操作损耗和刷防锈漆。

（2）金属构件的制作按图纸所示尺寸计算，不扣除孔眼和切边、缺角的重量；多边形钢板以图示尺寸最长边和最宽边尺寸按矩形面积计算其重量,不扣除缺角的面积、重量。

（3）金属构件的运输分三类构件,分别套各类的基价。运输工程量等于安装工程量,其安装工程量为制作工程量加1.5%的焊条重量。

（4）金属构件的油漆工程量,按安装工程量乘以油漆工程量计算系数进行计算。各种构件的油漆工程量计算系数见装修部分的表2－36～表2－39。

2. 几种钢门工程量计算"程序公式"及套定额方法

（1）钢板门。分平开门、推拉门、折叠门。

① 制作工程量:按图示尺寸计算重量(t),分别套相应的制作定额(如平开门要套平开门定额单价,推拉门要套推拉门定额单价,含防锈漆)。

② 运输工程量:制作工程量乘以1.015(t),套Ⅱ类金属构件运输定额。运距为从加工厂至建筑物中心的距离。

③ 安装工程量:计算门外围面积,高×宽＝　　m²,分别套相应门的安装定额(如厂库房钢大门、钢折叠门、围墙大门等)。

④ 油漆工程量:门的外围面积×1.7＝　　m²,套单层钢门油漆定额。

⑤ 五金工程量:推拉门的滑轨、滑轮、轴承等另列项目计价(参考木推拉门的五金件用量和价格);其他五金均已包括在定额内。

（2）平开钢栅门。

① 制作工程量:按图示尺寸计算重量(t),套平开铁栅门制作定额(含防锈漆)。

② 运输工程量:制作工程量乘以1.015(t),套Ⅱ类金属构件运输定额。运距为从加工厂至建筑物中心的距离。

③ 安装工程量:计算门外围面积,高×宽＝　　m²,套围墙大门安装定额。

④ 油漆工程量:制作工程量乘以1.7(t),套其他金属面油漆定额。

（3）推拉铁栅门(窗)。

① 制作工程量:计算框外围面积,高×宽＝　　m²,套推拉铁栅门(窗)制作定额。

② 运输工程量:根据制作定额算出的重量(t),套Ⅲ类金属构件运

输定额。

③ 安装工程量:同制作工程量,套推拉铁栅门(窗)安装定额。

④ 油漆工程量:运输工程量乘以 1.7(t),套其他金属面油漆定额。

(4) 金属栏杆。

① 制作工程量:按图示尺寸计算重量,套栏杆制作定额。

② 运输工程量:制作工程量乘以 1.015(t),套Ⅲ类金属构件定额。

③ 安装工程量:同运输工程量(t),套栏杆安装定额。

④ 油漆工程量:安装工程量乘以 1.7(t),套其他金属面油漆定额。

(5) 室外护栏。

① 制作及安装工程量:计算框外面积,长×高 = m^2,套护栏制作安装定额。

② 运输工程量:制作定额中计算的重量(t)乘以 1.015,套Ⅱ类金属构件运输定额。

③ 油漆工程量:运输工程量乘以 1.7(t),套其他金属面油漆定额。

(6) 钢梯。

① 制作工程量:按图计算重量(t),套钢梯制作定额。

② 运输工程量:制作工程量乘以 1.015(t),套Ⅱ类金属构件运输定额。

③ 安装工程量:同运输工程量,套钢梯安装定额。

④ 油漆工程量:安装工程量乘以 1.2(t),套其他金属面油漆定额。

十三、其他工程

1. 栏杆、栏板、扶手

(1) 定额规定:楼梯栏杆、栏板、扶手均按其全部投影长度乘以系数 1.15 计算。

(2) 楼梯栏杆计算"程序公式"。

① 栏杆长 = 投影长×1.15 + $\frac{1}{2}$梯间宽(最后封口长) =   m

② 弯头数 = 2n − 1 =   个(n——楼层数)

③ 栏杆运输定额中: t/m×栏杆长 =   t

④ 金属栏杆油漆：按栏杆重③乘以油漆系数（表2－36～表2－39）＝　　t

木栏杆油漆：单面外围面积×系数＝投影长×高×系数＝　m^2（系数见表2－32～表2－35）

木扶手油漆：栏杆长×油漆系数＝　　m（系数见表2－32～表2－35）

2. 窗帘盒、窗帘棍

定额规定按图示尺寸以m计算工程量，图纸无规定时按窗框外围宽度两边共加30cm计算。

工程量计算“程序公式”如下。

（1）制作及安装工程量：Σ[（窗宽＋0.3）×窗数]＝　　m

（2）油漆工程量：制作及安装工程量（m）×2（系数）＝　　m，套木扶手油漆定额。

对于窗高度相同而宽度不同的多种窗，可用下式计算：

$$制作工程量=\frac{窗总面积(m^2)}{窗高度(m)}+0.3\times窗樘数=\quad m$$

式中，窗总面积来自门、窗工程量计算中。

3. 木窗台板

木窗台板工程量计算面积（m^2），图纸未注明尺寸时，长按窗框外围宽两边共加10cm计算，宽按墙抹灰面外加5cm计算。

十四、施工可竞争措施项目

（一）脚手架

1. 定额分项

脚手架定额分项如图2－62所示。

- 脚手架
  - 主体脚手架
    - 外墙脚手架：分檐高及单、双排
    - 内墙砌筑脚手架：3.6m里脚手架
  - 装修脚手架
    - 外墙面装饰脚手架：分外墙装饰高度
    - 满堂脚手架：分装修室内净高
    - 简易脚手架
      - 天棚
      - 墙面
    - 内墙面装饰脚手架：分不同的装饰高度
    - 活动脚手架、电动吊篮

图2－62　脚手架定额分项

2. 定额规定及使用说明

脚手架工程分为主体工程和装修工程两个部分,施工主体的单位计算主体脚手架,施工装修的单位计算装修脚手架。当外墙面装修利用主体脚手架时按照相应外墙面装饰脚手架项目计算,其中人工乘以系数0.2,取消机械台班,其余不变。

(1) 主体脚手架

(a) 外墙脚手架:

按外墙外围长度(含外墙保温)乘以外墙高度以平方米计。

多层(跨)建筑物高度不同或者同一建筑物各面墙的高度不同,应分别计算工程量。

建筑物外墙高度以设计室外地坪作为计算起点,高度按以下规定计算:

① 平屋顶带挑檐的,算至挑檐栏板结构顶标高;

② 平屋顶带女儿墙的,算至女儿墙顶;

③ 坡屋面屋顶算至墙中心线与屋面板交点的高度,山墙按山墙平均高度计算;

④ 屋面装饰架与外墙同立面(含水平距外墙 2m 以内范围),并与外墙同时施工,算至装饰架顶标高。

砖混结构外墙高度在 15m 以上时,按双排脚手架计算;高度在 15m以内时,按单排脚手架计算;但符合下列条件之一者按双排脚手架计算:

① 外墙门窗洞口面积超过整个建筑物外墙面积的 40% 以上者;

② 毛石外墙、空心砖外墙、填充外墙;

③ 外墙群以上的外墙面抹灰面积占整个建筑面积(包括门窗洞口面积在内)25% 以上者。

(b) 混凝土构件脚手架:

混凝土柱、墙、梁施工操作脚手架已含入相应的模板子目中,不再另行计算,但符合下列条件的构件除外:

① 现浇混凝土满堂基础、独立基础、设备基础;

② 构筑物底面积在 4m^2 以上或者施工高度在 1.5m 以上;

③ 现浇带形基础宽度在 1.2m 以上;

上述情况下的混凝土构件应按基础底面积套用《全国统一建筑装饰装修工程消耗量定额河北省消耗量定额》中的满堂脚手架基本层项

目乘以系数 0.50 换算。

（c）内墙砌筑脚手架（里脚手架）：

内墙、地下室内外墙砌筑脚手架按墙面垂直投影面积计算，即利用外墙中心线、内墙净长线乘以高度计算，不扣除门窗洞口的面积。

墙体高度从室内楼板面算至板底或梁底，高度在 3.6m 以内时，套用相应的 3.6m 以内里脚手架项目；高度超过 3.6m 时，按相应的单排外脚手架项目乘以系数 0.6 换算。

（d）地下室外墙防水脚手架套用相应高度的外墙双排脚手架项目乘以系数 0.2 换算。

（e）电梯井脚手架，区别不同高度，按"座"计算。

（f）依附斜道按建筑物外围长度每 150m 为一座，余数每超过 60m 增加一座，60m 以内不计。

（2）装修脚手架

（a）外墙装饰脚手架：按外墙外边线乘外墙高度以"m^2"计算，不扣除门窗洞口面积。

同一建筑物各外墙的高度不同时，应分别计算工程量，并套对应高度的定额项目。

（b）天棚装饰脚手架：

天棚抹灰、吊顶按室内净面积以"m^2"计算。

天棚高度在 3.6m 以内时，计算天棚简易脚手架；天棚高度超过 3.6m 时，计算天棚满堂脚手架。

屋面板底勾缝、喷浆、屋架刷油计算活动脚手架，按室内净面积计算。

（c）内墙、柱面装饰脚手架：

内墙面按墙面垂直投影面积计算，不扣除门窗洞口的面积。

柱面装饰抹灰脚手架按（柱的周长 +3.6m）×柱高计算。

内墙、柱面装饰高度在 3.6m 以内时，按墙面简易脚手架计算，高度超过 3.6m 未计算满堂脚手架时，按相应高度的内墙面装饰脚手架计算。

若已计算满堂脚手架，则室内墙、柱面装饰工程不再计算脚手架。

（d）内墙面防水处理脚手架按装修定额中相应项目计算，防水高度在 3.6m 以内时，按墙面简易脚手架计算；防水高度超过 3.6m 时，套用相应高度的内墙面装饰脚手架乘以系数 0.4 换算。

（二）模板

1. 定额分项

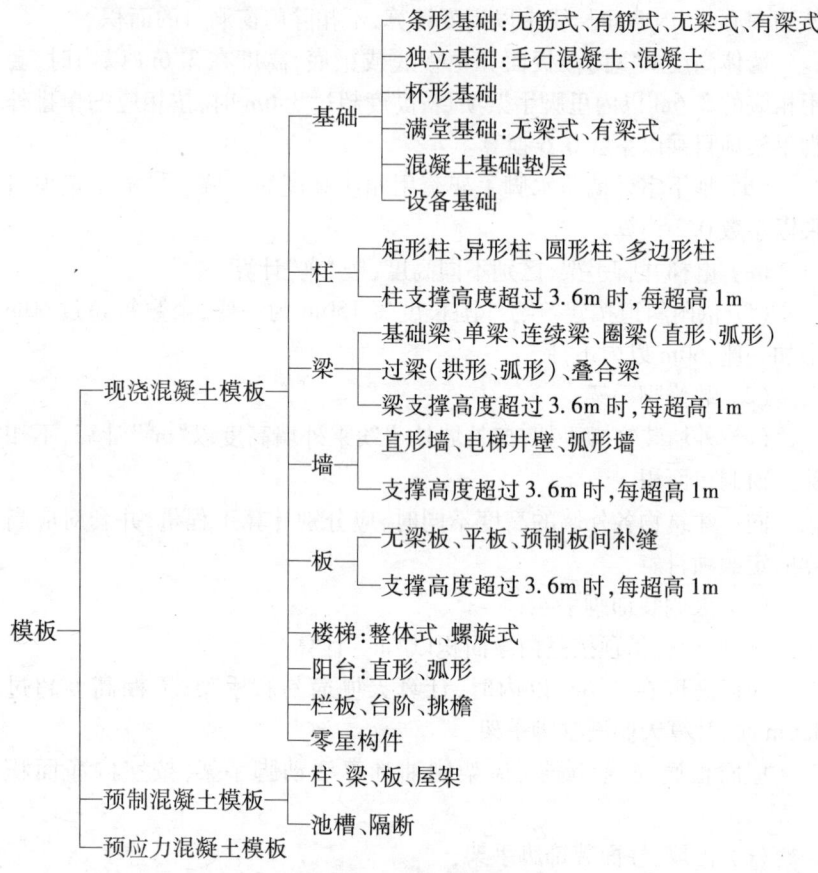

图 2-63　模板定额分项

2. 定额说明及规定

现浇、预制混凝土模板工程量，除另有规定者外，均按混凝土与模板的接触面积以"m²"计算。

（1）带形基础、满堂基础的基础梁高超过 1.2m 时按墙计算，基础按无梁式计算。

（2）混凝土墙、板的模板只需扣除 0.3m² 以上的孔洞，并将洞侧壁模板并入计算。

（3）现浇框架分别计算柱、梁、板、墙的模板。柱与梁、梁与梁连接重叠部分以及伸入墙内的梁头、板头均不计算模板工程量。支撑高度（地面至板底）超过 3.6m 时,每超过 1m（不足 1m 按 1m 计算）,超过部分工程量按相应的超高项目计算。

（4）现浇钢筋混凝土楼梯模板,按混凝土与模板接触面的面积以"m^2"计算,楼梯与楼板的划分以楼梯梁的外边缘为界,该楼梯梁包括在楼梯内。

（5）现浇钢筋混凝土悬挑阳台、雨篷,以图纸尺寸外挑部分与模板实际接触面积一并计算。当伸出墙外超过 1.5m 时,按梁、板分别计算,并套用相应的项目。

（6）挑檐天沟模板按净挑出部分混凝土与模板实际接触面积计算,套用挑檐项目;挑檐天沟壁高超过 40cm 时,按全高套用栏板项目计算。

（7）混凝土空调板、飘窗板执行挑檐项目,单体积 $0.05m^3$ 以内时执行零星构件项目。

（8）构造柱套矩形柱项目。按图示外漏部分计算模板面积,马牙槎的面积按马牙槎的宽度乘以柱高计算。

3. 模板工程量计算公式

（1）基础模板。

① 有梁式条形基础。

垫层模板:垫层长 × 厚 × 2 ＝　 m^2

有梁式条形基础模板:$(h_1 + h_3) × 2 ×$ 基础净长 ＝　 m^2

式中符号含义见 108 页。

② 无梁式条形基础。

垫层模板:垫层长 × 厚 × 2 ＝　 m^2

无梁式带形基础模板:基础净长 × h_1 × 2 ＝　 m^2

式中 h_1 含义见 108 页。

③ 满堂基础。

垫层模板:垫层周长 × 厚 ＝　 m^2

满堂基础模板:周长 × 边厚 ＝　 m^2 ⎫

基础梁模板:$\sum$（梁长 × 高 × 2）＝　 m^2 ⎬ ＝　 m^2 ⎭

④ 独立基础。

垫层模板:周长 × 厚 ＝　 m^2

基础模板:周长×高 =   m²

⑤ 杯形基础。

垫层模板:周长×厚 =   m²

$$\left. \begin{array}{l} \text{杯形基础模板:底周长×高} = \quad m² \\ \text{杯口模板:外周长×高} = \quad m² \end{array} \right\} = \quad m²$$

(2) 单梁连梁模板:梁净长×(宽 + 高×2) =   m²

(3) 柱模板:柱周长×高 =   m²

(4) 构造柱模板:柱外露面总长(不含马牙槎)×柱高 + 马牙槎宽度×柱高×构造柱与墙接触面数×2

$$\left. \begin{array}{l} \text{板投影面积 − 0.3m² 以上洞口面积} = \quad m² \\ 0.3m² \text{以上洞口侧壁:洞口周长×板厚} = \quad m² \end{array} \right\} \quad m²$$

(5) 板模板:

(·6) 楼梯模板:休息平台、梯梁面积、梯板与模板的实际接触面积之和(m²)。

(7) 圈梁模板:圈梁净长×高×2 =   m²

除计算规则另有规定者外,其他混凝土构件均按混凝土与模板的接触面积以"m²"计算。为了方便计算,将有关公式同时纳入"程序公式"内。

4. 对拉螺栓计算说明及公式

高度≥500mm 的梁、宽度≥600mm 的柱及混凝土墙模板使用对拉螺栓时,可按下列规定以"t"计算,并扣除相应模板子目的铁件消耗量。

(1) 对拉螺栓长度按混凝土构件厚度每侧增加 270mm,直径按 14mm 计算。

(2) 对拉螺栓间距按下列规定计算:

① 复合木模板中对拉螺栓间距 400mm;

② 组合港模板中对拉螺栓间距 800mm。

单根重量公式:$(h + 0.27 × 2) × 1.21 kg/m$ kg

数量计算公式:对拉螺栓分布面积 ÷ 0.4² =   根

若为固定式防水部位对拉螺栓,则需增加相应止水铁片的重量,按体积×密度公式计算即可。

(三) 构件运输及安装

1. 定额分项

构件运输及安装定额分项如图 2 - 64 所示。

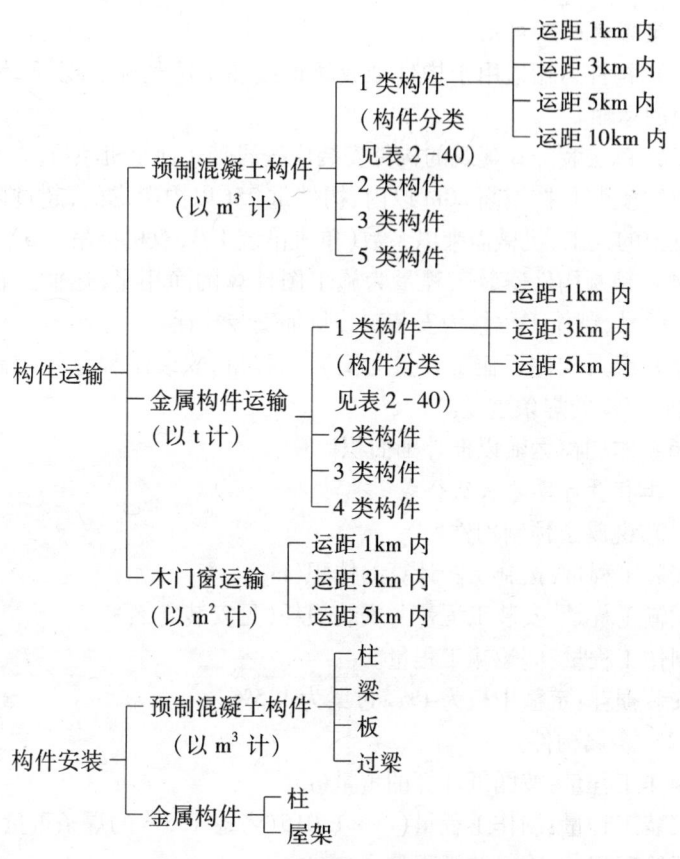

图 2-64　构件运输及安装定额分项

表 2-40　构件分类表

构　件	分　类
预制混凝土构件	1 类:4m 以内实心板 2 类:6m 以内桩、屋面板、基础梁、吊车梁 3 类:6~14m 梁、板、柱、桩、屋架 4 类:过梁、天窗架、0.1m³ 内小构件 5 类:装配式内外墙板
金属构件	1 类:钢柱、屋架 2 类:吊车梁、檩条、支撑、栏杆、平台、梯子 3 类:墙架、天窗架、轻型屋架、管道支架

2. 定额说明及规定

（1）构件运输适用于构件堆放场地或加工厂至施工现场 25km 以内运距的运输。

（2）单层装配式建筑的构件安装应按履带式起重机项目。

（3）安装是按檐高 20m 以内、构件重 25t 以内考虑的，超过以上规定项目中的人工、机械需乘以系数（单机吊装 1.3，双机抬吊 1.5）。

（4）预制构件安装工程量为施工图计算的净用量，运输工程量为制作工程量，制作工程量为安装工程量加安装损耗。

（5）金属构件运输工程量为安装工程量，安装工程量等于制作工程量加 1.5% 的焊条重量。

（6）木门窗运输以框外围面积计算。

3. 工程量计算方法及公式

（1）混凝土预制构件。

安装工程量：按施工图计算的体积（m^3）。

运输工程量：安装工程量＋安装损耗（见安装定额）。

制作工程量：同运输工程量。

安装损耗：定额中板为 1%，过梁为 1.5%。

（2）金属构件。

制作工程量：按图纸计算的重量（t）。

安装工程量：制作工程量（t）×1.015（考虑 1.5% 的焊条重量）。

运输工程量：同安装工程量。

（3）木门窗。

运输工程量：施工图的框外围面积（m^2）。

注：以上公式已纳入了相应的"程序公式"内。

（四）垂直运输工程

1. 定额分项

垂直运输工程定额分项如图 2－65 所示。

2. 定额说明及规定

（1）建筑物垂直运输费分不同结构类型、不同高度（层数）按建筑物面积以平方米计算，带地下室的建筑物以 ±0.00 为界分别计算建筑面积套用相应项目。建筑面积按建筑面积计算规则计算。

（2）檐高 3.6m 以内的单层建筑不计垂直运输费；檐高超过 3.6m，

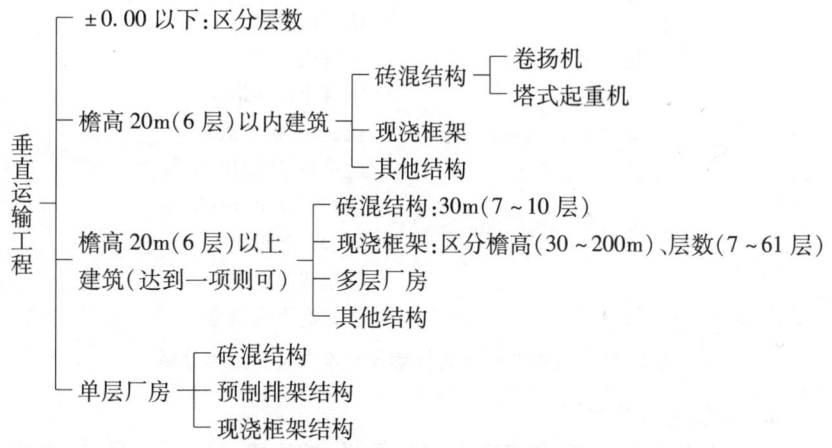

图 2 - 65   垂直运输工程定额分项

分别按 20m(6 层)以内和以上,分不同结构计算垂直运输工程费。

(3) 檐高指设计室外地坪至檐口滴水线的高度,电梯间、水箱间不计高度。

(4) 项目工作内容包括完成综合基价项目所需垂直运输机械台班。不包括机械场外运输及一次安拆、路基、轨道等,应另列项目计算。

(5) 同一建筑多种结构,按不同结构分别计算,其檐高均以该建筑物的总檐高为准。

(6) 现浇框架适用于现浇框架、框剪、剪力墙结构。

(7) 其他结构适用于除砖混、现浇框架、滑模及预制排架结构以外的结构类型。

(8) 采用卷扬机、塔式起重机施工已包括构件安装。

(9) 装饰装修楼层另按装修项目工日数计算垂直运输费。

3. 工程量计算:

(1) 建筑面积: m^2

(2) 装修工日数: d。

(五) 大型机械场外运输及一次安拆费

1. 定额分项

大型机械场外运输及一次安拆费定额分项如图 2 - 66 所示。

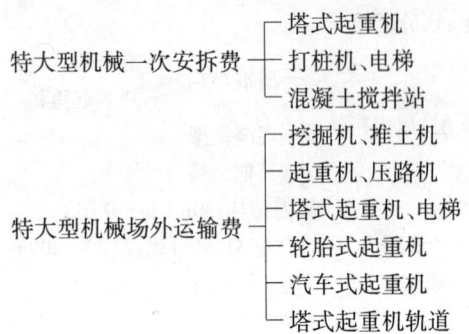

图 2-66　大型机械场外运输及一次安拆费定额分项

2. 定额说明及规定

当施工组织设计需要使用塔式起重机、挖掘机、推土机、吊车、电梯时,要计算其场外运输费及一次安拆费。机械数量按施工组织设计确定的台数,一台为一个台次。

3. 工程量计算

(1) 履带式挖掘机场外运输: 台次。

(2) 塔式起重机一次安拆费: 台次。

(3) 塔式起重机场外运输: 台次。

(4) 施工电梯安拆费: 台次。

(5) 施工电梯场外运输: 台次。

(六) 工程超高费

1. 定额规定

(1) 室外地坪至檐口或女儿墙顶的高度超过 20m 的建筑面积要计算超高增加费。按建筑物相应高度标准计算。

(2) 20m 所对应的楼层建筑面积并入建筑物的超高工程量,20m 所对应的楼层按下列规定计算:

① 20m 以上到本层顶板高度在本层层高 50% 以内时,按本层建筑面积乘以 0.5 计取;

② 20m 以上到本层顶板高度在本层层高 50% 以上时,按本层建筑面积全部计取。

(3) 超过 20m 以上的设备夹层按其外围(含外墙保温板)水平投影面积乘以系数 0.5 计取。

(4) 超过 20m 而且层高超过 3.6m 时,每超高 1m(含 1m 以内),单价按相应项目单价乘以 25% 。

（5）楼梯间、水箱间只计面积,不计算高度。

（6）装饰装修楼层以人工和机械费之和为基数,按檐高或层数套用相应项目。

2. 计算公式

（1）20m 对应楼层的超高:

$$超高费 = 超高面积 \times 单价 \begin{cases} \times 0.5（不足半高） \\ \times 1（超过半高） \end{cases}$$

（2）超过 20m,但层高在 3.6m 以内时:

$$超高费 = 超过层的面积 \times 单价$$

（3）超过 20m,且层高超过 3.6m 时:

$$超高费 = 超高层的面积 \times 单价 \times (1 + 25\% \times 超米数)$$

式中的超米数为层高超过 3.6m 的超米数,如层高为 4.8m,则超米数按 $4.8 - 3.6 = 1.2m$ 计算,超米数为 2。

（4）超过 20m 的设备夹层:

$$超高费 = 超高水平投影面积 \times 单价 \times 0.5$$

以上四种情况独立存在,遇到哪种计算哪种,即有什么算什么,其合计为超高费。

【例】 某建筑由三部分组成(图 2 - 67),左部分 5 层,檐高为 20m,室外地坪为 - 0.6m,每层建筑面积为 210m²。中间部分檐高为 32.0m,层高为 4m,每层面积为 300m²。右部分檐高为 24.8m,第 6 层层高为

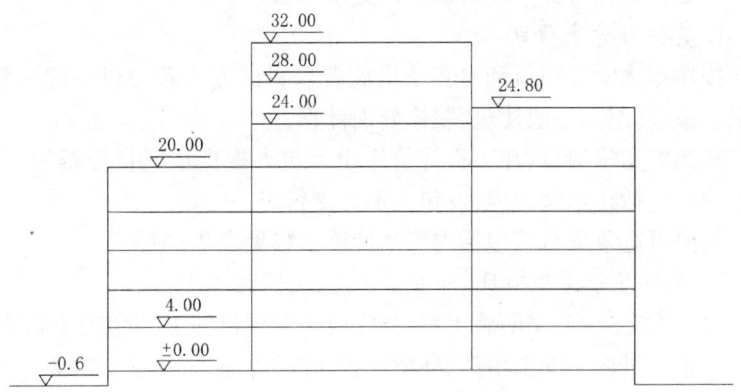

图 2 - 67 某建筑物标高示意图

207

4.8m,每层建筑面积为210m²,计算其超高费。

解:① 左部分。

高:20 + 0.6 = 20.6m > 20m,用30m 内定额 A14—1,超过0.6m 不够一层,其超高费为:

$$12.35 \ 元/m^2 \times 0.5 \times 210m^2 = 1296.75 \ 元$$

② 中间部分。

高:32.0 + 0.6 = 32.6m > 30m,用40m 内定额 A14—2。5 层超过20m,但不足一层,其超高费为:

$$20.16 \ 元/m^2 \times 0.5 \times 300m^2 = 3024 \ 元$$

6 ~ 8 层超过一层且层高超过 3.6m,其超高费为:

$$20.16 \ 元/m^2 \times (1 + 25\%) \times 300m^2 \times 3 = 22680 \ 元$$

③ 右部分。

高:24.8 + 0.6 = 25.4m > 20m,用 30m 内定额 A14—1,其超高费为:

5 层　12.35 元/m² × 0.5 × 210m² = 1296.75 元

6 层　层高为 4.8m - 3.6m = 1.2m,取 2 个米,超高费为:

$$12.35 \ 元/m^2 \times (1 + 25\% \times 2) \times 210m^2 = 3890.25 \ 元$$

超高费合计:1296.75 + 3024 + 22680 + 1296.75 + 3890.25 = 32187.75 元

十五、其他可竞争项目及不可竞争项目

1. 其他可竞争项目

按建筑物实体项目和可竞争措施费项目的人工费与机械使用费之和乘以系数计算,一般建筑、装修分别计算。

其他可竞争项目,在工程计价中由承包人根据情况自报费用,若未报视为已包括在承包价内,发包人不另支付。

其他可竞争项目费包括内容及计算系数见表 2-41。

2. 不可竞争措施项目(即安全生产、文明施工费)

(1) 安全生产、文明施工费:为完成工程项目施工,发生于该工程施工前和施工过程中安全生产、环境保护、临时设施、文明施工的非工程实体的措施项目费用。已包括安全网、防护架、建筑物垂直封闭及临时防护栏杆等所发生的费用。

表 2 – 41　其他可竞争及不可竞争项目费率

项目名称	计算基数	建筑工程				装修工程			
		定额号	人工费(%)	材料费(%)	机械费(%)	定额号	人工费(元)	材料费(元)	机械费(元)
1. 其他可竞争措施项目									
冬季施工增加费		A15—59	0.13	0.38	0.13	B9—1	0.15	0.13	0.00
雨季施工增加费		A15—60	0.30	0.88	0.30	B9—2	0.35	0.29	0.00
夜间施工增加费		A15—61	0.45	0.15	0.15	B9—3	0.45	0.15	0.00
生产工具使用费		A15—62	0.42	0.71	0.28	B9—4	0.00	1.10	0.00
检验试验费	实体、可竞争措施项目中(人工费+机械费)	A15—63	0.16	0.31	0.10	B9—5	0.20	0.30	0.00
工程定位、清场费		A15—64	0.32	0.23	0.10	B9—9	0.85	0.15	0.00
成品保护费		A15—65	0.36	0.29	0.07	B9—6	0.34	0.27	0.06
二次搬运费		A15—66	0.37	0.00	0.83	B9—7	0.81	0.70	0.00
临时停水停电费		A15—67	0.22	0.00	0.22	B9—8	0.20	0.20	0.00
土建与生产同时进行费		A15—68	2.14	0.00	0.00				
在有害气体中施工降效费		A15—69	2.14	0.00	0.00				
2. 不可竞争措施项目									
安全防护	直接费、企业管理费、利润、规费、价差款调整之和	A16—1	基价	3.35%		B10—1	基价	3%	
文明施工		A16—3(桩基)	基价	2.85%					

临时设施费是指承包人为进行工程施工所必需的生活和生产用的临时建筑物、构筑物和其他临时设施的搭设、维修、拆除、摊销费用。临时设施包括临时宿舍、文化福利及公用事业房屋与构筑物、仓库、办公室、加工厂以及规定范围内道路、水、电、管线等临时设施和小型临时设施。

（2）安全生产、文明施工费分基本费和增加费两部分。基本费是按照工程所在地在市区、县城区域内，不临路编制的。如工程不在市区、县城区域内的，乘以系数0.97；工程每一面临路的，增加3%的费用。临路是指建筑物立面距道路最近便道（无便道时，以慢车道为准）外边线在50米范围内。

（3）安全生产、文明施工费的基本费、增加费均以直接费（含人工、材料、机械调整，不含安全生产、文明施工费）、企业管理费、利润、规费、价款调整之和作为计取基数。

（4）安全生产、文明施工费分不同阶段按下列规定计取：

① 基本费在编制标底或最高限价、报价时按本章给定的费率及调整系数计算，竣工结算时按照造价管理机构测定的费率进行调整。

② 增加费在编制标底或最高限价、报价时按最高费率计算，竣工结算时按照造价管理机构测定的费率进行调整。

注意：预算中施工措施项目计算哪些，不计算哪些如下所示。

（1）可竞争项目要根据工程情况、施工组织设计、企业要求和投标需要一列项计算。

（2）不可竞争项目必须列项计算。

十六、单层工业厂房

单层工业厂房的结构形式和一般民用建筑不同，它大部分由钢筋混凝土预制构件和标准构件组成。主要构件有现浇混凝土杯形基础，预制混凝土基础梁，预制混凝土柱、钢柱间支撑，预制混凝土吊车梁、屋面梁、大型屋面板、天窗架、钢屋面支撑，填充墙，门窗等。它的特点是选用的标准构件多，使用的标准图多。工程量的计算主要是学会查看、使用标准图，从标准图册的技术经济指标栏目中，把需用的工程量摘抄下来，列表进行计算。工程量计算"程序公式"方法简述如下：

1. 基础

如图 2-68 所示,首先按基础平面图统计各种型号基础的个数,然后计算工程量。

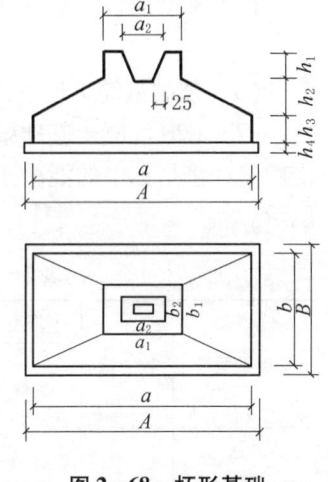

图 2-68 杯形基础

(1) 人工挖坑工程量:

$$V = (A + 2C + KH_{挖}) \cdot$$
$$(B + 2C + KH_{挖}) \cdot$$
$$H_{挖} + \frac{1}{3}K^2H_{挖}^3$$
$$= \qquad m^3$$

式中　A、B——基础垫层长与宽;

　　　C——工作面宽,取为 0.3m;

　　　K——放坡系数(详见放坡系数表 2-2,普硬土 $K = 0.37$);

$\frac{1}{3}K^2H_{挖}^3$——坑四角锥的体积;

　　$H_{挖}$——挖土深度,即室外地坪至坑底高度。

(2) 坑底钎探工程量:

$A \times B = \qquad m^2$(当定额规定挖土工程量已含时,不再计算)

(3) 原土夯实工程量:同(2)(当定额规定挖土工程量已含时,不再计算)。

(4) C10 混凝土垫层工程量:(2)中的面积×垫层厚度 $= \qquad m^3$

垫层模板工程量:$(A + B) \times 2 \times$ 垫层厚 $= \qquad m^2$

(5) C20 混凝土杯形基础工程量。

长方体:$V_1 = a \cdot b \cdot h_3 = \qquad m^3$

棱台:$V_2 = \frac{h_2}{6}[a \cdot b + a_1 \cdot b_1 + (a + a_1) \cdot (b + b_1)] = \qquad m^3$

杯口长方体:$V_3 = a_1 \cdot b_1 \cdot h_1 = \qquad m^3$

扣杯口体积

　　$-V_4 = (a_2 - 0.025) \cdot (b_2 - 0.025) \cdot h_1 = - \qquad m^3$

合计:$V = V_1 + V_2 + V_3 - V_4 = \qquad m^3$

基础灌缝工程量:

　　$V = V_4 - (a_2 - 0.05) \cdot (b_2 - 0.05) \cdot h_1 = \qquad m^3$

杯形基础模板工程量:$(a+b) \times 2 \times h_3 =$ m²
$(a_1+b_1) \times 2 \times h_1 \times 2 =$ m²
$\Big\}=$ m²

（6）基础钢筋工程量:同一般柱基础钢筋计算方法。

（7）C20混凝土基础梁,首先按基础平面图统计梁根数,然后查标准图集经济指标中的混凝土和钢筋数量,列表计算工程量,如表2－42所示。

表2－42　基础梁工程量计算表

基础梁型号	数　量	混凝土工程量（m³）		钢筋工程量（kg）			
		每根梁	合　计	φ10mm 内		φ20mm 内	
				每根梁	合　计	每根梁	合　计
工程量合计 （制作、蒸养、运输、安装）							

注:实际在计算书中不一定列正规表,能看懂即可。

（8）C20现浇基础梁垫工程量:按实际体积计算（m³）。

基础梁模板工程量:梁长×（宽＋高×2）＝ m²

（9）回填土工程量:

挖土工程量－垫层工程量－基础工程量－梁工程量＝ m³

（10）余土外运工程量:

挖土工程量－回填土工程量－地面内房心填土体积＝ m³

以上（1）～（6）为一个杯型基础的工程量计算"程序公式"。（9）、（10）两项在各种杯形基础工程量计算完,相同工程量合计后再进行。

2.预制钢筋混凝土柱

（1）C20混凝土预制柱工程量:按实际体积（m³）计算,柱上牛腿体积并入柱体积内,分别套制作、运输、安装、模板定额。

（2）钢筋工程量:包括主筋、箍筋、牛腿附加筋,同钢筋混凝土分部的计算方法。

（3）铁件工程量:按柱模板图统计出各种柱子上各种铁件的数量,

查铁件图集中每个重量,无铁件图集的按其详图计算重量,注意多边形钢板按其最大长宽尺寸的矩形面积计算重量。然后按表 2‐43 计算总重量,表中数字为示例,仅供参考。

表 2‐43　铁件计算表

铁件 柱数	MZ$_1$(3kg/个)		MZ$_2$(2kg/个)		M$_2$(1kg/个)		总　计
	每根柱 上个数	合计 (个)	每根柱 上个数	合计 (个)	每根柱 上个数	合计 (个)	
Z‐1　50 根	4	200	2	100	2	100	
Z‐2　10 根	2	20	2	20	2	20	
Z‐3　5 根	2	10	4	20	2	10	
合计(kg)	3×230=690		2×140=280		1×130=130		1 100

3. 柱间支撑

首先按柱网平面布置图统计出各种型号的支撑数量,然后从选用的标准图集[如 G336(四)]中,查出一个支撑的重量,再列表计算总重量,如表 2‐44 所示,表中数字为示例,仅供参考。

表 2‐44　柱间支撑计算表

支 撑 型 号	支撑数量(个)	标准图中每个重(kg)	合　　计(kg)
ZC‐2A	9	274	2 466
ZC‐2	3	296	888
ZC‐20	3	332	996
合　　计			4 350

(1) 制作工程量:柱间支撑计算表中算出的总重量(kg)(表 2‐44 示例中即为 4 350kg)。

(2) 运输工程量:制作工程量乘以 1.015(计入 1.5% 的电焊条重量)。

(3) 安装工程量:制作工程量乘以 1.015(计入 1.5% 的电焊条重量)。

(4) 油漆工程量:制作工程量乘以 1.015(计入 1.5% 的电焊条重量)。

4. 屋面梁

首先按屋面结构布置图,统计出各种型号屋架的数量,然后从选用的标准图[如 G414(三)]中的经济指标和配筋表中查得每一榀屋架的混凝土体积、钢筋重量,列表进行计算,如表 2-45 所示,表中数字为示例,仅供参考。

表 2-45 屋面梁工程量计算表

屋架型号	数量（榀）	C40 混凝土体积（m³）		钢筋、铁件重量（kg）					
		每榀屋架	合计	φ14mm	φ^b5mm	φ10mm	φ10mm	φ25mm	型钢
JWL-15-2	12	2.38	28.56						
JWL-15-3	4	2.38	9.52						
合计（制作、运输、安装、模板）			38.08						

屋面结构的支撑系统也列表计算其重量。

5. 天窗

天窗工程量包括天窗架、端壁板、上侧板、水平支撑、垂直支撑等。分别按图统计数量,查标准图(如 G316)经济指标中的混凝土体积,钢筋、铁件重量,然后列表进行计算,如表 2-46 所示。表中数字为示例,仅供参考。

表 2-46 天窗工程量计算表

工程项目名称	数量（个）	C20 混凝土体积（m³）		钢筋、铁件重量（kg）					
		每个	合计	φ10mm 内		φ20mm 内		铁件	
				每个	合计	每个	合计	每个	合计
天窗架 CJ606	8								
端壁板 DB6-6	4								
上侧板 CB-1	20								
水平支撑	20								
垂直支撑 CC6-2A	8								
合计（钢筋、铁件）					kg		kg		kg

注：表中算的混凝土体积为安装工程量,其制作、运输、模板工程量及钢筋、铁件重量均增加 1.5% 的构件损耗,即表中数值乘以 1.015。

6. 大型屋面板

按屋面布置图统计数量,填入工程量计算表(表 2-47),查标准图[如 G410(二)、(三)]的经济指标中混凝土体积及钢筋、铁件重量,填入表内进行计算。表中数字为示例,仅供参考。

表2-47 大型屋面板工程量计算表

板型号	数量(块)	混凝土体积(m³)		钢筋、铁件重量(kg)									
				ϕ^{l}16mm		ϕ^{b}4mm		ϕ10mm内		ϕ20mm内		型钢	
		每块	合计	每块	合计	每块	合计	每块	合计	每块	合计	每块	合计
JWB-$\dfrac{2Ⅱ20}{2ⅡS72}$	92	0.467 (C30)	42.97	18.94	1 743	12	1 140	7.32	674			1.6	147
KWB1S.1	48	0.357 (C20)	17.14			8.5	408	3.03	146	29.2	1 407	2.3	111
TGB58 S1a S1b 1a 1b	28	0.43 (C30)	12.04			0.164	5	3.03	85	21	588	8.6	241
合 计		C30:55.01 C20:17.14		1 743		1 517		1 668		1 995		500	
板安装工程量		C30:55.01 C20:17.14		1 743		1 517		1 668		1 995		500	
板制作、运输、模板工程量(安装工程量×1.01)		C30:55.56 C20:17.31		1 760		1 532		1 685		2 015		505	

定额规定屋面板有1%的安装损耗,因此制作工程量计算时要乘以系数1.01,钢筋工程量相应也乘以1.01的系数。

如果本地区定额,在板制作单价内不含钢筋价格,要按上表分类计算钢筋,套定额。如定额单价内已含钢筋价格,则钢筋只算总数,以作调整定额用量与实际用量的差价用。

7. 吊车梁

首先按吊车梁平面布置图统计吊车梁数量,填入工程量计算表中(表2-48),然后查标准图[如G303(二)]经济指标,填入混凝土体积及钢筋、铁件重量,计算工程量。

表 2 - 48　吊车梁工程量计算表

型　号	数量（根）	C30 混凝土体积（m³）		钢筋、铁件重量（kg）							
				φ10mm 内		φ20mm 内		φ30mm 内		型钢	
		每根梁	合计	每根梁	合计	每根梁	合计	每根梁	合计	每根梁	合计
DL - 6B DL - 6Z	8 20	9.9 1.1	75 22								
工程量合计（制作、养护、运输、安装）		97									

8. 门楹

门楹工程量包括门柱子、过梁、雨篷、钢筋、铁件等,分别计算体积和重量。

9. 墙体、门窗、屋面、地面、散水、坡道、装修等

工程量计算方法同民用建筑计算方法。

10. 其他

(1) 吊车轨道:计算长度和重量,如标准图 G325TG38 中其重量为38.7kg/m。

(2) 轨道联结:计算重量,如标准图中为 5.8kg/m。

(3) 车挡:计算重量,如标准图 CD - 2 中为 113kg/个。

11. 综合项目

脚手架、垂直运输机械费、超高费、其他均同民用建筑。

十七、工程量速算方法提示

要达到工程量速算的目的,需注重以下方法:

(1) 熟记常用项目的工程量计算“程序公式”。

(2) 总结整理当地的标准构件经济指标。

(3) 利用现有木门窗预算手册,或自己总结、整理已算过的门窗资料。

(4) 利用小项目的预算工程量或单价,如水池、小便池、检查井等。

（5）抄下标准图中常用的楼地面、屋面、抹灰等做法的标准图号和做法。

（6）总结整理经验数据,如地面面积系数、抹灰面积系数等,如表2-49、表2-50、表2-51所示。

表2-49 地面面积系数(地面面积/建筑面积)

建 筑 物 名 称	系 数
传达室、厨房、浴室:面积在100m² 内	0.82
饭厅、礼堂、车间、仓库:面积在500m² 内	0.92
面积在1 500m² 内	0.95
车间、影院、展览馆:面积在3 000m² 内	0.97
面积在3 000m² 以上	0.98
教学楼、医院、办公楼	0.92
住宅、宿舍、旅馆、招待所	0.87

表2-50 天棚抹灰面积系数(抹灰面积/天棚投影面积)

项 目	系 数	备 注
混凝土肋形板、井字梁底	1.5	天棚水平投影面积×系数
槽板、大型屋面板、密肋板	1.4	天棚水平投影面积×系数
雨篷、阳台的顶面	1.7	天棚水平投影面积×系数
雨篷、阳台的底面	0.8	天棚水平投影面积×系数
平板式楼梯天棚	1.3	天棚水平投影面积×系数

表2-51 现浇混凝土构件抹灰面积系数

项 目	单 位	系 数	备 注
方 柱	m³	10	每立方米构件抹灰面积
圆 柱	m³	10	每立方米构件抹灰面积
单梁、连梁	m³	12	每立方米梁抹灰面积(包括底面)

（7）灵活运用统筹法原理。

统筹法即利用三线(外墙中心线长、外墙外边线长、内墙净长线长)、一面(底层建筑面积),推算出很多工程量来。

预算经验数据对于快速编制预算、预算审核、编制概算、基本建设计划与统计等有一定的使用和参考价值。

统筹法(或称用基数推算工程量法)原理基本公式如下：

$$L_中(外墙中心线长) = (长+宽) \times 2 = \quad m$$

$$L_外(外墙外边线长) = L_中 + 4 \times 墙厚 = \quad m$$

$$L_内(内墙净长线) = \Sigma \, 内墙净长 = \quad m$$

$$S_1(底层建筑面积) = 仅为外墙外围面积 = \quad m^2$$

① 平整场地工程量：$S_1 + L_外 \times 2 + 16 = \quad$ m

② 外墙挖地槽工程量：

$$L_中 \times 断面面积(断面内含放坡、工作面) = \quad m^3$$

③ 内墙挖地槽工程量：

$$L_内 \times 断面面积(断面内含放坡、工作面) = \quad m^3$$

④ 外墙基础垫层工程量：

$$L_中 \times 垫层宽 \times 垫层厚 = \quad m^3$$

⑤ 内墙基础垫层工程量：

$$L_内 \times 垫层宽 \times 垫层厚 = \quad m^3$$

⑥ 外墙砖基础工程量：$L_中 \times 基础断面面积 = \quad m^3$

⑦ 内墙砖基础工程量：$L_内 \times 基础断面面积 = \quad m^3$

⑧ 基础防潮工程量：$(L_中 + L_内) \times 基顶宽 = \quad m^2$

⑨ 外墙地圈梁混凝土工程量：

$$L_中 \times 梁断面面积 = \quad m^3$$

钢筋工程量：主筋 $L_中 \times 根数 \times \quad kg/m \times 1.03 \times 1.1 = \quad$ kg

箍筋 $\dfrac{L_中}{@} \times 箍筋长 \times \quad kg/m \times 1.03 (计钢筋损耗 3\%) = \quad$ kg

⑩ 内墙地圈梁混凝土工程量：$L_内 \times 梁断面面积 = \quad m^3$

钢筋工程量：同⑨。

⑪ 室内回填土工程量：

$$(S_1 - 防潮层) \times (室内外高差 - 地面厚) = \quad m^3$$

⑫ 基础回填土工程量：

②＋③－基础(垫层、砌砖、地圈梁)工程量 = $\quad$ m³

⑬ 余土外运工程量：②＋③－⑪－⑫ = $\quad$ m³

⑭ 外墙圈梁混凝土工程量：$L_中 \times 梁断面面积 \times n (楼层数) = \quad$ m³

钢筋工程量：

主筋　$L_{中}$ × 根数 ×　kg/m × 1.03 × 1.1（搭接系数）=　kg

箍筋　$\dfrac{L_{中}}{@}$ × 箍筋长 ×　kg/m × 1.03（含 3% 的施工损耗）=　kg

⑮ 挑檐工程量：

（$L_{外}$ + 4 × 檐宽）× 檐宽 × 檐厚 +（$L_{外}$ × 8 × 檐宽）× 檐栏厚 =　m^3

⑯ 外墙砌砖工程量：

（$L_{中}$ × 墙高 - 洞口面积）× 墙厚 - 墙内构件体积 =　m^3

⑰ 内墙砌砖工程量：

（$L_{内}$ × 墙高 - 洞口面积）× 墙厚 - 墙内构件体积 =　m^3

⑱ 外墙面勾缝工程量：

$L_{外}$ ×（墙高 + 室内外高差）=　m^2

⑲ 外墙面抹灰工程量：

$L_{外}$ ×（墙高 + 室内外高差）- 洞口面积 + 洞侧面积 =　m^2

或　$L_{外}$ ×（墙高 + 室内外高差）- 窗面积 × 0.9 =　m^2

⑳ 室内墙面抹灰工程量：

（$L_{中}$ × 墙高 - 洞口面积）+（$L_{内}$ × 墙高 - 洞口面积）× 2 =　m^2

㉑ 天棚抹灰工程量：（S_1 - 防潮层面积）× n =　m^2

㉒ 室内喷刷工程量：⑳ + ㉑ =　m^2

㉓ 地面工程量：室内填土工程量，同⑪。

㉔ 地面垫层工程量：

（S_1 - 防潮层面积）× 垫层厚 =　m^3

㉕ 地面面层工程量：S_1 - 防潮层面积 =　m^2

㉖ 散水工程量：

（$L_{外}$ + 散水宽 × 4 - 台阶长）× 散水宽 =　m^2

第三节　建筑工程预算定额

一、定额的概念及分类

（一）概念

定额是在一定条件下生产某一合格产品所消耗的一定数量的人工、材料、机械台班的标准。

定额反映一定时期的建筑材料、施工技术的发展水平。随着生产力发展水平的提高,定额有不同的变化的定额。

定额是国家主管部门组织编制和颁发的,1957 年我国颁发了第一部建筑安装工程定额。在计划经济时期它是具有法定性的指标,必须严格执行。现在为适应市场经济,它的作用和意义已由法定性的改为政府指导性的。

(二)分类

1. 根据用途划分

定额根据用途分为施工定额、预算定额、概算定额和概算指标。

(1)施工定额。

① 施工定额是完成一定数量的某一施工过程所需人工、材料、机械台班的数量标准,例如砌 $10m^3$ 砖基础需要的工日数,以及水泥、砂子及砖等数量的规定。

② 施工定额的作用:施工企业编制施工预算,以确定人工、材料、机械的施工用量,并用于编制施工组织设计、各种计划(人工、材料),是施工队向班组发包工程和签发任务原单、领料单的依据。

③ 施工定额的组成:劳动定额、材料消耗定额、机械台班使用定额。这三项定额分别规定了完成某一单位工程所消耗的人工、材料和机械台班的数量。

(2)预算定额。

① 预算定额是规定完成一定数量的分项工程所消耗的人工、材料、机械台班的数量标准和价钱,例如砌 $10m^3$ 砖基础需要的工日数,水泥、砂子、砖的数量及人工费、材料费、机械费和单价。

② 预算定额与施工定额的区别与联系:预算定额是以施工定额为基础,但是预算定额比施工定额包含了更多的可变因素,保留了一定的幅度差。预算定额反映社会平均水平,而施工定额则反映平均先进水平。一般预算定额低于施工定额 10% 左右。施工定额只定工料、数量,无价格。

③ 预算定额的作用:是编制施工图预算的依据。编制工程预算必须用本地区的预算定额。

本书主要叙述施工图预算的编制和预算定额的使用,相应也就能让读者学会施工预算、概算的编制和施工定额、概算定额的使用。

（3）概算定额与概算指标。

① 概算定额规定扩大分项工程的人工、材料、机械台班消耗的标准以及概算单价。它是在预算定额的基础上，合并综合相关的分项编制产生的一种扩大定额。例如河北省概算定额，砖墙以 100m² 为计量单位，综合了砌砖、圈梁、过梁、构造柱、内墙纸筋灰和相应的钢筋等；木门窗以 100m² 为计量单位，综合了框、扇制作、安装，安玻璃，运输，油漆，五金等。

概算定额的作用是：

（a）是设计单位编制初步设计概算的依据，也可用于编制施工图概算。

（b）是选择设计方案，进行方案经济分析比较的依据。

（c）是编制计划任务书、设计任务书、投标报价的依据。

② 概算指标是以 1m² 或 100m² 建筑面积为计量单位的人工、材料、机械消耗指标和造价，其中包括土建和安装工程。管道、围墙大门以 1m 或 100m 为计量单位。它是以典型工程为标准统计、测算编制而成的，如一般住宅楼、办公楼、综合楼、教学楼、食堂、医院、影剧院、机械加工车间等的概算指标。

概算指标的作用是：

（a）是设计单位在设计方案阶段，编制投资估算，选择合理设计方案的依据。

（b）是施工单位编制年度计划、材料计划、劳动力计划的依据。

（c）是建设单位编制建设投资计划的依据。

（d）是国家有关部门编制基本建设计划的依据。

【例】 某政法干校基建投资计划：

① 教学楼：3 000m² × 1 000 元/m² = 300.00 万元

② 宿舍楼：4 000m² × 700 元/m² = 280.00 万元

③ 办公楼：2 000m² × 900 元/m² = 180.00 万元

④ 食堂：1 000m² × 1 100 元/m² = 110.00 万元

⑤ 图书馆：1 000m² × 1 200 元/m² = 120.00 万元

⑥ 职工住宅楼：2 000m² × 700 元/m² = 140.00 万元

⑦ 道路工程：500m² × 300 元/m² = 15.00 万元

⑧ 室外管道工程：300m × 200 元/m = 6.00 万元

⑨ 室外电气工程:200m×150 元/m=3.00 万元

⑩ 围墙大门:1 500m×200 元/m=30.00 万元

⑪ 其他:60.00 万元

总投资:1 244.00 万元

式中各项单价即来自概算指标。

2. 根据专业性质划分

定额根据专业性质分为:

(1) 建筑工程定额:就是土建工程定额。

(2) 安装工程定额:就是给排水、采暖、通风、电气照明等的定额。

(3) 装饰工程定额:指土建定额之外的较高标准的装饰工程的定额。

(4) 市政工程定额:市政桥梁、道路等定额。

(5) 仿古园林工程定额:指公园、寺庙、仿古建筑等的定额。

(6) 修缮工程定额:指维修工程定额。

(7) 抗震加固工程定额:原无抗震设防的工程要加固所用定额。

编什么工程预算,要用该专业工程的定额。本书讲述建筑工程预算,要用建筑工程预算定额,讲述安装工程预算,则要用安装工程预算定额。

二、建筑工程预算定额的内容、形式和使用方法

预算定额是编制工程预算、工程量清单计价的主要文件依据,工程项目的划分,人工、材料、机械的消耗量,项目参考基价,工程量计算规则,均来自定额。

现在全国执行的是 1995 年中华人民共和国建设部发布的《全国统一建筑工程基础定额》,以下简称基础定额。

基础定额共分 18 部分,包括土石方、桩基础、脚手架、砌筑、钢筋混凝土……。

各分部工程又划分为若干个分项工程,每个分项工程又根据构造做法不同、材料规格不同分为若干个子目,每一个子目有一定额号,是定额中最基本的项目。每个子目列出了完成规定计量单位的工程所需综合用工日数、各种材料耗用量、施工机械台班数量。这些规定的用量就是

定额。

现在各省、直辖市、自治区执行的建筑工程预算定额,是各省、直辖市、自治区建设厅(局)根据当地的工日单价、各种材料单价、各种机械台班使用单价,按照全国统一基础定额本上所列子目编制而成的。它们规定了每一子目的基价,包括人工费、材料费、机械费和所需的工日数、各种材料用量、机械台班用量及其单价。

各省预算定额的说明、规定、分部、分项、子目基本相同,但基价不同,所以应用当地定额编预算。

(一) 预算定额的内容和形式

此处以河北省现行最新的 2012 定额为例讲述。

1. 定额的内容

最新的 2012 年建筑工程预算定额由 A、B 两本组成。A 本是《全国统一建筑工程基础定额河北省消耗量定额》,B 本是《全国统一建筑装饰装修工程消耗量定额河北省消耗量定额》。这两本与 HEBGFB—1—2012 费用标准配套使用。

A 本基础定额包括内容有两部分:第一部分为实体项目,第二部分为措施项目。

实体项目包括土石方、桩基础,砌筑工程、混凝土及钢筋混凝土、厂库房大门、金属结构、屋面工程、防腐保温、构件运输与安装、厂区道路工程。

措施项目包括可竞争项目和不可竞争项目。其中,可竞争项目有脚手架、模板、垂直运输费、超高费、其他可竞争项目(冬、雨季施工费、夜间施工费、二次搬运费等 11 项),不可竞争项目有安全防护、文明施工。

B 本装饰装修定额也包括实体项目与措施项目两部分。实体项目有楼地面、墙柱面、天棚、门窗、油漆、其他;措施项目有可竞争项目和不可竞争项目,可竞争项目有脚手架、垂直运输费、超高费、其他可竞争措施项目(夜间施工增加费等),不可竞争项目有安全防护、文明施工费。

定额规定:实体项目不可竞争,措施项目中安全文明施工费不可竞争,其他措施项目根据工程实际和施工组织措施进行计价;实体项目及不可竞争措施项目的消耗量不可调整;人工、机械、材料单价根据市场行情、造价管理机构发布的信息可以调整。

定额项目构成见表 2 - 52。

表 2 - 52　2012 定额项目构成

建 筑 工 程		装 饰 装 修 工 程	
项 目 划 分	计 费 方 法	项 目 划 分	计 费 方 法
一、实体项目		(二) 不可竞争项目	(直接费 + 企业管理费 + 利润 + 规费 + 价款调整) × 费率
A_1 土石方工程		A_{16} 安全防护及文明施工	
A_2 桩基础工程		一、实体项目	
A_3 砌筑工程		B_1 楼地面工程	
A_4 混凝土及钢筋混凝土		B_2 墙柱面工程	
A_5 厂库房大门		B_3 天棚装饰装修	
A_6 金属结构		B_4 门窗	
A_7 屋面工程	工程量 × 定额单价	B_5 油漆	工程量 × 定额单价
A_8 防腐、保温工程		B_6 其他	
A_9 构件运输、安装		二、措施项目	
A_{10} 厂区道路		(一) 可竞争项目	
二、措施项目		B_7 脚手架	
(一) 可竞争项目		B_8 垂直运输费超高增加费	
A_{11} 脚手架			
A_{12} 模板			
A_{13} 垂直运输费		B_9 其他可竞争项目	实体、措施的 (人工费 + 机械费) × 费率
A_{14} 工程超高费			
A_{15} 其他可竞争项目 (冬雨季施工、夜间施工、二次搬运等 11 项)	实体、措施项目的 (人工费 + 机械费) × 费率	(二) 不可竞争项目	(直接费 + 企业管理费 + 利润 + 规费 + 价款调整) × 费率
		B_{10} 安全防护、文明施工	

此外定额中有附录,包括配合比、材料等损耗率、材料成品半成品价格取定表、施工机械台班价格取定表。

2. 定额的形式

现摘录河北省 2012 年定额中"砌筑工程"中"砌砖"部分内容于表 2 - 53,供读者参考。

此定额的表中反映了某一项目工程的定额编号、项目名称、工作内容,一定计量单位的人工、材料、机械消耗数量及人工单价、材料单价、机械台班费,某一项目的基价、人工费、材料费、机械费。另外每一章有工程量计算规则、定额说明,每项定额表格上面附有定额项的工作内容。

3. 定额的构成

项目编号即该子目的定额编号,"3"是章号,"1"是顺序号。

基价 = 人工费 + 材料费 + 机械费 =   元

人工费 = 工日数 × 工日单价 =   元

材料费 = ∑(材料数量 × 单价) =   元

机械费 = 机械台班数 × 台班单价 =   元

水泥砂浆($2.36m^3$)为未计价半成品,它由水泥、砂、水组成。材料费中已经计算了价格,所以水泥砂浆不能再计价。

表 2 - 53 A.3.1 砌砖

A.3.1.1 基础及实砌内外墙

工作内容:1. 调运砂浆(包括筛砂子及淋灰膏)、砌砖。基础包括清理基槽。

          2. 砌窗台虎头砖、腰线、门窗套。

          3. 安放木砖、铁件。

单位:$10m^3$

定 额 编 号				A3 - 1	A3 - 2	A3 - 3	A3 - 4
项 目 名 称				砖基础	砖砌内外墙(墙厚)		
					一砖以内	一砖	一砖以上
基价(元)				2 918.52	3 467.25	3 204.01	3 214.17
其 中	人工费(元)			584.40	985.20	798.60	775.20
	材料费(元)			2 293.77	2 447.91	2 366.10	2 397.59
	机械费(元)			40.33	34.14	39.31	41.38
名 称		单位	单价(元)	数 量			
人工	综合用工二类	工日	40.00	10.960	18.470	14.980	14.540
材 料	水泥砂浆 M5(中砂)	m^3	—	(2.360)	—	—	—
	水泥石灰砂浆 M5(中砂)	m^3	—	—	(1.920)	(2.250)	(2.382)
	标准砖 240 × 115 × 53	千块	380.00	5.236	5.661	5.314	5.345
	水泥 32.5	t	360.00	0.505	0.411	0.482	0.510
	中砂	t	30.00	3.783	3.078	3.607	3.818
	生石灰	t	290.00	—	0.157	0.185	0.195
	水	m^3	5.00	1.760	2.180	2.280	2.360
机械	灰浆搅拌机 200L	台班	103.45	0.390	0.330	0.380	0.400

（二）预算定额的学习及使用

1. 定额的学习

在做预算之前，首先要了解、学习定额，主要应掌握以下几点：

（1）通看一遍定额总说明，了解定额的适用范围和有关规定。

（2）看目录，了解定额分部（章）情况、各分部（章）的主要内容、常用定额分项所在章节。

（3）看主要分部（章）和主要工程项目的施工内容、工程量计算规定及有关的系数等。

（4）通过对工程项目中材料用量的分析，了解该项包括的工程内容，以便正确套用定额，避免漏项和重复套定额。

例如，定额编号 B4-246 钢窗安装项目中，材料用量无油漆和玻璃，所以该项不包括油漆和安玻璃的工程内容，要另列钢窗油漆和钢窗安玻璃项目。

又如，定额编号 A7-95 铁皮水落管项目中，材料用量中含油漆，说明该项目包括油漆工程内容。

（5）通过对材料数量的分析，了解其中的含义。

例如，混凝土工程中 $10m^3$ 构件需要 $10.1m^3$ 混凝土，预制构件安装中 $10m^3$ 需 $10.1m^3$（或 $10.15m^3$）构件，多出的 0.1 为 1% 的混凝土损耗和 1% 的构件安装损耗。

（6）分清几项容易套错的定额项目。

① 预制零星构件：适用于 $0.05m^3$ 内未列项目的构件。

② 现浇零星构件：适用于扶手、柱式栏杆及其他小型构件。

③ 栏板：适用于楼梯、阳台、栏板及挑檐天沟壁高大于 40cm 时。

④ 普通腰线：适用于天沟、泛水、楼梯、阳台、栏板、窗台板、压顶、厕所蹲台、挡墙、浴池、独立的窗下墙、窗面墙、碗架、挑檐、门窗套、抹灰等。但女儿墙、暖气沟、化粪池，要套外墙面装修定额。

⑤ 复杂腰线：适用于栏杆、扶手、小便池、池槽、窨井等的装修。

⑥ 零星砌体：适用于台阶、挡墙、花池、阳台栏板、蹲台、便槽等。

（7）掌握常用项目。河北省定额，即《河北省建筑工程预算综合基价》共十八章中有 3 000 多个分项工程，常用的只有 300 个左右。为了使用方便，减少查定额的时间，可以把常用的 300 个项目，按着工程量计算顺序（即预算表格的填写顺序），抄下来附在计算"程序公式"后面，这样使用、携带都很方便。

（8）定额中的一些系数应该记住或抄下来,以备查用。如:

① 挖湿土时,人工费×1.18。机械挖土深超 5m,人工费、机械费乘以 1.11 的系数。

② 机械挖土行驶坡道土方,按挖土工程量的 5%,即工程量 = ___ m^3 × 1.05 = ___ m^3。

③ 砌弧形墙按相应项目,人工费乘以 1.1 的系数。

④ 现浇混凝土梁、板、柱、墙层高超过 3.6m,每超 1m（不足 1m 按 1m 计算）按每 $10m^3$ 混凝土体积增加 138.13 元计。

⑤ 基础垫层基价按相应项目的楼地面垫层基价乘以系数 1.2。

（9）定额中缺项的补充。如遇到图纸中的项目在定额中找不到,如何办? 第一,根据工程做法相近似的项目的基价估价;第二,相近似的项目也找不到,可根据定额基价由人工费、材料费、机械费构成的原则,补充新定额。对于施工简单、材料较贵的项目,主要算准材料费;材料便宜、施工困难的项目,主要算准人工费。以上情况,应在定额号栏写"估"或"补"字。

2. 预算定额使用的几种方法

（1）直接套用定额。当图纸的工程项目与定额相应项目内容完全相符时,就可以直接套用定额中的单价、人工、材料。例如 M5.0 水泥砂浆砖基础,可直接套定额编号 A3 - 1。

（2）经换算后使用。当图纸要求与定额规定不相符合时,则需按定额的规定换算后再使用,如有标号换算、厚度换算、重量换算、运距换算、用料换算等。

① 标号换算。对砖石砌筑中砂浆标号、混凝土工程中的混凝土标号,设计与定额不同时,允许换算后使用。

如设计为 M2.5 水泥石灰砂浆-砖内墙,定额 A3 - 2 为 M5.0,砂浆标号不对,应需换算,公式为:定额 A3 - 2 的基价 - 砂浆用量 ×（M5.0 价 - M2.5 价）= 3 467.25 - 1.92 ×（126.63 - 122.31）= 3 458.96 元。

② 厚度换算。如:水泥砂浆找平定额中,找平厚 2cm,每 $100m^2$ 综合单价为 1 000.5 元,每增加厚度 0.5cm,$100m^2$ 综合单价为 188.78 元,若设计厚度为 2.5cm 厚,则换算如下:

定额 B1 - 29 + B1 - 30　1 000.5 + 188.78 = 1 189.28 元

③ 定额中材料用量的换算。定额说明中如规定设计用量与定额中

含量不同允许换算时,方可进行换算。例如钢木大门中的钢骨架,按图纸算出来的钢材用量与定额中含量不同时,应换算,公式为:基价 + (设计用量 - 定额用量) × 钢材价 = 　元

④ 按定额中规定的系数换算。例如基础垫层基价,按相应项目的楼地面垫层基价的人工、机械费乘以系数1.2。

（三）建立企业自己的数据资料库和企业内部定额

各企业要逐步建立自己的数据资料库和定额,完善自主组价、自主报价。

工程量清单计价要求所有与价格有关的全部放开,即人工、材料、机械的消耗量自定,人工工资、材料价格、机械台班、使用单价自定,施工费用自定。目前的工程预算除人工、材料、机械所消耗按政府定额外,其他施工费用均可自主确定,所以各企业要逐步建立自己的数据资料库和定额,才能实现自主报价,合理、公开竞争。

第四节　建筑工程费用定额与计算

建筑工程费用定额（或称计费标准）如同建筑工程预算定额一样,是国家授权机关根据国家有关方针政策、施工企业生产与管理情况规定的建筑工程某一时期的计费标准。配合河北省2012定额取费使用的标准是 HEBGFB—1—2012。

做好建筑工程费用计算,必须清楚工程费用的组成、规定的费率标准和计费程序。

一、工程费用的组成

学习和掌握工程费用的组成,不仅是编制工程预算所必须的,而且是做好企业经济核算所必备的。

工程费用即工程造价由直接成本、间接成本、利润和税金四部分组成。如图 2-69 所示。

1. 直接费

直接费是指施工过程中直接消耗在构成工程实体和有助于工程形成的费用,包括直接工程费(实体项目)、措施费(可竞争与不可竞争措施费)。

2. 间接费

间接费是指完成工程或有助于工程形成的施工经营费、规费。

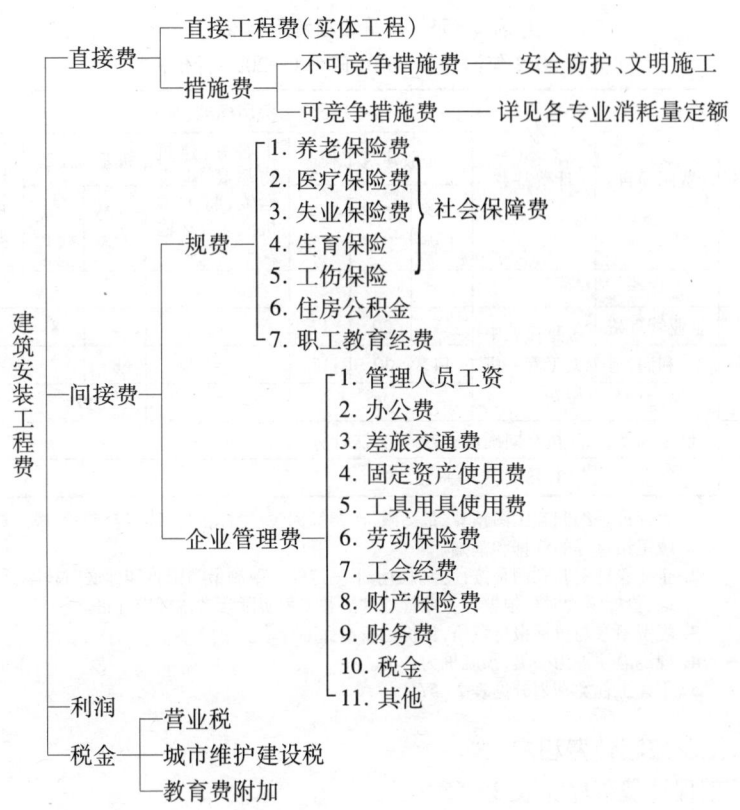

图 2-69 工程费用的构成

3. 企业利润

企业利润是指工程承包商应收取的酬金。

4. 税金

税金是指国家税法规定的计入工程造价的营业税、城市维护建设税及教育费附加。

二、工程费用定额

工程费用定额即计算各项工程费用的费率标准。各项费率与工程项目和工程类别有关。工程项目分四种情况:一般建筑工程;建筑工程的土石方、超高费、垂直运输费、特大机械场外运输及一次安拆费;桩基础工程;装饰装修工程。详见表 2-54。

表 2 - 54　建筑工程费用标准

表 2 - 54　建筑工程费用标准

（摘自 2012 年河北省 HEBGFB—1—2012 计价标准）

序号	费用项目	计费基数	费用标准(%)							
			一般建筑工程			土石方、建筑物超高、垂直运输、特大型机场外运输及一次安拆	桩基础工程		装饰装修工程	
			一类工程	二类工程	三类工程		一类工程	二类工程		
1	直接费	直接费中人工费＋机械费								
2	企业管理费		25	20	17	4	9	8	18	
3	利润		14	12	10	4	8	7	13	
4	规费		25			7	17		20	
5	价款调整	按合同确认的方式、方法计算								
6	税金	3.48%、3.41%、3.28%								

注：1. 本标准是编制施工图预算、最高限价、招标标底、投标报价、确定合同价、拨工程款、竣工结算等的依据和基础。

　　2. 企业管理费和利润是按社会平均水平测定的。编制最高限价和标底时按本标准计取；投标报价时可根据本企业管理水平和工程实际参考本标准计价。

　　3. 规费不参与投标报价竞争，计价时按本标准计取。

　　4. 现浇灌注桩为一类，预制桩为二类。

　　5. 土建工程类别划分见表 2 - 57。

三、工程计费程序

工程计费程序见表 2 - 55。

表 2 - 55　工程计费程序

序　号	费　用　项　目	计　算　方　法
1	直接费(直接工程费、措施费)	工程数量×定额
2	直接费中(人工费＋机械费)	
3	企业管理费	2×费率
4	利润	2×费率
5	规费	2×费率
6	价款调整	按合同确认的方式、方法计算
7	安全文明施工费	(1＋3＋4＋5＋6)×费率
8	税金	(1＋3＋4＋5＋6＋7)×费率
9	工程造价	1＋3＋4＋5＋6＋7＋8

四、建筑工程预算表

根据取费项目划分、计费程序和其他可竞争措施费及不可竞争措施费的计算方法制定本表(表 2 - 56)，作为预算表及取费表的表形，以方

表 2-56 建筑工程预算表

序号	定额编号	分项工程项目名称	单位	数量	单价(元)	其中		合价(元)	其中	
						人工费(元)	机械费(元)		人工费(元)	机械费(元)
		一、实体项目:主体	m³、m²、m 或 t							
		装饰	m²							
		二、措施项目:可竞争项目	m²							
		其他可竞争项目								
		不可竞争项目	元							
		直接费合计	元							
		其中:①一般土建(含措施费)	元							
		②土石方、垂直运输、超高、大型机械	元							
		③桩基础	元							
		④装饰、装修(含措施费中装修部分)	元							
1		直接费中(人工费+机械费):①一般土建	元							
2		②土石方、垂直运输、超高、大型机械	元							

序号	定额编号	分项工程项目名称	单位	数量	单价（元）	其中		合价（元）	其中	
						人工费（元）	机械费（元）		人工费（元）	机械费（元）
2		③桩基础	元							
		④装饰装修	元							
3		企业管理费：①一般土建:2① × 费率	元							
		②土石方:2② × 费率	元							
		③桩基础:2③ × 费率	元							
		④装饰装修:2④ × 费率	元							
4		利润：①一般土建	元							
		②土石方	元							
		③桩基础	元							
		④装饰装修	元							
5		规费：①一般土建	元							
		②土石方	元							
		③桩基础	元							
		④装饰装修	元							
6		价款调整（按合同）	元							
7		安全生产文明施工费	（1+3+4+5+6）× 费率							
8		税金	（1+3+4+5+6+7）× 费率							
9		工程造价	1+3+4+5+6+7+8							

便计算避免返工等。

五、工程类别划分标准

工程类别划分标准见表 2-57。

表 2-57　一般建筑工程类别划分

项 目				一类	二类	三类
工业建筑	钢结构		跨度	≥30m	≥15m	<15m
			建筑面积	≥12 000m²	≥8 000m²	<8 000m²
	其他结构	单层	檐高	≥20m	≥15m	<15m
			跨度	≥24m	≥15m	<15m
		多层	檐高	≥24m	≥15m	<15m
			建筑面积	≥8 000m²	≥4 000m²	<4 000m²
民用建筑	公共建筑		檐高	≥36m	≥20m	<20m
			建筑面积	≥7 000m²	≥4 000m²	<4 000m²
			跨度	≥30m	≥15m	<15m
	住宅及其他民用建筑		檐高	≥56m	≥20m	<20m
			层数	≥20 层	≥7 层	<7 层
			建筑面积	≥12 000m²	≥7 000m²	<7 000m²
构筑物	水塔(水箱)		高度	≥75m	≥35m	<35m
			吨位	≥150m³	≥75m³	<75m³
	烟囱		高度	≥100m	≥50m	<50m
	贮仓		高度	≥30m	≥15m	<15m
			容积	≥600m³	≥300m³	<300m³
	贮水(油)池		容积	≥3 000m³	≥1 500m³	<1 500m³
	沉井、沉箱			执行一类		
	围墙、砖地沟、室外建筑工程					执行三类

注：桩基现场灌注为一类，预制桩为二类。

第五节　单位工程预(决)算书的编制

一、单位工程预(决)算书的内容

一个单项工程(一栋住宅楼、办公楼)，由土建、给排水、采暖、电气照明等单位工程组成。每个单位工程要分别编制预(决)算书,所以学习预算就是要学会单位工程预(决)算书的编制工作。

单位工程预(决)算书是反映该单位工程造价、工料用量的技术经济文件,在工程量计算完毕后即开始编制。

单位工程预(决)算书由工程预(决)算表、工料分析表、编制说明和封面组成,装订成册后复印若干份。工程量计算书不纳入预算书内(因其工程量已填入了预算表内),它将与一份预算书和施工图装订在一起存档,以备事后查用。

表2-56是工程预(决)算表格式。

表2-58是工料计算表格式。

表2-58 工程工料计算表

工程名称:　　　　　　建筑面积:　　　m²　　　　　　第 页 共 页

序号	定额编号	工程项目名称	单位	数量	工 日		水　　泥(t)				红砖(千块)	
							325号		425号			
					定额	合计	定额	合计	定额	合计	定额	合计

编制人:　　　　　审核人:　　　　　　年　月　日

图2-70是预(决)算书封面格式。

工程预(决)算书

工程名称
建筑面积
工程造价
工程地点

建设单位盖章　　　　　施工单位盖章
年　月　日

图2-70 预(决)算书封面格式

工程编制说明用文字书写。

234

预(决)算表、工料计算表、封面格式也可使用当地的工程建设造价管理站监制的。

二、工程预(决)算表的填写、计算及编制

工程预(决)算表是单位工程预(决)算书的主要组成部分。它包括内容有各分项工程的定额编号、工程项目名称、单位、数量、单价、合价(其中包括人工单价、合价)。

（一）分项工程的填写

1. 填写顺序

分项工程的填写顺序没有严格的规定,一般有两种方法。一种是按定额的分部、分项工程顺序先后填写,这种方法便于查定额、套定额单价,但工程项目看起来不完整、不系统,有漏项、重项不易发现,不利于审核检查。第二种方法是按工程施工顺序、构造部位填写,也就是按本书所讲工程量的计算顺序先后填写。这种填法填写速度快,不容易出差错,看起来项目完整、系统,对工程做法一目了然,看了预算表如同看到了施工图,看到了工程做法,有漏项、重项容易发现,更便于预算审核工作,这种填写方法配合已整理好的常用定额项目(见第五章资料部分),套定额也很快。

填写顺序是:实体项目、措施项目。见表2-56。

填表时,相同定额项目可以适当合并后填写,以减少套定额的次数,如预制圆孔板、预制过梁的运输工程量可以合并在一起填写(写圆孔板、过梁运输)。但要注意保持某一工程项目做法的完整性、连续性,如基础部分,平整场地、挖土、灰土垫层、砌砖基础、地圈梁等。基础中的地圈梁与混凝土构件中的圈梁,虽是同一个定额号,但不要合并在一起,否则会误认为漏算了地圈梁。

2. 计量单位

预算表中的计量单位可以同定额中计量单位,如平整场地以$100m^2$计,挖土以$10m^3$计,砌砖、混凝土以$10m^3$计等;也可以均以$1m^2$、$1m^3$为计量单位。前者填表前要将计算书中的单位换算成与定额单位相同,但从直观上感觉工程量数字小,单价数字大,审核时容易产生错觉。后者填表时工程量单位不用换算,而单价等要变成1的单位。可任选一种计量方法填表。

小数点后的位数,工程量、单价取两位小数,合价可取整数,实践证

明取整数比取小数结果相差无几。

一般工程的工程量直接从计算底稿(计算书)中抄入预算表内。较大工程工程量项目繁多,为了避免抄错,可以先做工程量汇总表,然后再抄入预算表。

（二）套定额

套定额即填写分项工程定额编号、名称、定额基价或综合基价、人工费、机械费、材料用量等。定额要用当地现行的预算定额。

1. 定额编号的填写

当分项工程实际做法内容完全同定额时,可直接套用其单价(有的称基价),定额编号照写,如 M5 水泥砂浆砌砖基础编号为 A3－1(3 是项目所在章数,1 是其子目的编号);当工程设计做法与定额不同需换算单价时,定额号后面加上"换"字;当单价是由两个子目单价合计的要写上两个定额号;当设计做法项目定额上没有,需要补充新定额或临时估计单价时,定额号内写"补"或"估"字;当项目是按定额说明列的,定额号内写"总说明"。

2. 计量单位、工程数量、单价的填写

计量单位注意要与定额保持一致,否则会出现数字位数上的错误,极大地影响预算的准确性。如 M5 水泥砂浆砌砖基础,定额计量单位是 $10m^3$,单价是 1 081.29 元,工程量计算书上工程量是 $85.76m^3$,填表时工程量要缩小为原来的 1/10 填 8.58,单价填 1 081.29。如果计量单位按 $1m^3$ 填写时,则工程量为 85.76,同计算书上不变,但单价缩小为原来的 1/10 填 108.13。

（三）计算直接费

计算实体项目费、措施项目费。

（四）取费

即计算管理费、利润、规费、税金,最后计算出工程造价。

总之,按表 2－56 所示工程预算表填写和计算。

三、预(决)算工料分析表

工料分析表的内容包括分项工程定额编号、工程项目名称、单位、数量、用工定额合计数、用料定额合计数。前几项均同预算表,因此为了编写和套定额及计算上的方便,也可以两表合一,将工料分析表接在预算表的后面,以提高工作效率。

建筑材料种类很多,计算哪些种类,第一要根据当地材料调价规定,进行实调的材料必须计算出定额用量来。第二要根据施工企业自身的要求,如工程备料的需要、内部经济核算管理细度的需要等。一般工程招投标只需要计算出三大材料(钢材、木材、水泥)。材料计算公式如下:

某种材料总数量 $= \Sigma$(分项工程量×定额用量)

预算总工日数 $= \Sigma$(分项工程量×定额用工量)

四、书写预(决)算编制说明

编制说明包括以下内容:

(1)工程概况。如工程名称、位置、建筑面积。

(2)编制预算或决算的依据。施工图设计号、设计变更文件、采用的预算定额、费用定额、材料调价、人工及机械费用调整的文件名称、补充定额的说明等。

(3)遗留问题的说明。如构件运距的确定、土石方弃存地方等。

(4)其他需要说明的问题。

各单位工程(土建、水、暖、电)预(决)算编制完毕,汇总为单项工程预(决)算。

目前随着电脑普及,有条件的工程量计算完后输入电脑,用电脑软件套定额、取费、出成果。但必须首先学会手工操作。

第六节　预算的审核

预算工作的特点是任务急、工作量大、数字多,数字之间的相关性差、零乱、繁琐,所以难免会出现各种失误。另外也有技术水平差、业务不熟练的问题,个别人也有高估冒算现象。因此要对预算进行审核。

一、预算审核的内容

预算审核包括以下内容:

(1)审查工程量。审查工程量要根据图纸、工程量计算规则和预算定额,对已算出的工程数量逐项审核或对重点项目进行审核,看是否有多算、重算和漏算的情况,如有则改正。

(2)审核项目费。根据已经审核过的工程量,审查预算表中的单价套得是否准确,有无错套、高套、低套,审查换算是否正确,有无估错和算错等。

(3)审查取费。审查是否符合现行的取费标准、工程类别等。

二、预算审核的形式与方法

预算审核分为编制人员自审,甲乙双方互审、共审和上级主管部门审查等。

1. 编制人员自审方法

(1)疑问解除。自己感到有疑点的工程量、单价,或个别怀疑过大和过小的数字,要进一步审核。实践证明有疑点的地方大多数有错误。

(2)程序审核。预算表要从头至尾地看一遍,审核是否有漏项、重项和单价不对的地方。

(3)目测心算。对预算表中数字的乘积、合计用目测心算的方法看一遍,是否有乘错、加错和错位的地方。

(4)取费。审核取费是否符合工程类别,是否按取费程序及公式方法取了。

(5)指标分析。经过以上的审核、更正后,表面性的问题应已解除。然后用经济指标分析,即分析每平方米造价、材料用量是否合乎规律,如果比同类工程明显高或低,则可能计算书中的工程量计算有错,此时再按如下方法匡算工程量。

① 首先审核基数:各层面积 S_1、S_2、$\cdots$、S_n、阳台面积 $S_阳$、楼梯面积 $S_梯$,外墙中心线长 $L_中$、内墙线长 $L_净$,外墙上门窗洞口面积,内墙上门窗洞口面积等。

② 审核地面、楼面、屋面工程量:

地面面积 $\approx S_1 - L_中 \times 厚 - L_净 \times 厚$

楼面面积 $\approx S_2 + S_3 + \cdots + S_n - \sum(L_中 \times 厚 - L_净 \times 厚) = \quad m^2$

屋面面积 $\approx S_n$

③ 审核天棚抹灰工程量:

天棚面积 $\approx$ 地面面积 + 楼面面积 + $S_阳 + S_梯 \times 0.3 +$ 梁体积$(m^3) \times 8$

④ 审核门窗工程量:

门窗总面积 $\approx$ 外墙洞口面积 + 内墙洞口面积

⑤ 审核墙体工程量:

外墙面积 $\approx$（$L_{中}$×高 – 洞口面积）×厚

内墙面积 $\approx$（$L_{净}$×高 – 洞口面积）×厚

⑥ 墙面装修工程量：

外墙面面积 $\approx$ [（$L_{中}$×高 – 洞口面积）+ $L_{外}$×室内外高差]×1.1

内墙面面积 $\approx$（$L_{中}$×高 – 洞口面积）+（$L_{净}$×高 – 洞口面积）×2

⑦ 混凝土工程量：

现浇板体积：板面积×板厚

预制板体积：[（S_1 + S_2 + … + S_n）– 现浇板面积]×折算厚（0.07）

柱子体积：断面面积×断面高度×根数

圈梁体积：（$L_{中}$ + $L_{净}$）×n×平均断面面积

⑧ 基础工程量：根据计算书看有无大问题。

⑨ 钢筋铁件工程量：总数量与定额套出的差在 3% 以内为正常,超过 3% 时,按计算书再合计一遍即可。一般算式中的错误影响不大。

以上方法匡算的工程量明显超过预算表中时,再从原计算书中查找原因,确有错误,则应给予更正。

一般来讲,按照"程序公式"计算的工程量不会有错误,容易出错的是数字抄错、位数错、合计错、基数错、漏项等,所以一般进行上述（1）～（4）项审核即可。

2. 互审

互审包括同行间的互审、甲乙双方互审或由审计机关审核。

（1） 重点抽查审核。第一,按自审的（2）～（5）项审核;第二,抽查几项工程量,按图重算审核。

（2） 全面审核。甲乙双方若分歧大,则要双方共同重做一遍。做之前订几条原则,重做一次定案。

三、参考指标

为便于审核,以下经济指标可供参考。读者可以此为例自己积累一些资料、数据,以便利工作。

（1） 一般住宅,砖混结构、砖条基础、木门塑钢窗,每平方米指标。钢材 12～14kg/m^2,木材 0.015～0.02m^3/m^2,水泥 120～150kg/m^2,砖 250～280 块/m^2,砂子 0.35m^3/m^2,碎石 0.27～0.31m^3/m^2,石灰 40～46kg/m^2,玻璃 0.15～0.2m^2/m^2,油漆 0.12～0.15kg/m^2,沥青 1.5～

2.0kg/m^2，钉子 $0.10 \sim 0.13 \text{ kg/m}^2$，铁丝 $0.07 \sim 0.1 \text{kg/m}^2$（不含脚手架用）。

（2）某六层住宅楼，满堂基础、木门、塑窗，每平方米用工料。人工 5.03 工日$/\text{m}^2$，钢材 28kg/m^2，水泥 190kg/m^2，木材 $0.014 \text{m}^3/\text{m}^2$，砖 220 块$/\text{m}^2$，石灰 42kg/m^2，砂子 $0.40 \text{m}^3/\text{m}^2$，碎石 $0.31 \text{m}^3/\text{m}^2$，油毡 $0.46 \text{m}^2/\text{m}^2$，沥青 1.55kg/m^2，玻璃 $0.3 \text{m}^2/\text{m}^2$。

（3）某商店住宅用钢分类。65.5kg/m^2，其中，$\phi10\text{mm}$ 内13.4kg/m^2，$\phi20\text{mm}$ 内 17kg/m^2，$\phi20\text{mm}$ 内 22.5kg/m^2，$\phi20\text{mm}$ 以上 12.6kg/m^2。

（4）**砖混结构每平方米指标。**钢材 $15 \sim 25\text{kg/m}^2$，水泥 $140 \sim 160\text{kg/m}^2$。

（5）**框架结构每平方米指标。**钢材 $45 \sim 50\text{kg/m}^2$，水泥 $180 \sim 220\text{kg/m}^2$。

第七节　建筑工程概算

建筑工程概算是建筑设计部门在扩大初步设计阶段编制的，其目的一是设计部门为了控制基建投资，选择合理的设计方案，二是建设单位为了选定设计方案和报请上级主管部门审批。

建筑工程概算大致有以下三种编制方法：一是根据概算定额编制，二是根据预算定额和经验数据编制，三是根据同类建筑的预算资料进行不同做法的加减方法编制。

一、用概算定额编制概算

这种方法要求当地必须具备概算定额，根据概算定额上的分项和扩初图纸资料计算工程量，套相应概算定额。例如：各种基础按不同断面形式以延长米计算；各种墙体按垂直投影面积计算（包括圈梁、构造柱等在内）；空心板、楼板，按平方米或立方米计算；楼梯阳台按水平投影面积计算；屋面按平方米计算；地面、楼面按平方米计算；装饰按平方米计算；其他按个、间等计算，套相应概算定额，详见当地概算定额分项及其规定。

二、用预算定额编制概算

这种方法是当地不具备概算定额，而使用预算定额。根据初步设计图纸和说明，按预算定额上的分项和计量单位，用简化工程量计算的方

法,套用预算定额编制。方法如下:

(1) 基础工程量:一栋楼有几种不同宽度的基础,可选择一个有代表性的断面计算分项工程量,套相应预算定额分项。

(2) 门窗工程量:按初步设计确定的类型(木门窗或铝合金门窗)计算洞口面积(m^2),套相应的门窗(m^2)预算单价(当地门窗单价是按樘或是按分项的,可折成按 m^2 的)。

(3) 墙体工程量。外墙:(墙长×墙高–窗面积)×墙厚 = m^3。内墙:(墙长×墙高–门面积)×墙厚 = m^3。分别套外墙和内墙预算定额。

(4) 混凝土分部工程量:当定额中含钢筋时不计算图纸中钢筋用量,定额中不含钢筋时可根据经验估算。

现浇板工程量:长×宽×厚 = m^3

预制板工程量:(建筑面积–现浇板面积–楼梯面积)×折算厚度(短向空心板为 0.07) = m^3

现浇楼梯工程量:楼梯梁以内的投影面积(m^2)。

阳台工程量:长×宽 = m^2

圈梁工程量: 外墙长×其上圈梁断面面积 = m^3
内墙长×其上圈梁断面面积 = m^3 } = m^3

柱子工程量:柱高×柱断面面积×根数 = m^3

(5) 屋面工程量:顶层建筑面积(m^2)。

地面工程量:一层面积×0.9 = m^2

楼面工程量:建筑面积×0.9 – 地面工程量 = m^2

台阶工程量:投影面积(m^2)。

散水工程量:投影面积(m^2)。

(6) 装修工程量。

天棚:地面面积(m^2) + 楼面面积(m^2) = m^2

内墙面:(外墙净面积 + 内墙净面积×2)×0.97 = m^2

外墙面:外墙净面积×1.15 + $L_外$×室内外高差 = m^2

(7) 其他零星项目:根据项目多少,以 5% ~ 10% 的系数乘以以上项目的定额直接费。

三、用同类建筑指标而不同工程做法的加减法编制概算

根据同类建筑预算资料测算出每平方米指标,然后增加或减小不同做法项目的每平方米影响指标。例如：六层砖混结构住宅楼,基本做法(主体、一般抹灰)造价为 500 元/m^2,根据门窗用料变动增加多少,内墙面装修变动增加多少,外墙面贴面砖增加多少等,测算出该住宅的概算造价。

第八节　施工图预、决算编制示例

一、建筑工程预算编制示例——住宅楼

某三层住宅楼,工程设计号 2000 - 1,施工图见第一章图 1 - 35(a) ~ (n),编制其施工图预算。

（一）工程量计算

1. 基本数据(一次算出来后抄录在此,以备多次利用)

房高:$H = 8.4m$

室内外高差:$H_差 = 0.45$

层数:$n = 3$ 层

一层建筑面积:$S_1 = 170.75m^2$

阳台面积:$S_阳 = 18.13m^2$

外墙中心线长:$L_中 = (17.1 + 9.9) \times 2 + 0.6 \times 2 = 55.2m$

外墙外边线长:$L_外 = 55.2 + 0.96 = 56.16m$

内墙净长线:$L_净 = 68.08m$

外墙净面积:$S_{外净} = 379.8m^2$

内墙净面积:$S_{内净} = 473.15m^2$

地面净面积 $= 170.75 - (55.2 + 68.08) \times 0.24 = 141.16m^2$

楼面净面积 $= 140.23 \times 2$ 层 $= 280.46m^2$

楼梯面积 $= 17.23m^2$

雨篷面积 $= 3.24m^2$

2. 建筑面积、平整场地工程量

（1）建筑面积:

$$[(17.1 + 0.24) \times (9.9 + 0.24) - (8.7 - 0.24)$$
$$\times 0.6] = 170.75 \times 3 \text{ 层} = 512.25m^2$$

阳台计算面积

$$[(3.6 + 0.24) \times 1.18 \times 4 \text{ 个}] \times \frac{1}{2} = 9.06m^2$$

$\left. \right\} = 521.31m^2$

（2）平整场地工程量：一层建筑面积，170.75m²。

3. 基础工程量

（1）基础长度：如表2-59所示。

（2）人工挖槽工程量（三类土）。

基础断面1-1：

$52.6 \times 1.1 \times 1.45 + 52.6 \times 0.33 \times (1.45 - 0.3)^2$
$= 106.85 \text{m}^3$（放坡见灰土垫层示意图）

基础断面2-2：

$61.3 \times 1.0 \times 1.45 + 61.3 \times 0.33 \times (1.45 - 0.3)^2$
$= 115.64 \text{m}^3$

$\left.\begin{array}{}\\\\\\\\\end{array}\right\} = 222.49 \text{m}^3$

（3）3:7灰土垫层工程量。

基础断面1-1：$52.6 \times 1.1 \times 0.3 = 17.36 \text{m}^3$
基础断面2-2：$61.3 \times 1.0 \times 0.3 = 18.39 \text{m}^3$
$\left.\begin{array}{}\\\\\end{array}\right\} = 35.75 \text{m}^3$

表2-59 基础长度计算统计表　　　　　　　　　　（m）

基础断面号	轴线编号	墙　　　长($L_{墙}$)	槽　　　长($L_{槽}$)
1-1	①轴	9.9×2=19.8	9.9×2=19.8
	②轴	(2.7-0.24)×2=4.92	(2.7-1.0)×2=3.4
	③轴	(4.2-0.24)×2=7.92	(4.2-1.0)×2=6.4
	④轴	4.2×2=8.4	4.2×2=8.4
	⑤轴	(9.9-0.6-0.24×2)×2=17.64	(9.9-0.6-1.0-1)×2=14.6
		合计：58.68	合计：52.6
2-2	Ⓕ、Ⓔ轴	17.1	17.1
	Ⓓ轴	(2.4+1.8-0.24)×2=7.92	(4.2÷1.1)×2=6.2
	Ⓒ轴	(3.0-0.12)×2=5.76	(3.0-0.55)×2=4.9
	Ⓑ轴	17.1-0.24=16.86	17.1-1.1=16.0
	Ⓐ轴	17.1	17.1
		合计：64.74	合计：61.3

（4）M5.0水泥砂浆砌砖基础工程量。

基础断面1-1：

$58.68 \times 0.24 \times (1.6 + 0.459) = 28.99 \text{m}^3$

基础断面2-2：

$64.74 \times 0.24 \times (1.6 + 0.394) = 30.98 \text{m}^3$

$\left.\begin{array}{}\\\\\\\\\end{array}\right\} = 52.56 \text{m}^3$

扣地圈梁体积 -7.41m^3

（5）防潮层工程量：

$(58.68 + 64.74) \times 0.24 = 29.62\text{m}^2$

（6）C20 混凝土地圈梁工程量。

混凝土体积：$(58.68 + 64.74) \times 0.24 \times 0.25 = 7.41\text{m}^3$

圈梁模板：$(58.68 + 69.74) \times 0.25 \times 2 = 61.71\text{m}^2$

钢筋重量：$4\phi 12$　$123.42 \times 4 \times 1.1 \times 0.888 = 480\text{kg}$

$\phi 6$　$(0.24 + 0.25) \times 2 \times 123.42 \times 5 \times 0.222 = 134\text{kg}$

（7）回填土工程量：挖土工程量 - 灰土垫层工程量 - 砌砖工程量 - 地圈梁工程量 + 防潮层面积 $\times H_{差}$

　　$= 222.49 - 35.75 - 52.56 - 7.41 + 29.62 \times 0.45 = 140.10\text{m}^3$

（8）余土外运工程量：

$222.49 - 145.93 - \underline{(170.75 - 29.62) \times (0.45 - 0.16)} = 35.63\text{m}^3$

房心填土体积

式中，$(170.75 - 29.62)$ 是房心净面积，$(0.45 - 0.16)$ 是填土深度，0.16 是地面厚度。房心填土体积的数值也可以暂时空着，待地面工程量计算完后，将具体数值抄过来。

4. 钢筋混凝土工程量

（1）空心板工程量：如表 2 - 60 所示（每块板经济指标取自冀 G - 871 图集）。

表 2 - 60　空心板数量统计及工程量计算表

	板数（块）			C30 混凝土体积（m^3）		预应力筋重量（kg）		联系筋重量（kg）	
	标准层	顶层	合计	每块板	合计	每块板	合计	每块板	合计
YKB3.6 Ⅰ a	$4 \times 4 \times 2$	4×4	48	0.148 6	7.13	4.72	227	0.58	28
YKB3.6 Ⅱ a	$2 \times 4 \times 2$	2×4	24	0.196 2	4.71	6.49	156	0.72	17
YKB2.7 Ⅰ a	4×2	$8 + 4$	20	0.111 2	2.2	3.32	66	0.58	12
YKB2.7 Ⅱ a	2×2	2	6	0.146 9	0.88	3.16	19	0.72	4
YKB4.2 Ⅰ a	$4 \times 2 \times 2$	4×2	24	0.196 4	4.7	4.82	116	0.6	14
YKB3.0 Ⅰ a	$5 \times 2 \times 2$	5×2	30	0.123 7	3.7	2.58	77	0.58	17
YKB3.0 Ⅱ a	$2 \times 2 \times 2$	2×2	12	0.163 3	1.96	3.48	42	0.72	9
YKB2.4 Ⅰ a		4×2	8	0.098 9	0.79	1.53	12	0.58	5
YKB1.8 Ⅰ a		4×2	8	0.073 9	0.59	1.21	10	0.58	5
合　　计	安装工程量			26.68m^3		725kg		97kg	
	制作、运输工程量（安装工程量×1.01）			27.08m^3		736kg		99kg	

（2）预制过梁工程量:如表 2 - 61 所示(C20 混凝土、每根钢筋经济指标取自冀 G - 14 图集)。

表 2 - 61　预制过梁数量统计及工程量计算表

过 梁 型 号	过梁根数(根)			C20 混凝土体积(m³)		钢筋重量(kg) φ 10 内	
	标准层	顶层	合计	每根梁	合计	每根梁	合计
外墙上 GL - 3(GLC13 - 11)	6 ×2	5	17	0.051	0.87	2.43	41
GL - 4(GLC10 - 12)	2 ×2	2	6	0.043	0.26	2.15	13
GL - 2(GLC15 - 11)	4 ×2	4	12	0.057	0.68	3.61	43
内墙上 GL - 4(GLC10 - 12)	13 ×2	13	39	0.043	1.68	2.15	84
合　计	安装工程量			3.49m³		181kg	
	制作、运输工程量 (安装工程量×1.01)			3.54m³		184kg	

（3）圈梁工程量。

① C20 混凝土体积。

（a）外墙上。

QL - 1:9.9 × 2 × 2 层 = 39.6 × (0.24 × 0.25 - 0.12 × 0.13)
　　　　= 1.76m³

QL - 2:[17.1 - 3.84 × 2 ×(阳台过梁 NL - 1 长) + 17.1 + 0.6 × 2]
　　　　× 2 层 = 55.04 × 0.24 × 0.25 = 3.3m³

（b）内墙上。

QL - 3:[$L_净$ × 3 层 -(阳台过梁 NL - 2 长)] × 0.24 × 0.12 即
　　　　(68.08 × 3 - 1.5 × 8 根) = 191.7 × 0.24 × 0.12 = 5.52m³

（c）顶层外墙上。

QL - 4:9.9 × 2 = 19.8 × (0.24 × 0.25 - 0.13 × 0.12) = 0.88m³

QL - 5:17.1 × 2 + 0.6 × 2 = 35.2 × 0.24 × 0.25 = 2.11m³

QL - 5 在阳台顶上加高至 0.37m,增加体积:

　　　　3.84 × 2 × 0.24 × (0.37 - 0.25) = 0.22m³

（d）圈梁兼过梁:(2.1 + 0.5) × 2 处 × 0.24 × 0.37 = 0.46m³

（e）挑檐：

$$(\underbrace{\frac{56.16}{19.8+35.4+0.96}}+4\times0.3)\times0.3\times0.06=1.03m^3$$

栏板：$(56.16+8\times0.3)\times0.18\times0.06=0.63m^3$ } $=2.07m^3$

阳台处挑檐加宽，增加体积：

$3.84\times(1.18-0.3)\times0.06\times2=0.41m^3$

以上混凝土体积合计：

圈梁外墙上：

$1.76+3.3+0.88+2.11+0.22-0.46=7.81m^3$ } $=13.33m^3$

内墙上：$5.52m^3$

圈梁兼过梁：$0.46m^3$

挑檐、栏板：$2.07m^3$

挑檐、栏板模板：

$(56.16+4\times0.3)\times0.3+3.84\times(1.18-0.3)\times2$
　　　$=23.97m^2$

$(56.16+8\times0.3)\times(0.18\times2+0.06)$
　　　$=24.60m^2$

} $23.97+24.60$
　　$=48.57m^2$

圈梁模板：

QL-1　$39.6\times0.25\times2=19.8m^2$

QL-2　$55.04\times0.25\times2=27.52m^2$

QL-3　$191.7\times0.12\times2=46.0m^2$

QL-4　$19.8\times0.25\times2=9.9m^2$

QL-5　$35.4\times0.25\times2=17.7m^2$

合计：$120.9m^2$

过梁模板：$2.1\times2\times0.37\times2=3.1m^2$

② 钢筋重量。

（a）QL-1。

$6\phi12$：$39.6\times6\times1.1\times0.888=232kg$

$\phi6$：$(0.24+0.25)\times2\times\underbrace{\frac{39.6\times5}{39.6\div0.2，即箍筋个数}}\times0.222=43kg$

（b）QL-2。

$4\phi12$：$55.04\times4\times1.1\times0.888=215kg$

246

$\phi 6$：$(0.24+0.25)\times 2\times 55.04\times 5\times 0.222=59kg$

（c）QL－3。

$4\phi 12$：$191.7\times 4\times 1.1\times 0.888=749kg$

$\phi 6$：$(0.24+0.12)\times 2\times 191.7\times 5\times 0.222=153kg$

（d）QL－4。

$6\phi 12$：$19.8\times 6\times 1.1\times 0.888=116kg$

$\phi 6$：$(0.24+0.25)\times 2\times 19.8\times 5\times 0.222=22kg$

（e）QL－5。

$4\phi 12$：$35.4\times 4\times 1.1\times 0.888=138kg$

$\phi 6$：$(0.24+0.25)\times 2\times 35.4\times 5\times 0.222=38kg$

（f）挑檐。

$\phi 8$：$(0.15+0.36+0.13+0.12+0.07+12.5\times 0.006)$
$\times (56.16\div 0.15+20)\times 0.395=144kg$

$3\phi 6$：$(56.16+8\times 0.3)\times 3$ 根 $\times 0.222=39kg$

（4）现浇单梁（L－1,6 根）工程量。

① C20 混凝土梁体积：$1.74\times 0.24\times 0.25\times 6=0.6m^3$

单梁模板：$(1.74-0.48)\times (0.25\times 2+0.24)\times 6=5.59m^2$

② 钢筋重量。

$2\phi 12$：$(1.74+12.5\times 0.012-0.05)\times 2\times 0.888\times 6=20kg$

$3\phi 16$：$(1.74-0.05)\times 3\times 1.61\times 6\times 1.03=51kg$

$\phi 6$：$(0.24+0.25)\times 1.74\times 5\times 0.222\times 6=11kg$

（5）现浇平板工程量。

① C20 混凝土体积。

$\left.\begin{array}{l} B-1：2.4\times 2.7\times 0.08\times 4\ 块=2.07m^3 \\ B-2：1.8\times 2.7\times 0.08\times 4=1.56m^3 \end{array}\right\}=3.63m^3$

平板模板：

$\left.\begin{array}{l} (2.4-0.24)\times (2.7-0.24)\times 4=21.25m^2 \\ (1.8-0.24)\times (2.7-0.24)\times 4=15.35m^2 \end{array}\right\}=36.6m^2$

② 钢筋重量。

（a）B－1 板。

①号筋（$\phi 8$）：

$(2.4-0.05+12.5\times 0.008)\times 2.7\div 0.15\times 0.395\times 4\ 块=71kg$

②号筋(φ8):71kg(与①号筋虽方向不同,但直径、间距均相同,故重量相同)

③号筋:φ8 $(0.5+0.005\times2)\times(2.4+2.7)\times2\div0.15\times0.395\times4=62kg$

$3\phi6$ $\underset{\phi6平均长}{\underline{(2.4-0.5+2.7-0.5)}}\times2\times3\times0.222\times4=22kg$

(b) B-2板。

①号筋:

$(1.8-0.05+12.5\times0.008)\times2.7\div0.15\times0.395\times4=53kg$

②号筋:重量同①号筋,53kg

③号筋:

$(0.5+0.005\times2)\times(1.8+2.7)\times2\div0.15\times0.395\times4=57kg$

$3\phi6$ $(1.8-0.5+2.7-0.5)\times2\times3\times0.222\times4=19kg$

(6) 构造柱(8根)工程量。

① C10 混凝土基础:$0.6\times0.6\times0.1\times8=0.29m^3$

② C20 混凝土构造柱:$(8.4+1.5)\times0.24\times0.24\times8=4.56m^3$

构造柱模板:$(8.4+1.5)\times0.24\times2\times8=38.02m^2$

③ 钢筋。

基础钢筋网:$8\phi6$ $0.55\times8\times0.222\times8=6kg$

$4\phi12$ $(8.4+1.5+0.1\times2+12.5\times0.012+\underset{搭接长}{\underline{42.5\times0.012\times3}})\times4\times0.888\times8=338kg$

$\phi6$ $0.24\times4\times(8.4+1.6)\times5\times0.222\times8=85kg$

(7) 楼梯工程量。

① C20现浇混凝土楼梯:

(a) 踏步板:

$$\left.\begin{array}{l}TB-1\quad\sqrt{2.08^2+1.57^2}\times1.18\times0.13=0.40m^3\\[4pt]TB-2\quad\sqrt{1.56^2+1.225^2}\times1.18\times0.13=0.30m^3\\[4pt]TB-3\quad\sqrt{1.82^2+1.4^2}\times1.18\times0.13\times2=0.70m^3\end{array}\right\}1.4m^3$$

踏步:$0.175\times0.26\times0.5\times1.18\times28步=0.75m^3$

(b) 休息平台:$1.38\times2.7\times0.08\times2个=0.60m^3$

(c) 楼梯梁:

TL-1 $0.24\times0.15\times1.52+0.24\times0.3\times1.42=0.16m^3$

TL-2　$0.24 \times 0.3 \times 2.94 \times 3$ 个 $= 0.64m^3$

TL-3　$0.24 \times 0.24 \times 1.42 = 0.08m^3$

合计: $a + b + c = 3.63m^3$

② 楼梯模板:

(a) 踏步板:TB-1　$\sqrt{2.08^2 + 1.57^2} \times 1.18 = 3.08m^2$

　　　　　　TB-2　$\sqrt{1.56^2 + 1.225^2} \times 1.18 = 2.34m^2$

　　　　　　TB-3　$\sqrt{1.82^2 + 1.4^2} \times 1.18 = 5.42m^2$

或 $1.4 \div 0.13 = 10.77m^2$ (1.4 为①中 a)

踏步踢面: $1.18 \times 0.175 \times 28$ 步 $= 5.78^2$

梯板侧面: $1.4 \times 1.18 = 1.19m^2$

踏步侧面: $0.26 \times 0.175 \times 0.5 \times 28 = 0.64m^2$

(b) 楼梯梁:

TL-1　$1.3 \times (0.24 + 0.15 - 0.08) + 1.3 \times (0.24 + 0.3 - 0.08 + 0.3 - 0.157) + 0.1 \times (0.24 + 0.3 \times 2 - 0.08) + 0.24 \times 0.15 + 0.24 \times 0.3 = 1.37m^2$

TL-2　$1.3 \times (0.24 + 0.3 - 0.08 + 0.3 - 0.157) \times 2 + 0.1 \times (0.24 + 0.3 \times 2 - 0.08) + 0.24 \times 0.3 \times 2 = 1.79m^2 \times 3$ 个 $= 5.37m^2$

TL-3　$1.3 \times (0.24 \times 3 - 0.157) + 0.24 \times 0.24 \times 2 = 0.85m^2$

$\left(0.157 \text{ 计算依据}: \dfrac{\sqrt{0.26^2 + 0.175^2}}{0.26} \times 0.13 = 0.157 \right)$

合计: $a + b + c = 25.97m^2$

③ C20 现浇混凝土板(楼梯间)。

TB-4: $2.94 \times 1.38 \times 0.08 \times 2$ 块 $= 0.65m^3$

TB-4 模板: $2.94 \times 1.38 \times 2 = 8.11m^2$

④ C20 混凝土雨篷: $(1.32 - 0.12) \times 2.7 \times 0.09 = 0.29m^3$

雨篷模板: $(1.32 - 0.12) \times 2.7 = 3.24m^2$

⑤ 雨篷过梁(YGL-1): $2.94 \times 0.24 \times 0.3 = 0.21m^3$

过梁模板: $(0.24 \times 2 + 0.3) \times 2.94 = 2.29m^2$

⑥ 楼梯地梁 TL-3: $0.24 \times 0.24 \times 1.42 = 0.08m^3$

⑦ 钢筋。

(a) TB-1 板。

①号筋($\phi10$)：

$(2.93 + 12.5 \times 0.01) \times (1.18 \div 0.1 + 1) \times 0.617 = 24\text{kg}$

②号筋($\phi10$)：

$(0.95 + 0.12) \times (1.18 \div 0.1 + 1) \times 2 \times 0.617 = 16\text{kg}$

③号筋($\phi6$,分布在①号、②号筋上)：

$(1.18 + 12.5 \times 0.006) \times (2.93 + 0.95 \times 2) \div 0.25 \times 0.222 = 5\text{kg}$

（b）TB－2板。

①号筋($\phi8$)：

$(0.22 + 2.22 + 0.3 + 12.5 \times 0.008) \times (1.18 \div 0.1 + 1) \times 0.395$
$= 13\text{kg}$

②号筋($\phi8$)：

$(0.22 + 0.65 + 0.12) \times (1.18 \div 0.1 + 1) \times 0.395 = 5\text{kg}$

③号筋($\phi8$)：

$(0.9 + 0.12) \times (1.18 \div 0.1 + 1) \times 0.395 = 5\text{kg}$

④号筋($\phi6$)：

$(1.18 + 12.5 \times 0.006) \times (0.22 + 2.22 + 0.3 + 0.22 + 0.65 + 0.9)$
$\div 0.25 \times 0.222 = 5\text{kg}$

（c）TB－3板。

①号筋($\phi8$)：

$(2.72 + 12.5 \times 0.008) \times (1.18 \div 0.1 + 1) \times 0.395 \times 2 \text{ 块} = 28\text{kg}$

②号筋($\phi8$)：

$(0.9 + 0.12) \times (1.18 \div 0.1 + 1) \times 0.395 \times 2 \times 2 = 20\text{kg}$

③号筋($\phi6$)：

$(1.18 + 12.5 \times 0.006) \times (2.72 + 0.92 \times 2) \div 0.25 \times 0.222 \times 2 \text{ 块}$
$= 10\text{kg}$

（d）TB－4板。

①号筋($\phi8$)：

$(1.64 + 12.5 \times 0.008) \times 2.7 \div 0.15 \times 0.395 \times 4 \text{ 块} = 50\text{kg}$

②号筋($\phi6$)：

$(2.7 + 12.5 \times 0.006) \times 1.64 \div 0.15 \times 0.222 \times 4 = 27\text{kg}$

③号筋：$\phi6$　$(0.6 + 0.12) \times 2.7 \div 0.15 \times 2 \times 0.222 \times 4 = 23\text{kg}$

　　　　$3\phi6$　$2.7 \times 3 \times 2 \times 0.222 \times 4 = 14\text{kg}$

（e）TL－1 梁。

$2\phi10$：$(2.94+12.5\times0.01)\times2\times0.617=4kg$

$3\phi12$：$(1.42+12.5\times0.012)\times3\times0.888=4kg$

$3\phi14$：$[1.4+30\times0.014（即30d）]\times3\times1.21=7kg$

$\phi6$：$(0.24+0.15)\times2\times1.52\times5\times0.222=1kg$

$\quad(0.24+0.3)\times2\times1.42\times5\times0.222=2kg$

（f）TL－2 梁。

$2\phi10$：$(2.94+12.5\times0.01)\times2\times0.617\times3$ 根 $=11kg$

$2\phi12$：$(2.94+12.5\times0.012)\times2\times0.888\times3$ 根 $=17kg$

$\phi6$：$(0.24+0.3)\times2\times2.94\div0.12\times0.222\times3=14kg$

（g）YGL－1 梁。

$6\phi10$：$(2.94+12.5\times0.01)\times6\times0.617=11kg$

$\phi6$：$(0.24+0.3)\times2\times2.94\div0.12\times0.222=6kg$

（h）TL－3 梁。

$4\phi12$：$1.42\times4\times0.888=5kg$

$\phi6$：$(0.24+0.24)\times2\times1.42\times5\times0.222=1kg$

（i）雨篷。

④号筋（$\phi8$）：

$[0.2\times3+(1.32+0.12-0.05)+0.05]\times2.7\div0.12\times0.395$

$\quad=18kg$

⑤号筋（$\phi6$）：$2.7\times1.32\times5\times0.222=4kg$

（8）阳台工程量。

① C20 现浇混凝土阳台：$3.84\times1.18\times(0.12+0.08)\times\dfrac{1}{2}\times4$

个 $=1.81m^3$

阳台模板：$3.84\times1.18\times4=18.12m^2$

② 阳台过梁。

$\left.\begin{array}{l}NL-1：3.84\times0.24\times0.37\times4\ 个=1.36m^3\\ NL-2：1.5\times0.24\times0.24\times8\ 个=0.69m^3\end{array}\right\}=2.05m^3$

③ 现浇栏板：

$(3.84+1.14\times2)\times0.96\times0.08\times4\ 个=1.88m^3$

栏板模板：

$(3.84 + 1.14 \times 2) \times 0.96 \times 2 \times 4 = 47\text{m}^2$

栏板抹面：

$\left.\begin{array}{l}(3.84 + 1.14 \times 2) \times 0.96 \times 2 \text{ 面} \times 4 \text{ 个} = 47.0\text{m}^2 \\ (3.84 + 1.14 \times 2) \times 0.08 \times 4 = 1.96\text{m}^2\end{array}\right\} = 48.96\text{m}^2$

④ 钢筋。

（a）阳台板。

①号筋（$\phi 10$）：

$(0.32 + 1.37 + 0.06 + 6.25 \times 0.01) \times 3.84 \div 0.11 \times 0.617 \times 4 = 156\text{kg}$

②号筋（$\phi 6$）：$3.8 \times 1.18 \div 0.2 \times 0.222 \times 4 = 20\text{kg}$

③号筋：$\phi 6$　$(0.25 + 0.90 + 0.05 + 6.25 \times 0.006)$

$\times (3.84 + 1.14 \times 2) \div 0.15 \times 0.222 \times 4 = 48\text{kg}$

$\phi 6$　$(3.84 + 1.14 \times 2) \times 0.90 \div 0.2 \times 0.222 \times 4 = 27\text{kg}$

（b）NL-1 梁。

$6\phi 12$：$3.84 \times 6 \times 0.888 \times 4 = 82\text{kg}$

$\phi 6$：$(0.37 + 0.24) \times 2 \times 3.84 \div 0.12 \times 0.222 \times 4 = 35\text{kg}$

（c）NL-2 梁。

①号筋（$2\phi 12$）：$(1.7 + 0.2 + 12.5 \times 0.012) \times 2 \times 0.888 \times 8 = 29\text{kg}$

②号筋：

$2\phi 12$　$(1.5 + 0.4 + 12.5 \times 0.012) \times 2 \times 0.888 \times 8 = 29\text{kg}$

$\phi 6$　$(0.24 + 0.25) \times 2 \times 1.5 \times 5 \times 0.222 \times 8 = 13\text{kg}$

5. 门窗工程量

（1）M-1 铝合金门：$0.9 \times 2.4 \times 4 = 8.64\text{m}^2$

（2）铝合金窗 C-1、C-2、C-3、C-4：

$1.5 \times 1.5 \times 14 + 1.2 \times 1.5 \times 19 + 0.9 \times 1.5 \times 6 + 1.2 \times 0.6 \times 2$

$= 75.24\text{m}^2$

（3）M-2 门 21 樘，M-3 门、M-4 门、M-5 门各 6 樘。其工程量计算如下。

① M-2 门（21 樘）。

木门框制作、安装：$(2.39 + 0.88) \times 2 \times 21 \text{ 樘} = 137.34\text{m}$

胶合板门扇制作、安装：$1.93 \times 0.786 \times 21 = 31.86\text{m}^2$

门亮子制作、安装：$0.365 \times 0.786 \times 21 = 6.02\text{m}^2$

木门油漆（底漆一遍、调和漆两遍）：$2.39 \times 0.88 \times 1 \times 21 = 44.16\text{m}^2$

门五金:单扇带亮子,21 樘。

木门运输:2.39×0.88×21=44.16m²

② M-3 门(6 樘)。

木门框制作、安装:(2.39+0.78)×2×6=38.04m

胶合板门扇制作、安装:1.93×0.686×6=7.94m²

门亮子制作、安装:0.365×0.686×6=1.50m²

木门油漆(底漆一遍、调和漆两遍):2.39×0.78×6=11.19m²

门五金:单扇带亮子,6 樘。

木门运输:2.39×0.78×6=11.19m²

③ M-4 门(6 樘)。

木门框制作、安装:(2.39+0.68)×2×6=36.84m

胶合板门扇制作安装:1.93×0.586×6=6.79m²

门亮子制作、安装:0.586×0.365×6=1.28m²

木门油漆(底漆一遍、调和漆两遍):2.39×0.68×6=9.75m²

门五金:单扇带亮子,6 樘。

木门运输:2.39×0.68×6=9.75m²

④ M-5 门(6 樘)。

木门框制作、安装:(2.09×2+0.88)×6=30.36m²

胶合板门扇制作、安装:1.93×0.786×6=9.10m²

木门油漆(底漆一遍、调和漆两遍):2.09×0.88×6=11.04m²

门五金:单扇无亮子,6 樘。

门运输:2.09×0.88×6=11.04m²

合计:木门框制作、安装　242.58m

胶合板门扇制作、安装　55.69m²

门亮子制作、安装　8.80m²

木门油漆(底漆一遍、调和漆两遍)　76.14m²

木门运输　76.14m²

门五金　单扇带亮子,33 樘;

　　　　单扇无亮子,6 樘。

木门框料断面面积:(5.5+0.3)×(9.0+0.5)=55.1 cm²,与定额中的 55.1 cm² 相同,不用换算框制作单价。

门扇断面面积:(3.5+0.5)×(5.3+0.5)=23.2 cm²,与定额中的

253

$23.2\ \text{cm}^2$ 相同,不用换算扇制作单价。

亮子料断面面积:$(4.2+0.5)\times(5.3+0.5)=27.26\ \text{cm}^2$,同定额,不用换算。

6. 墙体工程量

(1) 计算应扣除的门、窗洞口面积,如表 2-62 所示。

表 2-62　门、窗数量及应扣除的门、窗洞口面积

24 外墙上门、窗				24 内墙上门、窗			
代号	洞口尺寸 (m)	门、窗 数量	洞口面积 (m^2)	代号	洞口尺寸 (m)	门、窗 数量	洞口面积 (m^2)
C-1	1.5×1.5	14	31.5	M-2	0.9×2.4	21	45.36
C-2	1.2×1.5	19	34.2	M-3	0.8×2.4	6	11.52
C-3	0.9×1.5	6	8.1	M-4	0.7×2.4	6	10.08
C-4	1.2×0.6	2	1.44	M-5	0.9×2.1	6	11.34
M-1	0.9×2.4	4	8.64				
合　计			83.88	合　　计			78.3

(2) M2.5 混合砂浆砌外砖墙工程量:

$(17.1+9.9)\times2+0.6\times2=55.2\times8.4=463.68\text{m}^2$ ⎫
扣洞口面积　-83.88m^2 ⎬ $=379.8\text{m}^3$

$379.8\times0.24=91.15\text{m}^3$
扣圈梁体积(来自混凝土工程量)　$-(7.81+0.46)\text{m}^3$ ⎫
扣构造柱体积(来自混凝土工程量)　-4.56m^3 ⎬ $=77.5\text{m}^3$
扣预制过梁体积(来自混凝土工程量)　-1.5m^3 ⎭
增加垃圾道体积　$0.4\times0.4\times\dfrac{1}{2}\times8.4=0.67\text{m}^3$

(3) M2.5 混合砂浆砌内砖墙工程量。

②轴内砖墙长:$(2.7-0.24)\times2=4.92\text{m}$ ⎫
③轴内砖墙长:$(4.2-0.24)\times2=7.92\text{m}$ ⎪
④轴内砖墙长:$3.6\times2=7.2\text{m}$ ⎪
⑤轴内砖墙长:$(9.9-0.6-0.24\times2)\times2=17.64\text{m}$ ⎬ $=68.22\text{m}$
Ⓓ轴内砖墙长:$(4.2-0.24)\times2=7.92\text{m}$ ⎪
Ⓒ轴内砖墙长:$(3.0-0.12)\times2=5.76\text{m}$ ⎪
Ⓑ轴内砖墙长:$17.1-0.24=16.86\text{m}$ ⎭

[或用:基础墙长(58.68 + 64.74) − 55.2 = 68.2m]

68.22 × (8.4 − 0.1 × 3) = 552.58m² } = 474.28m²

扣洞口面积　　− 78.3m²

474.28 × 0.24 = 113.83m³

扣圈梁体积　　− 5.52m³

扣预制过梁体积　− 2.0m³

合计:　　　　106.31m³

上述(8.4 − 0.1 × 3)中的0.1,是因墙上有的是圆孔板、现浇板,还有无板的,故取平均板厚为0.1m。

墙体扣圈梁、过梁体积时,如事前内、外墙上数量未分清楚,可大概扣除,但控制总数不错即可,因内、外墙单价相差不大。

（4）墙体加固筋重量。

Γ处(φ6):

$4.65 × \left(\dfrac{8.4 + 0.45}{0.5} + 1 \right) × 0.222 × 6$ 处 = 116kg }

= 488kg

T处(φ6):

$7.47 × \left(\dfrac{8.4 + 0.45}{0.5} + 1 \right) × 0.222 × 12$ 处 = 372kg

488 × 0.7 = 342kg(0.7是洞口处钢筋不够长的折减系数)

7. 屋面工程量

（1）保温层。

① 1:8水泥胀珍珠岩保温层:

170.75 × [0.03 + (9.9 + 0.24) ÷ 2 × 2% ÷ 2] = 13.78m³

② 干铺加气混凝土块:170.75 × 0.2 = 34.15m³

（2）找平层(1:3水泥砂浆)。

屋顶面积:170.75m²

挑檐:56.16 × 0.3 + 4 × 0.3 × 0.3 = 17.21m² } = 198.34m²

栏板:(56.16 + 8 × 0.3) × 0.18 = 10.38m²

（3）SBS卷材防水层:同找平层工程量,198.34m²。

（4）镀锌铁皮落水管:

(8.4 + 0.45 − 0.2) × 4 道 = 34.6m

铸铁落水管出水口:4 个

（5）雨篷顶抹面:$3.2 \times 1.7 = 5.44 \text{m}^2$

8. 地面、楼面工程量

（1）地面工程量:

净面积 = （一层面积 – 防潮层面积）= $170.75 – 29.62 = 141.18 \text{m}^2$

其中,厨房、卫生间:$(4.2 – 0.24 \times 2) \times (2.7 – 0.24) \times 2 = 18.3 \text{m}^2$

其他房间等:$141.18 – 18.3 = 122.98 \text{m}^2$

① 室内填土:$141.18 \times (0.45 – 0.16) = 40.97 \text{m}^3$

② 3:7灰土垫层:$141.18 \times 0.1 = 14.13 \text{m}^3$

③ 厨房、卫生间。C10 混凝土:$18.3 \times 0.05 = 0.92 \text{m}^3$

铺地面砖:18.3m^2

④ 其他房间。

C15 混凝土,60mm 厚,随打随抹光:122.98m^2

水泥砂浆踢脚线:$122.98 \times 0.168 = 20.6 \text{m}^2$

（2）楼面工程量。

① 厨房卫生间（铺地面砖）:18.3×2 层 $= 36.6 \text{m}^2$

② 楼梯（水泥砂浆抹面）:17.23m^2

③ 阳台（水泥砂浆抹面）:18.13m^2

④ 房间。

35 厚 1:2:3 细石混凝土打抹,随打随抹光:

$(122.98 – 17.23) \times 2 = 211.5 \text{m}^2$

水泥踢脚线:$211.5 \times 0.168 + 18.13 \times 0.168 = 38.55 \text{m}^2$

（3）台阶工程量。

C15 混凝土:$(2.7 – 0.24) \times 0.9 = 2.21 \text{m}^2$

台阶模板:2.21m^2

抹水泥面:$(2.7 – 0.24) \times (0.9 + 0.15 \times 3) = 3.3 \text{m}^2$

（4）散水工程量。C10 混凝土打抹:

$56.16 \times 0.9 + 0.9 \times 0.9 \times 4 = 53.6 \text{m}^2$

散水模板:$(56.16 + 0.9 \times 4) \times 0.1 = 5.98 \text{m}^2$

9. 装修工程量

（1）天棚（水泥石灰砂浆底面,中等抹灰）。

室内净面积:141.18×3 层 = 423.84m²

阳台面积:18.12m²

楼梯增加斜面积:17.23×0.3 = 5.17m²

雨篷面积:3.24m²   } = 475.99m²

挑檐面积:56.16×0.3 + 4×0.3² = 20.4m²

单梁 L-1 侧面积:1.74×0.25×2×6 = 5.22m²

（2）内墙。

① 厨房、卫生间(墙贴釉面砖)。

墙面积:

$[(4.2 - 0.24×2) + (2.7 - 0.24)×2]×2×(2.8 - 0.08) = 47m²$

扣门、窗洞口面积:

$-(2.4×0.8 + 2.4×0.7 + 1.2×1.5 + 0.9×1.5) = -6.75m²$

增加门洞侧面面积:

$(2.4×2 + 0.8)×0.1 + (2.4×2 + 0.7)×0.1 = 1.1m²$

增加窗洞侧面面积:

$(1.2 + 1.5)×2×0.1 + (0.9 + 1.5)×2×0.1 = 1.02m²$

合计:42.37m²×6 户 = 254.22m²

② 其他房间(水泥石灰砂浆底面,中等抹灰)。

内墙总抹灰面积:

$(S_{外净} + S_{内净}×2)×0.9 = (379.8 + 473.15×2)×0.9$

$= 1193.5m²$ } = 939.27m²

扣厨房、卫生间内墙釉面砖面积 $-254.22m²$

③ 内墙及天棚刷乳胶漆两遍:

$939.27 + 475.99 = 1415.26m²$

（3）外墙面(水泥砂浆抹面,刷外墙涂料)。

① 外墙净面积 + $H_差 × L_外$ = 379.8 + 0.45×56.16

$= 405.10m²$

② 增加洞口侧面面积。

窗侧面面积:1.5×2×41 个×0.1 = 12.3m²   } = 427.4m²

窗上、下面面积:

$\dfrac{窗面积}{窗高度} × \dfrac{墙厚}{2} × 2 = \dfrac{75.2}{1.5} × 0.1 × 2 = 10m²$

257

(4) 阳台栏板(抹面,刷外墙涂料):

$(3.84 + 1.14 \times 2) \times 0.96 \times 2$ 面 $\times 4$ 个 $= 47m^2$ $\Big\} = 48.96m^2$

$(3.84 + 1.14 \times 2) \times 0.08 \times 4$ 个 $= 1.96m^2$

10. 脚手架

(1) 主体脚手架。

① 外墙脚手架:

$56.16 \times (8.58 + 0.45) = 507.12m^2$,套 15m 以内单排脚手架。

② 内墙脚手架:

内墙净长 $\times$ 高 $= 68.08 \times 8.4 = 571.87m^2$,套 3.6m 以内里脚手架。

(2) 装饰脚手架。

① 外墙面装饰脚手架:同(1)中的(a)507.12m²

② 内墙面装饰脚手架:

$(68.08 \times 2 + 56.16) \times 8.4 = 1\,615.49m^2$,套墙面简易脚手架。

③ 天棚装饰脚手架:423.84(室内净面积),套天棚简易脚手架。

11. 垂直运输机械

层高 20m(六层)以内,混合结构,卷扬机,建筑面积 521.31m²。

12. 其他

$$装修人工 = \frac{装修人工费}{工日单价}$$

(1) 楼梯栏杆。

① 铁栏杆制作:

$$[(2.08 \times 2 + 1.82 \times 2) + 1.4 \times (3 - 1)] \times 1.15 + \frac{2.7}{2} = 13.54m$$

② 铁栏杆运输:$1.35 \times 0.04t = 0.05t$

③ 铁栏杆油漆:$0.05 \times 1.7(系数) = 0.09t$

④ 木扶手制作、安装(含油漆):13.54m

(2) 倒灰门:2 个。

13. 钢筋汇总

钢筋汇总如表 2-63 所示。

增加施工损耗后钢筋重量:

现浇构件筋:φ10 以内   1 688kg

              φ20 以内   2 578kg

预制构件筋:φ10 以内   283kg

预应力钢筋:736kg

表 2-63　钢筋汇总表

钢筋类别 \ 构件类别	地圈梁	空心板	过梁	圈梁	挑檐	B-1、B-2、L-1	柱	楼梯	阳台	合计(kg)
现浇 φ10 以内	134			315	180	419	85	355	200	1 688
φ10 以上	480			1 450		71	338		239	2 578
预制 φ10 以内		99	184							283
预应力筋		736								736

（二）编制预算书

根据以上计算所得工程量,套定额,编制预算表,计算工程造价,如表 2-64 所示。

（三）编写预算编制说明

预算编制说明内容如下:

（1）本预算根据本书第一章住宅楼施工图设计文件、河北省 2012 年土建预算定额编制。

（2）工程地址在邯郸市,施工企业距工地 5km 以内。

（3）预制构件全部由加工厂生产。

二、建筑工程决算编制示例二——机修车间

（一）某机修车间设计说明

1. 建筑部分

（1）C_1、C_2 为实腹单玻钢窗,选用标准图"××"做法。

（2）M_1 为推拉木板门 4.0m×4.8m,选用标准图"××"做法。

（3）屋面做法:100mm 厚,加气混凝土保温层,25mm 厚 1:2.5 水泥砂浆找平层,二毡三油防水层,雨篷顶抹防水砂浆。

（4）地面做法:100mm 厚 3:7 灰土垫层,60mm 厚 C20 细石混凝土随打随抹,水泥踢脚线,高为 150mm。

（5）散水做法:C10 混凝土随打随抹,60mm 厚。

（6）坡道:C10 混凝土防滑坡道。

（7）内墙、外墙面勾平缝,外墙水泥砂浆抹勒脚,高 450mm,外墙圈梁水泥砂浆抹面。

工程名称:住宅楼(土建)　　建筑面积:521.31m²　　预算造价:469 963.82 元

表 2－64　建筑工程预算书

序号	定额编号	子目名称	工程量		价值(元)		其中(元)	
			单位	工程量	单价	合价	人工费	机械费
		一、实体项目						
1	A1－39	人工平整场地	100m²	1.71	142.88	244.32	244.32	0
2	A1－11	人工挖沟槽 一、二类土 深度(2m以内)	100m³	2.28	1 529.38	3 486.99	3 486.99	0
3	借B1－2换	垫层 灰土 3:7用于基础垫层(不含满基)机械×1.2,人工×1.2	10m³	3.58	1 191.13	4 264.25	1 494.15	133.25
4	A3－1	砖基础	10m³	5.26	2 918.52	15 351.42	3 073.94	212.24
5	A7－214	刚性防水 防水砂浆 墙基	100m²	0.3	1 619.72	485.92	243.54	9.93
6	A4－23	现浇钢筋混凝土 圈梁弧形圈梁	10m³	0.74	3 498.43	2 588.84	1 035.41	51.19
7	A1－41	人工回填土 夯填	100m³	1.46	1 582.46	2 310.39	1 945.38	365.01
8	A1－70换	人工运土方 运距20m以内 实际运距(m):100	100m³	0.42	1 751.69	735.71	735.71	0
		小计				29 467.84	12 259.44	771.62
		钢筋混凝土						
9	A4－84	预制钢筋混凝土 屋架 拱板	10m³	2.71	3 940.36	10 678.38	2 556.07	647.53
10	A4－74	预制钢筋混凝土 过梁	10m³	0.35	3 253.63	1 138.77	275.1	111.96
11	A4－23	现浇钢筋混凝土 圈梁弧形圈梁	10m³	1.33	3 498.43	4 652.91	1 860.94	92.01
12	A4－24	现浇钢筋混凝土 过梁	10m³	0.05	3 706.2	185.31	75.78	5.64
13	A4－50	现浇钢筋混凝土 挑檐天沟	10m³	0.21	3 770.01	791.7	282.87	32.08

序号	定额编号	子目名称	工程单位	工程量	单价	合价	人工费	机械费
					价值（元）		其中（元）	
14	A4-21	现浇钢筋混凝土 单梁连续梁	10m³	0.06	3 035.92	182.16	54.04	6.76
15	A4-35	现浇钢筋混凝土 平板	10m³	0.36	3 039.03	1 094.05	282.53	41.34
16	A4-5	现浇钢筋混凝土 独立基础 混凝土	10m³	0.03	2 843.19	85.3	18.58	5.83
17	A4-18	现浇钢筋混凝土 构造柱异形柱	10m³	0.46	3 649.62	1 678.83	689.72	52.43
18	A4-47	现浇钢筋混凝土 整体楼梯	10m³	0.36	3 895.18	1 413.95	580.44	66.65
19	A4-37	现浇钢筋混凝土 预制板同朴现浇板板缝	10m³	0.07	3 193.71	223.56	64.13	8.04
20	A4-45	现浇钢筋混凝土 雨篷 直形	10m³	0.03	3 729.26	111.88	40.93	5.02
21	A4-24	现浇钢筋混凝土 过梁	10m³	0.02	3 706.2	74.12	30.31	2.25
22	A4-23	现浇钢筋混凝土 圈梁 弧形圈梁	10m³	0.01	3 498.43	34.98	13.99	0.69
23	A4-43	现浇钢筋混凝土 阳台 直形	10m³	0.18	3 704.75	666.86	248.62	28.58
24	A4-24	现浇钢筋混凝土 过梁	10m³	0.21	3 706.2	778.3	318.28	23.67
25	A4-51	现浇钢筋混凝土 栏板 直形	10m³	0.19	3 563.1	676.99	248.86	29.37
26	A4-330	现浇构件钢筋直径10mm以内	t	1.69	5 299.97	8 946.35	1 350.16	94.06
27	A4-331	现浇构件钢筋直径20mm以内	t	2.58	5 357.47	13 811.56	1 246.72	376.05
28	A4-333	预制构件钢筋直径10mm以内	t	0.28	5 226.78	1 479.18	213.35	14.22
29	借A4-353	预应力钢筋 先张法 低碳冷拔钢丝	t	0.74	6 171.19	4 542	518.44	188.91
30	A4-370	钢筋 铁件场外运输	t	4.27	145.1	619.58	179.34	394.12

序号	定额编号	子目名称	工程量		价值（元）		其中（元）	
			单位	工程量	单价	合价	人工费	机械费
31	A9－10	构件运输 2类混凝土构件 运距 5km以内	10m³	2.71	1 499.26	4 062.99	402.49	3 550.51
32	A9－103	混凝土构件安装及拼装 平板 塔式起重机	10m³	2.67	1 282.67	3 424.73	2 646.5	41.06
33	A9－24	构件运输 4类混凝土构件 运距 5km以内	10m³	0.35	2 407.21	842.52	80.93	713.4
34	A9－95	混凝土构件安装及拼装 过梁 塔式起重机	10m³	0.35	2 791.56	977.05	887.04	7.18
		小计				63 174.01	15 166.16	6 539.36
		墙体						
35	A3－3	砖砌内外墙（墙厚）一砖	10m³	18.35	3 204.01	58 793.58	14 654.31	721.34
36	A3－30	砌体内钢筋加固	t	0.34	6 185.74	2 103.15	567.53	12.76
		屋面						
37	A8－230	屋面保温 1:6水泥炉渣	10m³	1.38	2 550.76	3 520.05	537.04	104.26
38	A8－228	屋面保温 加气混凝土块	10m³	3.42	2 268.89	7 759.6	782.8	0
39	借 B1－27 ＋B1－30	找平层 水泥砂浆 在硬基层上 平面 20mm 实际厚度（mm）:25	100m²	1.98	1 125.49	2 228.47	1 073.95	63.5
40	A7－42	屋面防水 防水层 石油沥青 三毡四毡带砂	100m²	1.98	6 720.65	13 306.89	1 278.29	0.61
41	A7－99	屋面排水 塑料落水口 落水口直径 φ110	10个	0.4	295.79	118.32	82.56	0
42	A7－97	屋面排水 塑料水落管 φ110	100 m	0.35	4 225.65	1 462.07	458.59	0
43	A7－215	刚性防水 防水砂浆 平面	100m²	0.05	1 198.52	59.93	27.51	1.29
		小计				28 455.33	4 240.74	169.66

（续表）

序号	定额编号	子目名称	单位	工程量	价值（元）		其中（元）	
					单价	合价	人工费	机械费
		地面、楼面						
44	借B1-1	垫层 素土	10m³	4.1	243.12	996.79	828.61	127.18
45	借B1-2	垫层 灰土3:7	10m³	1.41	1 115.37	1 572.67	490.4	43.74
46	借B1-24	垫层 混凝土	10m³	0.09	2 624.85	236.24	69.55	6.55
47	借B1-99	陶瓷地砖楼地面（水泥砂浆） 每块周长（800mm以内）	100m²	0.18	6 781.18	1 220.61	399.55	16.26
48	借B1-55	混凝土地面 厚60mm	100m²	1.23	2 293.47	2 820.97	1 304.78	82.75
49	借B1-99	陶瓷地砖楼地面（水泥砂浆） 每块周长（800mm以内）	100m²	0.37	6 781.18	2 509.04	821.29	33.43
50	借B1-31 +B1-32	找平层 细石混凝土 在硬基层上 30mm 实际厚度（mm):35	100m²	2.12	1 414.75	2 999.27	1 189.32	81.56
51	借B1-40	水泥砂浆 加浆抹光随打随抹	100m²	2.12	600.39	1 272.83	905.66	13.17
52	借B1-199	水泥砂浆踢脚线	100m²	0.59	2 616.3	1 543.62	1 160.77	21.36
53	借B1-239	水泥砂浆楼梯	100m²	0.17	4 525.31	769.3	613.84	7.91
54	借B1-38	水泥砂浆 楼地面 20mm	100m²	0.18	1 432.75	257.9	149.47	4.65
55	A4-66	现浇钢筋混凝土 台阶 混凝土基层	100m²	0.02	9 201.58	184.03	80.72	3.71
56	借B1-361	水泥砂浆台阶 混凝土表面	100m²	0.03	3 127.69	93.83	65	1.24
57	A4-61	现浇钢筋混凝土 散水 混凝土一次抹光水泥砂浆	100m²	0.54	6 924.9	3 739.45	1 860.08	55.29

序号	定额编号	子目名称	工程量		价值（元）		其中（元）	
			单位	工程量	单价	合价	人工费	机械费
		小计				20 216.55	9 939.04	498.8
		装修及其他						
58	借 B3－1	天棚抹灰 石灰砂浆 混凝土	100 m²	4.76	1 456.28	6 931.89	4 958.02	108.34
59	借 B2－2	石灰砂浆 墙面 标准砖	100 m²	9.37	1 701.97	15 947.46	11 602.87	319.89
60	借 B2－139	内墙瓷砖 水泥砂浆粘贴 152×152	100 m²	2.54	8 204.53	20 839.51	11 100.05	231.47
61	借 B5－296	抹灰面乳胶漆 二遍	100 m²	14.15	780.8	11 048.32	7 937.87	0
62	借 B2－9	水泥砂浆 墙面 标准砖	100 m²	4.26	1 741.26	7 417.77	5 105.18	132.23
63	借 B5－348	外墙涂料 抹灰面	100 m²	4.26	986.79	4 203.73	2 054.6	396.95
64	借 B2－94	阳台栏板水泥砂浆抹面	100 m²	0.49	3 729.42	1 827.42	1 542.47	15.71
65	借 B5－348	阳台栏板刷外墙涂料两遍	100 m²	0.49	986.79	483.53	236.33	45.66
		小计				68 699.63	44 537.39	1 250.25
		门窗						
66	借 B4－55	普通木门框 单裁口 制作	100 m	2.43	2 032.96	4 940.09	354.29	82.91
67	借 B4－56	普通木门框 单裁口 安装	100 m	2.43	536.68	1 304.13	835.43	2.28
68	借 B4－1	胶合板门扇 制作	100 m²	0.55	10 857.49	5 971.62	961.95	177.69
69	借 B4－2	胶合板门扇 安装	100 m²	0.55	717.6	394.68	394.68	0
70	借 B4－51	玻璃门亮 高 600mm 以内 制作	100 m²	0.09	9 383.4	844.51	91.42	23.7
71	借 B4－52	玻璃门亮 高 600mm 以内 安装	100 m²	0.09	3 964.29	356.79	224.37	0

序号	定额编号	子 目 名 称	工 程 量		价 值（元）		其中（元）	
			单 位	工程量	单 价	合 价	人工费	机械费
72	借B5-5	底油一遍 调和漆一遍 单层木门	100m²	0.76	1 831.24	1 391.74	882.59	0
73	借BM-3	普通木门用小五金零件 带亮子 单扇	樘	33	8.27	272.91	0	0
74	借BM-1	普通木门用小五金零件 不带亮子 单扇	樘	6	5.88	35.28	0	0
75	借B4-119	成品铝合金门安装 平开门 M-1	100m²	0.09	25 544.86	2 196.86	242.26	8.49
76	借B4-226	铝合金平开窗安装	100m²	0.75	25 983.13	19 539.31	1 627.03	143.36
77	A9-66	构件运输 木门窗运距（5km以内）	100m²	0.76	409.32	311.08	44.29	266.79
78	借B1-300	楼梯普通钢栏杆制作、安装	10 m	1.35	744.6	1 005.21	238.14	134.84
79	借B1-311	楼梯铁栏杆上 木扶手	10 m	1.35	895.5	1 208.93	732.38	0.42
80	借B5-245	防锈漆一遍 其他金属面	t	0.09	144.14	12.97	6.49	0
81	借B5-248	调和漆 二遍 铁栏杆油漆	t	0.09	206.63	18.6	11.84	0
82	借B5-7	底油一遍、调和漆二遍 木扶手（不带托板）	100 m	0.14	431.91	58.31	49.61	0
83	A9-52	铁栏杆运输 运距5km以内	10t	0.01	699.62	3.5	0.31	2.74
		小计				39 866.52	6 697.08	843.22
		二、措施项目						
		（一）可竞争项目						
84	A11-5	外墙脚手架 外墙高度在 15m 以内 单排	100m²	5.07	1 117.41	5 666.61	1 789.12	241.39
85	A11-20	内墙砌筑脚手架 3.6m 以内里脚手架	100m²	5.72	257.78	1 474.17	1 142.6	54.44
86	借B7-3	外墙面装饰脚手架 外墙高度在 15m 以内	100m²	5.07	1 368.96	6 942.27	2 428.09	144.83

序号	定额编号	子目名称	工程量		价值（元）		其中（元）	
			单位	工程量	单价	合价	人工费	机械费
87	借B7-20	简易脚手架 天棚	100m²	16.15	119.92	1 937.3	882.06	153.79
88	借B7-21	简易脚手架 墙面	100m²	4.24	36.09	152.96	81.38	20.17
89	A13-5	建筑物垂直运输 ±0.00m以上,20m(6层)以内 砖混结构 卷扬机	100m²	5.21	1 262.65	6 578.41	0	6 578.41
90	A12-62	现浇混凝土复合木模板 地圈梁模板	100m²	0.62	4 392.78	2 723.52	1 055.18	70.23
91	A12-111	预制混凝土木模板 过梁	100m²	0.49	1 304.85	633.77	256.62	1.02
92	A12-62	现浇混凝土复合木模板 直形圈梁	100m²	1.21	4 392.78	5 315.26	2 059.3	137.06
93	A12-70	现浇混凝土复合木模板 挑檐天沟	100m²	0.21	6 527.97	1 370.87	704.89	105.12
94	A12-23	现浇混凝土组合式钢模板 过梁	100m²	0.03	6 713.02	201.39	89.17	6.26
95	A12-61	现浇混凝土复合木模板 单梁连续梁	100m²	0.06	5 704.11	342.25	126.72	15.73
96	A12-65	现浇混凝土复合木模板 平板	100m²	0.37	4 729.3	1 749.84	520.15	99.36
97	A12-58	现浇混凝土复合木模板 矩形柱	100m²	0.38	5 135.52	1 951.5	789.56	86.89
98	A12-94	现浇混凝土复合木模板 整体楼梯	100m²	0.26	7 090.3	1 841.35	688.09	50.31
99	A12-68	现浇混凝土复合木模板 直形雨篷	100m²	0.03	5 484.87	177.71	50.12	13.44
100	A12-23	现浇混凝土组合式钢模板 雨篷过梁	100m²	0.02	6 713.02	134.26	59.45	4.18
101	A12-67	现浇混凝土复合木模板 直形阳台	100m²	0.18	5 683.93	1 029.93	327.79	49.31
102	A12-69	现浇混凝土复合木模板 直形栏板	100m²	0.47	3 585.5	1 685.19	569.89	115.59
103	A12-100	现浇混凝土木模板 台阶	100m²	0.02	6 372.28	140.83	57.81	2.38

序号	定额编号	子目名称	单位	工程量	单价	合价	人工费	机械费
104	A12-77	现浇混凝土木模板 现浇散水模板	100m²	0.06	4155.02	249.3	39.1	3.44
		小计				42 298.69	13 717.09	7 953.35
		建筑及措施合计				224 292.6	60 605.27	16 168.09
		装饰装修				128 782.7	61 173.51	2 592.27
105	借B8-5	垂直运输费 ±0.00以上 建筑物檐高20m以上 内/6层以内	100工日	61 173/60÷100=10.19	381.59	3 759.58	0	3 759.58
（二）其他可竞争项目措施费汇总表（实体，措施人工费+机械费）×费率								
		1. 建筑部分	基数	76 773.36				
106	A15-59	冬季施工增加费			0.64%	491.35	99.81	20.27
107	A15-60	雨季施工增加费			1.48%	1 136.25	230.32	46.69
108	A15-61	夜间施工增加费			0.75%	575.80	345.48	69.10
109	A15-62	生产工具用具使用费			1.41%	1 082.50	322.45	64.03
110	A15-63	检验试验配合费			0.57%	437.61	122.84	21.55
111	A15-64	工程定位复测场地清理费			0.65%	499.03	245.67	37.80
112	A15-65	成品保护费			0.72%	552.77	276.38	26.87
113	A15-66	二次搬运费			1.20%	921.28	340.87	235.77
114	A15-67	停水停电增加费			0.44%	337.80	74.32	37.16
		小计				6 034.39	2 058.14	559.23

（续表）

序号	定额编号	子目名称	单位	工程量	单价	合价	人工费	机械费
		2.装修部分	基数	67 525.36				
115	B9-1	冬季施工增加费			0.28%	189.07	101.29	
116	B9-2	雨季施工增加费			0.64%	432.16	236.34	
117	B9-3	夜间施工增加费			0.60%	405.15	303.86	
118	B9-4	生产工具用具使用费			1.10%	742.78		
119	B9-5	检验试验配合费			0.50%	337.63	135.05	
120	B9-6	成品保护费			0.67%	452.42	229.59	
121	B9-7	二次搬运费			1.51%	1 019.63	546.96	
122	B9-8	停水停电增加费			0.40%	270.10	135.05	
123	B9-9	工程定位复测场地清理费			1.00%	675.25	573.97	
		小计				4 524.20	2 262.10	
		1.直接费合计						
		①土石方、垂直运输				14 405.58	6 777.01	7 234.58
		②建筑工程(含措施)				204 307.12	51 837.33	10 329.45
		③装饰装修(含措施)中其他可竞争及不可竞争的装修部分				148 631.40	67 549.23	6 581.87
		2.直接费中人工费+机械费						
		①土石方、垂直运输				14 011.59		
		②建筑工程(含措施)				62 166.78		

序号	定额编号	子目名称	工程量		价值（元）		其中（元）	
			单位	工程量	单价	合价	人工费	机械费
		③ 装饰装修				74 131.10		
		3. 企业管理费						
		① 土石方、垂直运输：(2) ①×4%				560.46		
		② 建筑工程（含措施）：(2) ②×17%				10 568.35		
		③ 装饰装修：(2) ③×18%				13 343.60		
		4. 利润						
		① 土石方、垂直运输：(2) ①×4%				560.46		
		② 建筑工程（含措施）：(2) ②×10%				6 216.68		
		③ 装饰装修：(2) ③×13%				9 637.04		
		5. 规费						
		① 土石方、垂直运输：(2) ①×7%				980.81		
		② 建筑工程（含措施）：(2) ②×25%				15 541.70		
		③ 装饰装修：(2) ③×20%				14 826.22		
		6. 价款调整：(按合同确认的方式方法)						
		7. 安全生产、文明施工费						
		① 土石方、垂直运输：(1+3+4+5+6)×3.55%				586.01		
		② 建筑工程（含措施）：(1+3+4+5+6)×3.55%				8 400.50		
		③ 装饰装修：(1+3+4+5+6)×3%				5 593.15		
		8. 税金：(1+3+4+5+6+7)×3.48%				15 804.74		
		9. 工程造价：(1+3+4+5+6+7+8)				469 963.82		

（8）室内天棚、墙面喷石灰水一遍。

（9）木门油漆为底油一遍、调和漆两遍,钢窗油漆为防锈漆一遍、调和漆两遍。

2. 结构部分

（1）条形基础:C10 混凝土垫层,M5 混合砂浆砌砖。

（2）基础梁:C20 混凝土预制。

（3）杯形基础:C10 混凝土垫层,C15 混凝土基础。

（4）预制柱:C30 混凝土预制。

（5）屋面梁:C30 混凝土预制,选用标准图 G353（五）。

（6）大型屋面板:C30 混凝土预制,选用标准图 G410（一）。

（7）吊车梁:C30 混凝土预制,选用标准图 G323（二）。

（8）圈梁、雨篷:C20 混凝土现浇。

3. 施工图

此机修车间的建筑施工图、结构施工图如图 2 - 71(a) ~ (j)所示。

（二）工程量计算

外墙中心线长 $L_{中} = （36.37 + 12.24） \times 2 = 97.22m$

外墙外边线长 $L_{外} = （36.74 + 12.48） \times 2 = 98.44m$

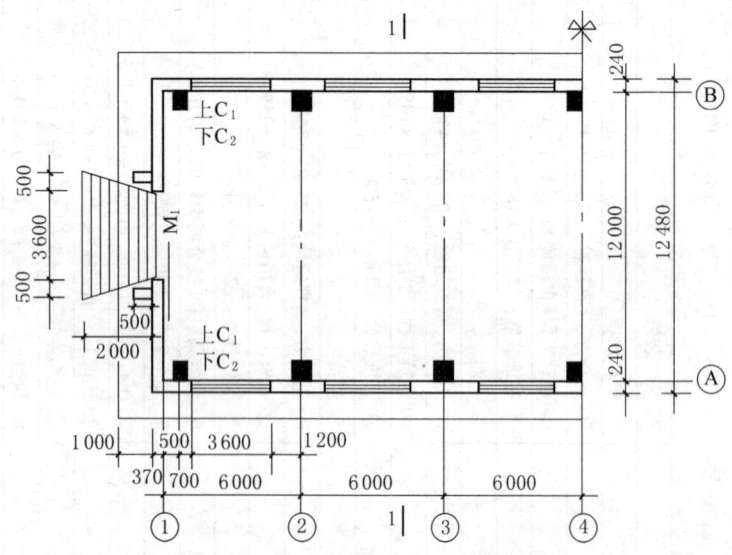

图 2 - 71(a)　某机修车间建筑平面图

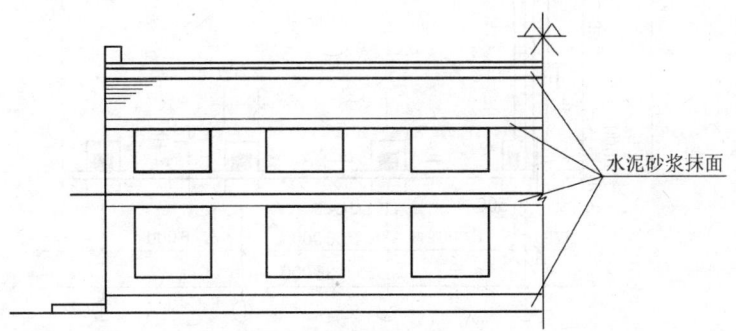

图 2 - 71(b)　某机修车间建筑立面图

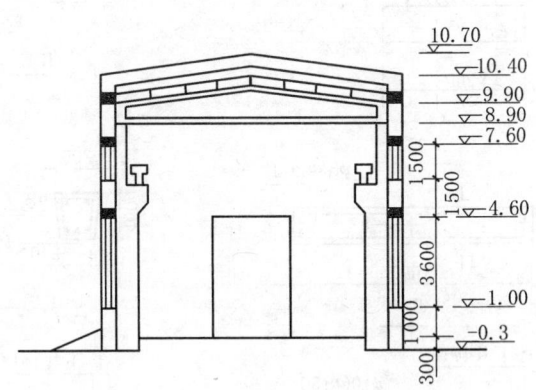

图 2 - 71(c)　某机修车间建筑剖面图

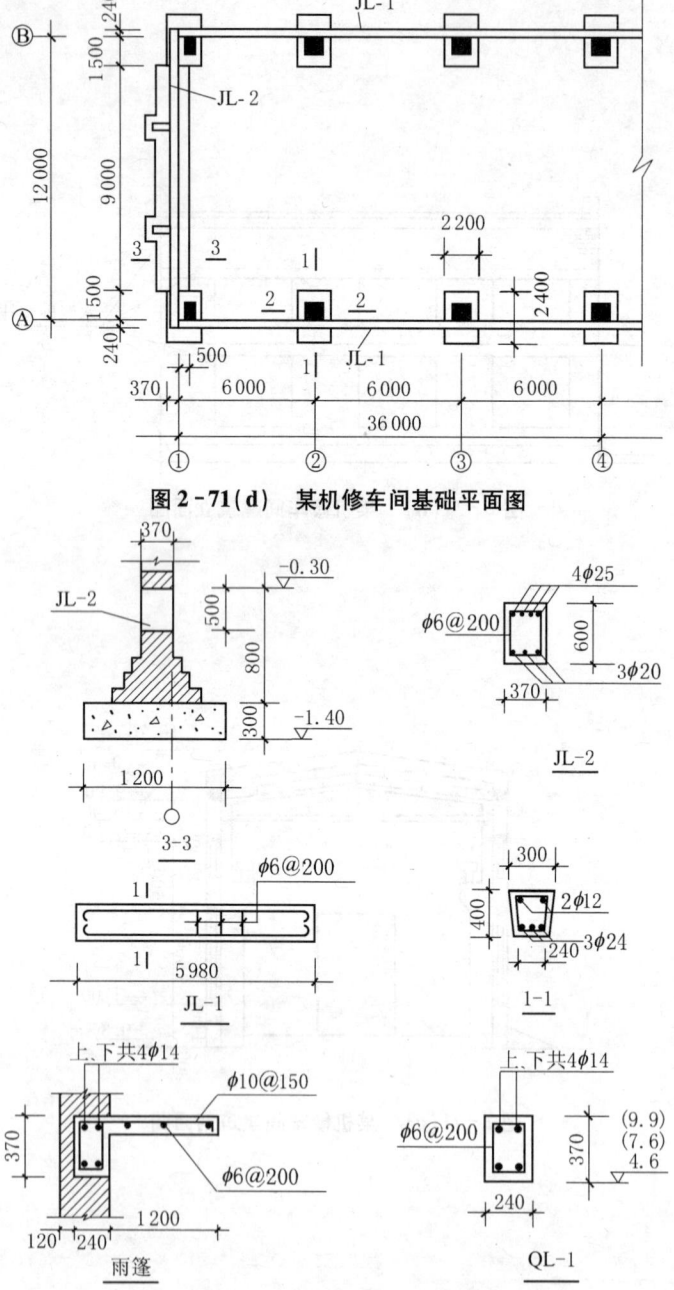

图 2-71(d) 某机修车间基础平面图

图 2-71(e) 某机修车间基础、雨篷详图

272

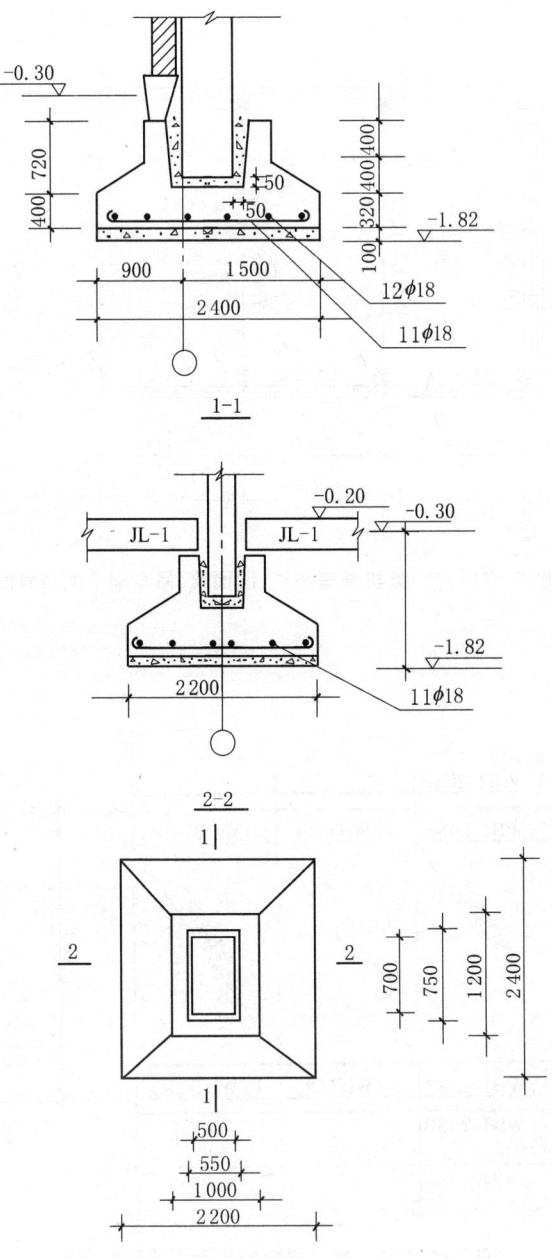

图 2-71(f)　某机修车间柱基础详图

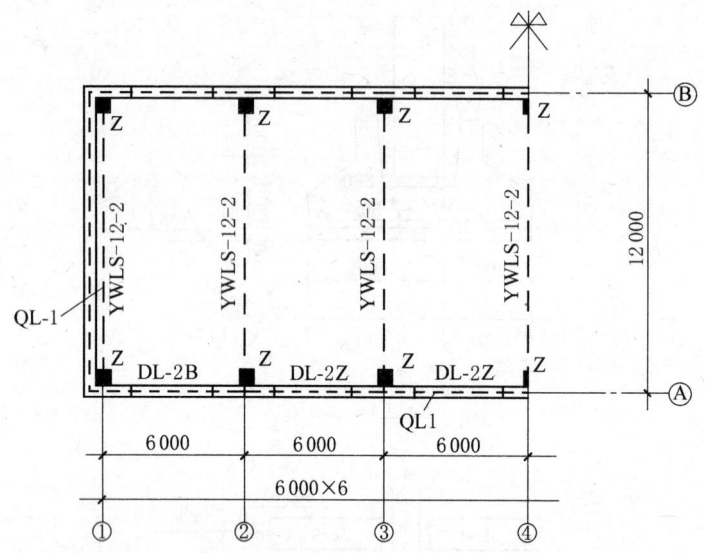

图 2-71(g)　某机修车间柱、屋面梁、吊车梁平面布置图

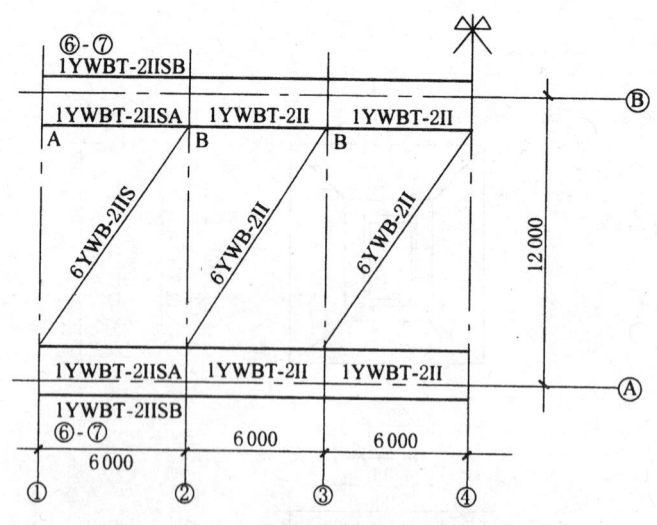

图 2-71(h)　某机修车间屋面板平面布置图

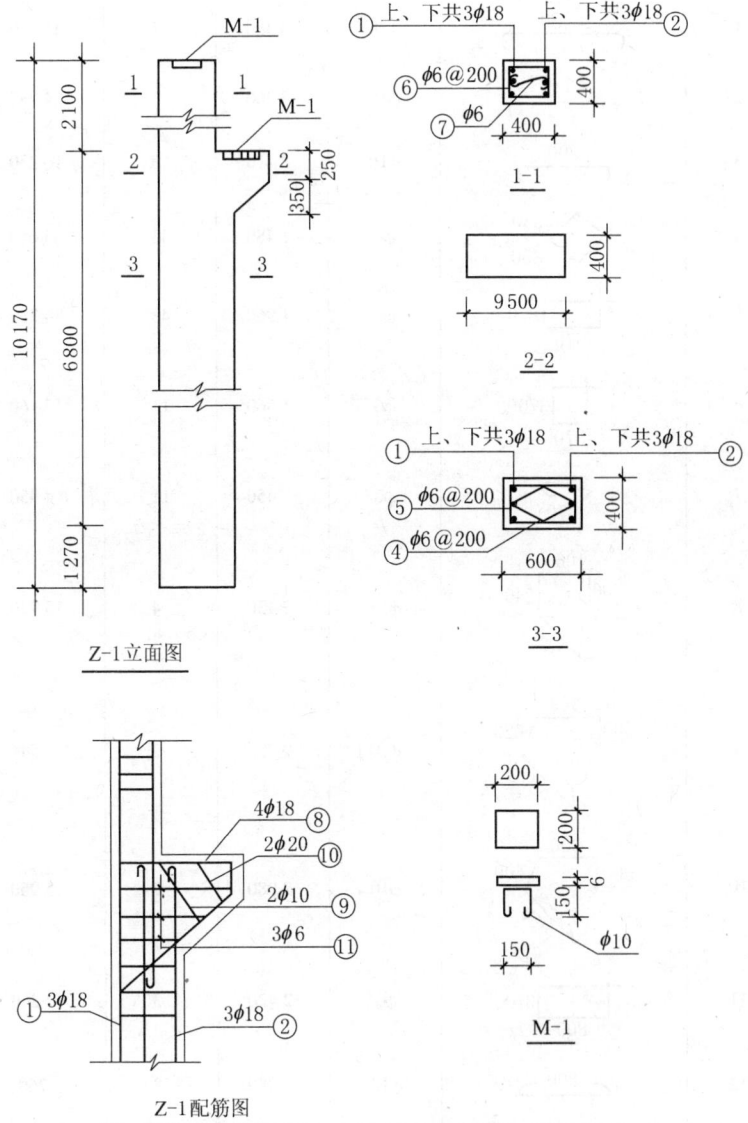

图 2-71(i) 某机修车间柱详图

钢筋编号	形　状	直径(mm)	长度(mm)	数　量	总长(mm)
1	10130	$\phi18$	10 360	3	31 080
2	8030	$\phi18$	8 260	3	24 780
3	3200	$\phi16$	3 410	3	10 230
4	350 350	$\phi6$	1 480	43	63 640
5	370 570	$\phi6$	1 960	43	84 280
6	370 370	$\phi6$	1 560	11	17 160
7	370	$\phi6$	450	11	4 950
8	1060 600 240 1300	$\phi18$	3 430	4	13 720
9	329 600 620 1050	$\phi10$	2 720	2	544
10	800 600 400 1250	$\phi10$	2 980	2	5 960
11	370 800	$\phi6$	2 420	3	7 260
12	800	$\phi12$	950	8	760

图 2-71(j)　某机修车间柱 Z-1 钢筋表

1. 建筑面积

$$36.74 \times 12.48 = 458.52 m^2$$

2. 平整场地工程量

$$36.74 \times 12.48 = 458.52 m^2$$

3. 基础工程量

（1）砖条形基础。

$$\left. \begin{array}{l} 基础长:9.0 \times 2 = 18m \\ 垛长:0.5 \times 4 = 2m \end{array} \right\} = 20m$$

JL-2 挑出长度:$(12.24 - 9) \times 2 = 6.48m$

① 人工挖槽（普硬土）工程量:

$$20 \times (1.2 + 0.3 \times 2) \times 1.1 = 39.6 m^3$$

② C10 混凝土垫层工程量:

$$20 \times 1.2 \times 0.3 = 7.2 m^3$$

③ M5 混合砂浆砌砖基础工程量。

$$\left. \begin{array}{l} 砖条形基础:20.0 \times 0.365 \times (1.1 + 0.259) = 9.92 m^3 \\ JL-2 挑出长度上: \\ 6.48 \times 0.365 \times 0.8(高含 JL-2) = 1.89 m^3 \\ 扣 JL-2 体积: -0.365 \times 0.6 \times 6 \times 4 根 = -5.3 m^3 \end{array} \right\} = 6.51 m^3$$

④ 防水砂浆防潮层工程量:

$$(20 + 6.48) \times 0.365 = 9.66 m^2$$

⑤ 基础梁 JL-2 工程量。

C20 混凝土体积:$0.37 \times 0.6 \times 6 \times 4 = 5.3 m^3$

基础梁模板:$(0.37 + 0.6 \times 2) \times 6 \times 4 = 37.68 m^2$

钢筋重量:$4\phi25 \quad 24 \times 4 \times 3.85 = 370kg$

$3\phi20 \quad 24 \times 3 \times 2.47 = 178kg$

$$\phi6@200 \quad (0.6 + 0.37) \times 2 \times \frac{24}{0.2} \times 0.222 = 52kg$$

（2）C20 混凝土预制基础梁 JL-1（共 12 根）。

① C20 混凝土体积:

$$5.98 \times \frac{0.3 + 0.24}{2} \times 0.4 \times 12 = 7.75 m^3$$

基础梁模板:$(0.24 + 0.4 \times 2) \times 5.98 \times 12 = 74.63 m^2$

钢筋重量:$2\phi12 \quad (5.98 - 0.05 + 12.5 \times 0.012) \times 2 \times 0.888 \times 12$

$$= 130.0 \text{kg}$$

$$3\phi24 \quad (5.98 - 0.05 + 12.5 \times 0.024) \times 3 \times 3.55 \times 12$$

$$= 796.0 \text{kg}$$

$$\phi6 \quad (0.3 + 0.4) \times 2 \times 5.98 \times 0.222 \times 12 = 112.0 \text{kg}$$

② JL-1 基础梁下人工挖槽工程量:

$$36.37 \times 2 \times (0.2 + 0.4 - 0.3) \times 0.3 = 6.48 \text{m}^3$$

③ M5 混合砂浆砌砖基础工程量:

$$36.37 \times 2 \times 0.2 \times 0.24 = 3.46 \text{m}^3$$

(3) 杯形基础(共 14 个)。

① 人工挖坑工程量(三类土):

$$V = (B + 2C + KH) \times (A + 2C + KH) \times H + \frac{1}{3}K^2H^3$$

$$= \Big[(2.4 + 2 \times 0.3 + 0.33 \times 1.52) \times (2.2 + 2 \times 0.3$$

$$+ 0.33 \times 1.52) \times 1.52 + \frac{1}{3} \times 0.33^2 \times 1.52^3 \Big] \times 14 \text{ 个}$$

$$= 247.80 \text{m}^3$$

② C10 混凝土垫层工程量:

$$2.4 \times 2.2 \times 0.1 \times 14 = 7.39 \text{m}^3$$

混凝土垫层模板:$(2.4 + 2.2) \times 2 \times 0.1 \times 14 = 12.88 \text{m}^2$

③ 杯形基础工程量。

(a) C15 混凝土体积。

矩形体:$2.4 \times 2.2 \times 0.32 = 1.69 \text{m}^3$

台体:$\dfrac{0.4}{6} \times [2.4 \times 2.2 + 1.2 \times 1.0 + (2.4 + 1.2)$

$$\times (2.2 + 1.0)] = 1.2 \text{m}^3$$

杯口:$1.2 \times 1.0 \times 0.4 = 0.48 \text{m}^3$

扣杯洞:

$$-\frac{0.72}{6}[0.55 \times 0.75 + 0.5 \times 0.7 + (0.55 + 0.5)$$

$$\times (0.75 + 0.7)] = -0.19 \text{m}^3$$

合计:$(1.69 + 1.2 + 0.48 - 0.19) \times 14 \text{ 个} = 44.52 \text{m}^3$

杯形基础模板:

$(2.4 + 2.2) \times 2 \times 0.32 \times 14 = 41.22\text{m}^2$

$(1.2 + 1.0) \times 2 \times 0.4 \times 14 = 24.64\text{m}^2$

$(0.75 + 0.55) \times 2 \times 0.72 \times 14 = 26.21\text{m}^2$

合计：92.07m²

(b) 钢筋重量：$\left.\begin{array}{l} 12\phi18 \quad (2.2 - 0.07 + 12.5 \times 0.018) \\ \qquad \times 12 \times 2.0 = 56.52\text{kg} \\ 11\phi18 \quad (2.4 - 0.07 + 12.5 \times 0.018) \\ \qquad \times 11 \times 2.0 = 56.2\text{kg} \end{array}\right\} = 112.72\text{kg}$

合计：112.72 × 14 个 = 1 578kg

④ 回填土工程量：

$(39.6 + 6.4 + 254.2) - 7.2 - 6.65 - 5.3 - 7.75 - 3.46 - 7.39$
$\quad - 44.5 = 219.76\text{m}^3$

⑤ 余土外运(100m)工程量：300 - 219.76 = 80.24m³

4. 混凝土构件工程量

(1) 预制柱 Z - 1。

① C20 混凝土体积：

$\left.\begin{array}{l} 8.07 \times 0.6 \times 0.4 = 1.94\text{m}^3 \\ 2.1 \times 0.4 \times 0.4 = 0.336\text{m}^3 \\ (0.25 + 0.6) \times 0.5 \times 0.35 \times 0.4 = 0.06\text{m}^3 \end{array}\right\} = 2.336\text{m}^3$

合计：2.336 × 14 根 = 32.7m³

预制柱模板：$32.7 \div 0.4 \times 2 + 10.17 \times 0.4 + 0.35 \times \sqrt{2} \times 0.4 = 167.77\text{m}^2$

② 钢筋重量：按钢筋表计算。

$\phi18$：$(31.08 + 24.78 + 13.72) \times 2.0\text{kg} \times 14$ 个 = 1 948kg

①、②号筋搭接：42.5 × 0.018 × 6 × 2.0 × 14 = 64kg

$\phi16$：10.23 × 1.61 × 14 = 231kg

$\phi10$：(0.54 + 5.96) × 0.617 × 14 = 99kg

$\phi12$：7.6 × 0.888 × 14 = 95kg

$\phi6$：(63.64 + 82.28 + 17.16 + 4.95 + 7.26) × 0.222 × 14 = 551kg

③ 铁件重量：门 M₁ 钢板

$\left.\begin{array}{l} 0.2 \times 0.2 \times 7.85\text{kg} \times 6 \times 28 \text{ 个} = 53\text{kg} \\ \qquad\qquad \phi10 \\ (0.15 \times 3 + 12.5 \times 0.01) \times 0.617 \times 28 = 10\text{kg} \end{array}\right\} = 63\text{kg}$

279

（2）屋面梁 YWLS－12－2（共7榀）。

屋面梁工程量计算如表2－65所示。

表2－65　屋面梁工程量计算表

计算项目		C40混凝土体积（m³）	钢筋重量（kg）				铁件重量（kg）
			φ20以上	φ20以内	φ10以上	φ10以内	
工程量	1榀	1.75	145.41	173.0	15.4	128.44	35.8
	7榀合计	12.25	1 018	1 211	108	899	251

每榀梁工程量从标准图 G353（五）查得，或从第五章表5－31查得混凝土用量。

（3）预制预应力大型屋面板。

大型屋面板工程量计算如表2－66所示。

表2－66　大型屋面板工程量计算表

型号	块数	C30混凝土体积（m³）		钢筋重量（kg）						铁件重量（kg）	
				预应力筋		φᵇ4		φ10			
		每块板	合计	每块板	合计	每块板	合计	每块板	合计	每块板	合计
YWB－2Ⅱ	6×4＝24块	0.467	11.21	18.94	455	12.0	288	7.32	176	1.58	38
YWB－2ⅡS	6×2＝12块	0.467	5.60	18.94	221	12.0	144	7.32	88	1.58	19
YWBT－2ⅡSA 2ⅡSB	2×2＝4块	0.58	2.32	35.8	143	19.2	77	8.9	36	2.8	11
YWBT－2Ⅱ	2×4＝8块	0.58	4.64	35.8	286	19.2	154	8.9	71	3.8	30
合计	安装工程量	23.77		1 105		663		371		98	
	制作、运输工程量（安装工程量×1.01）	24		1 116		670		375		99	

每块板工程量从标准图 G410（一）查得，或从本书第五章表5－39可查得 C30 混凝土用量，其钢筋、铁件用量也可以以定额中含量为准。

（4）吊车梁（共12根）。

工程量计算如表2－67所示。

表 2-67　吊车梁工程量计算表

型　号	数量(根)	C40混凝土体积(m³)		钢　筋　重　量(kg)								铁件重量(kg)	
				φ18以内		φ10以内		φ20以内		φ10以内			
		每根梁	合计	每根梁	合计	每根梁	合计	每根梁	合计	每根梁	合计	每根梁	合计
DL-2B	4	0.68	2.72	23.6	94	7.8	31.0	7.8	31	40.8	163	6.4	26
DL-2Z	8	0.67	5.36	23.6	189	7.8	62	5.6	45	40.8	326		
合　计	制作、运输、安装	8.08		283		93		76		489		26	

每根梁工程量从标准图 G323（二）中查得，或从本书第五章表 5-29 中查得混凝土用量，其钢筋、铁件数量也可以以定额中含量为准。

（5）现浇圈梁、过梁。

① C20 混凝土体积。

圈梁兼过梁：窗洞　（3.6 + 0.5）× 24 个 = 98.4m｝= 106.6m
　　　　　　门洞　（3.6 + 0.5）× 2 个 = 8.2m

　　　　106.6 × 0.24 × 0.37 = 9.47m³

现浇过梁模板：（106.6 - 13）×（0.37 × 2 + 0.24）= 91.73m²

圈梁：

$[(36.37 + 12.24) × 2 × 3 道] × 0.24 × 0.37 = 25.9m^3$｝= 16.43m³

扣圈梁兼过梁体积：-9.47m³

圈梁模板：291.66 × 0.37 × 2 = 215.83m²

② 钢筋重量：4φ14　291.66 × 4 × 1.1 × 1.23 = 1 579kg

　　　　φ6@200

　　　　（0.24 + 0.37）× 2 × 291.66 × 5 × 0.222 = 395kg

（6）雨篷。

C20 现浇混凝土雨篷：

　　　　5.6 × 1.2 × 2 个 = 13.44m² × 0.08 = 1.08m³

雨篷模板：13.44m²

钢筋：φ10@150　（1.2 + 0.24 + 0.37 + 6.25 × 0.01）× 5.6 × 2 ÷

　　　　0.15 × 0.629 = 88kg

　　　φ6@200　5.6 × 2 × 6 根 × 0.222 = 15kg

281

5. 门窗工程量

（1）实腹钢窗制作、安装：

C1　$3.6 \times 3.6 \times 12$ 个 $= 155.52m^2$

C2　$3.6 \times 1.5 \times 12$ 个 $= 64.8m^2$ $\Big\} = 220.32m^2$

钢窗安玻璃：$220.32m^2$

钢窗油漆（防锈漆一遍、调和漆两遍）：$220.32m^2$

（2）推拉木板门扇制作、安装：$4.0 \times 4.8 \times 2$ 个 $= 38.4m^2$

木门油漆（底漆一遍、调和漆两遍）：$38.4 \times 1.1 = 42.24m^2$

木门五金：洞口宽 $3.6m$，2 樘。

门扇运输：$38.4m^2$

6. 墙体工程量

（1）24 砖外墙：

$36.37 \times 2 \times 9.9 = 720.13m^2$

扣窗洞口面积：$-220.32m^2$ $\Big\} = 499.8m^2$

$499.8 \times 0.24 = 119.95m^3$

扣圈梁体积：

$-(36.37 \times 2 \times 3 \times 0.24 \times 0.37) = -19.38m^2$ $\Big\} = 100.57m^3$

（2）37 砖外墙：

$12.24 \times 2 \times 10.4 + 12.24 \times 0.3 \div 2 \times 2 = 258.26m^2$

扣门洞口面积：$-38.4m^2$ $\Big\} = 219.86m^2$

$219.86 \times 0.365 = 80.25m^3$

扣圈梁体积：$-(25.9 - 19.38) = -6.52m^3$ $\Big\} = 73.73m^3$

（3）墙体加固钢筋（⌊ 形）：

$4.65 \times (9.9 + 0.3) \div 0.5 \times 0.222 \times 4$ 个 $= 84kg$

7. 屋面工程量

（1）加气混凝土保温层（100mm 厚）：

$12.48 \times 36 \times 0.1 \times 1.02$（坡度系数）$= 45.83m^3$

（2）水泥砂浆找平层：

$[12.48 + 0.16 \times 2$（出檐宽）$] \times 36 \times 1.02 = 470m^2$

女儿墙上卷起　$12.48 \times 2 \times 0.3 = 7.49m^2$ $\Big\} = 477.49m^2$

（3）二毡三油一砂防水层：同找平层，$477.49m^2$。

（4）雨篷顶防水砂浆抹面：

$$1.2 \times 5.6 \times 2 \text{个} = 13.44\text{m}^2$$

8. 地面工程量

（1）地面。

① 室内填土：

$$36 \times 12 \times (0.3 - 0.18) = 51.84\text{m}^3$$

② 3:7灰土垫层(10mm 厚)：

$$36 \times 12 \times 0.1 = 43.2\text{m}^3$$

③ C20 混凝土随打随抹(80mm 厚)：432m²

④ 水泥踢脚线：

$$96\text{m} \times 0.15 = 14.4\text{m}^2$$

（2）C10 混凝土防滑坡道：

$$(3.6 + 0.5) \times 2 \times 2 \text{个} = 16.4\text{m}^2$$

（3）散水(C10 混凝土打抹)：

$$\left.\begin{array}{l} 98.44 \times 1 + 4 \times 1.0^2 = 102.44\text{m}^2 \\ \text{扣坡道：} -(3.6 \times 2 \times 1) = -7.2\text{m}^2 \end{array}\right\} = 95.24\text{m}^2$$

散水模板：$102.44 \times 0.1 = 10.24\text{m}^2$

9. 装修工程量

（1）圈梁水泥抹面：

$$98.44 \times 3 \times 0.4 = 118.12\text{m}^2$$

（2）水泥砂浆外勒脚：

$$(98.44 - 3.6 \times 2 + 0.5 \times 8) \times 0.45 = 42.86\text{m}^2$$

（3）外墙勾缝：

$$\left.\begin{array}{l} \text{外墙勾缝：} 98.44 \times (9.9 + 0.3 - 0.45) = 95.9\text{m}^2 \\ \text{山墙尖：} 12.48 \times 2 \times 0.5 \times 2(\text{面}) = 25\text{m}^2 \\ \text{内墙勾缝：} 96 \times 9.9 = 950\text{m}^2 \end{array}\right\} = 1934\text{m}^2$$

（4）室内喷石灰水：

$$\left.\begin{array}{l} \text{内墙} \quad 950\text{m}^2 \\ \text{天棚} \quad 36 \times 12 \times 1.4 = 604.8\text{m}^2 \end{array}\right\} = 1554.8\text{m}^2$$

10. 其他

（1）垂直运输机械费：单层厂房，排架结构，459m²。

（2）大型机械场外运输费：计算 1 台履带吊车的运输费。

（3）脚手架：

① 砌外墙脚手架：$36.74 \times 10.7 \times 2 + 12.48 \times 10.85 \times 2 = 1\,057.1\text{m}^2$，双排

② 外墙装饰脚手架:同① = 1 057. 1m²

③ 室内喷浆满堂脚手架:604. 8m²

11. 钢材合计

钢材用量统计如表 2 - 68 所示。

表 2 - 68　钢材用量统计表

类　　别	钢　筋　重　量(kg)		合计(kg)
(1)现浇构件	φ10 以内	φ20 以内	
基　础		1 578	
圈　梁	408	1 579	
合　计	408	3 157	3 565

(2)预制构件	φ10 以内	φ20 以内	φ20 以内	φ20 以上	φ20 以上	预应力	铁件	$φ^b4$
基 础 梁	164	308		1 166				
柱　子	650	2 338					63	
屋 面 梁	899	108	1 211		1 018		251	
屋 面 板	375					1 116	99	670
吊 车 梁	489	76	376				26	
合　　计	2 577	2 830	1 587	1 116	1 018	1 116	439	670

注:钢筋、铁件场外运输(运距 5km):现浇 3. 57t,现场预制柱筋 3. 05t,合计 6. 62t。

（三）编制决算表,计算工程造价

见表 2 - 69 建筑工程决算表。

（四）计算工料

计算工料也称工料分析,即计算工程的用工、用料数量,既用于材料调价,又作为施工部门编制各种计划和计划分析的依据。计算方法见本章第五节,此处省略计算过程。

（五）决算编制说明

（1）决算编制依据:此机修车间设计文件、河北省 2012 年土建定额。

（2）工程地址在邯郸市,工地距预制厂 5km。

（3）除柱在现场预制外,其余构件均在预制厂预制。

（六）机修厂决算编制提示

1. 工程量的计算

（1）机修车间是一个最简单的单层工业厂房,它所用的资料有砖

表 2－69　建筑工程决算书

工程名称：××机修车间

建筑面积：458.52m²　　预算造价：423 215.81 元

序号	定额编号	子目名称	工程量		价值（元）		其中（元）	
			单位	工程量	单价	合价	人工费	机械费
		一、实体项目						
1	A1－39	人工 平整场地	100m²	4.58	142.88	654.39	654.39	0
2	A1－11	人工挖沟槽 一、二类土 深度（2m 以内）	100m³	0.46	1 529.38	703.51	703.51	0
3	借 B1－24 换	混凝土基础垫层 机械×1.2，人工×1.2	10m³	0.72	2 793.96	2 011.65	667.7	62.84
4	A3－1 换	砖基础 M5 水泥石灰砂浆	10m³	1.01	2 977.52	3 007.3	590.24	40.75
5	A7－214	刚性防水 防水砂浆 墙基	100m²	0.09	1 619.72	145.77	73.06	2.98
6	A4－72	预制钢筋混凝土 矩形梁	10m³	1.31	3 096.12	4 055.92	873.25	419.04
7	A1－23	人工挖地坑 杯形基础	100m³	2.54	1 689.65	4 291.71	4 291.71	0
8	借 B1－2	垫层 灰土 3:7	10m³	0.74	1 115.37	825.37	257.37	22.95
9	A4－6	现浇钢筋混凝土 杯形基础	10m³	4.45	2 806.45	12 488.7	2 584.56	864.37
10	A1－41	人工 回填土 夯填	100m³	2.2	1 582.46	3 481.41	2 931.39	550.02
11	A1－70 换	人工运土方 100m 余土外运	100m³	0.8	1 751.69	1 401.35	1 401.35	0
12	A4－68	预制钢筋混凝土 矩形柱	10m³	3.27	2 941.18	9 617.66	2 117	646.74
13	A4－83	预制钢筋混凝土 屋架 薄腹梁	10m³	1.23	3 165.44	3 893.49	966.78	240.75
14	借 A4－114	预应力钢筋混凝土 大型屋面板双 T 板	10m³	2.4	2 657.54	6 378.1	1 568.64	686.28
15	A4－76	预制钢筋混凝土 吊车梁 T 型	10m³	0.81	3 301.5	2 674.22	541.4	362.61
16	A4－23	现浇钢筋混凝土 圈梁弧形圈梁	10m³	1.64	3 498.43	5 737.43	2 294.69	113.46
17	A4－24	现浇钢筋混凝土 过梁	10m³	0.95	3 706.2	3 520.89	1 439.82	107.07

序号	定额编号	子目名称	工程量		价值（元）		其中	
			单位	工程量	单价	合价	人工费	机械费
18	A4-45	现浇钢筋混凝土 雨篷 直形	10m³	0.05	3 729.26	186.46	68.22	8.36
19	A3-3	砖砌内外墙（墙厚）一砖	10m³	10.06	3 204.01	32 232.34	8 033.92	395.46
20	A3-4	砖砌内外墙（墙厚）一砖以上	10m³	7.37	3 214.17	23 688.43	5 713.22	304.97
21	A3-30	砌体内钢筋加固	t	0.8	6 185.74	4 948.59	1 335.36	30.03
22	借B4-246	普通钢窗安装	100m²	2.2	12 042.48	26 493.46	3 329.04	834.86
23	借B4-247	钢窗安玻璃安装	100m²	2.2	2 812.93	6 188.45	1 240.8	0
24	借B5-244	防锈漆一遍 单层钢门窗	100m²	2.2	538.16	1 183.95	623.7	0
25	借B5-246	调和漆 二遍 单层钢门窗	100m²	2.2	973.41	2 141.5	1 555.4	0
26	借A5-3	厂库房大门 木板大门扇 推拉 制作	100m²	0.38	21 125.1	8 027.54	1 282.73	125.7
27	借A5-4	厂库房大门 木板大门扇 推拉 安装	100m²	0.38	4 064.4	1 544.47	1 544.47	0
28	3	厂库房木板推拉大门五金	樘	2	668.8	1 337.6	0	0
29	借B5-5	底油一遍、调和漆二遍 单层木门	100m²	0.42	1 831.24	769.12	487.75	0
30	A8-228	屋面保温 加气混凝土块	10m³	4.58	2 268.89	10 391.52	1 048.32	0
31	借B1-29 + B1-30	找平层 水泥砂浆 在填充材料上 平面 25mm	100m²	4.78	1 189.28	5 684.76	2 647.16	187.9
32	A7-40	屋面防水 防水层 石油沥青 二毡三油	100m²	4.78	4 386.01	20 965.13	1 971.75	1.48
33	A7-215	刚性防水 防水砂浆 平面	100m²	0.13	1 198.52	155.81	71.53	3.36
		小计				210 828	54 910.23	6 011.98

（续表）

序号	定额编号	子目名称	工程量 单位	工程量	价值(元) 单价	价值(元) 合价	其中(元) 人工费	其中(元) 机械费
34	借 B1-1	地面室内填土	10m³	5.18	243.12	1 259.36	1 046.88	160.68
35	借 B1-2	地面灰土 3:7	10m³	4.32	1 115.37	4 818.4	1 502.5	134.01
36	借 B1-31 换	C20 细石混凝土随打随抹 60mm 厚	100m²	4.32	2 410	10 411.2	4 212	280.24
37	借 B1-40	地面一次抹光	100m²	4.32	600.39	2 593.68	1 845.5	26.83
38	借 B1-199	水泥砂浆踢脚线	100m²	0.14	2 616.3	366.28	275.44	5.07
39	A4-63	C15 混凝土防滑坡道	100m²	0.16	9 868.23	1 578.92	846.72	23.93
40	A4-61	现浇钢筋混凝土 散水 随打随抹	100m²	0.95	6 924.9	6 578.66	3 272.37	97.26
41	借 B2-94	圈梁水泥砂浆抹面	100m²	1.18	3 729.42	4 400.72	3 714.52	37.84
42	借 B2-16	水泥砂浆 墙裙 标准砖	100m²	0.43	1 625.33	698.89	489.73	12.01
43	借 B2-65	砖墙面 加浆勾缝	100m²	19.34	824.36	15 943.12	14 891.8	59.95
44	借 B5-324	抹灰面 喷刷石灰浆二遍	100m²	15.55	120.36	1 871.6	1 817.8	0
		小计				50 520.83	33 915.26	837.82
45	A4-330	现浇构件钢筋直径 10mm 以内	t	0.41	5 299.97	2 162.39	326.34	22.73
46	A4-331	现浇构件钢筋直径 20mm 以内	t	3.16	5 357.47	16 913.53	1 526.73	460.51
47	A4-333	预制构件钢筋直径 10mm 以内	t	2.58	5 226.78	13 485.09	1 945.06	129.67
48	A4-334	预制构件钢筋直径 20mm 以内	t	4.42	5 310.21	23 455.2	2 003.55	732.07
49	A4-335	预制构件钢筋直径 20mm 以外	t	2.13	5 085.62	10 852.71	671.31	273.73
50	A4-370	钢筋、铁件场外运(5Km)	t	6.77	145.1	982.33	284.34	624.87

287

（续表）

序号	定额编号	子 目 名 称	工 程 量		价 值（元）		其中（元）	
			单 位	工程量	单 价	合 价	人工费	机械费
51	A9-10	基础梁运输（5km）	10m³	1.31	1 499.26	1 964.03	194.56	1 716.3
52	A9-74	基础梁安装	10m³	1.31	1 040.06	1 362.48	461.38	627.48
53	A9-17	屋面梁运输（5km）	10m³	1.23	2 203.21	2 709.95	260.15	2 366.47
54	A9-76	屋面梁安装	10m³	1.23	2 021.14	2 486	651.65	1 606.96
55	A9-10	大型屋面板运输（5km）	10m³	2.4	1 499.26	3 598.22	356.45	3 144.36
56	A9-89	大型屋面板安装	10m³	2.38	2 306.78	5 490.14	1 917.8	2 127.77
57	A9-10	吊车梁运输（5km）	10m³	0.81	1 499.26	1 214.4	120.3	1 061.22
58	A9-73	吊车梁安装	10m³	0.81	3 313.21	2 683.7	846.13	1 092.96
59	A9-70	预制柱安装	10m³	3.27	1 814.85	5 934.56	1 885.48	3 253.72
60	A9-66	木板门运输（5km）	100m²	0.38	409.32	155.54	22.15	133.4
		小计				95 450.27	13 473.38	19 374.2
		二、措施项目						
61	借B7-2	外墙面装饰脚手架 外墙高度在9m以内	100m²	10.57	1 112.84	11 763.83	4 630.1	251.59
62	借B7-17	满堂脚手架 高度在（18m以内）	100m²	6.05	5 103.88	30 868.27	21 983.27	460.68
63	A13-10	建筑物垂直运输 ±0.00m以上,20m（6层）以内 单层厂房 预制排架	100m²	4.59	1 798.63	8 247.08	0	8 247.08
64	2006	场外运输费用 履带式起重机 提升质量（50t以内）	台次	1	11 166.09	11 166.09	720	9 930.59

288

序号	定额编号	子目名称	工程量 单位	工程量	价值（元） 单价	合价	其中（元） 人工费	机械费
65	A12-60	现浇混凝土复合木模板 基础梁	100m²	1.12	4 506.6	5 061.36	1 797.32	188.53
66	A12-49	现浇混凝土复合木模板 杯形基础	100m²	0.92	4 827.53	4 441.33	1 393.25	221.09
67	A12-77	现浇混凝土木模板 混凝土基础垫层	100m²	0.13	4 155.02	540.15	84.71	7.46
68	A12-58	现浇混凝土复合木模板 矩形柱	100m²	1.68	5 135.52	8 615.86	3 485.93	383.61
69	A12-23	现浇混凝土组合式钢模板 过梁	100m²	0.91	6 713.02	6 108.85	2 704.88	189.98
70	A12-62	现浇混凝土复合木模板 直形圈梁	100m²	2.16	4 392.78	9 488.4	3 676.1	244.66
71	A12-68	现浇混凝土复合木模板 直形雨篷	100m²	0.13	5 484.87	737.17	207.89	55.74
72	A12-77	现浇散水木模板	100m²	0.1	4 155.02	425.47	66.72	5.87
		小计				97 463.86	40 750.17	20 186.9
		建筑及措施合计				403 742.13	109 133.78	45 573.1
		装饰装修合计				50 520.83		837.82
73	借B8-5	垂直运输费 ±0.00以上 建筑物檐高20m 以内/6层以内	100工日	10.77	381.59	4 110.11	0	4 110.11

其他可竞争项目措施费汇总表(实体,措施人工费＋机械费)×费率

项目编码	项目名称	单位	数量	单价	合价	其中:(元)		
						人工费	材料费	机械费
1	冬季施工增加费				1008.26	273.59	571.88	162.79
A15-59	一般土建工程 冬季施工增加费	%	1	613.08	613.08	124.53	364.02	124.53
A15-59	土石方工程 冬季施工增加费	%	1	188.35	188.35	38.26	111.83	38.26
借B9-1	装饰装修工程 冬季施工增加费	%	1	206.83	206.83	110.8	96.03	
2	雨季施工增加费				2326.08	634.21	1316.19	375.68
A15-60	一般土建工程 雨季施工增加费	%	1	1417.78	1417.78	287.39	843	287.39
A15-60	土石方工程 雨季施工增加费	%	1	435.56	435.56	88.29	258.98	88.29
借B9-2	装饰装修工程 雨季施工增加费	%	1	472.74	472.74	258.53	214.21	
3	夜间施工增加费				1382.4	895.92	298.64	187.84
A15-61	一般土建工程 夜间施工增加费	%	1	718.46	718.46	431.08	143.69	143.69
A15-61	土石方工程 夜间施工增加费	%	1	220.74	220.74	132.44	44.15	44.15
借B9-3	装饰装修工程 夜间施工增加费	%	1	443.2	443.2	332.4	110.8	
4	生产工具用具使用费				2578.21	525.95	1701.63	350.63
A15-62	一般土建工程 生产工具用具使用费	%	1	1350.72	1350.72	402.34	680.15	268.23
A15-62	土石方工程 生产工具用具使用费	%	1	414.96	414.96	123.61	208.95	82.4
借B9-4	装饰装修工程 生产工具用具使用费	%	1	812.53	812.53		812.53	
5	检验试验配合费				1083.12	348.09	609.8	125.23
A15-63	一般土建工程 检验试验配合费	%	1	546.04	546.04	153.27	296.97	95.8
A15-63	土石方工程 检验试验配合费	%	1	167.75	167.75	47.09	91.23	29.43

（续表）

其中:(元)

项目编码	项 目 名 称	单位	数量	单价	合价	人工费	材料费	机械费
借 B9－5	装饰装修工程 检验试验配合费	%	1	369.33	369.33	147.73	221.6	125.23
6	工程定位复测场地清理费				1 552.64	1 028.59	398.82	125.23
A15－64	一般土建工程 工程定位复测场地清理费	%	1	622.68	622.68	306.55	220.33	95.8
A15－64	土石方工程 工程定位复测场地清理费	%	1	191.3	191.3	94.18	67.69	29.43
借 B9－9	装饰装修工程 场地清理费	%	1	738.66	738.66	627.86	110.8	
7	成品保护费				1 396.54	701.96	562.6	131.98
A15－65	一般土建工程 成品保护费	%	1	689.74	689.74	344.87	277.81	67.06
A15－65	土石方工程 成品保护费	%	1	211.9	211.9	105.95	85.35	20.6
借 B9－6	装饰装修工程 成品保护费	%	1	494.9	494.9	251.14	199.44	44.32
8	二次搬运费				2 618.09	1 061.65	517.06	1 039.38
A15－66	一般土建工程 二次搬运费	%	1	1 149.56	1 149.56	354.45		795.11
A15－66	土石方工程 二次搬运费	%	1	353.16	353.16	108.89		244.27
借 B9－7	装饰装修工程 二次搬运费	%	1	1 115.37	1 115.37	598.31	517.06	
9	停水停电增加费				846.46	423.23	147.73	275.5
A15－67	一般土建工程 临时停水停电费	%	1	421.5	421.5	210.75		210.75
A15－67	土石方工程 临时停水停电费	%	1	129.5	129.5	64.75		64.75
借 B9－8	装饰装修工程 临时停水停电费	%	1	295.46	295.46	147.73	147.73	
10	施工与生产同时进行增加费用							
11	在有害身体健康的环境中施工降效增加费							
	合 计				14 791.8	5 893.19	6 124.35	2 774.26

工程费用汇总表

序号	费用名称	取费说明	费率	费用金额
(一)	一般土建工程			398 663.9
一	直接费	人工费+材料费+机械费+未计价材料费		317 291.26
1	人工费	人工费+组价措施项目人工费		72 208.65
2	材料费	材料费+组价措施项目材料费		216 791.71
3	机械费	机械费+组价措施项目机械费		28 290.9
4	未计价材料费	主材费+组价措施项目主材费		0
5	设备费	设备费+组价措施项目设备费		0
二	企业管理费	预算人工费+组价措施预算人工费+预算机械费+组价措施预算机械费	17	17 084.93
三	规费	预算人工费+组价措施预算人工费+预算机械费+组价措施预算机械费	25	25 124.89
四	利润	预算人工费+组价措施预算人工费+预算机械费+组价措施预算机械费	10	10 049.96
五	价款调整	人材机价差+独立费		0
1	人材机价差	人材机价差		0
2	独立费	独立费		0
六	安全生产、文明施工费	安全生产、文明施工费		15 705.92
七	税金	直接费+设备费+企业管理费+规费+利润+价款调整+安全生产、文明施工费	3.48	13 406.94
八	工程造价	直接费+设备费+企业管理费+规费+利润+价款调整+安全生产、文明施工费+税金		398 663.9

（续表）

序号	费 用 名 称	取　费　说　明	费率	费用金额
（二）	土石方工程、垂直运输			39 796.18
一	直接费	人工费 + 材料费 + 机械费 + 未计价材料费		32 258.76
1	人工费	人工费 + 组价措施项目人工费		11 505.81
2	材料费	材料费 + 组价措施项目材料费		1 383.68
3	机械费	机械费 + 组价措施项目机械费		19 369.27
4	未计价材料费	主材费 + 组价措施项目主材费		0
5	设备费	设备费 + 组价措施项目设备费		0
二	企业管理费	预算人工费 + 组价措施预算人工费 + 预算机械费 + 组价措施预算机械费	4	1 235
三	规费	预算人工费 + 组价措施预算人工费 + 预算机械费 + 组价措施预算机械费	7	2 161.26
四	利润	预算人工费 + 组价措施预算人工费 + 预算机械费 + 组价措施预算机械费	4	1 235
五	价款调整	人材机价差 + 独立费		0
1	人材机价差	人材机价差		0
2	独立费	独立费		0
六	安全生产、文明施工费	安全生产、文明施工费		1 567.83
七	税金	直接费 + 设备费 + 企业管理费 + 规费 + 利润 + 价款调整 + 安全生产、文明施工费	3.48	1 338.33
八	工程造价	直接费 + 设备费 + 企业管理费 + 规费 + 利润 + 价款调整 + 安全生产、文明施工费 + 税金		39 796.18

293

（续表）

序号	费 用 名 称	取　费　说　明	费率	费用金额
（三）	装饰工程			190 972.13
一	直接费	人工费+材料费+机械费+未计价材料费		139 352.75
1	人工费	人工费+组价措施项目人工费		69 692.96
2	材料费	材料费+组价措施项目材料费		62 967.91
3	机械费	机械费+组价措施项目机械费		6 691.88
4	未计价材料费	主材费+组价措施项目主材费		0
5	设备费	设备费+组价措施项目设备费		0
二	企业管理费	预算人工费+组价措施预算人工费+预算机械费+组价措施预算机械费	18	13 749.26
三	规费	预算人工费+组价措施预算人工费+预算机械费+组价措施预算机械费	20	15 276.96
四	利润	预算人工费+组价措施预算人工费+预算机械费+组价措施预算机械费	13	9 930.02
五	价款调整	人材机价差+独立费		0
1	人材机价差	人材机价差		0
2	独立费	独立费		0
六	安全生产、文明施工费	安全生产、文明施工费	3.48	6 240.81
七	税金	直接费+设备费+企业管理费+规费+利润+价款调整+安全生产、文明施工费		6 422.33
八	工程造价	直接费+设备费+企业管理费+规费+利润+价款调整+安全生产、文明施工费+税金		190 972.13
（四）	工程造价	（一）+（二）+（三）		629 432.21

294

基础大放脚表,钢材单位重量,台体计算公式,国家标准图 G353(五)、G410(一)、G323(二)等。如果较复杂的厂房,还需要天窗系统、柱间支撑、屋架支撑的国家标准图等,可见需要的资料之多,数据之多,但用的时间很短,只需要看一眼、抄几个数字即可,而找资料的时间则远远大于用的时间,因此做预算工作必须善于积累资料和数据。

（2）基本数据的利用,要根据工程的难易程度,区别实际情况选用。本工程图纸少,比较简单,所以只用了 $L_{外}$(98.44m)用于计算散水、勒脚抹面、圈梁抹面、外墙勾缝、脚手架等,减少了 $L_{外}$ 的重复计算次数,也避免算错。

（3）基础挖槽算式中的 0.3×2 是工作面宽,砖基础算式中的 0.259 是大放脚折高(查放脚折高表)。计算钢筋算式中的 −0.05 是混凝土保护层厚度,12.5d 是钢筋两端弯钩增加长度。

杯形基础算式中的 −0.07 是混凝土基础保护层厚度。

屋面梁、大型屋面板、吊车梁的每个混凝土体积、钢筋及铁件重量的数据从其标准图集中查得。为了方便查找,第五章列出了标准图集经济指标表,可查阅。

大型屋面板的安装工程量是 23.77m^2,制作、运输工程量为安装工程量 × 1.01,增加的 0.01 是定额中的安装损耗,即安装 1m^3 需要 1.01m^3 的构件(定额中注有此数)。

2. 套定额

（1）施工方案确定人工挖土、平整场地、回填土,所以套人工挖槽、挖坑、平整场地、回填土定额。

（2）施工方案确定基础梁、屋面板、吊车梁由工厂预制,所以套定额要套场外运输费,其他柱、屋面梁为现场就地制作,所以不需算运输费。

（3）施工方案确定用 1 台履带吊车,所以计算 1 台吊车的场外运输费。

以上两个示例是完全按照政府定额和取费标准及定额中的人工、材料、机械单价进行编制的,措施项目均进行了计项计价,目的是为了使读者全面地了解预算的项目、定额和取费等全过程。

2012 定额规定:实体项目及不可竞争措施项目不可竞争,其他措施项目根据实际和施工组织措施进行计项计价;实体项目、不可竞争措施项目的消耗量不得调整,人工、材料、机械费单价可根据市场行情、造价信息进行调整。编制预算要按 2012 定额规定及工程实际编制。

第三章 安装工程识图与预算

第一节 给排水工程

一、识图

（一）给排水系统组成

给排水分室外给排水和室内给排水。室内外给排水均由给水系统、排水系统和消防系统组成。本书主要讲述室内给排水的识图和预算。

1. 室内给排水系统

室内给水系统一般由进水管、配水管（干管、立管、支管）、阀门、水嘴或用水设备等组成。

室内排水系统由卫生器具、存水弯、排水支管、横管、立管、干管、通气管、检查口、扫除口、地漏等组成。

通气管伸出屋面，使管内有害气体排入大气。

存水弯设在卫生器具的出口，起水封作用，以隔断臭气及阻止虫类进入室内。

检查口设在立管上，用以检查、疏通排水管。

扫除口设在污水横管末端，起疏通清除作用。

2. 室内消防系统

室内消防系统由消防水管、消火栓、水龙带、喷枪、消防箱组成。

（二）常用图例

如表3-1所示。

（三）给排水制图原理及方法

1. 三视图

三视图即物体的平面图、正立面图、侧立面图。对物体俯视（向下看）可以画出它的平面图，主视（向正面看）可以画出它的正立面图，左视或右视（向侧面看）可以画出它的侧立面图。如图3-1所示是一段角钢的平面图、正立面图、侧立面图，这种图真实地反映了其三面的形状和

表 3-1 室内给排水常用图例

序　号	图　　　例	名　　　称
1		给水管(左边表示水平管,右边表示立管)
2		排水管
3		消防水管
4		闸阀
5		截止阀
6		水表
7		消火栓
8		水泵
9		水嘴
10		淋浴器
11		洗面器
12		浴缸
13		污水池
14		蹲便器
15		坐便器
16		立式小便器
17		挂式小便器
18		小便槽
19		小便冲洗管
20		地漏

序 号	图 例	名 称
21	◎ 　 ⊤	扫除口
22		检查口
23		铅丝球
24		存水弯
25		排水栓
26	$i=0.03$	坡度

大小。一般的构件或物体,通过三视图可以想象出它的立体形状,如图 3-1 是一段角钢。但水暖管道纵横交叉、高低重叠,除了画出它的平面位置图外,还要画它的轴侧图(系统图),类似图 3-1 的角钢立体图,才能表达清楚管道上下、左右、前后之间的空间立体关系。下面重点介绍轴侧图的原理、绘制和识读。

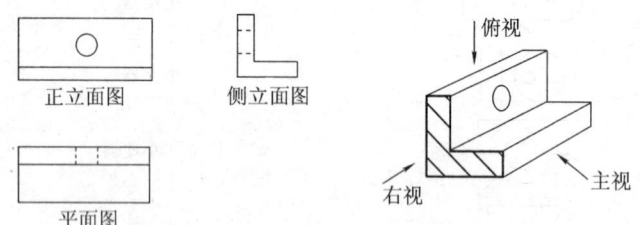

正立面图　　　侧立面图　　　俯视　右视　主视

平面图

图 3-1　一段角钢的三视图及轴侧图

2. 轴侧图

轴侧图的原理是用 x、y、z 三个轴将空间分成立体的上下、左右、前后的三维空间。确定 z 轴为上下方向,表示立管的走向;x 轴为左右方向,表示左右水平管的走向;y 轴为前后方向,表示管的前后走向;y 轴与

x 轴成45°夹角。根据管道在平面图、立面图上的实际尺寸,以及它的走向位置,可以画出其轴侧图,以显示管道的空间立体形状。图3-2(a)~(i)是常见管道平面图、立面图和轴侧图的画法及读法。

图3-2(a)表示一根左右走向的水平管。

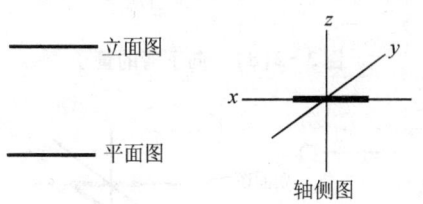

图3-2(a) 左右走向水平管

图3-2(b)表示一根上下走向的立管。

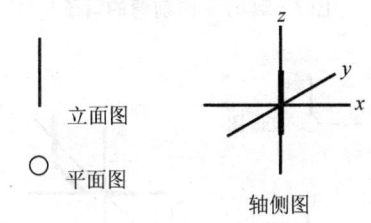

图3-2(b) 上下走向立管

图3-2(c)表示一根向上弯的管子。

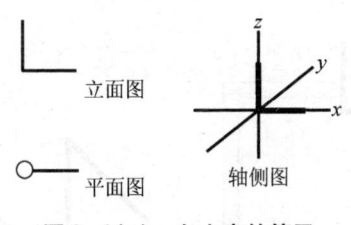

图3-2(c) 向上弯的管子

图3-2(d)表示一根向下弯的管子。

图3-2(e)表示一根向前弯的管子。

图3-2(f)表示一根向右、向后再向上的管子。

图3-2(g)表示一根从 a 点起向前、向左、向上、向前、向下、向右的管,系向污水池给水的管子。

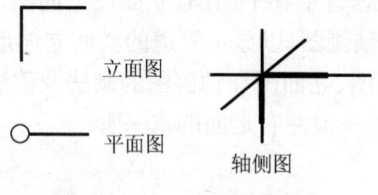

立面图 平面图 轴侧图

图 3 - 2(d)　向下弯的管子

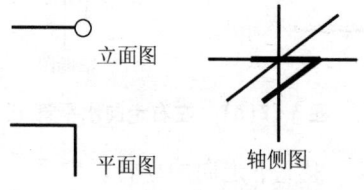

立面图 平面图 轴侧图

图 3 - 2(e)　向前弯的管子

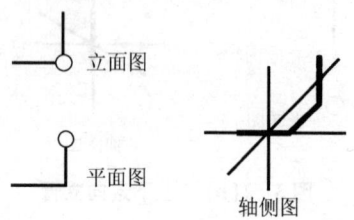

立面图 平面图 轴侧图

图 3 - 2(f)　向右、向后、再向上的管子

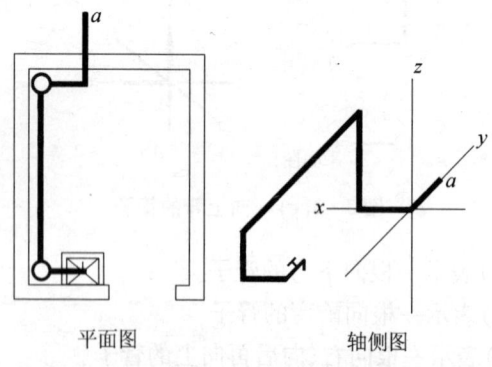

平面图 轴侧图

图 3 - 2(g)　污水池给水管

图 3 - 2(h)从平面、立面图很难看懂是怎样的一根管子。从轴侧图则容易看出是一根从 a 点向上、向前、向右、向下、向后、向左的弯管。

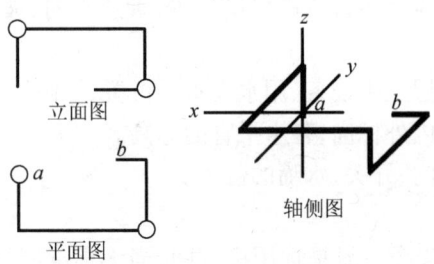

图 3 - 2(h)　复杂弯管

从以上各图看出,有了平面图、立面图、轴侧图,就可清楚表达管子的立体形状。

图 3 - 2(i)是交叉管的画法。上下管交叉时,在上的管子要全部显示,在下的管子要断开;前后管交叉时,在前的管子全部显示,在后的管子要断开。

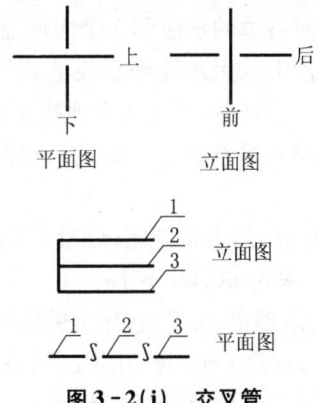

图 3 - 2(i)　交叉管

（四）给排水施工图

给排水施工图包括平面图、系统图、详图及设计说明。

1. 平面图

包括以下内容:

（1）给排水管的进出口位置、平面走向布置、系统编号、立管位置。

（2）卫生器具、工艺用水设备位置等。

2. 系统图

用轴侧图的原理,可绘出各给排水系统的系统图,它包括以下内容:

(1) 系统图应表明管道进出口位置,管道走向、坡度、长度和标高,各系统的编号。

(2) 表明各层卫生设备、用水设备的位置、标高。

(3) 注明室内外标高,各水平管的标高。

(4) 表明阀门、开关、水嘴的位置。

3. 详图

给排水安装详图一般是选用标准图,当无标准图可利用时,要绘制详图,标明详细尺寸。

4. 说明

说明管道的用料、设备的型号、油漆做法等。

(五) 识图示例

图 3-3(a)是某办公楼卫生间给排水平面图。自来水从⑤、⑥轴线间的水表井处进入室内,给水管走到Ⓐ轴线端分两路分别向小便池(给1)系统和大便器(给2)系统供水。给1系统向左边的污水池和小便池冲洗管供水,给2系统向右边的水池和3个大便器分别供水。

排水系统,左边的排1从污水池经小便池到Ⓑ轴线端流入立管,向右与排2汇合出墙,进入检查井;排2从水池排水栓开始,经3个大便器污水管进入立管出墙,排入检查井。小便池设地漏1个,室内Ⓑ轴端设地漏1个。

图 3-3(b)是卫生间的给水系统图,分给1、给2两个给水系统。给水总管为 ϕ40mm 钢管,埋入 ±0.00 下 1m。

给1系统立管在污水池处,立管上有3道给水支管,管径为 $DN20$,其标高分别是 1.0m、4.3m、7.6m,为一层、二层、三层楼供水,每个支管上设有水龙头1个、小便冲洗管及阀门各1个。

给2系统立管设在⑥轴与Ⓐ轴相交的墙角处,立管上有3道支管,管径为 $DN20$,标高分别是 2.4m、5.7m、9.0m,分别为一、二、三层楼供水,每个支管上设有2个水嘴、3个大便器高水箱阀门。

图 3-3(c)是排水系统图,分排1、排2两个排水系统。

排1立管设在卫生间的左上角,管径为 $DN75$,立管标高从 -0.9m 至 10.5m,管顶设铅丝球。排水横支管有3道,管径为 $DN75$,每个支管

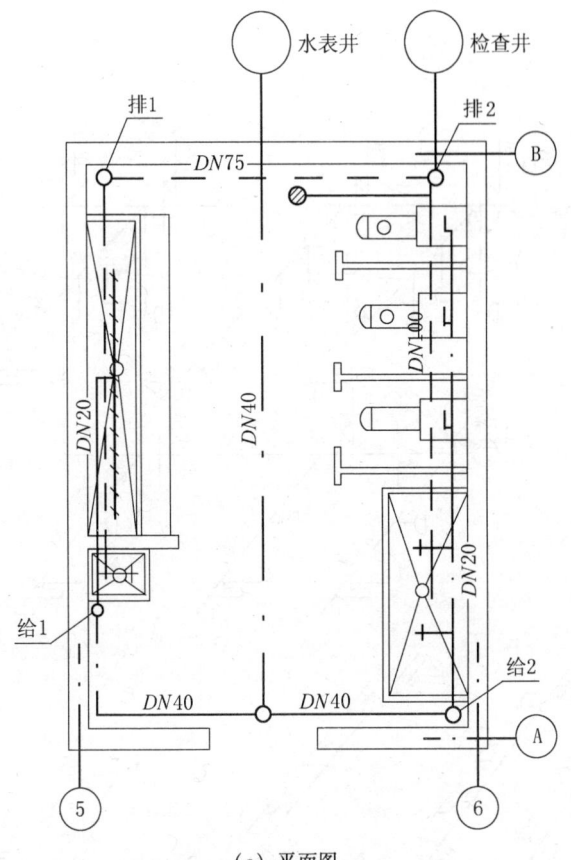

（a）平面图

图 3-3(a)　三层办公楼卫生间给排水施工图

上有污水池排水栓 1 个、小便池地漏 1 个、末端扫除口 1 个。

　　排 2 立管设在卫生间的右上角,管径为 DN100,管顶有铅丝球 1 个。横支管有 3 道,管径为 DN100,每个支管上有水池排水栓 1 个、大便器存水弯 3 个、地漏 1 个。横支管末端设扫除口 1 个。

二、给排水工程预算的编制方法

　　给排水工程预算编制的主要依据是施工图、安装工程预算定额、安装工程取费定额等。

　　给排水工程预算编制的步骤是熟悉图纸,熟悉定额及其主要项目,

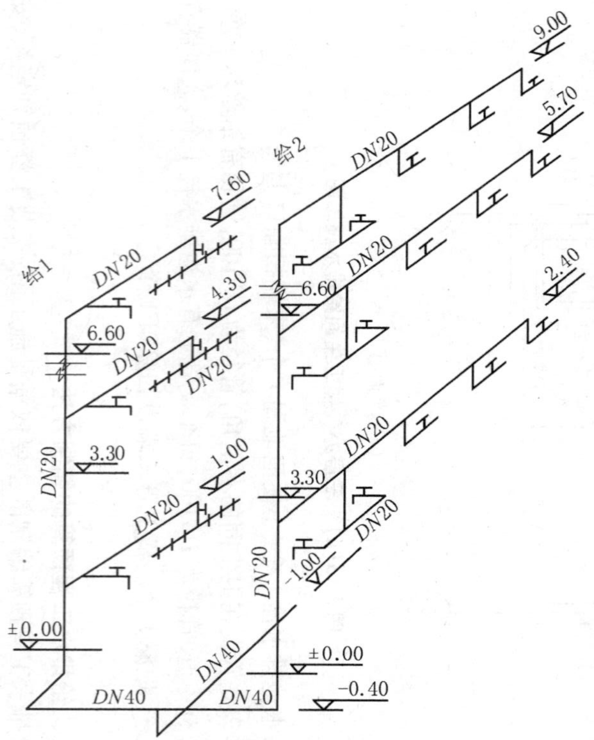

(c) 排水系统图

(b) 给水系统图

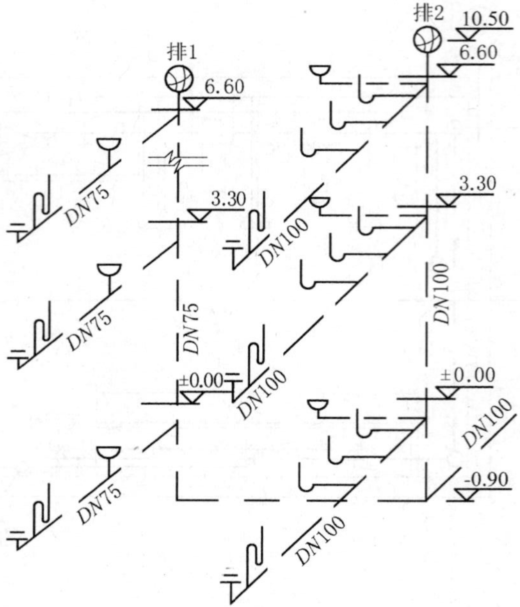

图 3 - 3(b)　三层办公楼给排水施工图

计算工程量,套定额、取费,计算工程造价。

（一）计算工程量

1. 计算项目及计算规定

工程量计算包括哪些项目、如何计算,要根据定额的项目划分和工程量计算的有关规定。

给排水、采暖定额的主要项目及计算规定如下:

（1）管道部分。

① 各种管道以图示管道中心线长(m)计,不扣除阀门管件(包括减压阀、疏水阀、水表、伸缩器等)所占长度。

② 镀锌铁皮套管的制作以个计,其安装含在管道定额内(指管道穿墙、穿楼板的套管,穿一处计一个)。

③ 管道支架的制作与安装。定额内已含 $\phi32mm$ 以下的管道支架的制作与安装,$\phi32mm$ 以上的管道支架的制作与安装按设计以吨计。

④ 各种补偿器的制作与安装以个计。方型管道补偿器则按臂长的 2 倍以米计,计算合并在同直径的管道安装内。

⑤ 管道消毒、冲洗按管长以米计。

（2）阀门、栓类部分。

① 阀门以个计。法兰阀门安装如仅为一侧法兰连接时,定额所列法兰、带帽螺栓及垫圈数量减半,其他不变,调整单价。

② 室外消火栓以组计。水枪、水龙带及附件按设计规定,另列项目计算。

③ 室内消火栓的水龙带长以 20m 为准,设计超过 20m,按设计调整单价,其他不变。

④ 消防水泵接合器按成套产品以组计。如设计要求用短管时,另行计算本身价格,并入材料费。

（3）低压器具部分。

① 减压阀安装,按高压侧的直径计算。

② 减压阀、疏水阀组成安装以组计,如设计组成与定额中不同时,阀门和压力表的数量按设计需要调整。

③ 法兰水表安装以组计,定额中的旁通管及止回阀,可按设计规定调整。

（4）卫生器具部分。

①洗面器(包括洗面器所配水嘴、带链堵、排水栓、存水弯、托架等)。卫生器具以组计,定额内已按标准图综合了卫生器具与管道连接的人工、材料费用,不得另行计算。

②浴缸安装,不包括支座和四周侧面砌墙、贴面等费用,这些费用应另列项目,按土建有关定额计算。

③坐(蹲)便器自动冲洗水箱安装,已包括水箱托架工程量。

④脚踏开关安装,已包括弯管与喷头的安装。

2. 工程量计算方法与步骤

工程量计算的先后顺序应考虑:第一根据工程量的主次,主要的先算,次要的后算;第二是根据图纸的难易程度,复杂图应按图、按系统,逐张图地逐项工程量一次统计出来,然后分项、分规格汇总在一起,以防遗漏和重复计算。

首先计算如下(1)~(6)实体项目的工程数量,(7)为施工措施费,在(1)~(6)的人工费、机械费的基础上计算。

(1)卫生器具工程量:分别计算各种型号、规格,均以套或个计,如洗面器、坐(蹲)便器等看平面图、系统图计算。

(2)给水钢管工程量:室内和室外分别计算,因为定额单价不同。室内外的划分,以水表井为界(或阀门井为界),其内为室内,其外为室外。无水表或阀门井时,以外墙外皮1.5m处为界,按不同规格(DN15、DN20等)和不同接口(丝接、焊接),以管道中心延长米计算,管道上的阀门、管件所占长度不扣除。水平管长度按平面图、立管长度按平面图和系统图及标注标高尺寸计算。当画图比例准确时,也可用比例尺量尺寸。

(3)排水管工程量:室内和室外分别计算,室内外的划分以出户后第一个检查井为界,其内为室内。排水管工程量按不同材料(铸铁管、缸瓦管、塑料管)、不同型号和规格(DN50、DN75、DN100……)、不同接口方式(水泥接口、石棉水泥接口)分别以延长米计算,不扣除接头零件(三通、弯头等)所占长度,到检查井处算至检查井中心线。地上管、埋地管应分别计算,因为计算油漆时以管子延长米为基础,而地上和地下油漆做法不同。

(4)阀门、水表工程量:分不同材料、不同规格分别计算,单位为个(套)。阀门分闸阀、截止阀,接口分螺纹连接和法兰连接。

（5）排水器具工程量：包括排水栓、地漏、扫除口，分别按不同规格以个计算。

（6）管道油漆工程量：根据管道长度和每米油漆面积，分别计算给水管、排水管的不同油漆做法的油漆面积。不同管径管道的油漆面积如表3-2所示。

表3-2　每米管道油漆面积

管　　径(mm)		15	20	25	32	40	50	75	100	125	150
油漆面积(m²)	焊接管	0.07	0.08	0.105	0.133	0.15	0.19	0.24	0.28		
	铸铁管						0.254	0.36	0.49	0.56	0.62

（7）措施项目。

① 可竞争措施项目有脚手架、超高费、垂直运输费、操作高度费、系统调整费、其他可竞争措施费（冬雨季施工、二次搬运费等），均按实体项目人工费＋机械费的百分比计算。

② 不可竞争措施费包括安全防护、文明施工，按实体与可竞争措施费（其他可竞争费除外）人工费＋机械费的百分比计算。

在预算中要注意列哪些项目，不列哪些项目。

可竞争项目要根据工程情况、施工组织设计、企业要求和投标的需要去决定。

不可竞争措施项目必须列项计算。

（8）管道及各种器具安装要详细阅读定额说明，对照安装详图、定额说明，计算未计价材料零件数量。

（二）安装工程定额、单位估价表及其套用

安装定额有全国统一定额和地方单位估价表两种。

1. 全国统一安装工程预算定额

《全国统一安装工程预算定额》共有12个分册，其内容包括：

第一册　机械设备安装工程；

第二册　电气设备安装工程；

第三册　热力设备安装工程；

第四册　炉窑砌筑工程；

第五册　静置设备与工艺金属结构制作安装工程；

第六册　工业管道工程；

第七册　消防设备安装工程；

第八册　给排水、采暖、燃气工程；

第九册　通风、空调工程；

第十册　自动化控制仪表工程；

第十一册　刷油、防腐蚀、绝热工程；

第十二册　建筑智能化系统设备安装工程。

建筑安装工程常用的是第二册和第八册。

每一分册的首页有总说明，说明本册主要内容、定额应用、定额调整和换算规定、各项费用系数等。

每一分部工程前页有说明，说明本分部定额使用范围、界线划分、本分部定额包括工作内容等。

每个分部中列有若干分项子目。每个子目有定额编号、单位、基价（其中包括人工费、材料费、机械费）、人工定额、材料定额、机械台班定额。

《全国统一安装工程预算定额》是各省、自治区、直辖市编制单位估价表或计算消耗量定额的基础。

2. 全国统一安装工程预算定额河北省消耗量定额

全国各省、自治区、直辖市的人工工资标准、材料价格、机械台班使用费不同，为使用方便，各省、自治区、直辖市编制了当地的《安装工程单位估价汇总表》，如河北省消耗量定额，作为工程计价的指导和依据。

各省市现行的安装工程预算定额，是根据《全国统一安装工程预算定额》，结合该省、自治区、直辖市的人工工资标准、材料预算价格、机械台班使用费用编制的，其分册、分部、分项、子目及定额编号均同《全国统一安装工程预算定额》。

（1）定额的形式。

如表 3－3 所示为全国统一安装工程预算定额河北省 2008 年消耗量定额的形式和内容示例。

从表 3－3 中可以看出，每一个工程子项有其定额编号，有子项名称，基价及其中包括的人工费、材料费、机械使用费，以及主材数量、安装零件数量及单价。主材为未计价材料，其数量（　）表示未计价，所以基价不含主材费。

河北省 2012 年安装工程消耗量定额与以前的预算定额有很大的不

同,以前预算定额是计划经济条件下的指令性的文件,必须遵照执行,而现在的基价有很多可调整、可参考的规定。例如规定:

① 本基价中的消耗量标准是编制施工图预算和招投标标底的依据;是工程量清单计价、编制企业定额、投标报价、确定合同价、进行工程拨款、竣工结算和工程造价管理的基础。

表 3 – 3　全国统一安装工程预算定额
河北省 2012 年消耗量定额的形式和内容示例

全国统一安装工程预算定额 2012 年河北省消耗量定额

二、室内管道

1. 镀锌钢管(螺纹连接)

工作内容:留堵洞眼、切管、套丝、上零件、调直、管长及管件安装、水压试验

定额编号				8 – 166	8 – 167	8 – 168
项目名称				公称直径(mm 以内)		
				15	20	25
基价(元)				141.71	139.89	170.80
其　中	人工费(元)			100.20	100.20	120.60
	材料费(元)			41.51	39.69	48.62
	机械费(元)					1.58
名　称		单位	单价(元)	数　量		
人　工	综合用工二类	工日	60	1.670	1.670	2.010
材　料	镀锌钢管	m		(10.200)	(10.200)	(10.200)
	接头零件 DN15	个	1.02	16.37		
						11.52
机　械						

② 实体项目不可竞争项目的消耗量不可调整;可竞争措施性项目的消耗量作为参考,企业可以自行确定。

③ 本基价中的人工单价、材料价格、机械台班单价作为指导性的价格,作为安装计价时参考,承发包方可以根据市场、自身情况进行调整。

④ 本综合基价反映社会平均消耗水平,所以各企业可根据自身情

况调整。

（2）第八册定额的主要内容。

① 实体项目。

（a）管道部分（图3-4）。

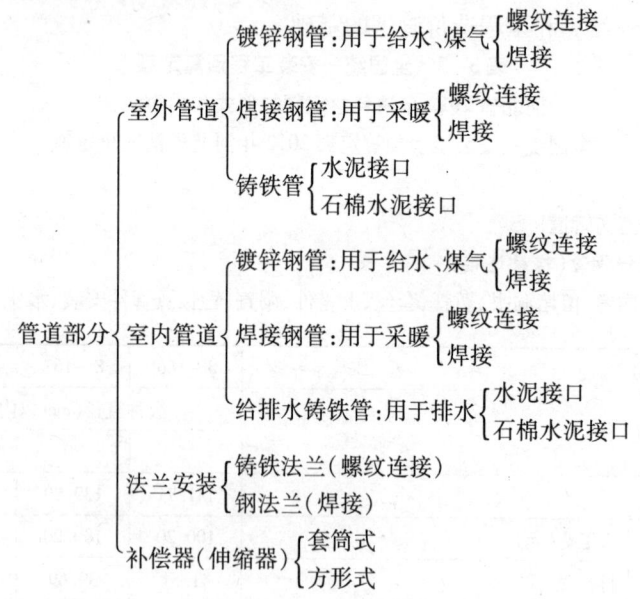

图3-4 管道部分分类图

（b）栓类、阀门类（图3-5）。

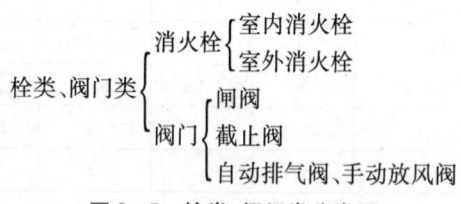

图3-5 栓类、阀门类分类图

（c）低压器具及水表组成安装，包括减压阀、疏水阀、水表等。

（d）卫生器具制作安装，包括浴缸、洗面器、水嘴、坐（蹲）便器、排水栓、地漏、扫除口等。

（e）供暖器具安装，包括铸铁四柱式、钢串片式等。

（f）燃气管道、器具安装。

（g）刷油、防腐、绝热（见第十一册）。

② 措施项目。

（a）可竞争措施项目包括脚手架、安装超高费、建筑物超高、垂直运输费、采暖系统调整费及生产工具使用费、检验试验费10项。

（b）不可竞争项目包括安全防护、文明施工费。

（3）定额说明。

第一章　管　道　安　装

一、本章适用于室内外生活用给水、排水、采暖热源管道、法兰、套管、伸缩器等的安装。

二、管道安装界线划分：

1．给水管道：室内外界线以建筑物外墙皮1.5m为界，入口处设阀门者以阀门为界。

2．排水管道：室内外界线以出户第一个排水检查井为界。

3．采暖热源管道：

（1）室内外以入口阀门或建筑物外墙皮1.5m为界。

（2）与工业管道界线以锅炉房或泵站外墙皮1.5m为界。

（3）工厂车间内采暖管道以采暖系统与工业管道碰头点为界。

（4）设在高层建筑内的加压泵间管道与本章项目的界线，以泵间外墙皮为界。

三、本章项目包括以下工作内容：

1．管道及接头零件安装。

2．水压试验或灌水试验。

3．室内 $DN32$ 及以内给水、采暖管道均已包括管卡及托钩制作安装。

4．钢管包括弯管制作与安装（伸缩器除外）。

5．铸铁排水管、塑料排水管均包括管卡及托吊支架、透气帽制作安装。

四、本章项目不包括以下工作内容：

1．室内外管道沟土方及管道基础。

2．$DN32$ 以上的给水、采暖管道支架按本章相应管道支架另行计算。

五、其他说明：

1. 管道安装中不包括法兰、阀门及伸缩器的制作、安装,按相应项目另行计算。

2. 室内外给水铸铁管包括接头零件所需的人工,但接头零件价格应另行计算。

3. 室内塑料排水管综合考虑了消音器安装所需的人工,但消音器本身的价格应按设计要求另行计算。

4. 管道(钢管、不锈钢管)卡箍、卡套连接可执行钢管(沟槽连接)相应项目。

5. 公称直径大于100mm的镀锌钢管焊接时,可执行钢管(焊接)相应项目,焊口二次镀锌费用据实计算。

6. 钢套管、塑料套管、铁皮套管制作安装定额是按被套管管径编制的。

7. 管径小于DN32的管道支架是按利用膨胀螺栓安装成品管卡考虑的,如使用吊架安装,吊架的预埋件、吊杆另行计算。

第二章　阀门、浮标液面计安装

一、螺纹阀门安装适用于各种内外螺纹连接的阀门安装,未计价材中"阀门连接件"是指活接头、外螺纹接头或外牙直通等连接管件,如设计数量与定额不同时,可作调整,人工不变。

二、法兰阀门安装适用于各种法兰阀门的安装,如仅为一侧法兰连接时,法兰、带帽螺栓及钢垫圈数量减半。

三、各种法兰连接用垫片均按石棉橡胶成品垫计算。

四、三通调节阀安装按相应阀门安装项目乘以系数1.5。

五、浮标液面计FQ－Ⅱ型安装是按《采暖通风国家标准图集》N102－3编制的,如设计与此不符时,可作调整。

六、阀门(热熔连接)项目适用于与管道直接热熔连接的阀门,如阀门通过外牙直通与管道连接,应执行螺纹阀门安装项目。

第三章　低压器具、水表组成与安装

一、减压器、疏水器组成与安装是按《采暖通风国家标准图集》N108编制的,如实际组成与此不同时,阀门和压力表数量可按设计用量进行调整。

二、减压器安装按其高压侧的直径规格套用相应项目。

三、螺纹水表安装中的"水表连接件"是指活接头、内牙直通、外牙直通等管件。

四、带旁通管及止回阀的法兰水表安装是按河北省《05 系列建筑标准设计图集》编制的,如实际安装形式与定额不同时,阀门、管件数量可按设计用量进行调整。

五、水表安装不分冷、热水表,均执行水表组成安装相应项目;定额已包括配套阀门的安装人工及材料,如阀门或管件材质不同时,可按实际调整。

六、远传式水表、热量表不包括电气接线。

第四章　卫生器具制作安装

一、本章所有卫生器具安装项目,均参照《全国通用给水排水标准图集》中有关标准图集计算。

二、浴盆安装适用于各种型号和材质的浴盆,但不包括浴盆支座和浴盆周边的砌砖、瓷砖粘贴。

三、洗脸盆、洗涤盆适用于各种型号,但台式洗脸盆安装不包括台板及支架。

四、化验盆安装中的单联、双联、三联化验龙头适用于成品件安装。

五、蹲式大便器安装,已包括了固定大便器的垫砖,但不包括大便器蹲台砌筑。

六、大、小便槽水箱托架安装已按标准图集计算在相应项目内。

七、太阳能热水器安装未包括上、下水管安装,应执行本册第一章"管道安装"相应项目。

第五章　供暖器具安装

一、本章系参照《全国通用暖通空调标准图集》T9N112"采暖系统及散热器安装"编制的。

二、各类型散热器不分明装或暗装,均按类型分别编制。

三、柱型铸铁散热器组成安装项目是按地面安装考虑的,如为挂装,人工乘以系数 1.1,材料、机械不变。

四、光排管散热器制作、安装项目,单位每10m系指光排管长度,联管作为材料已列入相应项目内,不应重复计算。

五、散热器安装中快速接头安装的人工及材料已计入管道安装中,但其本身的价值应按设计数量另行计算。

六、不带阀门的散热器安装时,每组增加两个活接头的材料费。

七、低温地板辐射采暖系统中,管道敷设项目包括了配合地面浇注用工,不包括与分(集)水器连接的阀门。

八、低温地板辐射采暖中的过渡器安装套用阀门安装相应子目。

第六章 小容器制作安装

一、本章系参照《国家建筑标准设计图集》编制,适用于给排水、采暖系统中一般低压碳钢容器的制作和安装。

二、各种水箱安装均未包括连接管,可执行室内管道安装相应项目。

三、各类水箱均未包括支架制作安装,如为型钢支架,应执行本册第一章"一般管道支架"项目,混凝土或砖支座可按土建相应项目执行。

四、水箱制作包括水箱本身及人孔的重量。法兰、短管、水位计、内外人梯均未包括在定额内,发生时,可另行计算。

五、成品玻璃钢水箱安装按水箱容量执行钢板水箱安装项目,人工乘以系数0.9。

第七章 燃气管道、附件、器具安装

一、本章包括低压钢管、聚乙烯燃气管、铸铁管、管道附件、器具安装。

二、室内外管道分界:

1. 地下引入室内的管道以室内第一个阀门为界。

2. 地上引入室内的管道以墙外三通为界。

三、各种管道安装包括下列工作内容:

1. 场内搬运,检查清扫,分段试压。

2. 管道安装。

3. 管件制作(包括机械揻弯、三通)。

4. 室内托钩角钢卡制作与安装。

四、钢管焊接项目也适用于无缝钢管安装,挖眼、接管工作已在项目中综合取定。

五、除铸铁管外,管道安装中已包括管件安装和管件本身价值。

六、承插铸铁管安装项目中未列出接头零件,其本身价值应按设计用量另行计算。

七、调长器安装及调长器与阀门联装,已包括一副法兰安装,其螺栓规格和数量是按装配0.6MPa法兰考虑的,如压力不同应按设计要求的数量、规格进行调整。

八、燃气加热器具只包括器具与燃气管终端阀门连接。

九、本章不包括下列内容,应另行计算:

1. 阀门安装。

2. 法兰安装(调长器安装、调长器与阀门联装、燃气计量表安装除外)。

3. 埋地管道的土方工程及排水工程。

4. 室内管道非同步施工的打、堵洞眼工作。

5. 室外管道所有带气碰头。

6. 燃气计量表安装,不包括表托、支架、表底垫层基础。

十、承插煤气铸铁管以N1和X型接口形式编制的。如果采用N型和SMJ型接口时,其人工乘以系数1.05,当安装X型,ϕ400mm铸铁管接口时,每个口增加螺栓2.06套,人工系数1.08。

十一、燃气输送压力大于0.2MPa时,承插煤气铸铁管安装项目中人工乘以系数1.3。

燃气输送压力(表压)分级见表3-4。

表3-4　燃气输送压力(表压)分级

名　称	低压燃气管道	中压燃气管道		高压燃气管道	
		B	A	B	A
压力(MPa)	$P \leqslant 0.005$	$0.005 < P \leqslant 0.2$	$0.2 < P \leqslant 0.4$	$0.4 < P \leqslant 0.8$	$0.8 < P \leqslant 1.6$

第八章　可竞争措施项目

一、本章项目,除另有注明外,均以定额中实体消耗项目的人工费、机械费之和为基础计算。

二、操作高度增加费(已考虑了操作高度增加因素的项目除外):操作物高度离楼地面 3.6m 以上时施工发生的降效费用,以高度增加部分(指由 3.6m 至操作物高度)的人工费、机械费之和为计算基数。

三、超高费:高度在 6 层或 20m 以上的工业与民用建筑施工时发生的降效费用。

四、垂直运输费:工业与民用建筑中安装工程施工时发生的垂直运输机械费用。

五、层高在 5m 以内的单层建筑(无地下室)内的安装工程不计算垂直运输费。

第九章 不可竞争措施项目

本章项目以实体消耗项目和可竞争措施费项目(其他措施项目除外)的人工费、机械费之和为计算基础。

(4) 定额的学习和套用。

套定额,即套子目的综合基价及其中的人工费。根据工程情况,有的项目可以直接套,有的项目要经过换算或乘以某一系数后再套,所以在编制预算前一般要学习定额,掌握以下问题:

① 定额的总说明。

② 定额的分册、分部情况,各分册、各分部的主要内容和项目。

③ 有关分部的说明、规定、计算方法、系数。

④ 常用子目所在部位定额编号(如编号 8-148,8 是册号,148 是子目号)。

⑤ 图纸上没有,要按定额规定计算的项目,如脚手架费、系统调整费、超高费和其他定额直接费等,要通过学习定额,知道这些项目和如何计算它们。

本书安装工程仅述室内给排水、采暖和电气照明,所以只用到定额第八册的给排水、采暖工程部分、第十一册的刷油、绝热工程部分和第二册的电气照明工程部分。为了方便学习和工作中使用,本书第五章资料部分抄录了部分最常用的子目定额,见表 5-59、表 5-60。

(三) 安装工程费用及计算方法

1. 安装工程费用项目组成(图 3-6)

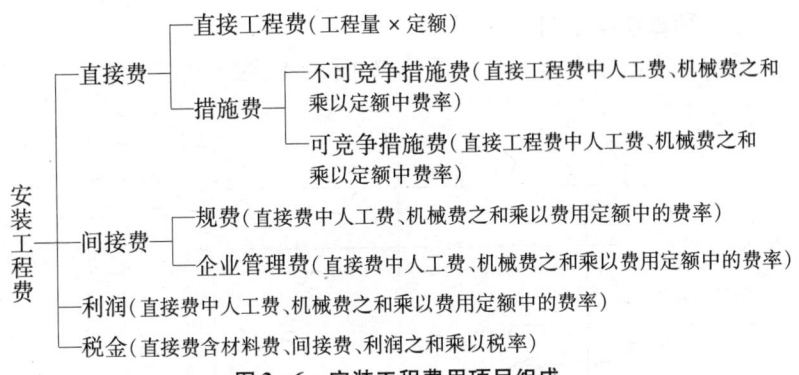

图 3-6 安装工程费用项目组成

2. 安装工程费用定额(表 3-5)

表 3-5 安装工程费用标准(包工包料工程)

序　号	费用项目	计费基数	费用标准(%)		
			一类工程	二类工程	三类工程
1	直接费	直接费中人工费 +机械费			
2	企业管理费		22	17	15
3	利　润		12	11	10
4	规　费		27		
5	价款调整	按合同认定的方式、方法计算			
6	税　金	3.48%、3.41%、3.28%			

注：工程类别划分：三类建筑工程的设备、照明、采暖、通风、给排水等均属三类安装工程。

3. 安装工程费用计算程序(表 3-6)

表 3-6 安装工程计费程序

序　号	费用项目	计费方法
1	直接费(含定额中未计价材料费)	
2	直接费中人工费 + 机械费	
3	企业管理费	2×费率
4	利　润	2×费率
5	规　费	2×费率
6	价款调整	按合同认定方式、方法计算
7	安全生产、文明施工费	(1+3+4+5+6)×费率
8	税　金	(1+3+4+5+6+7)×费率
9	工程造价	1+3+4+5+6+7+8

三、预算编制示例

某卫生间给排水施工图如图 3-7、图 3-8、图 3-9 所示。

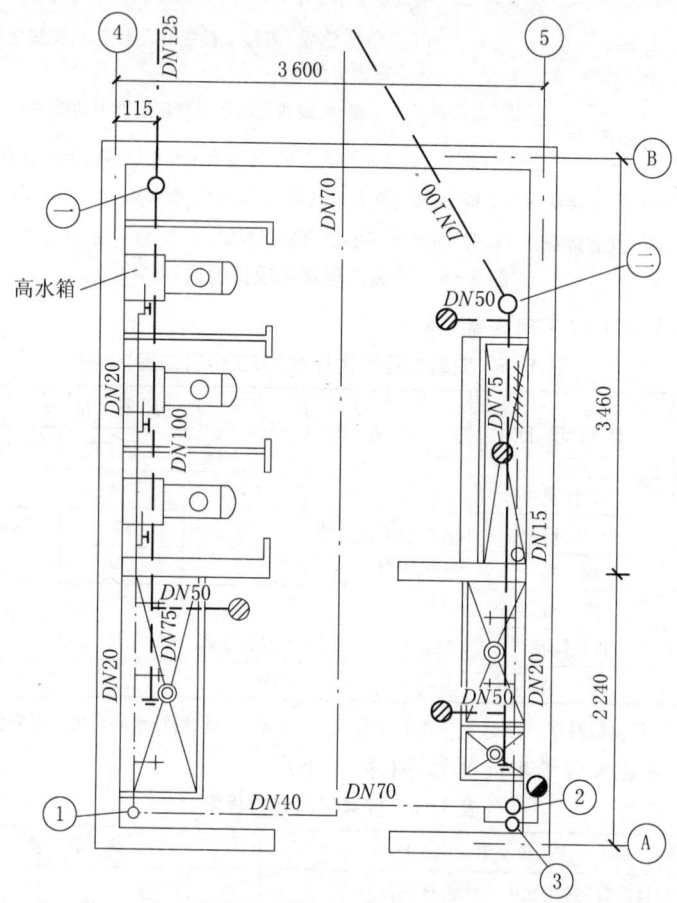

设计说明：1. 上水用镀锌钢管,下水用铸铁管;

2. 地下管涂沥青漆两遍,地上管涂防锈漆一遍,银粉两遍。

图 3-7　卫生间给排水平面图

(一) 识图

1. 平面图(图 3-7)

给排水平面图所示是一个卫生间。左边有一个盥洗池、三个高水箱的大便器,右边有一个拖布池、一个盥洗池、一个小便池。各水池做法按

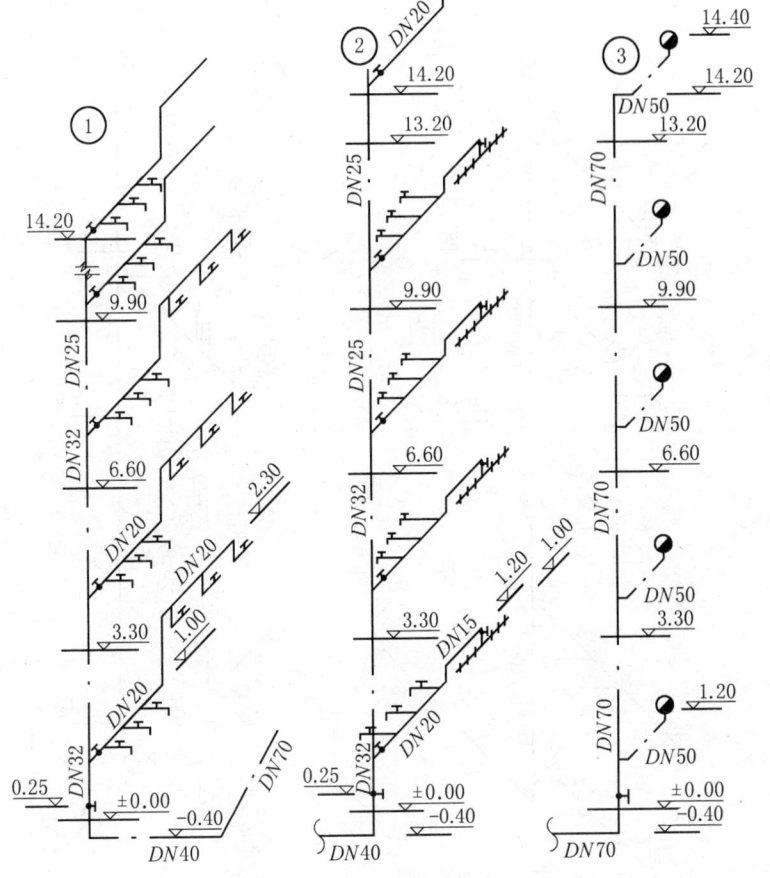

图 3-8 卫生间给水系统图

78J₈ 标准图施工(其预算算在土建工程内)。

(1) 给水系统。给水干管用 DN70 的镀锌钢管从⑧轴墙外引入,到顶端分两路分别引向左右给水立管。DN70 管向左引到立管①,从立管①引出支管向后引到第三个大便器为止,分别向水池水嘴和三个大便器的高水箱供水。DN70 管向右分别引向立管②、③。立管②引出支管向后引到小便池中间为止,分别向拖布池的水嘴、水池两个水嘴和小便冲洗管供水。立管③引出支管分别向各层的消火栓供水。各给水管的标高在平面图中无法表示,详见各管透视图(也称系统图)。

(2) 排水系统。左边排水管从水池地漏开始向后引入排水立管㊀,然后排到⑧轴墙外。支管直径,第一个大便器前段为 DN75,后段到

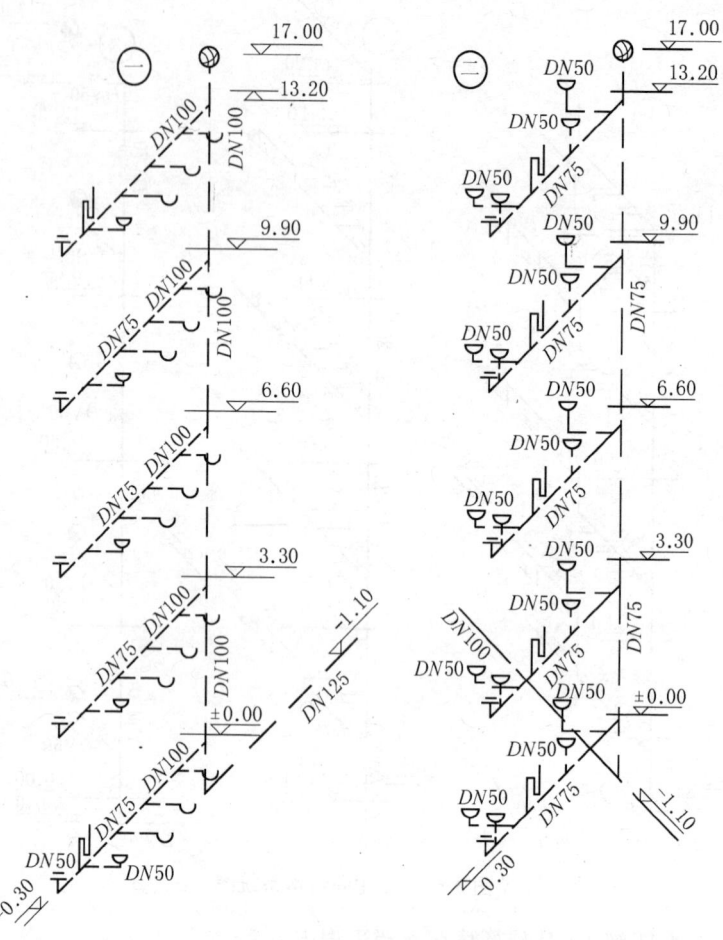

图 3 - 9 卫生间排水系统图

立管直径为 DN100,出墙管为 DN125,均为铸铁管。右边排水支管从拖布池地漏开始,向后引向立管㋁,管径为 DN75,然后用 DN100 管引出墙外。左边排水支管上有一个地漏,用 DN50 管,右边支管上有两个地漏,用 DN50 管。

2. 给水系统图(图 3 - 8)

(1) 给水系统图中的立管①。高度从标高 - 0. 40 ~ 14. 20m。标高 - 0. 40m 处为 DN70、DN40 管,标高 - 0. 40 ~ 7. 60m 为 DN32 管,标高 7. 60 ~ 14. 20m 为 DN25 管,立管在距地 0. 25m 处设一个 DN32 阀门。立

管在各层分出一个支管,由支管标高可知,水池段距楼地面 1.0m,大便器段距楼地面 2.3m。支管直径为 DN20,支管上设一个 DN20 阀门、三个水嘴、三个 DN20 的水箱阀门。五个支管设备布置相同。

(2) 给水系统图中的立管②。由 DN40 干管引入,高度从标高 -0.40 ~ 14.20m。标高 -0.40 ~ 7.60m 为 DN32 管,标高 7.60 ~ 14.20m 为 DN25 管。立管上设一个 DN32 阀门。五层楼各有一支管分别向水池三个水嘴和小便冲洗管供水,支管直径为 DN20,冲洗管直径为 DN15,支管上设一个 DN20 阀门,冲洗管立管上设一个 DN15 阀门。

(3) 给水系统图中的立管③。由 DN70 管引入,高度从标高 -0.40 ~ 14.20m,标高 0.25m 处设一个 DN70 阀门,各层引出支管 DN50 向消火栓供水。

3. 排水系统图(图 3-9)

(1) 排水系统图⊖为左边排水系统立管,高度从标高 -1.10 ~ 17.00m,顶部设一个铅丝球,在 -1.10m 标高用 DN125 铸铁管引出⑧轴墙外。排水支管端部放一个清扫口(DN50)、一个带弯的排水栓、一个地漏(DN50)、三个大便器回水弯,大便器回水弯之前管径为 DN75,之后管径为 DN100,各层支管管径、长度配件均相同。

(2) 排水透视图⊖为右边的排水系统,立管高度从标高 -1.10 ~ 17.00m,管径为 DN75。顶部放一个铅丝球,在标高 -1.10m 处用 DN100 铸铁管引出⑧轴墙外。排水支管端部放一个清扫口(DN50),依次设拖布池地漏(DN50)一个、地面地漏(DN50)一个、带弯排水栓一个、小便池地漏(DN50)一个、地面地漏(DN50)一个,各层支管管径、设备均相同。

(二) 编制预算

1. 工程量计算

(1) 卫生器具、用水设备。

高水箱蹲便器:3 ×5 =15 个

DN20 水嘴:3 ×5 +3 ×5 =30 个

室内消火栓(DN50):5 个

(2) 阀门。

给水系统①:DN32,1 个;DN20,4 ×5 =20 个

给水系统②:DN32,1 个;DN20,5 个;DN15,5 个

给水系统③:DN70,1 个

（3）排水器具。

地漏:$DN50,5$（系统一）$+4\times5$（系统二）$=25$个

排水栓:$DN50,5+5=10$个

扫除口:$DN50,5+5=10$个

铅丝球:2个

（4）给水镀锌钢管。

钢管长度根据图示尺寸计算,图示标注不详时用比例尺量。

① 平面图上进户管（地下）。

$DN70:1.5$（墙外）$+3.46+2.24-0.05$（管距Ⓐ轴墙）$+3.6\div2$（右拐向消火栓立管）-0.12（墙厚）-0.05（距墙）$=8.78m$

$DN40:3.6\div2$（向左）-0.12（墙厚）-0.05（距墙）$=1.63m$

② 给水系统①。

立管:$DN32$,地下0.4m,地上7.6m

　　　$DN25$,地上$14.2-7.6=6.6m$

横支管:$DN20$,用比例尺量,$(4.2+1.3)\times5$道$=27.5m$ ⎫
　　　　　　　　　　　　　　　　　　　　　　　　　　　⎬$=33.5m$
去大便器水箱管:$0.4\times3\times5$层$=6m$ ⎭

③ 给水系统②。

立管:$DN32$,地下0.4m,地上7.6m

　　　$DN25$,地上$14.2-7.6=6.6m$

横支管:$DN20$,用比例尺量,2.2×5层$=11.0m$

　　　　$DN15$,$(0.2+1.2)\times5$层$=7.0m$

小便池冲洗管:$DN15$,1.5×5层$=7.5m$

④ 给水系统③。

地下:$DN70$,0.6（水平管）$+0.4$（立管）$=1m$

地上:$DN70$,14.2m

向消火栓支管:$DN50$,$[0.05$（距墙）$+0.12$（半墙）$+0.7$（水平）$+0.2$（向上）$]\times5=5.35m$

⑤ 给水镀锌钢管长度合计及油漆工程量:如表3-7所示。

（5）排水铸铁管。

① 排水系统一。

地下水平干管:$DN125$,1.5（墙外）$+0.24$（墙厚）$+0.15$（距墙）$=1.89m$

表 3-7　给水镀锌钢管长度合计及油漆工程量计算表

| 给　水　镀　锌　钢　管 | | 油　漆　工　程　量(m²) |
管　径	长　度(m)	
DN70	地下:8.78 + 1.0 = 9.78	涂沥青漆两遍:9.78 × 0.24 = 2.4
	地上:14.2	涂防锈漆一遍, 涂银粉两遍:14.2 × 0.24 = 3.4
DN40	地下:1.63	涂沥青漆两遍:1.63 × 0.15 = 0.25
DN50	地上:5.35	涂防锈漆一遍, 涂银粉两遍:5.35 × 0.19 = 1.02
DN32	地下:0.8 地上:15.2	沥青漆两遍:0.8 × 0.13 = 0.1 涂防锈漆一遍, 涂银粉两遍:15.2 × 0.13 = 1.98
DN25	地上:13.2	涂防锈漆一遍, 涂银粉两遍:13.2 × 0.11 = 1.45
DN20	地上:33.5 + 11.0 = 44.5	涂防锈漆一遍, 涂银粉两遍:44.5 × 0.08 = 3.56
DN15	地上:7	涂防锈漆一遍, 涂银粉两遍:7.0 × 0.07 = 0.5
小便池冲洗管 DN15	7.5	涂防锈漆一遍, 涂银粉两遍:7.5 × 0.07 = 0.53
合　计		涂沥青漆两遍:2.75 涂防锈漆一遍,银粉两遍:12.44

地下立管:$DN125$,$1.1 - 0.3 = 0.8m$

　　　　$DN100$,地下,$0.3m$

　　　　$DN100$,地上,$17.0m$

横支管:地下,用比例尺量,$DN75$,$1.7m$;$DN100$,$2.6m$

　　　　地上,用比例尺量,$DN75$,$1.7 × 4 = 6.8m$;$DN100$,$2.6 × 4 =$

　　　　$10.4m$

地漏上接管:地下,$DN50$,0.8(水平)$+ 0.3$(竖向)$= 1.1m$

　　　　地上,$DN50$,$(0.8 + 0.3) × 4$ 层$= 4.4m$

扫除口接管:地下,$DN50$,$0.3m$

　　　　地上,$DN50$,$0.3 × 4$ 层$= 1.2m$

② 排水系统⊖。

地下水平干管:$DN100$,1.5(墙外)+1.5(墙内)+(1.1-0.3)(立管)=3.8m

立管:$DN75$,地下,0.3m

   $DN75$,地上,17.0m

支管:$DN75$,地下,用比例尺量,3.9m

   $DN75$,地上,3.9×4层=15.6m

地漏接管:$DN50$,立管,0.3×4个×5层=6m;地下,2.4m;

     水平长,0.6×2个×5层=6m;地上,9.6m

扫除口接管:$DN50$,0.3×5层=1.5m

③ 排水铸铁管长度合计及油漆工程量计算如表3-8所示。

表3-8 排水铸铁管长度合计及油漆工程量计算表

排水铸铁管		油漆工程量(m^2) (地下管涂沥青漆两遍;地上管涂防锈漆一遍、银粉两遍)
管 径	长 度(m)	
$DN125$	地下:2.69	2.69×0.56=1.51
$DN100$	34.1 地下:2.9 地上:31.2	2.9×0.49=1.41 31.2×0.49=15.29
$DN75$	45.3 地下:5.9 地上:39.4	5.9×0.36=2.21 39.4×0.36=14.18
$DN50$	20.5 地下:4.1 地上:16.4	4.1×0.25=1.0 16.4×0.25=4.15
合 计		涂沥青漆两遍:4.54 涂防锈漆一遍、银粉两遍:33.57

(6) 穿楼板套管:$\phi70mm$,4个;$\phi32mm$,4个;$\phi25mm$,4个

(7) 挖沟。

地下管:30m×1.1×0.6=19.8m³

回填土:19.8m³

2. 编制预算表

如表3-9所示。未计价材料费见表3-10。

表 3 - 9 预算表

工程名称:某卫生间给排水工程　　　安装费:26 917.88 元

序号	定额编号	子 目 名 称	工 位	工程量	价 值(元)			其中(元)		
			单 位	工程量	单 价	合 价	人工费	材料费	机械费	
		一、实体项目								
1	8 - 602	大便器安装　蹲式　瓷高水箱	10 套	1.5	1 077.5	1 616.19	711	905.19	0	
2	8 - 634	龙头安装　公称直径(20mm 以内)	10 个	3	21.04	63.12	46.8	16.32	0	
3	7 - 116	室内消火栓 DN50	组	5	83.55	417.75	171	113.2	133.55	
4	8 - 414	螺纹阀门 DN15	个	5	7.38	36.9	30	6.9	0	
5	8 - 415	螺纹阀门 DN20	个	25	7.66	191.5	150	41.5	0	
6	8 - 417	螺纹阀门 DN32	个	2	10.32	20.64	15.6	5.04	0	
7	8 - 421	螺纹阀门 DN70	个	1	33.07	33.07	27.6	5.47	0	
8	8 - 647	地面扫除口安装　50	10 个	1	44.82	44.82	41.4	3.42	0	
9	8 - 637	排水栓安装　带存水弯　40	10 组	1	179.07	179.07	104.4	74.67	0	
10	8 - 642	地漏安装　50	10 个	2.5	93.71	234.28	220.5	13.78	0	
11	8 - 166	镀锌钢管 DN15	10m	0.7	141.71	99.2	70.14	29.06	0	
12	8 - 167	镀锌钢管 DN20	10m	4.45	139.89	622.51	445.89	176.62	0	
13	8 - 168	镀锌钢管 DN25	10m	1.32	170.8	225.46	159.19	64.18	2.09	
14	8 - 169	镀锌钢管 DN32	10m	1.6	179.03	286.45	192.96	90.96	2.53	
15	8 - 170	镀锌钢管 DN40	10m	0.16	195.9	31.34	23.04	8.05	0.25	
16	8 - 171	镀锌钢管 DN50	10m	0.54	224.73	121.35	79.38	39.53	2.45	

序号	定额编号	子目名称	工程 单位	工程量	价值（元）单价	合价	其中（元）人工费	材料费	机械费
17	8－173	镀锌钢管 DN70	10m	2.4	247.54	594.1	364.32	218.98	10.8
18	8－286	铸铁排水管 DN50	10m	2.05	230.2	471.91	252.15	219.76	0
19	8－287	铸铁排水管 DN75	10m	4.53	340.6	1 542.92	665.91	877.01	0
20	8－288	铸铁排水管 DN100	10m	3.41	533.6	1 819.58	648.58	1 170.99	0
21	8－289	铸铁排水管 DN125	10m	0.27	529.49	142.96	54.43	88.53	0
22	11－66	管道刷油 沥青漆 第一遍	10m²	0.28	21.35	5.98	4.37	1.61	0
23	11－67	管道刷油 沥青漆 第二遍	10m²	0.28	20.13	5.64	4.2	1.44	0
24	11－53	管道刷油 防锈漆 第一遍	10m²	1.24	18.16	22.52	18.6	3.92	0
25	11－56	管道刷油 银粉漆 第一遍	10m²	1.24	19.37	24.02	18.6	5.42	0
26	11－57	管道刷油 银粉漆 第二遍	10m²	1.24	17.32	21.48	17.86	3.62	0
27	11－198	铸铁管刷油 沥青漆 第一遍	10m²	0.45	25.55	11.5	8.91	2.59	0
28	11－199	铸铁管刷油 沥青漆 第二遍	10m²	0.45	24.33	10.95	8.64	2.31	0
29	11－194	铸铁管刷油 防锈漆 一遍	10m²	3.36	21.32	71.64	60.48	11.16	0
30	11－196	铸铁管刷油 银粉漆 第一遍	10m²	3.36	27.33	91.83	62.5	29.33	0
31	11－197	铸铁管刷油 银粉漆 第二遍	10m²	3.36	25.68	86.28	60.48	25.8	0
32	8－321	铁皮套管 DN25	个	4	5.13	20.52	14.4	6.12	0
33	8－322	铁皮套管 DN32	个	4	5.13	20.52	14.4	6.12	0
34	8－326	铁皮套管 DN70	个	4	8.81	35.24	24	11.24	0

（续表）

序号	定额编号	子目名称	工单位	工程量	单价	合价	人工费	材料费	机械费
35	借A1-11	人工挖沟槽 一、二类土 深度（2m以内）	100m³	0.2	1 529.4	302.82	302.82	0	0
36	借A1-41	人工 回填土 夯填	100m³	0.2	1 582.5	313.33	263.83	0	49.5
		小 计				9 839.39	5 358.38	4 279.84	201.17
		二、措施项目：							
		可竞争措施项目：							
	8-956	脚手架	实体项目中的人工费+机械费=5 559.55		4.20%	233.5	58.38	0	0
	8-991	垂直运输费			1.20%	66.71	0	0	66.71
	8-980~988	其他项目			15.72%	873.96	357.48	0	0
		1. 直接费合计:安装费				11 013.56	5 774.24	4 279.84	267.88
		未计价材料费				11 825.9			
		2. 直接费中人工费+机械费				6 042.12			
		3. 企业管理费	2×15%			906.318			
		4. 利润	2×10%			604.212			
		5. 规费	2×27%			1 631.372			
		6. 价款调整							
		7. 安全生产、文明施工费	（1+3+4+5+6）×3.23%			457.221 4			
		8. 税金	（1+3+4+5+6+7）×3.28%			479.296			
		9. 工程造价	1+3+4+5+6+7+8			26 917.88			

表 3 – 10 未计价材料费

项目序号	分项工程	定额号	单位	数量	名称	单位	消耗量	数量	单价	合价
							未 计 价 材 料			
1	高水箱蹲式大便器	8 – 602	10套	1.5	蹲式大便器	个	10.1	15.15	60.0	909.0
					高水箱	个	10.1	15.15	25.0	378.8
					水箱配件	套	10.1	15.15	55.0	833.3
					水冲洗管（铜镀铬）	根	10.1	15.15	20.0	303
					软管	根	10.1	15.15	5.0	75.8
2	DN20铸壳水嘴	8 – 634	10个	3	DN20水嘴	个	10.1	30.3	4.5	136.4
3	室内消火栓 DN50	7 – 116	组	5	DN50消火栓	个	1.01	5.05	800.0	4 040
4	螺纹阀门 DN15	8 – 414	个	5	DN15阀门	个	1.01	5.05	12.0	60.6
					阀门连接件	个	1.01	5.05	6.0	30.3
5	螺纹阀门 DN20	8 – 415	个	25		个	1.01	25.25	16.0	404
						个	1.01	25.25	6.0	151.5
6	螺纹阀门 DN32	8 – 417	个	2		个	1.01	2.02	32.0	64.6
						个	1.01	2.02	6.0	12.1
7	螺纹阀门 DN70	8 – 421	个	1		个	1.01	1.01	110.0	111.1
						个	1.01	1.01	6.0	6.1
8	扫除口铜盖 DN50	8 – 647	10个	1	扫除口铜盖 DN50	个	10.00	10.00	8.0	80
9	排水栓带排水弯 DN40	8 – 637	10组	1	排水栓带排水管	个	10.00	10.00	6.5	65
10	地漏 DN50	8 – 642	10个	2.5	地漏 DN50	个	10.0	25.0	8.0	200

项目序号	分项工程	定额号	单位	数量	未计价材料 名称	未计价材料 单位	未计价材料 消耗量	未计价材料 数量	未计价材料 单价	未计价材料 合价
11	镀锌钢管 DN15	8－166	10m	0.7		m	10.20	7.14	5.6	40
12	镀锌钢管 DN20	8－167	10m	4.45		m	10.20	45.4	6.7	304.2
13	镀锌钢管 DN25	8－168	10m	1.32		m	10.28	13.5	8.8	118.8
14	镀锌钢管 DN32	8－169	10m	1.6		m	10.20	16.33	10.9	178
15	镀锌钢管 DN40	8－170	10m	0.16		m	10.20	1.63	13.0	21.2
16	镀锌钢管 DN50	8－171	10m	0.54		m	10.20	5.51	17.0	93.7
17	镀锌钢管 DN70	8－173	10m	2.40		m	10.20	24.5	24.0	588
18	小便冲洗管 DN15									
19	铸铁排水管 DN50	8－286	10m	2.05		m	8.80	18.04	22.0	396.9
20	铸铁排水管 DN70（水泥接口）	8－287	10m	4.53		m	9.30	42.13	27.0	1 137.5
21	铸铁排水管 DN100	8－288	10m	3.41		m	8.90	30.35	31.0	940.9
22	铸铁排水管 DN125	8－289	10m	0.24		m	9.60	2.30	41.0	94.3
23	镀锌管沥青漆两遍	11－66,67	10m²	0.28		kg	0.87	0.24	10.0	2.4
24	镀锌管防锈漆一遍	11－53	10m²	1.24		kg	0.41	0.51	14.00	7.10
25	镀锌管银粉两遍	11－56,57	10m²	1.24		kg	0.9	1.12	12.0	13.4
26	铸铁管沥青漆两遍	11－198,199	10m²	0.45		kg	0.87	0.18	10.0	1.8
27	铸铁管防锈漆一遍	11－194	10m²	3.36		kg	0.41	1.38	14.0	19.3
28	铸铁管银粉两遍	11－196,197	10m²	3.36		kg	0.17	0.57	12.0	6.80
										11 825.9

3. 编制说明

（1）预算编制根据办公楼给排水施工设计图。

（2）定额使用全国统一安装工程预算定额河北省 2012 年消耗量定额。

（3）取费使用河北省 2012 年定额的取费定额。

（4）材料根据当时的市场价格。

第二节 采 暖 工 程

一、识图

（一）采暖系统组成

采暖系统包括散热器、热水管道、回水管道、开关阀门、放气阀门、管道配件、减压阀、除污设备等。

散热器目前用得较多的是铸铁四柱型，另外还有钢串片式、闭式、圆翼型散热器等。

热水管、回水管用的是焊接钢管，按其公称直径划分有 DN15、DN20、DN25、DN32、DN40 等。

开关阀门有闸板阀门和截止阀门两种。放气阀门有安装在散热器上的手动放风门和安装在管道上的自动排气阀或集气罐。

管道配件有弯头、三通、管堵、补芯、活接头等。

（二）采暖施工图中的图例

如表 3-11 所示。

（三）施工图包括内容及其识读

采暖施工图包括顶层平面图、底层平面图、系统图及施工标准图册、设计说明。

1. 平面图的识读

室内采暖平面图主要表示管道、附件、散热器及设备在建筑平面图上的位置及它们之间的相互关系，识读时要掌握以下几点：

（1）了解散热器在平面图上的位置、种类、组数、每组片数。

（2）弄清水平干管的布置及各段管径、阀门、固定支架、补偿器的位置和数量，以及立管的布置等。

（3）搞清热媒入口和回水出口的位置及有关的设备，如减压阀、疏水器、除污器等。

表 3-11　采暖施工图图例

序　号	图　　例	名　　称
1	 ——————	采暖热水管
2	 — — — —	回水管
3	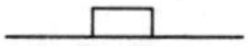 ——□——	方型补偿器(伸缩器)
4	 ——✕——	固定支架
5	 立管上阀门	
6	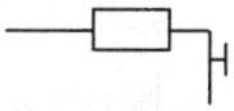 自动排气阀	
7	 疏水阀	
8	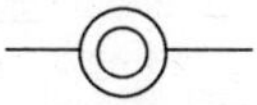 除污器	
9	 减压阀	
10	 过滤器	
11	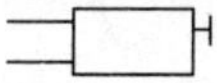 柱式散热器	
12	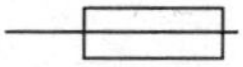 圆翼型散热器	
13	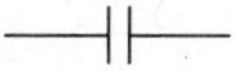 法兰管	
14	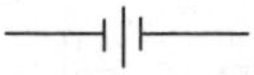 活接头	
15	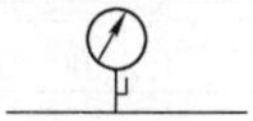 压力表	

　　根据以上要求,从热媒入口起顺水流方向看顶层平面图,底层平面图则从回水起点顺水流看至回水出口。

　　2. 系统图的识读

　　采暖系统图主要表示管道、散热器、管道支架及设备的空间位置及其相互关系,识读时主要掌握以下几点:

　　(1) 了解管道的入口、出口,各管段的管径、坡度、坡向,水平干管的标高,管架数量等。

　　(2) 了解散热器的类型、规格、组数、每组片数。

（3）了解阀门、附件的型号、位置，各种设备的位置、型号、数量等。

根据以上要求，从热媒入口开始，顺水流方向逐段干管、立管去看。

3. 识图示例

某采暖工程平面图、系统图如图 3-10、3-11、3-12 所示。

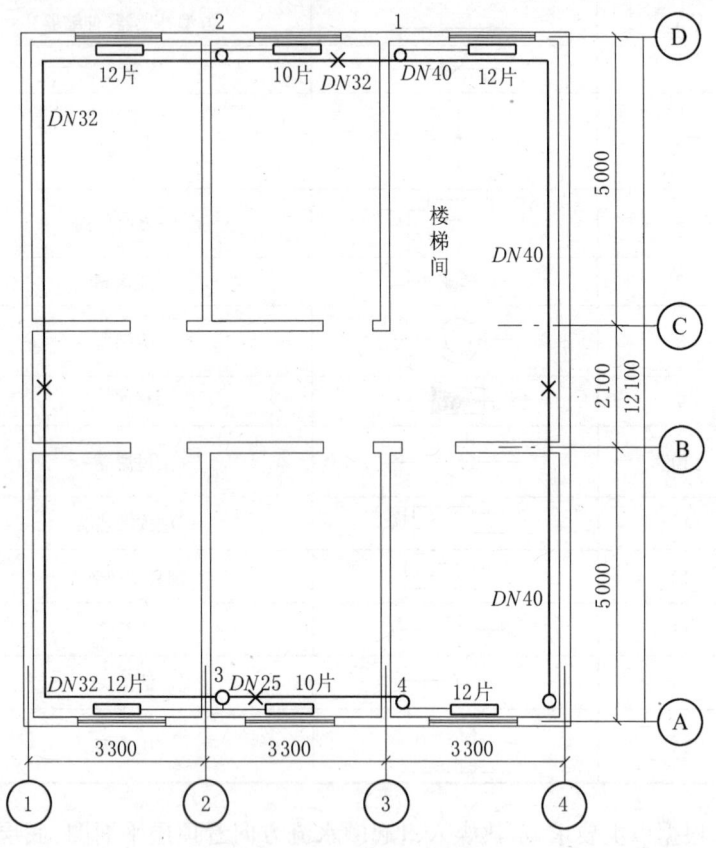

图 3-10　顶层采暖平面图

（1）顶层采暖平面图（图 3-10）。

从顶层采暖平面图可看出，热水管由④轴线处的立管引上，沿④轴线墙从Ⓐ轴线经Ⓑ轴、Ⓒ轴、Ⓓ轴走向③轴处的 1 号立支管，管径为 DN40；再逆时针从③轴处的 1 号立支管走向②轴线处的 2 号立支管；继续前行，沿①轴线墙、Ⓐ轴线墙走向②轴线的 3 号立支管，这段管径为 DN32。从 3 号立支管到 4 号立支管，管径为 DN25。管道支架共 4 个。

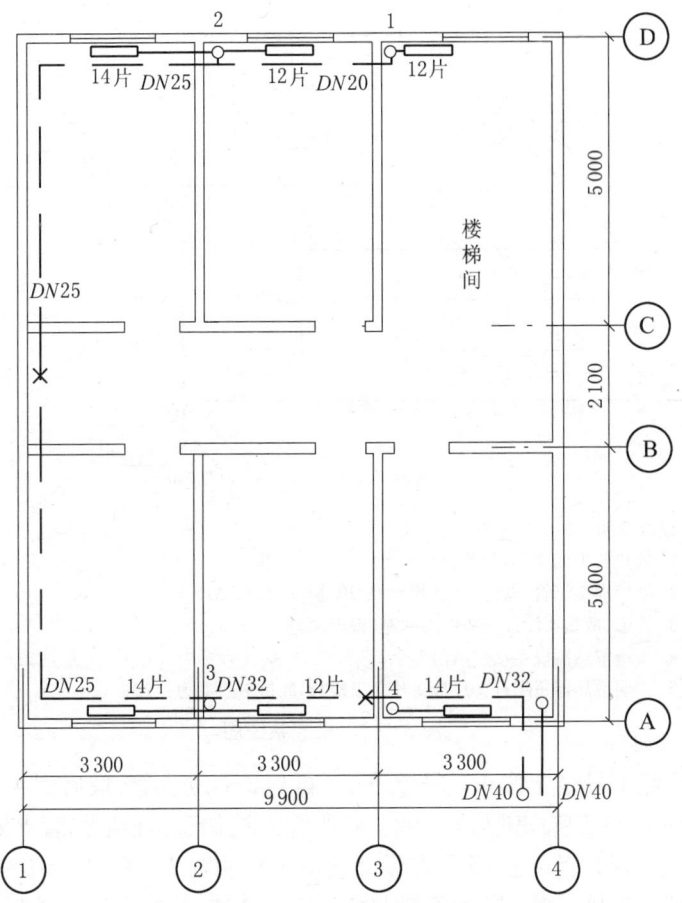

图 3-11　底层采暖平面图

暖气片共 6 组，每组片数图中已标清。

（2）底层采暖平面图（图 3-11）。

从底层平面图可看出，热水入口、回水出口均设在Ⓐ轴线处。

回水从 1 号立支管经 2 号立支管、3 号立支管、4 号立支管在Ⓐ轴线处流出。1~2 号立支管段管径为 DN20，2~3 号立支管段管径为 DN25，3 号立支管至出口处段管径为 DN32，管道支架共 2 个。散热器有 6 组，每组片数图中均已标清。

（3）采暖系统图（图 3-12）。

从采暖系统图可看出，热水从 A 处进入室内，由立管引向顶层；逆时

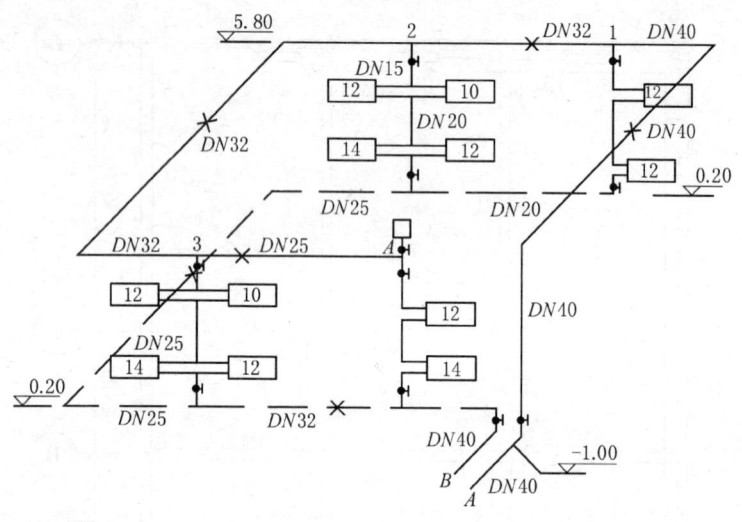

设计说明:
1. 散热器为四柱"813"型;
2. 采用焊接钢管,丝接,立支管为 DN20,横支管为 DN15;
3. 管道、散热器涂红丹防锈漆两遍、银粉两遍;
4. 每组散热器设手动放风门 1 个;
5. 二层散热器每组设 2 片带腿片立于楼板,底层散热器为挂式。

图 3 - 12　采暖系统图

针方向经 1 号立支管到 2 号立支管,再到 3 号立支管,最后到 4 号立支管,分别经各支管向散热器供水。各段管径图中已标注清楚,管支架 4 个。

立支管共有 4 道,管径在设计说明中注明为 DN20,为焊接钢管,接口为螺纹连接。横支管每组散热器有上下 2 道,管径在设计说明中注明为 DN15。

散热器标明共 12 组,每组片数图中已标明。设计说明中注明为四柱"813"型。每组散热器设一个手动放风门,二层散热器带腿,底层为挂式。

阀门:入口、出口各设 DN40 阀门一个,立支管上下各设一个 DN20 阀门。

(4) 设计说明:见图 3 - 12 中所注。

二、采暖工程预算的编制方法

预算编制方法及步骤为了计算工程量、套定额、取费、计算总费用。

1. 计算工程量

(1) 散热器,以片数或以组为单位计算,根据系统图统计数量。

（2）焊接钢管，分不同管径的长度以米为单位计算。长度按管道中心线长，不扣除阀门、管件所占的长度。管件(三通、弯头等)也不另行计算。按系统图计算或用比例尺量算。从入口阀门或外墙皮1.5m算起。

（3）阀门、自动排气阀、手动放风门、集气罐以个计。按系统图中的表示符号或说明计算。

（4）刷油、保温根据以上算出来的散热器和钢管的数量，按油漆、保温工程计算。如表3-12所示计算油漆面积(m²)、保温层体积(m³)。

表3-12 管道油漆、保温工程量计算表

管 径	每米油漆面积(m²) （无保温层）	每米保温层体积(m³)/保温层表面积(m²) （保温层厚50mm）
DN15	0.07	0.012/0.43
DN20	0.08	0.013/0.44
DN25	0.11	0.014/0.48
DN32	0.13	0.015/0.49
DN40	0.15	0.016/0.51
DN50	0.18	0.018/0.54
DN70	0.24	0.021/0.59

（5）计算管道支架的数量、重量(kg)，穿墙管、穿楼板管的个数以不同管径分别计算。

（6）组装暖气片用的对丝、补芯等零件已含在暖气片定额内，不另列项目计算。

2. 填写预算表，套定额

采暖定额同给排水定额一样，均系国家统一安装定额，2008年地方消耗量定额主要分项有焊接钢管安装，阀门安装，散热器安装，管道油漆、保温，管道支架制作、安装、油漆等。

3. 取费、计算总费用

采暖费用构成同给排水预算，包括直接费、间接费、利润、规费、税金。采暖费计算方法、程序同给排水的预算。

三、预算编制示例

按图3-10~图3-12采暖施工图编制预算。

（一）计算工程量

散热器，阀门，热水立支管、横支管等按系统图计算，热水干管按顶层平面图计算,回水干管按底层平面图计算。

1. 设备(看系统图计算)

(1) 散热器:共12组,手动放风门12个。

(2) "813"四柱型散热器:12片×7+10片×2+14片×3=146片,其中带腿的12片。

(3) 阀门:$DN40$,2个;

$\qquad DN20$,2×4=8个。

(4) 集气罐:1个。

2. 管道

看系统图和平面图尺寸,计算立支管、横支管。

(1) 立支管($DN20$)长度,为上下主管距离减去暖气片上下横支管距离(即暖气片上下孔中心距,按0.73m计算):

热水顶管标高 – 回水管标高 – 孔距 = 5.8 – 0.2 – 0.73×2 = 4.14m

4.14×4根=16.56m

(2) 横支管($DN15$)长度,暖气片应置于窗户中心位置,所以横支管长度为轴线距离减去散热器所占的长度,"813"型暖气片厚度按0.06m计算。

12片组:$\left(3.3 \times \dfrac{1}{2} - 0.06 \times 6 \text{片}\right) \times 2 \text{根} = 1.29\text{m}$

$\qquad 1.29 \times 6 \text{组} = 15.48\text{m}$

10片组:$\left(3.3 \times \dfrac{1}{2} - 0.06 \times 5\right) \times 2 = 2.7\text{m}$

$\qquad 2.7 \times 2 = 5.4\text{m}$

14片组:$\left(3.3 \times \dfrac{1}{2} - 0.06 \times 7\right) \times 2 = 2.46\text{m}$

$\qquad 2.46 \times 3 = 7.38\text{m}$

底层楼梯口一组:0.2m×2根=0.4m

合计:15.48+5.4+7.38+0.4=28.66m

(3) 热水干管长度,看顶层平面图计算,管道距墙距离图中未注明者按7cm计算,出外墙面长按1.5m计算。

① 墙外1.5m至立管顶(看底层平面图和系统图)。

$DN40$:墙外 + 墙厚 + 立管长 = 1.5 + 0.24 + (5.8 + 1.0) = 8.54m

② 顶层水平管。

$DN40$:Ⓐ~Ⓓ轴距离－墙厚－距墙距离＋④~③轴距离－墙厚－距墙距离$=12.1-0.24-0.07×2+3.3-0.24-0.07=14.71\text{m}$

$DN32$:③~①轴距离＋Ⓓ~Ⓐ轴距离－墙厚－距墙距离＋①~②轴距离$=6.6+12.1-0.24-0.07×2+3.3=21.62\text{m}$

$DN25$:②~③轴距离$=3.3\text{m}$

（4）回水管长度,看底层平面图计算。

$DN20$:③~②轴距离$=3.3\text{m}$

$DN25$:②~①轴距离＋Ⓓ~Ⓐ轴距离－墙厚－距墙距离＋①~②轴距离$=3.3+12.1-1.24-0.07×2+3.3=18.32\text{m}$

$DN32$:②~③轴距离＋③~④轴距离－距④轴墙距离$=3.3+3.3-0.4=6.2\text{m}$

$DN40$:墙厚＋墙外长度$=0.24+1.5=1.74\text{m}$

（5）焊接钢管长度、重量、油漆面积:如表3－13所示。

表3－13　焊接钢管长度、重量、油漆统计计算表

管　　径	长度（m）	油漆面积（m²）	钢管重量（kg）
$DN15$	28.66	28.66×0.067＝1.92	28.66×1.25＝35.82
$DN20$	19.86	19.86×0.08＝1.59	19.86×1.63＝32.4
$DN25$	21.56	21.56×0.11＝2.37	21.56×2.42＝52.2
$DN32$	27.86	27.86×0.13＝3.62	27.86×3.13＝87.2
$DN40$	24.99	24.99×0.15＝3.74	24.99×3.84＝95.96
合　　计		13.24	304

（6）暖气片油漆面积:红丹两遍,银粉两遍。

$$146\text{ 片}×0.28\text{m}^2/\text{片}=40.88\text{m}^2$$

3. 管道支架

共6个角钢∟$50×5$:$0.3\text{m}×6×3.37\text{kg/m}=6.1\text{kg}$

4. 穿墙铁皮套管

顶层热水管用:$DN40$,2个;$DN32$,5个;$DN25$,1个。

一层回水管用:$DN20$,1个;$DN25$,4个;$DN32$,1个。

立管穿楼板套管:$DN40$,1个;$DN20$,4个。

横支管穿墙套管:$DN20$,8个。

以上合计:$DN40$,3个;$DN32$,6个;$DN25$,5个;$DN20$,13个。

（二）填预算表、套定额、取费

如表3－14所示。主材费见表3－15。

表 3-14 预算表

工程名称：某二层小楼采暖工程　　安装费：9 826.39 元

序号	定额编号	子目名称	工程量		价值(元)		人工费	其中	
			单位	工程量	单价	合价		材料费	机械费
		一、实体项目							
1	8-674	铸铁散热器 813 四柱	10片	14.6	58.39	852.49	332.88	519.61	0
2	8-475	阀门安装 手动放风阀	个	12	2.24	26.88	21.6	5.28	0
3	8-415	截止阀门 DN20	个	8	7.66	61.28	48	13.28	0
4	8-418	截止阀门 DN40	个	2	16.8	33.6	27.6	6	0
5	8-474	自动排气阀 25	个	1	28.28	28.28	15	13.28	0
6	8-175	焊接钢管 DN15	10m	2.87	131.76	378.15	287.57	90.58	0
7	8-176	焊接钢管 DN20	10m	1.99	140.39	279.38	199.4	79.98	0
8	8-177	焊接钢管 DN25	10m	2.16	181.37	391.76	260.5	127.85	3.41
9	8-178	焊接钢管 DN32	10m	2.79	188.36	525.52	336.47	184.64	4.41
10	借8-161	焊接钢管 DN40	10m	2.49	144.76	360.45	239.04	115.61	5.8
11	11-51	管道副刷红丹防锈漆 第一遍	10m²	1.32	18	23.76	19.8	3.96	0
12	11-52	管道刷红丹防锈漆 第二遍	10m²	1.32	17.67	23.32	19.8	3.52	0
13	11-56	管道副刷银粉漆 第一遍	10m²	1.32	19.37	25.57	19.8	5.77	0
14	11-57	管道副刷银粉漆 第二遍	10m²	1.32	17.32	22.86	19.01	3.85	0
15	11-82	散热器 红丹防锈漆 第一遍	10m²	4.09	16.8	68.71	56.44	12.27	0
16	11-87	散热器 银粉漆 第一遍	10m²	4.09	18.17	74.32	56.44	17.87	0
17	11-88	散热器 银粉漆 第二遍	10m²	4.09	16.12	65.93	53.99	11.94	0
18	8-355	管道支架 一般管架制作安装	100kg	0.06	1 340.5	80.43	18.94	15.2	46.29
19	11-113	管道支架 红丹防锈漆 第一遍	100kg	0.06	27.75	1.67	0.76	0.15	0.76

(续表)

序号	定额编号	子目名称	单位	工程量	单价	合价	人工费	材料费	机械费
20	11-114	管道支架 红丹防锈漆 第二遍	100kg	0.06	26.83	1.61	0.72	0.13	0.76
21	11-118	管道支架 银粉漆 第一遍	100kg	0.06	30.21	1.81	0.72	0.33	0.76
22	11-119	管道支架 银粉漆 第二遍	100kg	0.06	29.49	1.77	0.72	0.29	0.76
23	8-321	镀锌铁皮套管 DN25	个	18	5.13	92.34	64.8	27.54	0
24	8-322	镀锌铁皮套管 DN32	个	6	5.13	30.78	21.6	9.18	0
25	8-323	镀锌铁皮套管 DN40	个	3	7.7	23.1	16.2	6.9	0
		小 计				3475.77	2137.8	1275.01	62.95
		二、措施项目							
		可竞争措施项目：							
	8-956	脚手架	实体项目中的人工费 + 机械费 = 2200.75		4.20%	92.43	23.11	0	0
	8-991	垂直运输费			1.20%	26.41	0	0	26.41
	8-980~988	其他项目			15.72%	345.96	141.51	0	0
		1. 直接费合计：安装费				3940.57	2302.42	1275.01	89.36
		2. 未计价材料费				4299.1			
		3. 直接费中人工费+机械费				2391.78			
		4. 企业管理费		2×15%		358.77			
		5. 利润		2×10%		239.18			
		6. 规费		2×27%		645.78			
		7. 价款调整							
		8. 安全生产、文明施工费	(1+3+4+5+6)×3.23%			167.4529			
		9. 税金	(1+3+4+5+6+7)×3.28%			175.5375			
		工程造价	1+3+4+5+6+7+8			9826.39			

表 3 - 15　主材费

名　　　称	单　位	数　量	市场价	合　价
散热器("813"四柱)	片	147.46	19.0	2 801.7
手动放风门	个	12.12	1.8	21.8
截止阀门 *DN*20	个	8.08	18.0	145.4
截止阀门 *DN*40	个	2.02	47.0	94.9
自动排气阀 *DN*25	个	1.01	30.0	30.3
焊接钢管 *DN*15	m	29.27	4.2	122.9
焊接钢管 *DN*20	m	20.63	5.7	117.6
焊接钢管 *DN*25	m	22.3	8.1	180.6
焊接钢管 *DN*32	m	28.5	9.9	282.2
焊接钢管 *DN*40	m	25.4	13.1	332.7
油漆	kg	13.0	13.0	169
合　计				4 299.1

（三）编写预算编制说明

预算表填写完成后,需编写预算编制说明,内容如下：

（1）工程量计算根据采暖施工图及设计说明。

（2）定额使用河北省 2012 年《安装工程单位估价汇总表》。

（3）取费根据河北省 2012 年安装工程取费规定。

（4）材料根据河北邯郸市场价格。

第三节　电气工程

一、识图

单项工程中的电气工程包括变配电工程、动力工程、照明工程和通信工程。本书主要讲述电气照明工程。

（一）电气照明工程内容组成

电气照明工程包括进户电源、配电控制系统、配管、配线、照明器具、防雷接地等。

（1）进户电源:由接户线、支架瓷瓶、进户线和进户管组成,如图 3 - 13 所示。

（2）配电控制系统:包括电力开关、熔断器、电表、母线和配电箱

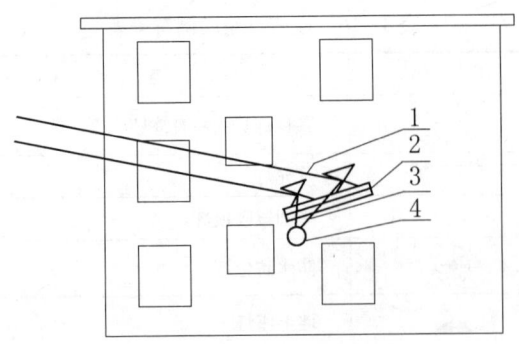

图3-13 进户电源示意图

1—接户线;2—进线支架;3—进户线;4—进户管

(板)。各种设备安装在配电箱(板)上。

(3)配管、配线:包括穿线管的类型、走向和敷设方式,以及导线的型号、根数等。

(4)照明器具:包括各种灯具、开关、插座、电扇等。

(5)防雷接地:防雷包括避雷线(网)、避雷针和引下线;接地包括接地极和接地线(接地母线),如图3-14所示。

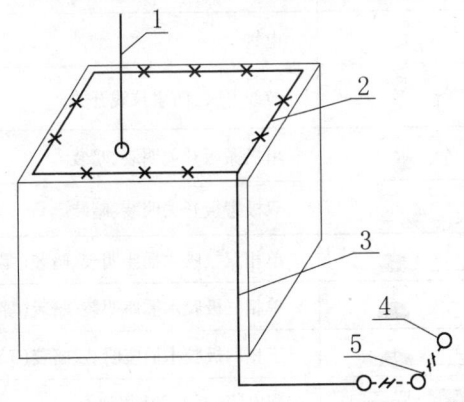

图3-14 防雷接地示意图

1—避雷针;2—避雷网;3—引下线;4—接地极;5—接地线

(二)电气常用图例符号、材料、安装方式、表示方法

1.电气常用图例符号

如表3-16所示。

表 3 - 16   电气常用图例符号表

序 号	图 例	名 称
1	○	各种灯具的一般符号
2	▭	荧光灯
3	⏝	半圆罩吸顶灯
4	⊕	防水防尘灯
5	◣	墙上座灯
6	✕	天棚瓷质灯座
7	○∘	天棚吊灯附装拉线开关
8	⊗	轴流风扇
9	▷◁	吊式风扇
10	kWh	电度表
11	⊕	高压汞灯
12	Ⓗ	电话插座
13	Ⓩ	电钟
14	○ ●	拉线开关,防水拉线开关
15	⟋ ⟍	单极搬板开关明装、暗装
16	⟋ ⟍	双极搬板开关明装、暗装
17	◠ ◠	单相双极胶木插座明装、暗装(零线、火线)
18	◠ ◠	单相三极胶木插座明装、暗装(零线、火线、地线)
19	◠ ◠	三相四极胶木插座明装、暗装(3 火线,1 零线)
20	▬ ▭	配电箱(板),照明、动力
21	▭	熔断器(保险丝)
22	RC 15/10	熔断器额定电流 熔丝额定电流
23	⟋	自动空气开关
24	⟋	隔离开关

342

（续表）

序　号	图　例	名　　称
25		一般闸刀开关
26		双极闸刀开关
27		三极刀开关
28		单根线
29		双根线
30		三根线
31		四根线
32		管线由上引下来,向上引去
33		由上引来并引下
34		在此引上、引下
35		接地线带接地极(○为地极)
36		接地线(不带接地极)
37		避雷线

2. 电线型号

如下所示:

BX——铜芯橡皮线;

BLX——铝芯橡皮线;

BV——铜芯塑料线;

BLV——铝芯塑料线;

BBX(BBLX)——玻璃丝编制的铜(铝)芯橡皮线;

BXR——铜芯橡皮软线;

BXS——双芯橡皮线;

BXH——铜芯橡皮花线;

BVR——铜芯塑料软线;

BVV——铜芯塑料护套线二芯、三芯;

BLVV——铝芯塑料护套线二芯、三芯;

ZLQ3×16、LLQ3×16、VLV3×16、XLQ、XLV 等——铝芯电缆;

343

YJV - 103×16——铜芯电缆。

3. 电气安装方式

（1）灯具吊装方式：

D——吸顶安装；

B——壁式安装；

X——吊线式安装；

L——吊链式安装；

G——吊管式安装。

（2）电源相序表示：

a——表示 A 相；

b——表示 B 相；

c——表示 C 相。

（3）线路敷设方式：

M——明敷设；

A——暗敷设；

S——钢索敷设；

DG——电线管敷设；

G——钢管敷设；

VG——塑料管敷设；

CB——槽板敷设；

CP——瓷瓶瓷柱敷设；

CJ——瓷夹或瓷卡敷设。

（4）线路敷设部位：

Q——沿墙敷设；

Z——沿柱敷设；

P——沿天棚敷设；

D——沿地板敷设；

L——沿梁下敷设；

DE——沿吊车梁敷设。

如:QA 表示沿墙暗设。

4. 电器线路标注方法

举例如下：

$\bigcirc \dfrac{60}{2.3}$X,表示吊式灯具,60W,吊 2.3m 高;

$\blacktriangle \dfrac{25}{2.3}$B,表示墙上座灯,25W,壁式安装,高度 2.3m;

$\square 10 \dfrac{40}{2.3}$X,表示 10 个 40W、吊 2.3m 高的荧光灯,吊线式安装;

BLX(3 × 10 + 1 × 6)G32QA,表示铝芯橡皮线,3 根 10mm², 1 根 6mm², 穿 φ32mm 钢管,沿墙暗设。

5. 常用低压开关(只需要一般了解其名称、性能和符号)

(1) 刀开关(闸刀开关):是一种手动控制器,用于不常操作的电路中。符号:如 HK1 - 15/2 单相、HK1 - 15/3 三相,其中符号、字母数字含义为:HK——胶盖开关,1——设计序号,15——额定电流,2(3)——相数。

(2) 组合开关:属闸刀开关一种,是手动控制器,用于小容量电机。符号:如 HZ10 - 10/1。

(3) 铁壳开关:又称负荷开关,是手动控制器,用于小容量不常起动的线路。由闸刀和熔断器组成,装在铁壳中。符号:如 HH3、HH4。

(4) 自动空气开关(自动开关):是能自动切断故障的低压保护器。符号:如 DZ10 - 250/3、DZ10 - 100、DW10。

(5) 隔离开关(隔离刀闸):使用电设备和电网隔离,保证设备安全检修。符号:如 GN6、GN10 - 2、GW4。

(6) 磁力起动器(电磁开关):由交流接触器和热继电器组合而成,用来控制电动机的起动和停止,是保护电动机过载的自动控制器件。符号:如 QP10 - 6/8。

(7) 交流接触器:用电磁原理实现电路接通和断开,用于电动机线路中,是一种自动控制器。符号:如 CJ12 - 250/2。

(8) 互感器:测电路中电压、电流用。符号:如 LmZ - 10、LmZJ1 - 0.5。

(9) 断路器:重要开关设备,使电压 1 000V 以上,正常负荷下断开或接通,及发生故障后通过继电器保护装置自动断开。符号:如 xRm、xm。

(10) 低压熔断器:是最简单的保护装置。符号:瓷插式,如 RC1A - 10/9(R——熔断器,C1——瓷插,A——改进型,10——额定电流,9——熔断丝额定电流);密闭式,如 RM;螺旋式,如 RC。

(11) 配电箱:如图 3 - 15 所示。动力配电箱:代号 XL(R)F。照明配电箱:代号 XM(R)F。字母含义:X——箱,L——动力,M——照明,

（R）——动力控制,F——防尘式。

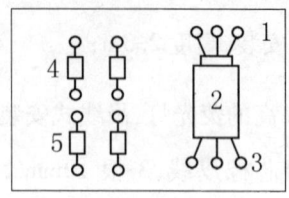 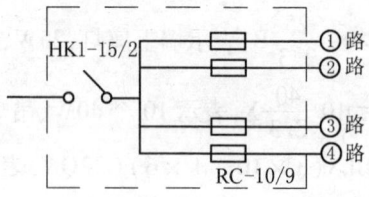

配电箱平面图　　　　　　　　　配电箱系统图

图 3 - 15　配电箱平面图、系统图

1—箱(板)；2—胶闸刀；3—导线；4、5—熔断器

（三）电气施工图

包括平面图、系统图、详图三部分。

1. 平面图

内容包括：

（1）进户电源的进户位置,管、线型号、根数、敷设方式。

（2）配电箱的位置、型号。

（3）埋管、走线在平面图上的走向,管径、管材、线型、根数。

（4）各种电气设备(灯具、插座、吊扇、开关)的位置、安装方式、安装高度等。

（5）接地极平面位置和防雷平面布置。

2. 系统图

内容包括：

（1）电源引入管径、线型、根数,电源进户后向各配电箱的分配情况。

（2）各配电箱开关、保险的布置及型号,走线回路编号,电容量等。

3. 电气说明及用电设备、符号一览表

标明各种设备的型号、安装高度等。

4. 详图

设计人员不绘制,参看电气安装手册。

（四）识图示例

根据电气符号、图例、线型、安装方式、表达方式、系统组成识图。

1. 怎样看平面图

平面图主要应看懂电气设备(灯、电扇、插座等)在各房间的布置情况、规格型号、安装方式及开关位置等。在线路方面,要看懂引入线的型号、根数,从配电箱出线的分支回路,每一回路的线的型号、根数,管的型号、直径、埋设方式,供电房间及各区段的走线根数。

图 3-16 是某教学楼的一层供电平面图。一层两个教室(党办、化验室略述),每个教室设 4 个 40W 的单管日光灯,安装高度为 2.3m,安装方式为吊式。引入线是 4 根 25mm² 的橡皮铝线(3 根火线 a、b、c,1 根零线),穿管径为 50mm 的塑料管,暗配在墙内,沿墙直到三楼,分别向一、二、三楼供电。各层楼设一个配电箱,进配电箱的线是 4 根 2.5mm² 的橡皮铝线(也是 3 根火线、1 根零线)。出配电箱的也是 4 根线,走到走廊分成①、②、③三个回路。①回路是 2 根 2.5mm² 的橡皮铝线(1 根火线、1 根零线),穿管径为 25mm 的塑料管,向两个教室供电。②、③回路分别向党办、化验室供电(略述)。

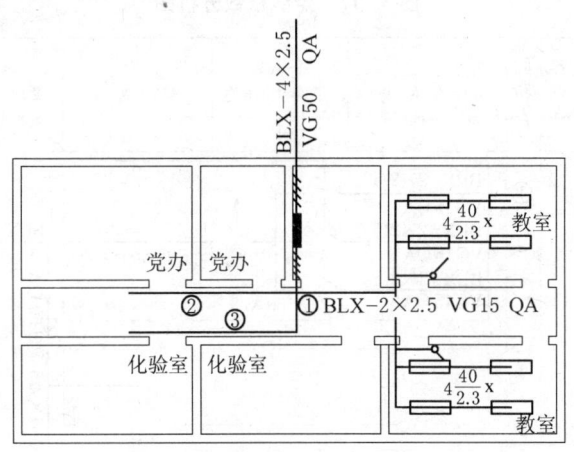

图 3-16 某教学楼一层供电平面图

图中,每段线的根数"——"表示 2 根线,"⟍⟍⟍"表示 3 根线,"⟍⟍⟍⟍"表示 4 根线等。如果图中线的根数表示不很清楚,则应加以分析。图 3-17 是图 3-16 的走线根数分析图,此图可帮助理解和分析。从分析图可看出,在配电箱前后均为 4 根线,其他区段均为 2 根线。

2. 怎样看系统图

某教学楼配电系统图如图 3-18 所示,看图时,要从电源引入线到各用电房间顺向看。从此系统图可看出,电源引入线为 4 根 2.5mm² 的

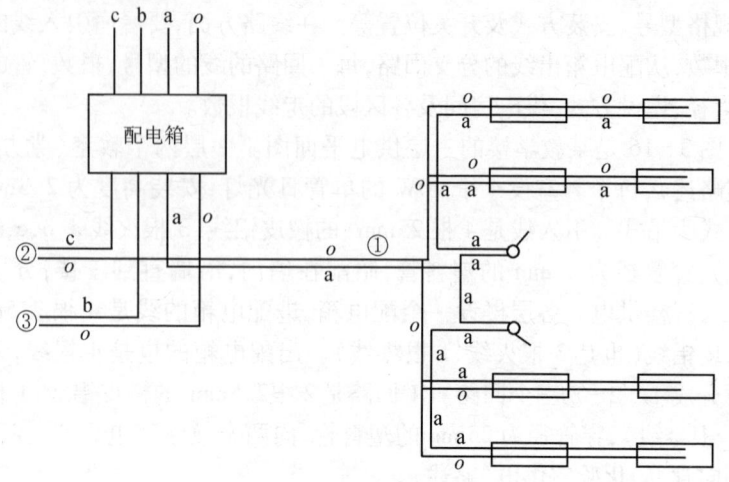

图 3-17 走线根数分析图

层次	用电名称	容量(kW)	回路编号	配管、配线	开关	开关	配管、配线	进户管线
一层	教室	1.39	①	BLX-2×2.5 VG15 QA			BLX-4×2.5 VG 25 QA	BLX-4×2.5 VG50
	党办	0.9	②	BLX-2×2.5 VG15 QA		DZ12-60A/3		BLX-4×2.5 VG 50 QA
	化验室	1.39	③	BLX-2×2.5 VG15 QA	DZ12-60A/3			
二层								
三层								

图 3-18 某教学楼配电系统图

橡皮铝线,穿管径为 50mm 的塑料管暗设。进入建筑物后分两支供电,一支到一楼配电箱,用的是 4 根 2.5mm² 的橡皮铝线,穿管径为 25mm 的塑料管暗设。电源线进入配电箱后,经总开关控制,用的是 DZ12-60A/3 的自动空气开关,然后分①、②、③三个回路供给教室、党办、化验室用电。DZ12-60A 的自动空气开关控制,用 2 根 2.5mm² 的线,穿管径为

15mm 的塑料管暗设。电源进户后的另一支,竖引直上到三楼楼顶,用 4 根 2.5mm² 的橡皮铝线暗设,进入二楼、三楼配电箱。

二、电气照明工程预算的编制方法

电气照明工程预算的编制步骤为计算工程量、套定额、取费。

(一) 计算工程量

1. 电源部分

计算进户支架(横担含瓷瓶),分两线支架、四线支架以个计;计算接户线和进户线分不同型号、不同截面大小以米计;计算进户套管以个计(或进户管以米计)。管、线要伸出墙外,规定管伸出墙外按 0.2m 计算,线伸出墙外按 1.5m 长计算。

2. 配电部分

配电部分包括配电盘、箱、板及其中的电器元件和配线。配电箱分成套定型产品和非成套定型产品两种。

成套定型产品配电箱安装以台计,定额中已包括了箱的制作和安装、箱内电器元件的安装及配线。

非成套定型配电箱(板),要分别计算箱(板)的制作、安装和箱(板)内各电器元件的安装及箱(板)内配线。

木配电箱的制作、安装按箱半周长分别以台计。木配电板制作以板面面积(m²)计,安装以个计。

配电箱(板)内的元件如开关、熔断器、电表等的安装按不同型号、规格以套或个计。

箱(板)内的配线按各元件间的连接线的实际长度以米计,也可简化为以箱半周长乘以配线根数计算。

3. 配管敷设

配管按不同管材(电线管、钢管、硬塑料管、半硬塑料管、金属软管)、不同安装方式(明装、暗装),分不同管径分别计算其延长米。

配管工程量按图示延长米计算,包括绕梁、柱和上下垂直走向的长度。不扣除管路中间的接线盒、开关盒、灯头盒所占的长度,但接线盒、开关盒、灯头盒要另列项目分别计算其安装个数。

4. 配线

管内穿线分照明线路和动力线路分别计算,按不同导线、不同截面以长度(m)为单位计算。截面面积4mm²以上的照明线套动力线定额。

管内穿线工程量按图示尺寸以延长米计算,为了计算简便,可与配管计算同时进行,在配管长度的基础上计算配线的长度,即配线长 = Σ[配管工程量(m)×穿线根数]。

配线在连接设备时的预留长度按表3-17进行计算,注意进箱线、出箱线均计算连接预留长度。

各种配线进入灯具、开关、插座算的预留线已综合在定额内,不再另行计算预留长度。

表3-17 连接设备导线预留长度

设 备	预留长度	说 明
各种开关箱、柜、板	宽 + 高	盘面尺寸
单独安装(无箱、盘)的铁壳开关、闸刀开关、启动器、母线槽进出线	0.3m	从安装对象中心算起
由地坪管子出口引至动力接线箱	1m	从管口计算
电源与管内导线连接(管内穿线与软、硬母线接头)	1.5m	从管口计算
出墙线	1.5m	从管口计算

5. 照明及用电器具安装

各种照明及用电器具安装工程量以平面图所示图例分别计算其数量。

各种灯具安装工程量按不同种类、型号、规格以套或以个计。

各种开关、按钮安装工程量按不同种类、型号、规格以套或以个计。

各种插座安装工程量按不同种类、规格、相数分别以个计算。

各种风扇安装工程量按不同种类、规格以台计。

6. 接线盒、开关盒、插座盒、灯头盒

接线盒(分线盒)、开关盒、插座盒、灯头盒等的安装工程量以个计。线路分支点均设接线盒,另外直线段每超过30m中间设一个接线盒,中间有一个弯线每12m长设一个,中间有两个弯线每8m长设一个。

7. 接地、防雷

按接地及防雷图计算接地极个数、接地母线长度(m)、避雷针个数、避雷线长度(m)、引下线长度(m)。

8. 工程量计算程序及方法

（1）进户电源:按系统图和平面图所示计算。

① 进户支架:分两线制或四线制以个数计算。

② 进户管:按配电箱前外墙以内（水平的和垂直上下的走管）长度加墙外的0.2m计算。

③ 进户线:(进户管长 + 墙外1.5m) × 线根数 = ___ m $\left.\begin{array}{r}\\ \\\end{array}\right\}$ = ___ m

接配电箱预留(箱高 + 箱宽) × 线根数 = ___ m

（2）配电部分。

① 定型标准配电箱安装工程量:计算台数。

② 非定型配电箱,分别计算以下项目。

（a）木配电箱制作,分不同半周长以台计算。

（b）木配电箱安装,同制作的台数。

（c）各种开关、熔断器、电表安装,分不同型号和规格以个数计算。

（d）箱内配线:(箱高 + 箱宽) × 配线根数 = ___ m

（3）电器设备安装。

① 各种灯具:分别按不同型号以套数计算。

② 各种开关:分别按不同型号以个数计算。

③ 各种插座:分别按不同型号、相数以个计算。

④ 电扇:以台数计算。

（4）配管、配线。管线有水平走向的（平面图上的走线）和垂直上下走向的（如从楼板向下至开关或插座的线,平面图上显示不出来）,最好分别计算。

① 水平走向的管线,按平面图分回路或分区段先后进行计算。在每一回路或区段中又要按先主线、后分支线或先横线、后竖线的方法,有序地进行计算,以防漏算和重算。

首先,计算出走管长度,然后在此基础上计算穿线的长度,如:

VG20 管总长 = ___ m

其中,穿3根线的为 ___ m,穿4根线的为 ___ m

BLX 2.5:管总长 ×2 根 = ___ m

走3根线 ___ m ×(3 - 2) = ___ m

走4根线 ___ m ×(4 - 2) = ___ m $\left.\begin{array}{r}\\ \\ \\ \\\end{array}\right\}$ = ___ m

接箱预留长(高 + 宽) × 线根数 = ___ m

② 垂直上下走向的管线计算程序,如:

VG20:配电箱出口至楼板　　　　　m

$\left.\begin{array}{l}\text{开关　(层高－开关距地距离)×开关数 = 　　m} \\ \text{插座　(层高－插座距地距离)×插座数 = 　　m}\end{array}\right\}$ = 　m

BLX2.5:VG20 的长度　　　m×2 根 = 　　m

③ 计算从板顶至天棚灯、从墙中至开关、插座等小距离的管线。

（5）灯头盒、开关盒、插座盒、接线盒。

灯头盒个数同灯头数;开关盒个数同开关数;插座盒个数同插座数;接线盒个数,按分线处、直线段和弯线段的个数规定计算。

（6）接地及防雷。

① 接地极个数。

② 接地母线长度:水平线长度 + 垂直线长度。

③ 避雷针个数。

④ 避雷线长度(m)、引下线长度(m)。

（二）套定额、取费

工程量计算完后填入预算表,然后套定额单价(国家统一定额或当地单位估价表),工程取费根据当地的取费标准。

三、识图及预算编制示例

根据施工图图 3 - 19、3 - 20,以及电器表表 3 - 18 编制某电气照明工程的预算。

表 3 - 18　某电气照明工程电器表

图　　例	名　　称	型号及规格	备　　注
✕	天棚裸灯头	15W	
▭	单管控照日光灯	PKY501 - 1/30	
○	无罩软线吊灯	15W	
▷◁	吊扇	ϕ1 200mm,220V	
☈	拉线开关	250V,3A	距天棚 0.2m
⟋•	暗设单控跷板开关		距地 1.5m
⬥	暗设单相三孔插座	250V,6A	距地 0.3m

（续表）

图 例	名 称	型号及规格	备 注
	暗设单相二孔插座	250V,6A	距地 0.3m
	照明配电箱	PXTR‑3	距地 1.6m
─╳─ ╳ ─╳─	接地线	−40×4(mm)扁钢	
◉	镀锌圆钢接地极	φ20mm,长 2.5m	
↗	向上引管线		

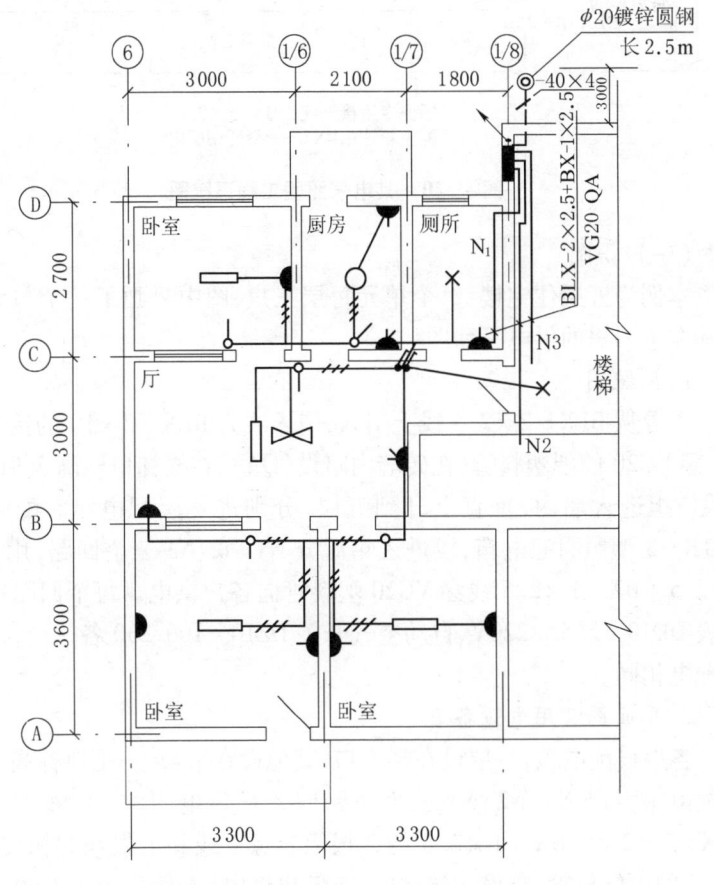

注：标注2根、3根线的均不含BX1×2.5

图 3‑19 某电气照明工程平面图

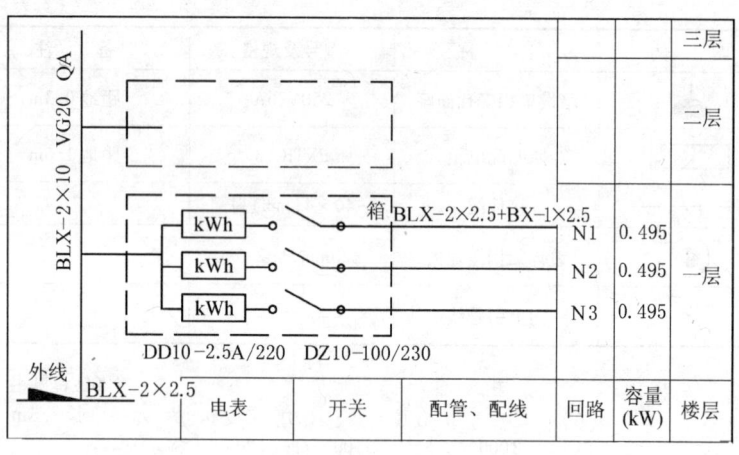

电表	开关	配管、配线	回路	容量(kW)	楼层
					三层
					二层
kWh		箱 BLX-2×2.5+BX-1×2.5	N1	0.495	一层
kWh			N2	0.495	
kWh			N3	0.495	
DD10-2.5A/220	DZ10-100/230				

注：插座专用接地线为BX-1×2.5
配电箱选用PXTR-3型照明配电箱

图3-20　某电气照明工程系统图

（一）识图

本例为五层住宅楼，每个单元每层三户，图中只画了一个单元的电源和左边一户的供电平面图。

1. 系统图

电源从 BLX-2×2.5 线上引入，引入线为 BLX-2×10 的铝芯橡皮线，穿 VG20 的硬塑料管，在砖墙内暗设（QA），在楼梯口标高 2.9m 处经 2 线横担进入墙内，垂直上升到五层，分别进各层配电箱。配电箱为 PXTR-3 型照明配电箱，线进入箱后分 N1、N2、N3 三个回路，用 BLX-2×2.5 + BX-1×2.5 线穿 VG20 塑料管向各户供电。每个回路上设电度表 DD10-2.5A/220V、自动空气开关 DZ10-100/230 各一个，一至五层配电相同。

2. 平面图及用电设备表

各层设配电箱，一层设在楼道口，其他设在平台上，距地标高 1.6m。从配电箱引出 N1、N2、N3 三个回路向各户供电，每户即每个回路用 BLX-2×2.5 + BX-1×2.5 的 2 根铝芯橡皮线和 1 根铜芯橡皮线，穿 VG20 的硬塑料管，暗设在砖墙内，向各户供电（本例只画了左边一户的供电图）。N1 回路沿Ⓐ轴墙进入Ⓒ轴墙，向左分别向厕所、厨房、卧室供电;在ⓐ轴处分出一线沿ⓒ轴向厅内灯、风扇供电,然后又沿ⓐ轴向下到ⓑ轴并分两路分别向两个卧室供电。图中所示二根线(—)、三根线(————)均不包含 BX-1×2.5 插座专用地线。BX-1×2.5 插座专用接地线从方厅、厨房三孔插座到配电箱。在墙外设接地极 φ20mm 圆钢,地极线为-40×4,从配电箱引出接入地极。

(二) 计算工程量

1. 电源

进户铁支架:两线制,一端埋入墙内,1 个。

进箱管(VG20):水平方向 0.2(墙外)+0.5(墙里)=0.7m

垂直方向 2.9(层高)-1.6(箱距地)-0.5(箱高)=0.8m

合计:1.5m

线 BLX-2×10:管内穿线 1.5×2=3m

箱内预留 (0.5+0.3)×2 根=1.6m ⎫
⎬=7.6m
户外线 1.5×2=3m ⎭

2. 配电系统

PXTR-3 配电箱:1 个。

电表:DD10-2.5A/220V,3 个。

自动空气开关:DZ10-100/230,3 个。

箱内配线:BLX2.5 (0.5+0.3)×9 根=7.2m

3. 电器设备

按平面图计算套数或个数。

单管控照日光灯:30W,4 套。

无罩软线吊灯:1 个。

天棚裸灯头:2 个(门外走廊天棚 1 个)。

吊风扇:φ1 200mm,1 个。

拉线开关:5 个。

单控跷板开关:2 个。

单相三孔插座:2 个。

单相两孔插座:8 个。

4. 配管、配线

(1) VG20 管。

① 平面图中水平走向(N1 回路)。

上区段(厕所、厨房、北卧室),从配电箱至北卧室开关:

0.5(比例尺量)+2.7+1.8+2.1+1.3(量)+1.35(北卧室)+1.5+3.0(厨房)+1.35(厕所)=15.6m

中区段(厅):

3.0+2.1+0.8(量)+1.5×2+2.5(至门灯,量)=11.4m

下区段(南卧室):5+1.8×2+0.1+3.3×2=15.3m

以上合计:15.6+11.4+15.3=42.3m

② 上下垂直走向。

配电箱上引:2.9-1.6-0.5=0.8m

跷板开关:(2.9-1.5)×2=2.8m

拉线开关:(0.15+0.2)(板顶至天棚+天棚至开关)×5个=1.75m

插座:(2.9-0.3)×10个=26m

到灯头、风扇:0.1×8个=0.8m

接线盒(各开关、插座与干线接头处)至墙中:13个×0.12=1.6m

插座盒、开关盒至墙中:18×0.12=2.2m

合计:37.3m

①+②合计:42.3+37.3=79.6m

(2) 配线。

① BLX2.5线。

管内穿线:79.6m×2根=159.2m

增加穿三根线的上段区:1.35×2=2.7m

中段区:2.1m

下段区:1.65×4+1.8×2=10.2m

配电箱留线:(0.5+0.3)×2=1.6m

以上合计:176.0m

② 插座接地线BX2.5。

竖向走线(从配电箱至楼板顶):2.9-1.6-0.5=0.8m ⎫

水平走线(从配电箱至中厅三孔插座): ⎪

  0.5+2.7+1.8+2.1(量)=7.1m ⎪

竖向走线(从楼板顶下返插座): ⎬ =13.9m

  (2.9-0.3)×2个=5.2m ⎪

配电箱预留线:(0.5+0.3)×1=0.8m ⎭

表3-19 预 算 表

工程名称：某电气照明工程 安装费：7 359.52 元

序号	定额编号	子目名称	工程单位	工程量	价值(元) 单价	价值(元) 合价	其中(元) 人工费	其中(元) 材料费	其中(元) 机械费
		一、实体项目							
1	2-1661	单管荧光照明开关	10套	0.4	452.4	180.96	56.64	124.32	0
2	2-1467	软线吊灯安装	10套	0.1	93.74	9.37	5.52	3.85	0
3	2-1474	座灯头安装	10套	0.2	84.6	16.92	11.04	5.88	0
4	2-1802	吊风扇安装	台	1	29.51	29.51	18	11.51	0
5	2-1735	拉线开关安装	10套	0.5	84.21	42.11	28.5	13.61	0
6	2-1737	扳式暗装开关安装 单联	10套	0.2	49.81	9.96	8.52	1.44	0
7	2-1751	单相明插座安装 15A 3孔	10套	0.2	78.73	15.75	10.68	5.07	0
8	2-1750	单相明插座安装 15A 2孔	10套	0.8	70.9	56.72	38.88	17.84	0
9	2-1143	插接式绝缘导管敷设 塑料管公称直径(20mm以内) 暗配	100m	0.81	475.73	385.34	367.9	17.44	0
10	2-1182	动力线路(铝芯) 导线截面(10mm² 以内)	100m单线	0.08	75.95	6.08	4.66	1.42	0
11	2-1179	动力线路(铝芯) 导线截面(2.5mm²以内)	100m单线	1.76	43.31	76.23	68.64	7.59	0
12	2-1174	照明线路 导线截面(2.5mm² 以内)铝芯	100m单线	0.14	65.78	9.21	8.23	0.98	0

序号	定额编号	子目名称	工程量 单位	工程量 工程量	价值（元） 单价	价值（元） 合价	人工费	其中（元） 材料费	其中（元） 机械费
13	2－265	成套配电箱安装 悬挂、嵌入式（半周长1.5m）	台	1	271.3	271.3	135.6	135.7	0
14	2－306	测量表计安装	个	3	38.33	114.99	81	33.99	0
15	2－267	自动空气开关安装 DZ装置式	个	3	74.44	223.32	176.4	46.92	0
16	2－847	进户线横担制作安装 一端埋设式 二线	组	1	14.96	14.96	14.4	0.56	0
17	2－723	圆钢接地极制作安装 坚土	根	1	54.24	54.24	25.8	1.67	26.77
18	2－727	户内接地母线敷设	10 m	5.1	115.13	587.16	379.44	110.72	97
19	2－1429	暗装 接线盒	10个	1.3	37.93	49.31	34.32	14.99	0
20	2－1429	插座盒 安装	10个	0.7	37.93	26.55	18.48	8.07	0
21	2－1429	灯头盒 安装	10个	0.6	37.93	22.76	15.84	6.92	0
22	2－1430	暗装 开关盒	10个	1	33.54	33.54	28.2	5.34	0
23	2－898	送配电装置系统调试 1kV以下交流供电	系统	1	441.74	441.74	370.8	4.64	66.3
24	2－935	接地网调试	系统	1	482.65	482.65	370.8	4.64	107.21
		小计				3 160.68	2 278.29	585.11	297.28
		二、措施项目							
		可竞争措施项目：							

序号	定额编号	子 目 名 称	工 程 量		价 值（元）		其中（元）		
			单 位	工程量	单 价	合 价	人工费	材料费	机械费
	2-1966	脚手架	实体项目中的人工费=2575.57 +机械费		3.36%	86.54	21.63	0	0
	2-1997	垂直运输费			1.20%	30.91	0	0	30.91
	2-1986~1994	其他项目			15.72%	404.88	165.61	0	0
		1. 直接费合计:安装费				3683.01	2465.53	585.11	328.19
		未计价材料费				1884			
		2. 直接费中人工费+机械费				2793.72			
		3. 企业管理费		2×15%		419.06			
		4. 利润		2×10%		279.37			
		5. 规费		2×27%		754.3			
		6. 价款调整							
		7. 安全生产、文明施工费	（1+3+4+5+6）×3.23%			165.8844			
		8. 税金	（1+3+4+5+6+7）×3.28%			173.8933			
		9. 工程造价	1+3+4+5+6+7+8			7359.518			

管线合计:VG20 管 79.6m;BLX2.5 线 176.0m;BX2.5 线13.9m;接线盒(分线盒)13 个。

5. 地极

包括:

ϕ20mm 镀锌圆钢(2.5m):1 根。

-40×4 接地线:0.5+3+1.6=5.1m

低压电气系统调试:1 个。

接地测试:1 组。

(三)套定额、取费

先将工程量填入预算表(表3-19),然后套定额,计算直接费(实体项目费)、间接费(措施项目费)、利润、规费、税金,合计工程造价,具体程序见水暖部分。主材费见表3-20。

表3-20　主材费

名　　称	单位	数量	市场价	合价	名　　称	单位	数量	市场价	合价
控照日光灯	套	4.04	52.10	210.5	BX2.5	m	16.2	1.40	22.7
软线吊灯	套	1.01	4.71	4.80	配电箱XXM-19-A003	台	1.0	250.0	250
裸灯头	个	2.02	3.30	6.70	电 度 表 DD28,3A	个	3	71.0	213
吊扇(φ1 200mm)	个	1	156.0	156.0	空气开关(DZ10-100/230)	个	3	140.0	420
拉线开关	个	5.1	4.25	21.7	横担	根	1	55.0	55
跷板开关	个	2.04	5.50	11.2	地极(φ20mm)	根	1.05	32.0	33.6
三孔插座	个	2.04	3.50	7.14	接地线(40×4)	m	5.36	4.5	24.1
两孔插座	个	8.16	3.40	27.7	接线盒	个	13.3	3.4	45.2
塑料管VG20	m	83.4	2.50	208.5	开关盒	个	10.2	3.3	33.7
BLX10	m	8.4	2.10	17.6	灯头盒	个	6.12	2.1	12.9
BLX2.5	m	204	0.50	102.0	总　计				1 884.0

（四）预算编制说明

（1）·工程量按施工图计算。

（2）定额使用河北省 2012 年《全国统一安装工程预算定额河北省消耗量定额》。

（3）取费：根据河北省 2012 年定额的取费定额。

（五）电气照明工程预算示例编制分析

工程量计算要注意几个大的主要项目不要漏算：

（1）用电器：灯、扇、开关、插座等，即平面图上表示的电器。

（2）管线：包括平面图水平走向和图中显示不到的竖向管线（配电箱进出、开关、插座灯头向下走的管线、接线盒、开关、插座盒拐弯处）。为了计算简便也可以把接线盒、开关插座盒拐弯处用系数代替，即（水平走管长＋竖向走管长）×1.05 为走管总长，不再细算。

（3）引线支架（横担）进箱管线。

（4）配电系统：配电箱及箱中元件。

（5）接地装置：地极、母线。

对于建筑、安装工程预算编制的程序和方法，现已作了较全面的讲述，初学者至此已基本掌握预算的编制理论和方法，但还需要实践，多找几套图纸，从简单的到复杂的工程去做，很快就会熟练，能够接受任务和工作了。

土建预算的特点是：工程量计算较难，而且复杂，占用时间也长，而套定额、取费比较简单，所以土建预算主要掌握工程量的计算方法和计算"程序公式"。

安装预算的特点是：工程量计算比较简单，主要是各种设备的数量要点清楚，管线计算可以用图纸中的数字计算，也可以用比例尺去量算。但套定额比较复杂，因为安装材料、设备品种、规格、型号较多，新品种发展又快，往往图纸上的型号与定额对不起来，尤其非专业人员对设备的型号、代号含义不太熟悉，资料书上也很难查到，因此一时找不到合适的定额上的项目，常为此影响工作进度和带来烦恼。遇到这种情况最简捷的办法，一是找图纸设计人员了解情况，二是了解市场，到工地去看看，看品种、问价格，以找到近似定额项目。

第四章 建设工程量清单计价

第一节 建设工程量清单计价概念及规范

一、工程量清单计价概念

工程量清单,是表现拟建工程的分部分项工程项目、措施项目、其他项目名称和相应数量的明细清单。工程量清单由招标人按照"计价规范"附录中统一的项目编码、项目名称、计量单位和工程量计算规则进行编制,包括分部分项工程量清单、措施项目清单和其他项目清单。

工程量清单计价,是指投标人完成由招标人提供的工程量清单所需的全部费用,包括分部分项工程费、措施项目费、其他项目费、规费和税金。

工程量清单计价采用综合单价计价。综合单价是指完成规定计量单位项目所需的人工费、材料费、机械使用费、管理费、利润,并考虑风险因素。

工程量清单计价方法,是建设工程招标投标中,招标人按照国家统一工程量计算规则提供工程数量,由投标人依据工程量清单自主报价,并按照经评审低价中标的工程造价计价方式。它是一种与编制预算造价不同的另一种与国际接轨的计算工程造价的方法。

工程量清单计价是工程预算改革及与国际接轨的一项重大举措,它使工程招投标造价由政府调控转变为承包方自主报价,实现了真正意义上的公开、公平、合理竞争。

工程量清单计价与预算造价有着密切的联系,必须首先会编制预算才能学习清单计价,所以预算是清单计价的基础。

二、工程量清单计价规范

《建设工程工程量清单计价规范》(GB 50500—2013)(简称"2013

规范")从2013年7月1日起实施。

"2013规范"包括正文附录和9本"工程量计算规范"两大部分。正文包括总则、术语、工程量清单编制、工程量清单计价、工程量清单及其计价格式等内容,且分别就"计价规范"的适用范围、遵循原则、编制清单应遵循的规则、清单计价活动的规则作了明确规定,共有条文270条(其中强制性条文14条以黑字体表示)。

9本"工程量计算规范"是:《房屋建筑与装饰工程工程量计算规范》;《通用安装工程工程量计算规范》;《市政工程工程量计算规范》;《园林绿化工程工程量计算规范》;《矿山工程工程量计算规范》;《构筑物工程工程量计算规范》;《仿古建筑工程工程量计算规范》;《城市轨道交通工程工程量计算规范》《爆破工程工程量计算规范》。

附录A 建筑工程工程量清单项目及计算规则

A.1 土(石)方工程

A.1.1 土方工程。工程量清单项目设置及工程量计算规则,应按表A.1.1的规定执行。

表A.1.1 土方工程(编码:010101)

项目编码	项目名称	项 目 特 征	计量单位	工程量计算规则	工 程 内 容
010101001	平整场地	1. 土壤类别 2. 弃土运距 3. 取土运距	m²	按设计图示尺寸以建筑物首层面积计算	1. 土方挖填 2. 场地找平 3. 运输
010101002	挖土方	1. 土壤类别 2. 挖土平均厚度 3. 弃土运距	m³	按设计图示尺寸以体积计算	1. 排地表水 2. 土方开挖 3. 挡土板支拆 4. 截桩头 5. 基底钎探 6. 运输
010101003	挖基础土方	1. 土壤类别 2. 基础类型 3. 垫层底宽、底面积 4. 挖土深度 5. 弃土运距		按设计图示尺寸以基础垫层底面积乘以挖土深度计算	

A.3 砌筑工程

A.3.1 砖基础。工程量清单项目设置及工程量计算规则,应按表 A.3.1 的规定执行。

表 A.3.1　砖基础(编码:010301)

项目编码	项目名称	项 目 特 征	计量单位	工程量计算规则	工程内容
010301001	砖基础	1. 垫层材料种类、厚度 2. 砖品种、规格、强度等级 3. 基础类型 4. 基础深度 5. 砂浆强度等级	m³	按设计图示尺寸以体积计算。包括附墙垛基础宽出部分体积,扣除地梁(圈梁)、构造柱所占体积,不扣除基础大放脚T形接头处的重叠部分及嵌入基础内的钢筋、铁件、管道、基础砂浆防潮层和单个面积0.3m² 以内的孔洞所占体积,靠墙暖气沟的挑檐不增加 　基础长度:外墙按中心线,内墙按净长线计算	1. 砂浆制作、运输 2. 铺设垫层 3. 砌砖 4. 防潮层铺设 5. 材料运输

A.3.2 砖砌体。工程量清单项目设置及工程量计算规则,应按表 A.3.2 的规定执行。

表 A.3.2　砖砌体(编码:010302)

项目编码	项目名称	项 目 特 征	计量单位	工程量计算规则	工程内容
010302001	实心砖墙	1. 砖品种、规格、强度等级 2. 墙体类型 3. 墙体厚度 4. 墙体高度 5. 勾缝要求 6. 砂浆强度等级、配合比	m³	按设计图示尺寸以体积计算。扣除门窗洞口、过人洞、空圈、嵌入墙内的钢筋混凝土柱、梁、圈梁、挑梁、过梁及凹进墙内的壁龛、管槽、暖气槽、消火栓箱所占体积。不扣除梁头、板头、檩头、垫木、木楞头、沿缘木、木砖、门窗走头、砖墙内加固钢筋、木筋、铁件、钢管及单个面积0.3m² 以内的孔洞所占体积。凸出墙面的腰线、挑檐、压顶、窗台线、虎头砖、门窗套的体积亦不增加。凸出墙面的砖垛并入墙体体积内计算 　1. 墙长度:外墙按中心线,内墙按净长计算 　2. 墙高度	1. 砂浆制作、运输 2. 砌砖 3. 勾缝 4. 砖压顶砌筑 5. 材料运输

项目编码	项目名称	项 目 特 征	计量单位	工程量计算规则	工程内容
010302001	实心砖墙	1. 砖品种、规格、强度等级 2. 墙体类型 3. 墙体厚度 4. 墙体高度 5. 勾缝要求 6. 砂浆强度等级、配合比	m³	（1）外墙：斜（坡）屋面无檐口天棚者算至屋面板底，有屋架且室内外均有天棚者算至屋架下弦底另加200mm；无天棚者算至屋架下弦底另加300mm，出檐宽度超过600mm时按实砌高度计算；平屋面算至钢筋混凝土板底 （2）内墙：位于屋架下弦者，算至屋架下弦底；无屋架者算至天棚底另加100mm；有钢筋混凝土楼板隔层者算至楼板底；有框架梁时算至梁底 （3）女儿墙：从屋面板上表面算至女儿墙顶面（如有混凝土压顶时算至压顶下表面） （4）内、外出墙：按其平均高度计算 3. 围墙：高度算至压顶上表面（如有混凝土压顶时算至压顶下表面），围墙柱并入围墙体积内	1. 砂浆制作、运输 2. 砌砖 3. 勾缝 4. 砖压顶砌筑 5. 材料运输

A. 4 混凝土及钢筋混凝土工程

A.4.1 现浇混凝土基础。工程量清单项目设置及工程量计算规则，应按表 A.4.1 的规定执行。

表 A.4.1 现浇混凝土基础（编码：010401）

项目编码	项目名称	项 目 特 征	计量单位	工程量计算规则	工程内容
010401001	带形基础	1. 垫层材料种类、厚度 2. 混凝土强度等级 3. 混凝土拌和料要求 4. 砂浆强度等级	m³	按设计图示尺寸以体积计算。不扣除构件内钢筋、预埋铁件和伸入承台基础的桩头所占体积	1. 铺设垫层 2. 混凝土制作、运输、浇筑、振捣、养护 3. 地脚螺栓二次灌浆
010401002	独立基础				
010401003	满堂基础				
010401004	设备基础				
010401005	桩承台基础				

A.4.2 现浇混凝土柱。工程量清单项目设置及工程量计算规则,应按表 A.4.2 的规定执行。

表 A.4.2 现浇混凝土柱(编码:010402)

项目编码	项目名称	项目特征	计量单位	工程量计算规则	工程内容
010402001	矩形柱	1. 柱高度 2. 柱截面尺寸 3. 混凝土强度等级 4. 混凝土拌和料要求	m³	按设计图示尺寸以体积计算。不扣除构件内钢筋、预埋铁件所占体积 柱高: 1. 有梁板的柱高,应自柱基上表面(或楼板上表面)至上一层楼板上表面之间的高度计算 2. 无梁板的柱高,应自柱基上表面(或楼板上表面)至柱帽下表面之间的高度计算 3. 框架柱的柱高,应自柱基上表面至柱顶高度计算 4. 构造柱按全高计算,嵌接墙体部分并入柱身体积 5. 依附柱上的牛腿和升板的柱帽,并入柱身体积计算	混凝土制作、运输、浇筑、振捣、养护
010402002	异形柱				

A.4.3 现浇混凝土梁。工程量清单项目设置及工程量计算规则,应按表 A.4.3 的规定执行。

表 A.4.3 现浇混凝土梁(编码:010403)

项目编码	项目名称	项目特征	计量单位	工程量计算规则	工程内容
010403001	基础梁	1. 梁底标高 2. 梁截面 3. 混凝土强度等级 4. 混凝土拌和料要求	m³	按设计图示尺寸以体积计算。不扣除构件内钢筋、预埋铁件所占体积,伸入墙内的梁头、梁垫并入梁体积内 梁长: 1. 梁与柱连接时,梁长算至柱侧面 2. 主梁与次梁连接时,次梁长算至主梁侧面	混凝土制作、运输、浇筑、振捣、养护
010403002	矩形梁				
010403003	异形梁				
010403004	圈梁				
010403005	过梁				
010403006	弧形、拱形梁				

366

A.4.4 现浇混凝土墙。工程量清单项目设置及工程量计算规则,应按表 A.4.4 的规定执行。

表 A.4.4 现浇混凝土墙(编码:010404)

项目编码	项目名称	项目特征	计量单位	工程量计算规则	工程内容
010404001	直形墙	1. 墙类型 2. 墙厚度 3. 混凝土强度等级 4. 混凝土拌和料要求	m³	按设计图示尺寸以体积计算。不扣除构件内钢筋、预埋铁件所占体积,扣除门窗洞口及单个面积 0.3m² 以外的孔洞所占体积,墙垛及突出墙面部分并入墙体体积计算内	混凝土制作、运输、浇筑、振捣、养护
010404002	弧形墙				

第二节 工程量清单及清单的编制

一、工程量清单的格式

1. 工程量清单的格式内容

工程量清单的格式包括以下内容:

(1) 封面。

(2) 总说明。

(3) 分部分项工程量清单与计价表。

(4) 措施项目清单与计价表(一)。

(5) 措施项目清单与计价表(二)。

(6) 其他项目清单与计价汇总表。

① 暂列金额明细表。

② 材料暂估单价表。

③ 专业工程暂估价表。

④ 计日工表。

⑤ 总承包服务费计价表。

(7) 规费、税金项目清单与计价表。

2. 工程量清单格式

工程量清单格式如图 4-1、表 4-1~4-11 所示。

××中学教师住宅工程

工程量清单

招 标 人：<u>××中学</u> <u>单位公章</u> （单位盖章）	工程造价 咨 询 人：<u>××工程造价咨询企业</u> <u>资质专用章</u> （单位资质专用章）
法定代表人 或其授权人：<u>××中学</u> <u>法定代表人</u> （签字或盖章）	法定代表人 或其授权人：<u>××工程造价咨询企业</u> <u>法定代表人</u> （签字或盖章）
编 制 人：<u>×××签字</u> <u>盖造价工程师</u> <u>或造价员专用章</u> （造价人员签字盖专用章）	复 核 人：<u>×××签字</u> <u>盖造价工程师专用章</u> （造价工程师签字盖专用章）

编制时间：×××年×月×日　　　　　　复核时间：×××年×月×日

封-1

注：此为招标人委托工程造价咨询人编制工程量清单的封面。

图4-1　工程量清单的封面

表4-1　总　说　明

工程名称：××中学教师住宅工程　　　　　　　　　　　第1页　共1页

1. 工程概况：本工程为砖混结构，采用混凝土灌注桩，建筑层数为六层，建筑面积为 10 940m²，计划工期为 300 日历天。施工现场距教学楼最近处为 20m，施工中应注意采取相应的防噪措施。

2. 工程招标范围：本次招标范围为施工图范围内的建筑工程和安装工程。

3. 工程量清单编制依据：

（1）住宅楼施工图。

（2）《建设工程工程量清单计价规范》。

4. 其他需要说明的问题：

（1）招标人供应现浇构件的全部钢筋，单价暂定为 5 000 元/t。

承包人应在施工现场对招标人供应的钢筋进行验收及保管和使用发放。

招标人供应钢筋的价款支付，由招标人按每次发生的金额支付给承包人，再由承包人支付给供应商。

（2）进户防盗门另进行专业发包。总承包人应配合专业工程承包人完成以下工作：

① 按专业工程承包人的要求提供施工工作面并对施工现场进行统一管理，对竣工资料进行统一整理汇总。

② 为专业工程承包人提供垂直运输机械和焊接电源接入点，并承担垂直运输费和电费。

③ 为防盗门安装后进行补缝和找平并承担相应费用。

表-01

表4-2　分部分项工程量清单与计价表

工程名称:××中学教师住宅工程　　　　标段:　　　　　　　　　　

序号	项目编码	项目名称	项目特征描述	计量单位	工程量	金额(元)		
						综合单价	合价	其中:暂估价
		A.1　土(石)方工程						
1	010101001001	平整场地	Ⅱ、Ⅲ类土综合,土方就地挖填找平	m²	1 792			
2	010101003001	挖基础土方	Ⅲ类土,条形基础,垫层底宽2m,挖土深度4m以内,弃土运距为10km	m³	1 432			
		(其他略)						
		分部小计						
		A.2　桩与地基基础工程						
3	010201003001	混凝土灌注桩	人工挖孔,二级土,桩长10m,有护壁段长9m,共42根,桩直径1 000mm,扩大头直径1 100mm,桩混凝土为C25,护壁混凝土为C20	m	420			
		(其他略)						
		分部小计						
		本页小计						
		合　计						

注:1. 根据建设部、财政部发布的《建筑安装工程费用项目组成》(建标[2003]206号)的规定,为计取规费等的使用,可在表中增设其中:"直接费"、"人工费"或"人工费+机械费"。

　　2. "表-08"为《建设工程工程量清单计价规范》使用表之编号,其他表格下角编号亦同此。

表-08

表4-3 措施项目清单与计价表(一)

工程名称:××中学教师住宅工程　　　标段:　　　　　　　　第1页 共1页

序号	项目编码	项目名称	项目特征描述	计量单位	工程量	金　额(元)	
						综合单价	合 价
1		现浇钢筋混凝土平板模板及支架	矩形板支模高度3m	m²	1 200		
2		现浇钢筋混凝土有案板模板及支架	矩形案断面200mm×400mm,支模高度案2.6m,板3m	m²	1 500		
3		垂直运输					
4		脚手架					
5							
本页小计							
合　　计							

注:本表适用于以综合单价形式计价的措施项目。

表-10

表4-4 措施项目清单与计价表(二)

工程名称:××中学教师住宅工程　　　标段:　　　　　　　　第1页 共1页

序号	项 目 名 称	计算基础	费率(%)	金额(元)
1	安全文明施工费			
2	夜间施工费			
3	二次搬运费			
4	冬雨季施工			
5	大型机械设备进出场及安拆费			
6	施工排水			
7	施工降水			
8	地上、地下设施、建筑物的临时保护设施			
9	已完工程及设备保护			
合　　计				

注:1. 本表适用于以"项"计价的措施项目。

　　2. 根据建设部、财政部发布的《建筑安装工程费用项目组成》(建标[2003]206号)的规定,"计算基础"可为"直接费"、"人工费"或"人工费+机械费"。

370

表-11

表4-5 其他项目清单与计价汇总表

工程名称：××中学教师住宅工程　　　标段：　　　　　　　第1页　共1页

序号	项目名称	计量单位	金额(元)	备　注
1	暂列金额	项	300 000	明细详见表-12-1
2	暂估价		100 000	
2.1	材料暂估价			明细详见表-12-2
2.2	专业工程暂估价	项	100 000	明细详见表-12-3
3	计日工			明细详见表-12-4
4	总承包服务费			明细详见表-12-5
5				
	合　计			

注：材料暂估单价进入清单项目综合单价，此处不汇总。

表-12

表4-6 暂列金额明细表

工程名称：××中学教师住宅工程　　　标段：　　　　　　　第1页　共1页

序号	项目名称	计量单位	暂定金额(元)	备注
1	工程量清单中工程量偏差和设计变更	项	10 000	
2	政策性调整和材料价格风险	项	10 000	
3	其他	项	10 000	
4				
5				
6				
7				
8				
9				
	合　计			

注：此表由招标人填写，如不能详列，也可只列暂定金额总额，投标人应将上述暂列金额计入投标总价中。

表-12-1

表4-7 材料暂估单价表

工程名称:××中学教师住宅工程　　　标段:　　　　　　　第1页 共1页

序　号	材料名称、规格、型号	计量单位	单　价(元)	备　注
1	钢筋(规格、型号综合)	t	5 000	用在所有现浇混凝土钢筋清单项目

注:此表由招标人填写,并在备注栏说明暂估价的材料用在哪些清单项目上,投标人应将上述材料暂估单价计入工程清单综合单价报价中。

表-12-2

表4-8 专业工程暂估价表

工程名称:××中学教师住宅工程　　　标段:　　　　　　　第1页 共1页

序　号	工程名称	工程内容	金　额(元)	备　注
1	入户防盗门	安装	100 000	

注:此表由招标人填写,投标人应将上述专业工程暂估价计入投标总价中。

表-12-3

表4-9 计日工表

工程名称:××中学教师住宅工程　　　标段:　　　　　　　第1页 共1页

编　号	项目名称	单　位	暂定数量	综合单价	合　价
一	人　工				
1	普工	工日	200		
2	技工(综合)	工日	50		
3					
4					
	人工小计				
二	材　料				
1	钢筋(规格、型号综合)	t	1		
2	水泥42.5	t	2		

编号	项 目 名 称	单位	暂定数量	综合单价	合 价
3	中砂	m³	10		
4	砾石(5~40mm)	m³	5		
5	页岩砖(240mm×115mm×53mm)	千匹	1		
6					
	材料小计				
三	施工机械				
1	自升式塔式起重机（起重力矩1 250 kN·m）	台班	5		
2	灰浆搅拌机(400L)	台班	2		
3					
4					
	施工机械小计				
	总　　计				

注：此表项目名称、数量由招标人填写，编制招标控制价时，单价由招标人按有关计价规
　　定确定；投标时，单价由投标人自主报价，计入投标总价中。

表-12-4

表4-10　总承包服务费计价表

工程名称：××中学教师住宅工程　　　标段：　　　　　　　　　　第1页　共1页

序号	项目名称	项目价值(元)	服 务 内 容	费率(%)	金额(元)
1	发包人发包专业工程	100 000	1. 按专业工程承包人的要求提供工作面并对施工现场统一管理,对竣工资料进行统一整理汇总 2. 为专业工程承包人提供垂运机械和焊接电源并承担垂运费和电费 3. 为防盗门安装后进行补缝和找平并承担相应费用		
		100 000	对发包人供应的材料进行验收及保管和使用发放		
	合　　计				

表-12-5

表 4 – 11　规费、税金项目清单与计价表

工程名称：××中学教师住宅工程　　　　标段：　　　　　　

序号	项 目 名 称	计 算 基 础	费率(%)	金额(元)
1	规费			
1.1	工程排污费	按工程所在地环保规定按实计算		
1.2	社会保障费	(1)+(2)+(3)		
(1)	养老保险费			
(2)	失业保险费			
(3)	医疗保险费			
1.3	住房公积金			
1.4	危险作业意外伤害保险			
1.5	工程定额测定			
2	税金	分部分项工程费 + 措施项目费 + 其他项目费 + 规费		
合　　计				

注：计算基础根据各地规定。

表-13

二、工程量清单的编制

1. 工程量清单内容

工程量清单内容包括以下几点：

(1) 分部分项工程量清单。

(2) 措施项目清单。

(3) 其他项目清单。

(4) 规费项目清单。

(5) 税金项目清单。

2. 编制工程量清单的依据

(1) "2013 规范"和相关工程的国家计量规范。

(2) 国家或省级、行业建设主管部门颁发的计价定额和办法。

(3) 建设工程设计文件及相关资料。

（4）与建设工程项目有关的标准、规范、技术资料。

（5）招标文件及其补充通知、答疑纪要。

（6）施工现场情况、地质水文资料、工程特点及常规施工方案。

（7）其他相关资料。

3. 总说明内容填写

总说明应按以下内容填写：

（1）工程概况部分，建设规模、工程特征、计划工期、施工现场情况及自然地理条件。

（2）工程招标和分包范围。

（3）工程清单编制依据。

（4）其他需要说明的问题。

① 招标人自行采购材料的名称、规格、型号及数量。

② 分包专业项目需要总承包人服务的范围等，详见××单位住宅楼清单总说明。

4. 分部分项工程清单的编制

分部分项工程清单应按以下规定编制：

（1）4.2-1　分部分项工程项目清单必须载明项目编码、项目名称、项目特征、计量单位和工程量。

（2）4.2-2　分部分项工程项目清单必须根据相关工程现行国家计量规范规定的项目编码，项目名称、项目特征、计量单位和工程量计算规则进行编制。

5. 措施项目清单的编制

措施项目清单应按以下内容编制：

（1）4.3.1　措施项目清单必须根据相关工程现行国家计量规范的规定编制。

（2）4.3.2　措施项目清单根据拟建工程的实际情况列项。

措施项目划分为两类：不能计算工程量的以"项"计价；可以计算工程量的以量计价。

6. 其他项目清单的编制

其他项目清单宜按照下列内容列项编制：

（1）暂列金额。

（2）暂估价：包括材料暂估单价、专业工程暂估价。

（3）计日工。

（4）总承包服务费。

暂列金额为工程施工过程中可能出现的设计变更，清单中工程量偏差可能出现的不确定因素而产生的费用。清单工程量偏差一般可按分部分项工程费的 10% ~15% 计算预留金额。

暂估价中材料暂估价为招标方供应的材料，可按造价管理部门发布的造价信息或市场价估计；专业工程暂估价为另行发包专业的工程金额。

计日工是为了解决现场发生的零星工作的计价而设立的。估算一个比较贴近实际的人工、材料、机械台班的数量。

总承包服务费是为了解决招标人要求承包人对发包的专业工程提供协调和配合服务设置的。对供应的材料、设备提供收发和管理服务以及对现场的统一管理；对竣工资料的统一整理等向总承包人支付的费用。根据招标文件列出的服务内容和要求计算。进行总承包管理和协调按分包造价的 1.5% 计算，并配合服务时按分包造价的 3% ~5% 计算。

7. 规费项目清单的编制

规费项目清单应按下列内容列项。若出现下列内容未包括的项目，应根据省级政府或省级有关权力部门的规定列项。

（1）工程排污费。

（2）工程定额测定费。

（3）社会保障费：包括养老保险金、失业保险费、医疗保险费。

（4）住房公积金。

（5）工伤保险费、生育保险费。

有的地区没有细分，只列一项规费，费率按××计取。

8. 税金项目清单的编制

税金项目清单包括下列内容，未包括的项目按税务部门规定列项。

（1）营业税。

（2）城市维护建设税。

（3）教育费附加税及地方教育附加。

有的地区没细分项，只列一项税金及费率××。

第三节　工程量清单计价

一、工程量清单报价"2013 规范"及定额规定

1. "2013 规范"规定条文

（一）一般规定

（1）6.1.1　投标价应由投标人或受其委托具有相应资质的工程造价咨询人编制。

（2）6.1.2　除本规范强制性规定外，投标人应依据招标文件及其招标工程量清单自主确定报价成本。

（3）6.1.3　投标报价不得低于工程成本。

（4）6.1.4　投标人应按招标工程量清单填报价格。项目编码、项目名称、项目特征、计量单位、工程量必须与招标工程量清单一致。

（5）6.1.5　投标人可根据工程实际情况结合施工组织设计，对招标人所列的措施项目进行增补。

（二）编制与复核

（1）6.2.1　投标报价应根据下列依据编制和复核：

① 本规范；

② 国家或省级、行业建设主管部门颁发的计价办法；

③ 企业定额，国家或省级、行业建设主管部门颁发的计价定额；

④ 招标文件、工程量清单及其补充通知、答疑纪要；

⑤ 建设工程设计文件及相关资料；

⑥ 施工现场情况、工程特点及拟定的投标施工组织设计或施工方案；

⑦ 与建设项目相关的标准、规范等技术资料；

⑧ 市场价格信息或工程造价管理机构发布的工程造价信息；

⑨ 其他的相关资料。

（2）6.2.2　分部分项工程费应依据招标文件及其招标工程量清单中分部分项工程量清单项目的特征描述确定综合单价计算，并应符合下列规定：

① 综合单价中应考虑招标文件中要求投标人承担的风险费用。

② 招标工程量清单中提供了暂估单价的材料和工程设备，按暂估

的单价计入综合单价。

（3）6.2.3　措施项目费应根据招标文件中的措施项目清单及投标时拟定的施工组织设计或施工方案按本规范第3.1.2条的规定自主确定。其中安全文明施工费应按照本规范第3.1.4条的规定确定。

（4）6.2.4　其他项目费应按下列规定报价：

① 暂列金额应按招标工程量清单中列出的金额填写；

② 材料、工程设备暂估价应按招标工程量清单中列出的单价计入综合单价；

③ 专业工程暂估价应按招标工程量清单中列出的金额填写；

④ 计日工应按招标工程量清单中列出的项目和数量，自主确定综合单价并计算计日工总额；

⑤ 总承包服务费应根据招标工程量清单中列出的内容和提出的要求自主确定；

（5）6.2.5　规费和税金应按本规范第3.1.5条的规定确定。

（6）6.2.6　招标工程量清单与计价表中列明的所有需要填写的单价和合价的项目，投标人均应填写且只允许有一个报价。未填写单价和合价的项目，视为此项费用已包含在已标价工程量清单中其他项目的单价和合价之中。竣工结算时，此项目不得重新组价予以调整。

（7）6.2.7　投标总价应当与分部分项工程费、措施项目费、其他项目费和规费、税金的合计金额一致。

2. 地区计价规定

投标报价编制除遵循"2013规范"的规定外还要遵循工程所在地区的计价规定（定额），以河北"2012定额"为例，有如下规定：

（1）实体项目不可竞争。

（2）措施项目中安全防护文明施工费不可竞争。

（3）其他措施项目根据工程实际和施工组织措施进行计价。

（4）实体项目及不可竞争措施项目的消耗量不可调整。

（5）人工、材料、机械单价根据市场行情、造价管理机构发布的信息可以调整。

（6）取费（管理费、利润）标准可根据本企业管理水平和工程实际参考本标准。但规费率不参与投标报价中竞争，按规定标准计取。

二、工程量清单的计价格式

1. 投标报价的内容及格式

"2013"规范 16.0.1 规定工程计价表宜采用统一格式,各省市建设行政主管部门可根据本地区实际情况在本规范附录 B 至 L 计价表格的基础上补充完善。

投标报价的内容及表格如下:

（1）投标总价封面。

（2）总说明。

（3）工程项目投标报价汇总表。

（4）单项工程投标报价汇总表。

（5）单位工程投标报价汇总表。

（6）分部分项工程清单与计价表。

（7）措施项目清单与计价表（一）。

（8）措施项目清单与计价表（二）。

（9）其他项目清单与计价汇总表。

① 暂列金额明细表。

② 材料暂估价表。

③ 专业工程暂估价表。

④ 计日工表。

⑤ 总承包服务费计价表。

（10）规费、税金项目清单与计价表。

（11）分部分项工程量清单综合单价分析表。

（12）措施项目综合单价分析表。

2. 工程量清单报价的工作重点

工程量清单报价的工作,就是按规定完成这些表的填写。填表的规律一般是从下向上填(规费税金除外),具体如何操作见第三节。

工作的主要重点、难点是计算综合单价分析表,即(11)、(12)。为了计算综合单价,必须首先选择调整定额,计算施工工程量。

3. 工程量清单投标报价各表式样及内容

下面是第七中学住宅楼投标报价示例。

封面见图 4 - 2。

招 标 人：第七中学

工程名称：住宅楼

投标总价（小写）：464 078

　　　　（大写）：肆拾陆万肆仟零柒拾捌元

　　　　　　　　××建筑公司

投标人：　　单位公章

　　　　　（单位盖章）

法定代表人　　××建筑公司

或其授权人：　　法定代表人

　　　　　　　（签字或盖章）

　　　　　××签字

　　　　盖造价工程师

编制人：　　或造价员专用章

　　　　（造价人员签字盖专用章）

编制时间：2008 年 9 月 10 日

图 4 - 2　某住宅楼工程量清单的封面

总说明

（1）工程概况：混合结构，三层住宅楼，建筑面积 521. 31m²。招标工期 180 天，投标工期 170 天。

（2）投标报价包括范围：建筑及装修工程。

（3）投标报价编制依据：

① 招标文件、清单和有关报价要求。

② 工程施工图及投标施工组织设计。

③ 有关技术标准、规范和安全管理规定等。

④ 河北省颁发的 2008 年《全国统一建筑工程基础定额河北省消耗

量定额》、《全国统一建筑装饰装修工程消耗量定额河北省消耗量定额》及《河北省建筑、安装、市政、装饰装修工程费用标准》。

⑤ 材料价格根据 2008 年发布的人工及材料价格信息（经校对，与 2008 计价定额中人工、材料价格相同）。

工程量清单各表式样见表 4 - 12 ~ 表 4 - 19。

表 4 - 12　工程项目投标报价汇总表

工程名称：第七中学住宅楼　　　　　　　　　　　　　　　　　　　第 1 页　共 1 页

序　号	单项工程名称	金　额（元）	其　　中		
			暂估价（元）	安全文明施工费（元）	规　费（元）
1	住宅楼	464 078		14 058	18 246

表 4 - 13　单项工程投标报价汇总表

工程名称：第七中学住宅楼　　　　　　　　　　　　　　　　　　　第 1 页　共 1 页

序　号	单位工程名称	金　额（元）	其　　中		
			暂估价（元）	安全文明施工费（元）	规　费（元）
1	住宅楼	464 078		14 058	18 246

表 4 - 14 单位工程投标报价汇总表

工程名称：第七中学住宅楼

序 号	汇 总 内 容	金 额(元)	其中:暂估价(元)
1	分部分项工程	274 688	
1.1	A.1 土(石)方工程	4 774	
1.2	A.3 砌筑工程	54 533	
1.3	A.4 混凝土及钢筋混凝土工程	67 212	
1.4	A.7 屋面及防水工程	11 641	
1.5	A.8 防腐、隔热、保温工程	8 637	
1.6	B.1 楼地面工程	35 522	
1.7	B.2 墙柱面工程	38 922	
1.8	B.3 天棚工程	5 103	
1.9	B.4 门窗工程	26 768	
2.0	B.5 油漆涂料工程	21 576	
2	措施项目	60 567	
2.1	安全文明施工费	14 058	详见388 页
2.2	脚手架、模板、垂运费及其他	46 509	详见387、388 页
3	其他项目	95 100	详见389 页
3.1	暂列金额	30 000	
3.2	专业工程暂估价	53 000	
3.3	计日工	10 020	
3.4	总承包服务费	2 080	
4	规费	18 246	详见392 页
5	税金	15 477	
	投标报价合计 = 1 + 2 + 3 + 4 + 5	464 078	

工程名称：第七中学住宅楼

表4-15 分部分项工程量清单与计价表

序号	项目编码	项目名称	项目特征描述	计量单位	工程量	综合单价	其中 人工费	其中 机械费	合价	其中 人工费	其中 机械费	其中：暂估价
			A.1 土（石）方工程									
1	010101001001	平整场地	Ⅰ，Ⅱ类土，土方就地挖地填找平	m²	170.75	0.97	0.91		165.62	155.38		
2	010101003001	挖基础土方	Ⅱ类土，条形基础，垫层宽1.1m，挖土深1.45m，弃土运距100m内	m³	172.79	17.26	16.08	0.06	2 982.36	2 778.46	10.37	
3	010103001001	土方回填	就地取土，回填基槽，分层夯实	m³	90.40	17.99	13.78	3.04	1 626.3	1 245.71	274.82	
			分部小计						4 774.28	4 179.55	285.19	
			A.3 砌筑工程									
4	010301001001	砖基础	M5.0水泥砂浆砌条形基础，深1.45m，MU10黏土砖240mm×115mm×53mm	m³	52.6	226.74	62.71	3.91	11 926.52	3 298.55	205.67	
5	010302001001	实心砖墙	M2.5水泥石灰砂浆砌实心砖墙，MU10黏土砖240mm×115mm×53mm，墙厚240mm	m³	183.50	232.19	59.92	28.51	42 606.87	10 995.32	5 231.59	
			分部小计						54 533.39	14 293.87	5 437.26	
			A.4 混凝土及钢筋混凝土工程									
6	010401002001	独立基础	C15混凝土构造柱基础600mm×600mm×10mm	m³	0.79	210.52	41.28	15.29	61.05	11.97	4.93	
			（其他项目略）									

注：栏目前六项为清单内容，金额为投标报价。

383

工程名称：第七中学住宅楼

表 4-16 措施项目清单与计价表（一）

项目编码	项目名称	项目特征描述	计量单位	工程量	综合单价	其中		金额（元）合计	其中	
						人工费	机械费	合计	人工费	机械费
一、	模板：									
	预制过梁模板		m³	3.5	165.79	62.04	0.286	580.3	217.14	1.00
	预制空心板		m³	27.1	55.34	24.20	0.99	1 499.7	655.82	
	现浇地圈梁		m²	62.0	28.45	12.20	0.99	1 763.9	756.4	61.38
	现浇圈梁		m²	12.0	28.45	12.20	0.99	341.4	756.4	61.38
	现浇挑檐		m³	2.07	71.49	345.72	62.90	147.89	715.64	130.20
	现浇过梁		m²	3.0	57.24	19.82	1.80	171.72	59.46	5.40
	现浇单梁		m²	6.0	34.85	14.81	2.30	209.1	103.67	13.80
	现浇平板		m²	37.0	29.14	10.41	2.35	1 078.18	385.17	86.95
	现浇构造柱		m²	38.0	39.14	21.00	2.00	1 487.32	798	76.0
	现浇楼梯		m²	16.2	120.4	35.96	3.22	1 950.48	582.53	52.16
	现浇雨篷		m²	3.2	5.63	2.16	0.53	18.02	6.92	1.70
	现浇雨篷过梁		m²	2.0	57.22	19.82	1.80	114.44	39.64	3.60
	现浇阳台		m²	18.1	77.27	27.80	6.15	1 398.58	503.18	208.79
	阳台栏板		m²	47.0	24.98	8.69	2.15	1 174.06	408.43	101.05
	台阶模板		m²	2.0	22.76	8.72	0.46	45.52	17.44	0.92
	散水模板		m²	6.0	29.65	43.4	0.49	117.9	260.4	2.94
	合　计							12 086.51	6 320.25	807.27
二、	脚手架	综合脚手架多层混合结构檐高9m内	m²	521.31	22.65	10.0	3.24	11 807.67	5 213.10	1 689.0
三、	垂直运输机械	垂直运输机卷扬机,六层内	m²	521.31	12.15		11.36	6 333.92		592.2
	合　计							30 229	11 511	8 418

工程名称：第七中学住宅楼

表 4-17 措施项目清单与计价表（二）

定额编号	项 目 名 称	计算基数	人工费	材料费	机械费	管理利润	合 计（元）				
							人工费	材料费	机械费	管理利润	小 计
	一、其他可竞争措施项目										
	1. 建筑部分										
	夜间施工增加费	分部分项工程、措施项目的（人工费+机械费）46 126+19 929=66 077 元	0.61%	0.2%	0.2%	0.2%	403	132	132	132	
	冬雨季施工增加费		0.57%	1.7%	0.57%	0.28%	377	1 123	377	185	
	工具使用费		0.57%	0.96%	0.38%	0.24%	377	634	251	159	
	检验试验费		0.21%	0.42%	0.13%	0.08%	139	278	86	53	
	工程定位、复测		0.43%	0.31%	0.13%	0.14%	284	205	86	93	
	成品保护费		0.43%	0.39%	0.09%	0.13%	284	258	60	86	
	二次搬运费		0.5%		1.12%	0.4%	330		740	264	
	停水停电		0.29%		0.29%	0.14%	192		192	93	
	小　计						2 386	2 630	1 924	1 065	8 005
	2. 装修工程										
	夜间施工	装修实体项目、措施项目的（人工费+机械费）45 762 元	0.8%	0.53%		0.25%	366	243		114	
	冬雨季施工		0.72%	0.61%		0.22%	329	279		101	
	工具使用		1.59%	1.59%				728			
	检验试验		0.49%	0.74%		0.16%	224	339		73	
	二次搬运		1.18%	1.01%		0.37%	540	462		169	
	场地清理		1.24%	0.82%		0.39%	567	375		178	
	临时停水停电		0.6%	0.5%		0.19%	275	229		87	
	成品保护：楼地面 4.075 100m²		37.6	230.73		11.9	153	940		48	
	楼梯台阶 19.4		64	145.16		20.28	12	28		4	
	柱面 0.00		48.8	47.88		15.46					
	墙面 16.70		64.0	18.25		20.28	1 068	305		339	
	小　计						3 534	3 628		1 113	8 275
	合　计						5 920		1 924		16 280

工程名称:第七中学住宅楼

表 4 - 18 不可竞争措施项目

安全防护 文明施工	基 数	人工费	材料费	机械费	管理利润	合 计(元)				
						人工费	材料费	机械费	管理利润	小 计
1. 建筑 A17-1	实体、措施(人工 +机械) 66 077 元	2.64%	7.34%	0.92%	0.88%	1 744	4 850	608	582	7 784
2. 装修 B10-1	45 762 元	3.66%	8.89%	—	1.16%	1 675	4 068		531	6 274
合 计										14 058

表4-19　其他项目清单与计价汇总表

工程名称：第七中学住宅楼　　　　　　　　　　　　　　　　第1页　共1页

序号	项目名称	计量单位	金额（元）	备注
1	暂列金额	项	30 000	明细详见表-12-1
2	暂估价		53 000	
2.1	材料暂估价			明细详见表-12-2
2.2	专业工程暂估价	项	53 000	明细详见表-12-3
3	计日工		10 020	明细详见表-12-4
4	总承包服务费		2 080	明细详见表-12-5
5				
	合　计		95 100	

注：1. 材料暂估单价进入清单项目综合单价，此处不汇总。
　　2. 本表3、4项数字投标要填写，合计看报价合计。

表4-20　暂列金额明细表

工程名称：第七中学住宅楼　　　　　　　　　　　　　　　　第1页　共1页

序号	项目名称	计量单位	暂定金额（元）	备注
1	工程量清单中工程量偏差和设计变更	项	15 000	
2	政策性调整和材料价格风险	项	15 000	
3	其他	项		
4				
5				
6				
7				
8				
9				
	合　计		30 000	

注：此表由招标人填写，如不能详列，也可只列暂定金额总额，投标人应将上述暂列金额
　　计入投标总价中。

表 4-21 材料暂估单价表

工程名称：第七中学住宅楼

序 号	材料名称、规格、型号	计量单位	单 价(元)	备 注
1	钢筋（规格、型号综合）	t		用在所有现浇混凝土钢筋清单项目

注：此表由招标人填写，并在备注栏说明暂估价的材料用在哪些清单项目上，投标人应将上述材料暂估单价计入工程清单综合单价报价中。

表 4-22 专业工程暂估价表

工程名称：第七中学住宅楼

序 号	工 程 名 称	工 程 内 容	金 额	备 注
1	入户防盗门	安装	1 000	
2	水、暖、电安装		52 000	
			53 000	

注：此表由招标人填写，投标人应将上述专业工程暂估价计入投标总价中。

表 4 - 23 计日工表

工程名称：第七中学住宅楼 第1页 共1页

编 号	项 目 名 称	单 位	暂定数量	综合单价	合 价
一	人工				
1	普工	工日	50	60	3 000
2	技工(综合)	工日	25	45	1 125
3					
4					4 125
	人工小计				
二	材料				
1	钢筋(规格、型号综合)	t	1	5 010	5 010
2	水泥42.5	t	2.0	220	440
3	中砂	t	4.0	25.16	100.64
4	砾石(5~40mm)	t	8	33.78	270.24
5					
6					
	材 料 小 计				5 820.88
三	施工机械				
1					
2	灰浆搅拌机(400L)	台班	1	75.03	75.03
3					
4					
	施工机械小计				75.03
	总 计				10 020.91

注：此表项目名称、数量由招标人填写，编制招标控制价时，单价由招标人按有关计价规
定确定；投标时，单价由投标人自主报价，计入投标总价中。

表4-24 总承包服务费计价表

序　号	项目名称	项目价值（元）	服　务　内　容	费　率（％）	金　额（元）
1	发包人发包专业工程	52 000	1. 按专业工程承包人的要求提供工作面并对施工现场统一管理,对竣工资料进行统一整理汇总 2. 为专业工程承包人提供垂运机械和焊接电源并承担垂运费和电费 3. 为防盗门安装后进行补缝和找平并承担相应费用 对发包人供应的材料进行验收及保管和使用发放	4	2 080
		合　　计			2 080

表4-25 规费、税金清单与计价

序　号	项目名称	计　算　基　础	费　率（％）	金　额（元）
1	规　费	（人工费＋机械使用费） ① 土石方、垂运费:10 387 元	5.0	519
		② 一般建筑、模板脚手架、其他可竞争项目、不可竞争项目 }62 352 元	17.0	10 600
		③ 装饰装修、其他可竞争项目、不可竞争项目 }50 071 元	15	7 646
		合　　计		18 426
2	税　金	分部分项工程费＋措施项目费＋其他项目费＋规费＝448 601 元	3.45	15 477

工程名称：第七中学住宅楼

表 4 – 26　工程量清单综合单价分析表

项目编码	010101001001	项目名称	平整场地	计量单位	m²

清单综合单价组成明细

定额编号	定额项目名称	定额单位	数量	单价				合价			
				人工费	材料费	机械费	管理费利润	人工费	材料费	机械费	管理费利润
A1 – 42	人工平整场地	100m²	0.01	91.20			管理费利润 = (人工 + 机械) × 费率 = 91.2 × 6.93% = 6.32	0.91			0.06
人工单价				小 计				0.91			0.06
30 元/工日				未计价材料费							
				清单项目综合单价				0.97			

材料费明细	主要材料名称、规格、型号	单位	数量	单价(元)	合价(元)	暂估单价(元)	暂估合价(元)
	其他材料费						
	材料费小计						

注：计量单位——清单的单位；
　　定额单位——定额的单位；
　　数量——单位清单的数量÷定额单位的数量，如：清单单位数量为 1÷100 = 0.01。

391

工程名称：第七中学住宅楼

表4-27 工程量清单综合单价分析表

项目编码	01010103001		项目名称	挖基础土方			计量单位	m³			
				清单综合单价组成明细							
定额编号	定额项目名称	定额单位	数量	单价				合价			
				人工费	材料费	机械费	管理费和利润=(人工+机械)×费率	人工费	材料费	机械费	管理费和利润
A1-11	人工挖地槽，一、二类土深2m	100m³	0.013	1 030.50		4.23	1 034.73 × 6.93% =71.7	13.40		0.06	0.93
A1-70 + A1-71×4	余土外运 100m	100m³	0.002 4	1 118.1			1 118.1 × 6.93% =77.48	2.68			0.19
人工单价				小　　计				16.08		0.06	1.12
30元/工日				未计价材料费							
				清单项目综合单价				17.26			

材料费明细	主要材料名称、规格、型号	单 位	数 量	单 价（元）	合 价（元）	暂估单价（元）	暂估合价（元）
	其他材料费						
	材料费小计						

注：计量单位——清单的单位；

　　定额单位——定额的单位；

　　数量——单位清单的数量÷定额单价。

392

工程名称：第七中学住宅楼

表4-28 工程量清单综合单价分析表

| 项目编码 | 010103001001 | | 项目名称 | | 土方回填 | | 计量单位 | | m³ | | |

清单综合单价组成明细											
定额编号	定额项目名称	定额单位	数量	单　价				合　价			
				人工费	材料费	机械费	管理费和利润＝（人工＋机械）×费率	人工费	材料费	机械费	管理费和利润
A1－41	回填土夯填	100m³	0.0162	850.50		187.53	71.94　6.93%	13.78		3.04	1.17
人工单价				小　计				13.78		3.04	1.17
30元/工日				未计价材料费							
清单项目综合单价								17.99			

材料费明细	主要材料名称、规格、型号	单　位	数　量	单　价（元）	合　价（元）	暂估单价（元）	暂估合价（元）
	其他材料费						
	材料费小计						

注：计量单位——清单的单位；
　　定额单位——定额的单位；
　　数量——单位清单的数量÷定额单价。

393

表4-29 工程量清单综合单价分析表

工程名称：第七中学住宅楼

项目编码	010301001001	项目名称						计量单位			m³

清单综合单价组成明细

定额编号	定额项目名称	定额单位	数量	单价（元）				合价（元）			
				人工费	材料费	机械费	管理费和利润	人工费	材料费	机械费	管理费和利润
B1-2换	3:7灰土垫层	10m³	0.068	266.40	262.86	12.41	69.0	18.12	14.90	0.84	4.69
A3-1	M5.0水泥砂浆砖基础	10m³	0.10	438.40	1 258.83	29.26	115.75	43.84	125.88	2.93	11.58
A7-214	墙基防水砂浆 浆防潮层	100m²	0.005 7	130.80	500.47	24.01	38.32	0.75	2.85	0.14	0.22
人工单价		小　计						62.71	143.63	3.91	16.49
		未计价材料费									
		清单项目综合单价						226.74			

材料费明细	主要材料名称、规格、型号	单　位	数　量	单价（元）	合价（元）	暂估单价（元）	暂估合价（元）
	黏土砖	千块	0.524	200	104.8		
	3.25水泥	t	0.058	220	12.76		
	中砂	t	0.399	25.16	14.45		
	其他材料费				1.58		
	材料费小计				143.63		

（其他项目略）

三、投标报价的编制

（一）工程造价构成图及编制程序图

1. 工程造价构成图

工程造价构成图简明、形象,通过本图可大概了解造价构成和计算方法,十分实用。

采用工程量清单计价,建设工程造价由分部分项工程费、措施项目费、其他项目费、规费和税金组成,见图4-3。

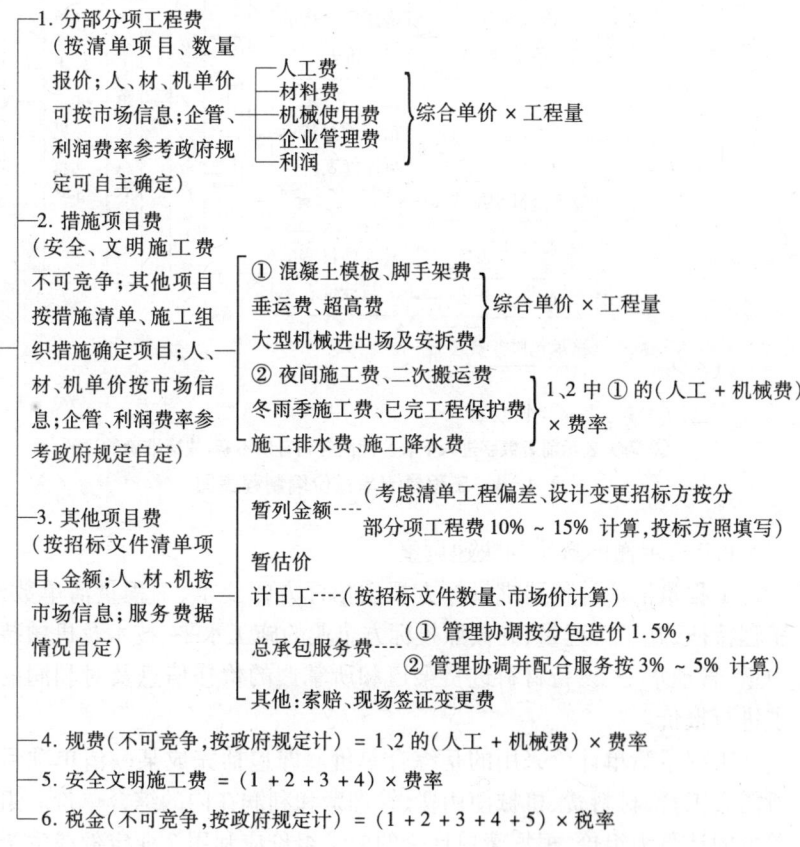

图4-3　工程量清单计价建筑安装工程造价组成示意图

2. 报价编制程序图

报价编制程序图可指导具体工作步骤,按图一步一步地往下做,可防止头绪不清及反复返工,而依照本图操作将会有条不紊、快速准确。

总之,报价为五大步骤:调整定额,计算工程量,编制综合单价分析表,填报清单与计价表,计算规费、税金,从而完成单位工程报价汇总表。见图4-4。

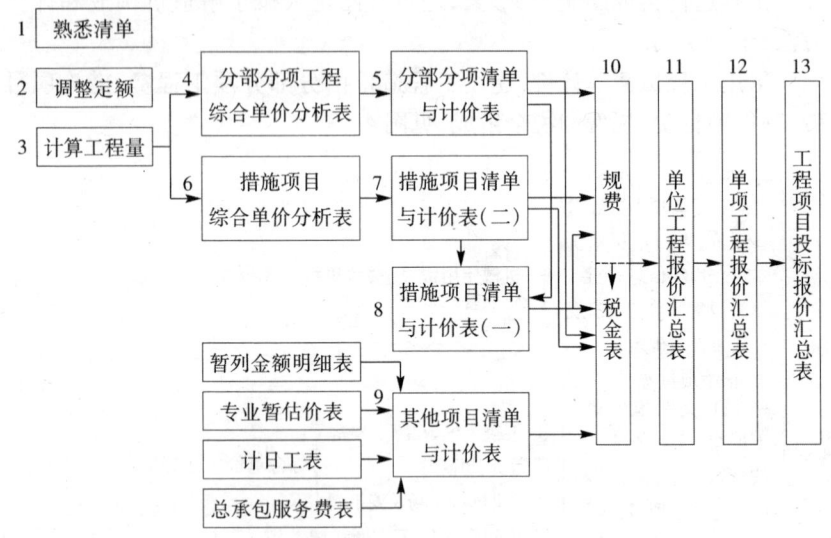

注: ① 编号表示工作流程。
② 箭头表示前者数字进入下表。此图起到有条不紊、快速准确的目的。

图4-4 工程量清单报价编制程序图

(二) 定额的选定与快速调整

工程量清单计价要求投标方根据招标方的要求、工程量清单数量、工程特征、施工工程量,并按照投标方企业的施工水平、技术及机械装备力量、管理水平、设备材料进货渠道和所掌握的价格信息及对利润的追求进行报价。

工程量清单计价采用的是综合单价。即包括完成某一清单项目的所需人工费、材料费、机械使用费、管理费和利润在内的综合单价。组合单价的计算为组价,根据清单计价的要求组价应利用企业定额或省级行业建设主管部门颁发的计价定额,称"政府定额"。

建立企业自己的定额是一项十分复杂、繁琐的工作,目前大部分企业没建立起自己的定额,一般利用政府定额报价。

"政府定额"不能直接使用,一是在消耗水平、管理水平、利润要求上不一定符合企业实际,二是定额的人工、材料、机械单价随时变动,不一定符合现实市场和企业掌握的信息,所以必须经过调整后才能使用。

如何调整应注意以下几点:

1. 消耗定额系数的确定

政府定额为社会平均水平,要根据企业的实际消耗水平确定人工、材料、机械对比政府定额平均水平的提高、降低或维持不变的系数,如"人工、材料、机械定额消耗量调整系数表"。"河北2012定额"规定实体项目、不可竞争的措施项目的消耗量不允许调整,可竞争措施项目可以调整,所以使用河北2012定额时调整系数均为1.0。

人工、材料、机械定额消耗量调整系数表见表4-31。

表4-30　人工、材料、机械定额消耗量调整系数表

	人工工日数	材料数量	机械台班数量
调整系数	1.0	1.0	1.0

2. 费用标准量系数的确定

根据企业管理水平确定对比政府定额平均水平的提高、降低或不变的系数,同样根据企业追求的利润确定利润系数。如考虑管理费、利润费率降低1%则调整系数为0.99,见管理费、利润费率调整系数表(表4-32)。

表4-31　管理费、利润费率调整系数表

	管　理　费	利　润
调整系数	0.99	0.99

3. 人工、主材、机械台班单价的确定

定额中的人工、材料、机械台班单价均是定额编制时的价格,定额调整要根据报价时的市场价格信息和企业进货渠道的确定,见人工工日单价调整表(表4-33)、材料单价调整表(表4-34)。

4. 定额调整算式

定额由人工费、材料费、机械使用费、管理费、利润构成,各项费的调整后的算式见定额调整算式表(表4-35)。将确定的人工、材料、机械

表4-32　人工工日单价调整表　　　　　　　（元/工日）

人工类别	一 类 工	二 类 工	三 类 工
原定额单价	45	40	30
现定单价	70	60	47

表4-33　材料单价调整表

材料名称	42.5 水泥 (t)	32.5 水泥 (t)	红砖 (千块)	中砂 (t)	细砂 (t)	白灰 (t)	钢(t)	水(t) 石子(t)
原定额单价	230	220	200	25.16				
现定单价	230	220	190	25.16				

表4-34　定额调整算式表

定额构成	① 人工费 工日数×系数×单价 =工日数× 1.0×单价	② 材料费 $\sum$（数量× 系数×单价） = $\sum$（数量× 1.0×单价）	③ 机械费 $\sum$（数量× 系数×单价） = $\sum$（数量× 1.0×单价）	管理费 （①＋③）× 费率×系数 =（①＋③）× 费率×0.99	利润 （①＋③）× 费率×系数 =（①＋③）× 费率×0.99

注：费率的定额中规定的费率，0.99 为降低系数。

定额消耗量调整系数表至材料单价调整表的数值，代入定额调整算式表即可计算出调整后的定额。

5. 河北"2012 定额"调整后的单价

（1）按定额调整算式表算式代入本节所述各表（人工、材料、机械定额消耗量调整系数表，管理费、利润费率调整系数表，人工工日单价调整表，材料单价调整表）中要调整的系数、单价后手工计算出砖基础（三类工程）的调整后的综合基价见砖基础 M5.0 水泥砂浆调整后单价表（表4-36）。

（2）如将本节所述各表（人工、材料、机械定额消耗量调整系数表，管理费、利润费率调整系数表，人工工日单价调整表，材料单价调整表）中各值输入定额软件也可自动调整出新的定额。

材料价格调整，由于种类多，手工计算很麻烦，可以对影响基价大的主要材料实调，其他次要材料费用系数调（其他材料费＝材料费－主材

表 4-35　砖基础 M5.0 水泥砂浆调整后的基价　　　　　（元）

人工费	综合二、三类　9.74 工日 × 1.0 × 60 = 584.40
材料费	标准砖：　5.236 × 1.0 × 380 = 1 989.60 水泥 32.5：0.505 × 1.0 × 360 = 181.80 中砂：　3.783 × 1 × 30.00 = 113.49 水：　1.76 × 1 × 5.00 = 8.80 合计：　2 293.77
机械费	搅拌机：0.39 × 1.0 × 103.45 = 40.35
合　计	2 918.52

费）。如木地板定额 1-154,复合木地板 81.9 元占材料费的 96.6% ,其他材料胶、铁钉仅占 0.034% 。又如瓷砖楼地面定额 1-068,瓷砖材料费占材料费的 97.79% ,而其他材料水泥、白水泥、中砂、锯片、水、棉纱头等占材料费的 0.021% ,其他材料费占比例很小,用系数调整就会简单很多,不会影响调价效果。

公式：

材料费：主材费 $\sum$（消耗数量 × 调整系数 × 单价）

其他材料费定额中（材料费 - 主材费）× 调价系数

（三）计算施工工程量,审核清单工程量

施工工程量即施工过程中发生的全部工程数量,包括分部分项工程的施工工程量、措施项目的施工工程量。施工工程量是投标报价、组价计算综合单价的主要依据。

工程量清单中只提供分部分项工程的工程量,不提供措施项目的工程量,而且清单中的工程数量是不完全的,譬如挖土不考虑放坡和留工作面的土方量,有的项目是以面积、根、件、樘为单位的,反映不出其中具体的内容,不能满足组价的需要。

施工工程量与清单工程量的计算规则不同,施工工程量依据预算定额计算规则计算。清单工程量依据"计价规范"附录中的工程计算规则进行计算。

清单中的工程量是否有误,在计算施工工程量过程中同时进行了审核,为平衡报价及结算索赔做好准备,只要施工工程量算准了,即使清单数量有误也能通过计算综合单价调整过来。

施工工程量的计算依据设计文件、施工图和本地定额及其工程量计算规则进行。

计算方法、项目与施工图预算相同。先计算工程量,然后将计算结果填入清单与施工工程量对应表,见清单与施工工程量对应表(表4-36)。

表4-36　清单与施工工程量对应表

序号	清 单 项 目				施 工 工 程 量			折单位清单上数量
	编 码	名 称	单位	数 量	分项工程名称	单位	数 量	
1	010101001001	平整场地	m^2	170.75	人工平整场地	m^3	170.75	1
2	010101003001	挖基础土方	m^3	172.79	人工挖地槽	m^3	228.53	1.32
					余土外运	m^3	41.47	0.24
3	010103001001	土方回填	m^3	90.4	人工回填土	m^3	146.14	1.62
4	010301001001	砖基础	m^3	52.6	3:7灰土垫层	m^3	35.8	0.68
					M5.0水泥砂浆砌砖基础	m^3	52.6	1
					墙基防潮	m^3	30	0.57

注:折单位清单上数量=施工工程量/清单工程量。

(四)分部分项工程清单综合单价计算及清单计价

1. 分部分项工程清单计价方法

分部分项工程清单计价,依据清单项目、清单工程量和其综合单价计算。

首先依据企业定额或政府定额组价计算出各项目的综合单价,然后将综合单价填入计价表进行计价。

综合单价在综合单价分析表上计算。每个项目一张综合单价分析表。全部项目计算完后再填入工程量清单与计价表,完成表的填写和计价工作。

2. 计算综合单价

计算综合单价要利用施工工程数量和调整好的定额、取费标准,见表4-36、表4-37、表4-38。要把这三项资料准备好并摆在眼前,做到拿起来就能用,以免资料不齐,东翻西找浪费时间,还容易出错误。

下面组价要用到的费率为一般建筑三类工程是26.73%,土石方是7.92%,装饰装修是30.69%。

表 4-37　调整好的定额(河北 2012 定额)

定额编号	项 目 名 称	单位	基 价	人工费	材料费	机械费	三类工 (47/工日)
A1-12	人工挖沟槽一、二 类土 深度(3m 以内)	100m³	1 750.75	1 750.75	0	0	37.25
A1-70	人工运土方 运距20m 以内	100m³	924.49	924.49	0	0	19.67
A1-71	人工运土方 200m 以 内每增加 20m	100m³	206.8	206.8	0	0	4.4
A3-1	砖基础水泥砂浆 M5	10m³	2 918.52	584.4	2 293.77	40.35	9.74
A7-214	防水砂浆 墙基	100m²	1 619.72	811.8	774.82	33.1	13.53
借 B2-19	混合砂浆 墙面	100m²	1 733.84	1 283.1	415.57	35.17	18.33
借 B1-2	垫层 灰土 3:7	10m³	1 115.37	347.8	736.55	31.02	7.4

表 4-38　河北省 2012 定额取费标准

序 号	费用名称	计算基数 直接费中 人工费+ 机械费	费 用 标 准			土石方、超 高、垂运等	桩基工程		装饰装修 工程
			一般建筑				一类	二类	
			一类	二类	三类				
1	企业管理费		25	20	17	4	9	8	18
2	利 润		14	12	10	4	8	7	13
3	规 费		25			7	17		20
调后 费率	企管费下调1%后		24.75	19.80	16.83	3.96	8.91	7.92	17.82
	利润下调1%后		13.86	11.88	9.90	3.96	7.92	6.93	12.87
	企管+利润				26.73	7.92			30.69

　　工程量清单计价用的是综合单价。即完成该清单项目中工作内容的全部费用(包括人工费、材料费、机械费、管理费和利润)的单价。如砖基础清单的工作内容包括垫层、砌砖、防潮层铺设,其综合单价应是每 m³ 这三项分项工程费之和。

　　综合单价用公式表示如下:

$$清单工程量综合单价 = \frac{\sum(分项工程费用)}{清单工程数量}$$

$$= \frac{\sum (\text{分项工程量} \times \text{定额各项费用})}{\text{清单工程数量}}$$

$$= \text{元}/m^2 \text{ 或 } \text{元}/m^3 \text{ 或 } \text{元}/\text{樘}$$

也可以表示为:综合单价 $= \sum \left(\frac{\text{分项工程量}}{\text{清单工程量}} \times \text{定额各项费用} \right)$

$$= \text{元}/m^2 \text{ 或 } \text{元}/m^3 \text{ 或 } \text{元}/\text{樘}$$

计算过程详见工程量清单综合单价分析表(表4-39)。砖基础综合单价分析。

(1)分析表中数量为单位清单上的工程量(施工工程量/清单工程量)再除以定额单位数;如3:7灰土为 $0.68 \div 10 = 0.068$,砖基础为 $1 \div 10 = 0.1$ 等。

(2)定额是调整好的政府定额。

(3)管理费和利润 =(人工费 + 机械费)× 费率。(费率为调整后的费率)

一个清单项目一张表,所有清单项目的综合单价计算完成后填入清单计价表进行计价。

3.填分部分项工程量清单与计价表

将综合单价填入计价表中进行计价,见分部分项工程量清单与计价表(表4-40)。

计价表中最后合计并分出其中(建筑、土石方、装修),因要分别计取规费。

(五)措施项目清单计价

1.措施项目计价依据及内容

措施项目计价的列项,要根据措施项目清单、本地区的计价规范(定额)的规定并结合施工组织设计或施工方案。

措施项目清单有两个表:措施项目清单与计价表(一)、措施项目清单与计价表(二)。

措施项目主要内容包括可竞争措施项目(模板、脚手架、垂直运输机械、超高费,其他可竞争措施项目)、不可竞争措施项目等。

以综合单价形式计算措施费的要先计算其综合单价、然后再计算措施费,如模板、脚手架等形式,以项计算措施费的要首先计算各项费用再填入计价表。

表4-39 工程量清单综合单价分析表

工程名称：

项目编码	01030101001	项目名称		砖 基 础			计量单位	m³

清单综合单价组成明细

定额编号	定额名称	定额单位	数量	单 价（元）				合 价（元）			
				人工费	材料费	机械费	管理费和利润	人工费	材料费	机械费	管理费和利润
B1-2换	3:7灰土垫层	10m³	0.068	266.40	219.05	12.41	69.00	18.12	14.90	0.84	4.69
A3-1	M5.0水泥砂浆砖基础	10m³	0.10	438.40	1 258.84	29.26	115.75	43.84	125.88	2.93	11.58
A7-214	防水砂浆防潮层	100m²	0.005 7	130.8	500.47	24.01	38.32	0.75	2.85	0.14	0.22
人工单价			小　计					62.71	143.63	3.91	16.49
			未计价材料费								
			清单项目综合单价					226.74			

材料费明细	主要材料名称、规格、型号	单 位	数 量	单价（元）	合价（元）	暂估单价（元）	暂估合价（元）
	黏土砖	千块	0.524	200	104.8		
	3.25水泥	t	0.058	220	12.76		
	中砂	t	0.399	25.16	10.04		
	生石灰	t	0.17	85.0	14.45		
	其他材料费				1.58		
	材料费小计				143.63		

注：计量单位——清单的单位；
定额单位——使用定额的单位；
数量——单位清单的数量÷定额单位；
管理费和利润——（人工费+机械费）×费率；
材料数量：工程数量×定额；
水泥=定额×工程数量；
其他材料费=定额×工程数量。

表 4 - 40 分部分项工程量清单与计价表

工程名称：

序号	项目编码	项目名称	项目特征描述	计量单位	工程量	综合单价	其中		金额（元）			其中
							人工费	机械费	合价	人工费	机械费	暂估价
										人工费	机械费	
A.1 土（石）方工程												
1	010101001001	平整场地	Ⅰ、Ⅱ类土，土方就地挖填找平	m²	170.75	0.97	0.91		165.62	155.38		
2	010101003001	挖基础土方	Ⅱ类土，条形基础，垫层宽 1.1m，挖土深 1.45m，弃土运距 100m 内	m³	172.79	67.26	16.08	0.06	2 982.36	2 778.46	10.37	
3	010103001001	土方回填	就地取土，回填基槽、分层夯实	m³	90.40	17.99	13.78	3.04	1 626.3	1 245.71	274.82	
		分 部 小 计							4 774.28	4 179.55	285.19	
A.3 砌筑工程												
4	010301001001	砖基础	M5.0 水泥砂浆砖条形基础，深 1.45m，MU10 黏土砖 240mm×115mm×53mm	m³	52.6	226.74	62.71	3.91	11 926.52	3 298.55	205.67	
5	010302001001	实心砖墙	M2.5 水泥石灰砂浆砌实心砖墙，MU10 黏土砖 240mm×115mm×53mm，墙厚 240mm	m³	183.50	232.19	59.92	28.51	42 606.87	10 995.32	5 231.59	
		分 部 小 计							54 533.39	14 293.87	5 437.26	

404

2. 定额规定及计算方法

（1）混凝土模板。按工程量模板（m² 或 m³）×综合单价计算。工程量已在计算工程量时计算出来，查清单与施工工程量对应表。

（2）脚手架。按脚手架工程量×综合单价计算。

（3）垂直运输费。土建与装修由一个单位施工时，按建筑面积×综合单价计算；由两个单位施工时土建按建筑面积×综合单价计算，装修按施工日数×综合单价计算。

（4）超高费。按超高的建筑面积×综合单价计算。

（5）其他可竞争措施项目。即冬、雨季施工费、夜间施工费等11项。要土建与装修分别计算，各项以实体项目、超高、脚手架、垂运、模板的（人工费＋机械费）×费率计算。

以上这些项目是可竞争性的，要根据工程需要和报价的考虑列项目计价。费率、消耗量均可以竞争自主确定。

（6）不可竞争措施项目。安全防护文明施工费，建筑工程、装饰装修工程分别计算。按其实体项目、超高费、脚手架、垂运、模板、其他可竞争措施项目的（人工费＋机械费）×费率，项目费率均不可竞争必须按规定计取。费率报价见以下各表。

首先完成 1~4 项的措施项目综合单价分析表（表4-41）之后再计入措施项目清单与计价表（一）（表4-42）、措施项目清单与计价表（二）（表4-43）。

（六）其他项目清单计价

1. 其他项目清单内容

其他项目清单包括一个总表即其他项目清单与计价汇总表，及 5 个子表，即：

（1）暂列金额明细表（表-12-1）。

（2）材料暂估价表（表-12-2）。

（3）专业暂估价表（表-12-3）。

（4）计日工表（表-12-4）。

（5）总承包服务费计价表（表-12-5）。

计价任务就是计算填好 5 个子表，再将其结果填入总表。总表见表4-44。

2. 5 个子表计算及填写方法

（1）暂列金额明细表。考虑到清单中工程量的偏差、设计变更、政

住宅楼

表 4-41 措施项目费综合单价分析表

序号	定额编号	工程内容	单位	数量	单价				综合单价	综合单价(1m³ 或 1m²)			
					人工费	材料费	机械费	管理费、利润 (人工费+机械费)×费率 24.75%		人工费	材料费	机械费	管理费及利润
一、模板													
1	A12-111	预制过梁模板	10m³	0.10	620.4	880.33	2.86	623.66×24.75%=154.26	165.79	62.04	88.03	0.280	15.43
2	A13-132	预制空心板模板	10m³	0.1	242.0	251.54		59.9	55.34	24.20	25.15		5.99
3	A12-62	现浇地圈梁模板	100m²	0.01	1 220.0	1 199.29	99.31	326.53	28.45	12.20	11.99	0.99	3.27
4	A12-62	现浇圈梁模板	100m³	0.01	1 220.0	1 199.29	99.31	326.53	28.45	12.20	11.99	0.99	3.27
5	A12-70	现浇挑檐模板	100m²	0.1	3 457.2	2 051.54	628.95	1 011.32	71.49	34.570	20.52	6.29	10.11
6	A12-23	现浇过梁模板	100m²	0.01	1 981.6	3 024.69	179.87	536.96	57.24	19.82	30.25	1.80	5.37
7	A12-61	现浇单梁模板	100m²	0.01	1 480.8	1 351.1	229.95	423.4	34.85	64.81	13.51	2.30	4.23
8	A12-65	现浇平板模板	100m²	0.01	1 041.2	1 321.74	235.24	315.9	29.14	10.41	13.22	2.35	3.16
9	A12-58	现浇构造柱模板	100m²	0.01	2 100.4	1 044.69	200.45	569.46	39.14	21.00	10.45	2.00	5.69
10	A12-94	现浇楼梯模板	10m²	0.1	359.6	715.42	32.18	96.97	120.4	35.96	71.54	3.22	9.68
11	A12-197	现浇雨篷模板	100m²	0.01	215.60	240.44	52.53	53.99	5.6	2.16	2.40	0.53	0.54

（续表）

序号	定额编号	工程内容	单位	数量	单价					综合单价（1m³ 或 1m²）			
					人工费	材料费	机械费	管理费、利润（人工费＋机械费）×费率 24.75%	综合单价	人工费	材料费	机械费	管理费及利润
12	A12-23	雨篷过梁模板	100m²	0.01	1 981.6	3 024.69	179.87	534.96	57.2	19.82	30.25	1.80	5.35
13	A12-67	现浇阳台模板	10m²	0.1	278.0	349.19	61.51	84.03	77.27	27.80	34.92	6.15	8.40
14	A12-69	阳台栏板模板	100m²	0.01	869.2	1 145.83	214.95	268.33	24.98	8.69	11.46	2.15	2.68
15	A12-100	台阶模板	10m²	0.1	87.2	113.06	4.61	22.72	22.76	8.72	11.31	0.46	2.27
16	A12-77	散水模板	100m²	0.01	434.4	2 362.44	49.3	119.7	29.65	43.44	23.62	0.49	1.20
	合 计												
二、脚手架工程													
	A11-4	外墙脚手架，高9m内	100m²	0.01	1 000.4	613.40	323.62	327.7	22.65	10.0	6.13	3.24	3.28
三、垂直运输机械费													
	A13-5	垂直运输机械费，卷扬机6层	100m²	0.01			1 135.5	78.69	12.15			11.36	0.79
	合 计												

407

工程名称：第七中学住宅楼

表 4－42　措施项目清单与计价表（一）

项目编码	项目名称	项目特征描述	计量单位	工程量	综合单价	其中 人工费	其中 机械费	合计	其中 人工费	其中 机械费
一	模板									
	预制过梁模板		m³	3.5	165.79	62.04	0.286	580.3	217.14	1.00
	预制空心板		m³	27.1	55.34	24.20		1 499.7	655.82	
	现浇地圈梁		m²	62.0	28.45	12.20	0.99	1 763.9	756.4	61.38
	现浇圈梁		m²	12.0	28.45	12.20	0.99	341.4	756.4	61.38
	现浇挑檐		m³	2.07	71.49	345.72	62.90	147.89	715.64	130.20
	现浇过梁		m²	3.0	57.24	19.82	1.80	171.72	59.64	5.40
	现浇单梁		m²	6.0	34.85	14.81	2.30	209.1	103.67	13.80
	现浇平板		m²	37.0	29.14	10.41	2.33	1 078.18	385.17	86.95
	现浇构造柱		m²	38.0	39.14	21.00	2.06	1 487.32	798	76.0
	现浇楼梯		m²	16.2	120.4	35.96	3.22	1 950.48	582.53	52.16
	现浇雨篷		m²	3.2	5.63	2.16	0.53	18.02	6.92	1.70
	现浇雨篷过梁		m²	2.0	57.22	19.82	1.80	114.44	39.64	3.60
	现浇阳台		m²	18.1	77.27	27.80	6.15	1 398.58	503.18	208.79
	阳台栏板		m²	47.0	24.98	8.69	2.15	1 174.06	408.43	101.05
	台阶模板		m²	2.0	22.76	8.72	0.46	45.52	17.44	0.92
	散水模板		m²	6.0	29.65	43.4	0.49	177.9	260.4	2.94
	合　计							12 086.51	6 320.25	807.27

（续表）

项目编码	项目名称	项目特征描述	计量单位	工程量	综合单价	金额（元）					
						其中		合计	其中		
						人工费	机械费		人工费	机械费	
二	脚手架	外墙脚手架，檐高9m内	m²	521.31	22.65	10.0	3.24	11 807.67	5 213.10	1 689.0
三	垂直运输机械	垂直运输机卷扬机六层内	m²	521.31	12.15		11.36	6 333.92		5 922.1
	合 计							30 229	11 511	8 418

表 4 - 43　措施项目清单与计价表（二）

工程名称：第七中学住宅楼

定额编号	项目名称	计算基数	人工费(%)	材料费(%)	机械费(%)	管理利润(%)	合计(元) 人工费	材料费	机械费	管理利润	小计
	一、其他可竞争措施项目										
	1. 建筑部分										
	夜间施工增加费	分部分项工程,措施项目的(人工费+机械费) 46 126 + 19 929 = 66 055 元	0.61	0.2	0.2	0.2	403	132	132	132	
	冬雨季施工增加费		0.57	1.7	0.57	0.28	377	1 123	377	185	
	工具使用费		0.57	0.96	0.38	0.24	377	634	251	159	
	检验试验费		0.21	0.42	0.13	0.08	139	278	86	53	
	工程定位复测		0.43	0.31	0.13	0.14	284	205	86	93	
	成品保护费		0.43	0.39	0.09	0.13	284	258	60	86	
	二次搬运费		0.5		1.12	0.4	330		740	264	
	停水停电		0.29		0.29	0.14	192		192	93	
	小　计						2 386	2 630	1 924	1 065	8 005
	2. 装修工程										
	夜间施工	装修实体项目(人工费+机械费) 45 762 元	0.8	0.53		0.25	366	243		114	
	冬雨季施工		0.72	0.61		0.22	329	279		101	
	工具使用			1.59				728		73	
	检验试验		0.49	0.74		0.16	2 240	339		169	
	二次搬运		1.18	1.01		0.37	540	462		178	
	场地清理		1.24	0.82		0.39	567	375			
	临时停水电		0.6	0.5		0.19	275	229		87	

定额编号	项目名称	计算基数	人工费(%)	材料费(%)	机械费(%)	管理利润(%)	合计(元) 人工费	材料费	机械费	管理利润	小计
	一、其他可竞争措施项目										
	成品保护：楼地面 4.07 100m²		37.6	230.73		11.9	153	940		48	
	楼梯台阶 194		64	145.16		20.28	12	28		4	
	柱面 0.00		48.8	47.88		15.46					
	墙面 16.70		64.0	18.25		20.28	1 068	305		339	
	小　计						3 534	3 628		1 113	8 275
	合　计						5 920		1 924		16 280

定额编号	项目名称	计算基数	人工费(%)	材料费(%)	机械费(%)	管理利润(%)	合计(元) 人工费	材料费	机械费	管理利润	小计
	二、不可竞争措施项目										
	安全防护文明施工	实体、措施规费之后 66 055 元									
	1. 建筑 A17－1		2.64	7.34	0.92	0.88	1 744	4 850	608	582	7 784
	2. 装修 B10－1	45 762	3.66	8.89	—	1.16	1 804	4 068	—	531	6 274
	合　计										14 058

策性调整、材料价格风险等因素而设立的一项费用。投标方按清单中招标方的金额报价,本工程为30 000元。

（2）材料暂估价。系招标人提供的材料,暂时不能提供价格而暂估价。投标方按清单中的暂估价填写,并计入综合单价中。本工程没有材料暂估价。

（3）专业工程暂估价。系另行发包的专业工程金额,投标方按清单中暂估价金额填写,本工程是53 000元（其中水、暖、电52 000元,防盗门1 000元）。

表4-44　其他项目清单与计价汇总表

工程名称：第七中学住宅楼 清单表

序 号	项目名称	计量单位	金 额(元)	备 注
1	暂列金额	项	30 000	明细详见表-12-1
2	暂估价		53 000	
2.1	材料暂估价			明细详见表-12-2
2.2	专业工程暂估价	项	53 000	明细详见表-12-3
3	计日工			明细详见表-12-4
4	总承包服务费			明细详见表-12-5
合　计				

注：表中数字为招标方填写。

（4）计日工表。系为现场发生的零星工作用工、料、机而设立的。投标方按清单中提供的项目名称、数量自动填单价,自主报价。本工程是10 020元。

（5）总承包服务费。系总承包人对发包专业工程提供协调管理和配合服务而设立的。投标方根据清单中提供的分包工程价值和要求服务的范围,自主报价。

本工程安装工程价值是52 000元,按4%提取服务费为2 080元,然后将5个分表的报价填入总表中。见各子表及投标报价总表（表4-45～表4-50）。

表 4 - 45 其他项目清单与计价汇总表

工程名称：第七中学教师住宅工程　　标段：

序　号	项目名称	计量单位	金　额（元）	备　注
1	暂列金额	项	30 000	明细详见表-12-1
2	暂估价		53 000	
2.1	材料暂估价			明细详见表-12-2
2.2	专业工程暂估价	项	53 000	明细详见表-12-3
3	计日工		10 020	明细详见表-12-4
4	总承包服务费		2 080	明细详见表-12-5
5				
合　计			95 100	

注：材料暂估单价进入清单项目综合单价，此处不汇总。前1、2的数字为招标方填写，3、
　　4的数字为投标方填写，合计为报价总数。

表 4 - 46 暂列金额明细表

工程名称：第七中学教师住宅楼

序　号	项目名称	计量单位	暂定金额（元）	备　注
1	工程量清单中工程量偏差和设计变更	项	15 000	
2	政策性调整和材料价格风险	项	15 000	
3	其他	项		
4				
5				
6				
7				
8				
9				
合　计			30 000	

注：此表由招标人填写，如不能详列，也可只列暂定金额总额，投标人应将上述暂列金额
　　计入投标总价中。

表4-47 材料暂估单价表

工程名称：第七中学教师住宅楼 第1页 共1页

序 号	材料名称、规格、型号	计量单位	单 价(元)	备 注
1	钢筋(规格、型号综合)	t		

注：此表由招标人填写，并在备注栏说明暂估价的材料用在哪些清单项目上，投标人应将上述材料暂估单价计入工程清单综合单价报价中。

表4-48 专业工程暂估价表

工程名称：第七中学教师住宅楼 第1页 共1页

序 号	工程名称	工程内容	金 额(元)	备 注
1	入户防盗门	安装	1 000	
2	水、暖、电安装		52 000	
			53 000	

注：此表由招标人填写，投标人应将上述专业工程暂估价计入投标总价中。

表4-49 计日工表

工程名称：第七中学教师住宅工程 标段： 第1页 共1页

编 号	项目名称	单 位	暂定数量	综合单价	合 价
一	人 工				
1	普工	工日	50	60	3 000
2	技工(综合)	工日	25	45	1 125
3					
4					
人工小计					4 125
二	材 料				
1	钢筋(规格、型号综合)	t	1	5 010	5 010

编 号	项目名称	单 位	暂定数量	综合单价	合 价
2	水泥42.5	t	2.0	220	440
3	中砂	t	4.0	25.16	100.64
4	砾石(5～40mm)	t	8	33.78	270.24
5					
6					
材 料 小 计					5 820.88
三	施工机械				
1					
2	灰浆搅拌机(400L)	台班	1	75.03	75.03
3					
4					
施工机械小计					75.03
总 计					10 020.91

注：此表项目名称、数量由招标人填写，编制招标控制价时，单价由招标人按有关计价规定确定；投标时，单价由投标人自主报价，计入投标总价中。

表4-50 总承包服务费计价表

工程名称：第七中学教师住宅楼　　　　　　　　　　　　　　第1页 共1页

序号	项目名称	项目价值（元）	服 务 内 容	费率（%）	金额（元）
1	发包人发包专业工程	53 000	（1）按专业工程承包人的要求提供工作面并对施工现场统一管理，对竣工资料进行统一整理汇总 （2）为专业工程承包人提供垂运机械和焊接电源并承担垂运费和电费 （3）为防盗门安装后进行补缝和找平并承担相应费用 （4）对发包人供应的材料进行验收及保管和使用发放	4	2 080
合 计					2 080

（七）规费、税金清单与计价

计价依据如下：

（1）根据工程类别划分确定工程类别。

（2）根据取费标准确定费率。

（3）根据取费程序确定计算基础。

规费、税金清单与计价见表 4-51。

（八）填报装订各类表格

填报、装订各类表格步骤如下：

（1）填报单位工程投标报价汇总表。

（2）填报单项工程、工程项目投标报价汇总表。

（3）将以上各表倒过来装订即是投标报价文件。

表 4-51　规费、税金清单与计价

工程名称：第七中学住宅楼

序　号	项目名称	计　算　基　础		费　率（%）	金　额（元）
1	规　费	分部分项工程费及措施项目费中的(人工费＋机械费)不含安全生产文明施工	土石方：　　　4 465 垂运费：　　　5 922 ⎱10 387 超高费大型机：　—	7	519
			一般建筑：　　41 661 模板：　　　　7 127 脚手架：　　　　756 ⎱62 352 其他可竞争项目：4 310	25	9 555
			装饰装修：　　45 762 ⎱50 971 其他可竞争项目：3 534	20	7 646
		合　　计			18 246
2	税　金	分部分项工程：274 688 措施项目：　　60 567 其他项目：　　95 100 ⎱448 601 规费：　　　　18 246		3.45	15 477

第五章 预 算 资 料

一、金属单位重量(表5-1~表5-23)

表5-1 常用钢筋级别、钢种、代号

级 别	钢 号	图纸符号	抗拉强度(MPa)
Ⅰ级	HPB300	ϕ	420
Ⅱ级	HRB335	$\underline{\phi}$	455
Ⅲ级	HRB400	$\underline{\Phi}$	540
Ⅳ级	HRB500	$\underline{\Phi}$	630
Ⅴ级	热处理44锰2硅		1 200
	冷拔低碳钢丝	ϕ^b	600 ~ 480
	预应力筋	ϕ^L	
	钢绞线	$\phi^{L(j)}$	1 500 ~ 1 800
	高强度钢丝	ϕ^K	1 300 ~ 1 900

表5-2 各种钢板理论质量

厚 度 (mm)	每平方米板质量(kg)					
	钢	紫铜	锌	铅	铝	锡
1	7.85	8.9	7.2	11.37	2.73	7.35
2	15.7	17.8	14.4	22.74	5.46	14.7

注:1. 不同厚度的钢板每平方米质量(kg)=钢材密度(7 850kg/m³)×钢板厚度(m)。

2. 不同厚度、不同规格的扁钢质量(kg)=长(m)×宽(m)×厚(m)×钢材密度(7 850kg/m³)。

例:求铁件(-50×5mm,长10m)的重量。

解:铁件重:0.05×10×7.85×5=19.625kg。

表 5-3 圆钢理论质量

直径 (mm)	截面积 (mm²)	每米质量 (kg)	直径 (mm)	截面积 (mm²)	每米质量 (kg)
4	12.6	0.099	24	452.4	3.551
5	19.63	0.154	25	490.9	3.853
5.5	23.76	0.187	26	530.9	4.168
6	28.27	0.222	28	615.8	4.839
6.5	33.18	0.26	30	706.9	5.549
7	38.48	0.302	32	804.2	6.313
8	50.27	0.395	34	907.9	7.127
9	63.62	0.499	35	926.11	7.553
10	78.54	0.617	36	1 018	7.990
11	95.03	0.746	38	1 134	8.903
12	113.1	0.888	40	1 257	9.865
13	132.7	1.042	42	1 385.48	10.876
14	153.9	1.208	45	1 590.50	12.485
15	176.7	1.387	48	1 809.55	14.205
16	201.1	1.578	50	1 963.56	15.414
17	227	1.782	53	2 206.24	17.319
18	254.5	1.998	55	2 375.80	18.650
19	283.5	2.226	56	2 463.06	19.335
20	314.2	2.466	58	2 642.04	20.740
21	364.4	2.719	60	2 827.39	22.195
22	380.1	2.984			

表 5-4 方钢理论质量

边长 (mm)	截面积 (mm²)	质量 (kg/m)	边长 (mm)	截面积 (mm²)	质量 (kg/m)
7	49	0.39	15	225	1.77
8	64	0.50	16	256	2.01
9	81	0.64	17	289	2.27
10	100	0.79	18	324	2.54
11	121	0.95	19	361	2.83
12	144	1.13	20	400	3.14
13	169	1.33	21	441	3.46
14	196	1.54	22	484	3.80

表5-5 等边角钢理论质量

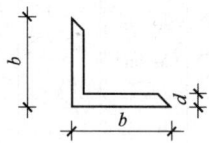

型号	尺 寸(mm) 边宽 b	边厚 d	断面面积 (cm^2)	质 量 (kg/m)	型号	尺 寸(mm) 边宽 b	边厚 d	断面面积 (cm^2)	质 量 (kg/m)
2	20	3	1.13	0.889	5.6	56	3	3.34	2.624
		4	1.46	1.145			4	4.39	3.446
2.5	25	3	1.43	1.124			5	5.42	4.251
		4	1.86	1.459			8	8.37	6.568
3	30	3	1.75	1.373	6.3	63	4	4.98	3.907
		4	2.28	1.786			5	6.14	4.822
		5	2.78	2.180			6	7.29	5.721
3.2	32	3	1.86	1.460			8	9.52	7.469
		4	2.43	1.910			10	11.66	9.151
3.5	35	4	2.67	2.10	7.0	70	4	5.57	4.372
		5	3.26	2.570			5	6.88	5.397
3.6	36	3	2.11	1.656			6	8.16	6.406
		4	2.76	2.163			7	9.42	7.398
		5	3.38	2.654			8	10.67	8.373
3.8	38	4	2.88	2.260	7.5	75	5	7.37	5.818
		5	3.55	2.790			6	8.8	6.905
4	40	3	2.36	1.852			7	10.16	7.976
		4	3.09	2.422			8	11.5	9.030
		5	3.79	2.976			10	14.13	11.089
		6	4.48	3.520	8.0	80	5	7.91	6.211
4.5	45	3	2.66	2.088			6	9	7.376
		4	3.49	2.736			7	10.86	8.525
		5	4.29	3.369			8	12.30	9.658
		6	5.08	3.985			10	15.10	11.874
5.0	50	3	2.97	2.332	9.0	90	6	10.64	8.350
		4	3.9	3.059			7	12.3	9.666
		5	4.8	3.770			8	13.94	10.946
		6	5.69	4.465			10	17.17	13.476
							12	20.31	15.940
							14	23.4	18.40

型　号	尺　寸(mm)		断面面积（cm²）	质　量（kg/m）	型　号	尺　寸(mm)		断面面积（cm²）	质　量（kg/m）
	边宽 b	边厚 d				边宽 b	边厚 d		
10.0	100	6	11.93	9.366	14.0	140	10	27.37	21.488
		7	13.8	10.830			12	32.51	25.522
		8	15.64	12.276			14	37.57	29.490
		10	19.26	15.120			16	42.54	33.393
		12	22.8	17.898	15.0	150	12	34.9	27.40
		14	26.26	20.611			14	40.4	31.70
		16	29.63	23.257			16	45.8	36.10
11.0	110	7	15.2	11.928			18	51.1	40.10
		8	17.24	13.532			20	56.4	44.30
		10	21.26	16.690	18.0	180	12	42.24	33.159
		12	25.2	19.782			14	48.9	38.383
		14		22.809			16	55.47	43.542
12.0	120	10	23.3	18.3			18	61.96	48.634
		12	27.6	21.7	20.0	200	14	54.58	42.894
		14	31.9	25.1			16	62	48.680
		16	36.1	28.4			18	69.3	54.401
		18	40.3	31.6			20	76.5	60.056
12.5	125	8	21.3	15.504			24	78.1	71.168
		10	23.5	19.133	22.0	220	14	60.38	47.400
		12	27.9	22.696			16	68.4	53.830
		14	32.1	26.193			20	84.5	66.430
13.0	130	10	25.3	19.8			24	100.4	78.810
		12	30.0	23.6			28	115.9	91.010
		14	34.7	27.3	25.0	250	16	78.4	61.550
		16	39.3	30.9			18	87.72	68.860
							20	96.96	76.120

表 5-6 不等边角钢理论质量

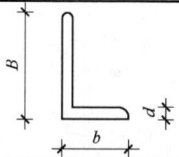

型号	尺寸(mm) 长边 B	短边 b	边厚 d	断面面积 (cm²)	质量 (kg/m)	型号	尺寸(mm) 长边 B	短边 b	边厚 d	断面面积 (cm²)	质量 (kg/m)
2.5/1.6	25	16	3	1.16	0.912	8.0/5.5	80	55	6	7.85	6.16
			4	1.5	1.176				8	10.3	8.06
3.0/2	30	20	3	1.43	1.120				10	12.6	9.9
			4	1.86	1.460	9.0/5.6	90	56	5	7.86	5.661
3.2/2	32	20	3	1.49	1.171				6	8.54	6.717
			4	1.94	1.522				7	9.85	7.756
3.5/2	35	20	4	2.06	1.620				8	11.17	8.779
			5	2.52	1.980	10.0/6.3	100	63	6		7.550
4.0/2.5	40	25	3	1.89	1.484				7		8.722
			4	2.49	1.936				8		9.878
4.5/2.8	45	28	3		1.687				10		12.142
			4		2.203	10/7.5	100	75	8	13.5	10.60
4.5/3.0	45	30	4	2.88	2.26				10	16.7	13.10
			6	4.81	3.28				12	19.7	15.50
5.0/3.2	50	32	3	2.42	1.908	10/8	100	80	6		8.35
			4	3.17	2.494				7		9.656
5.6/3.6	56	36	3	3.10	2.153				8		10.946
			4	3.58	2.818				10		13.476
			5	4.41	3.466	12/8	120	80	8	15.6	12.20
6.0/4.0	60	40	5	4.83	3.79				10	19.2	15.10
			6	5.72	4.49				12	22.8	17.90
			8	7.44	5.84	12.5/8	125	80	7		11.066
6.3/4.0	63	40	4	4.04	3.185				8		12.551
			5	4.93	3.920				10		15.474
			6	5.9	4.638				12		18.330
			9	7.68	5.339	13.0/9	130	90	8	17.20	13.50
7.0/4.5	70	45	4	5.00	3.570				10	21.30	16.70
			5	5.60	4.403				12	25.20	19.80
			6	6.00	5.128				14	29.10	22.80
			7	6.50	6.011	14/9	140	90	8		14.160
7.5/5	75	50	5	6.11	4.808				10		17.475
			6	7.25	5.699				12		20.724
			7	8.95	6.848				14		23.908
			8	9.47	7.431	15/10	150	100	10		19.10
			10	11.6	9.098				12		22.60
8.0/5	80	50	5	6.36	5.005				14		26.20
			6	7.55	5.935				16		29.60
			8	9.30	7.745						

型号	尺寸(mm)			断面面积（cm²）	质量（kg/m）	型号	尺寸(mm)			断面面积（cm²）	质量（kg/m）
	长边 B	短边 b	边厚 d				长边 B	短边 b	边厚 d		
16/10	160	100	10		19.87	18/12	180	120	12		27.40
			12		23.59				14		31.70
			14		27.25				16		35.90
			16		30.84						
18/11	180	110	10		22.27	20/12.5	200	125	12		29.71
			12		26.46				14		34.44
			14		30.59				16		39.05
			16		34.65				18		43.50

表 5-7　普通槽钢理论质量

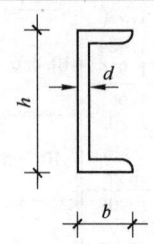

型号	尺寸(mm)			质量（kg/m）	型号	尺寸(mm)			质量（kg/m）
	高 h	腿长 b	腹厚 d			高 h	腿长 b	腹厚 d	
5	50	37	4.5	5.438	20a	200	73	7	22.637
6.3	63	40	4.8	6.634	20b		75	9	25.777
8	80	43	5	8.045	22a	220	77	7	24.999
10	100	48	5.3	10.007	22b		79	9	28.453
12.6	120	53	5.5	12.318	24a	240	79	7	26.55
14a	140	58	6	14.535	24b		80	9	30.62
14b		60	8	16.733	24c		82	11	34.39
16a	160	63	6.5	17.240	25a	250	78.1	7	27.41
16b		65	8.5	19.752	25b		80.9	9	31.33
18a	180	68	7	20.174	25c		82	11	35.26
18b		70	9	23.000	27a	270	82	7.5	30.83
					27b		84	9.5	35.07
					27c		86	11.5	39.30

型号	尺寸(mm) 高h	腿长b	腹厚d	质量(kg/m)	型号	尺寸(mm) 高h	腿长b	腹厚d	质量(kg/m)
28a	280	82	7.5	31.43	33a	330	88	8	38.7
28b		84	9.5	35.82	33b		90	10	43.88
28c		86	11.5	40.22	33c		92	12	49.06
30a	300	85	7.5	34.45	36a	360	96	9	47.81
30b		87	9.5	39.16	36b		98	11	53.47
30c		89	11.5	43.81	36c		100	13	59.12
32a	320	88	8.0	38.09	40a	400	100	10.5	58.93
32b		90	10.0	43.11	40b		102	12.5	65.21
32c		92	12.0	48.13	40c		104	14.5	71.49

表 5-8　轻型槽钢理论质量

号数	尺寸(mm) 高h	腿长b	腹厚d	质量(kg/m)	号数	尺寸(mm) 高h	腿长b	腹厚d	质量(kg/m)
5	50	32	4.4	4.84	20	200	76	5.2	18.4
6.5	65	36	4.4	5.9	20a	200	80	5.2	19.8
3	80	40	4.5	7.05	22	220	82	5.4	21
10	100	46	4.5	8.59	22a	220	87	5.4	22.6
12	120	52	4.8	10.4	24	240	90	5.6	24
14	140	58	4.9	12.3	24a	240	95	5.6	25.8
14a	140	62	4.9	13.3	27	270	65	6	27.7
16	160	64	5	14.2	30	300	100	6.5	31.8
16a	160	68	5	15.3	33	330	105	7	36.5
18	180	70	5.1	16.3	36	360	110	7.5	41.9
18a	180	74	5.1	17.4	40	400	115	8	48.3

表 5-9　普通低合金轻型槽钢理论质量

型号	尺寸(mm) h	b	d	质量(kg/m)
10Q	100	45	4	7.56
12Q	120	55	4.2	9.83
14Q	140	60	4.4	11.52
16Q	160	65	4.6	13.32
18Q	180	70	4.8	15.34
20Q	200	75	5	17.94
22Q	220	80	5.4	20.91
25Q	250	85	5.8	24.71
28Q	280	90	6	27.73
32Q	320	95	6.2	31.49

表 5-10 普通工字钢理论质量

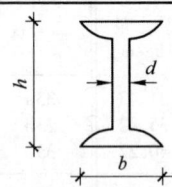

型　号	尺　寸(mm)			质　量 (kg/m)	型　号	尺　寸(mm)			质　量 (kg/m)
	高 h	宽 b	厚 d			高 h	宽 b	厚 d	
10	100	68	4.5	11.26	33a	330	130	9.5	33.40
12	120	74	5	14.22	33b		132	11.5	58.60
					33c		134	13.5	63.80
14	140	80	5.5	16.89	36a	360	136	10	60.04
16	160	88	6	20.51	36b		138	12	65.69
					36c		140	14	71.34
18	180	94	6.5	24.14	40a	400	142	10.5	67.60
20a	200	100	7	27.93	40b		144	12.5	73.87
20b		102	9	31.07	40c		146	14.5	80.16
22a	220	110	7.5	33.07	45a	450	150	11.5	80.42
22b		112	9.5	36.52	45b		152	13.5	87.49
					45c		154	15.5	94.55
24a	240	116	8	37.48	50a	500	158	12	93.65
24b		118	10	41.25	50b		160	14	101.50
25a	250	116	8	38.11	50c		162	16	109.35
25b		118	10	42.03	55a	550	166	12.5	105.34
27a	270	122	8.5	42.83	55b		168	14.5	113.97
27b		124	10.5	47.06	55c		170	16.5	122.61
28a	280	122	8.5	43.49	56a	560	166	12.5	106.32
28b		124	10.5	47.89	56b		168	14.5	115.11
					56c		170	16.5	123.90
30a	300	126	9	48.08	60a	600	176	13	118
30b		128	11	52.79	60b		178	15	128
30c		130	13	57.50	60c		180	17	137
32a	320	130	9.5	52.72	63a	630	176	13	121.41
32b		132	11.5	57.74	63b		178	15	131.30
32c		134	13.5	62.77	63c		180	17	141.19

表 5 - 11 轻型工字钢理论质量

号 数	尺 寸(mm)			重 量(kg/m)	号 数	尺 寸(mm)			重 量(kg/m)
	高 h	宽 b	厚 d			高 h	宽 b	厚 d	
10	100	55	4.5	9.46	30a	300	135	6.5	36.5
12	120	64	4.8	11.5	30b	300	145	6.5	39.2
14	140	73	4.9	13.7	33	330	140	7	42.2
16	160	81	5	15	36	360	145	7.5	48.6
18a	180	90	5.1	18.4	40	400	155	8	56.1
18b	180	100	5.1	19.8					
20a	200	100	5.2	21	45	450	160	8.6	65.2
20b	200	110	5.2	22.7	50	500	170	9.5	76.8
22a	220	110	5.4	24	55	550	180	10.3	89.8
22b	220	120	5.4	25.8					
24a	240	115	5.6	27.3	60	600	190	11.1	104
24b	240	125	5.6	29.4	65	650	200	12	120
27a	270	125	6	31.5	70a	700	210	13	138
27b	270	135	6	33.9	70b	700	210	15	158

表 5 - 12 钢轨理论质量

种 别	断 面 尺 寸 (mm)				每根长度 (m)	质 量 (kg/m)
	高	底 宽	头 宽	腰 宽		
轻 轨	50.8	50.8	25	4.75	5~7	6
	65	54	25	7	5~10	8.42
	80.5	66	32	7	6~10	11.2
	91	76	37	7	6~10	14.72
	90	80	40	10	7~10	18.06
	107	92	51	10.5	10	24.04
重 轨	134	114	68	13	10~12.5	38.08
	140	114	70	14.5	12.5	44.65
	152	132	70	15.5	12.5	51.51

表 5 - 13　无缝钢管理论质量和外表面积

外径 D (mm)	理论质量 (kg/m) 壁厚 (mm)													外表面积 (m²/m)
	1.0	1.5	2.0	2.5	3.0	3.5	4.0	4.5	5.0	5.5	6.0	6.5	7.0	
6	0.123	0.166												0.018 8
7	0.148	0.203	0.247	0.277										0.022 0
8	0.173	0.240	0.296	0.339										0.025 1
9	0.197	0.277	0.345	0.401										0.028 3
10	0.222	0.314	0.395	0.462	0.518	0.561								0.031 4
11	0.247	0.351	0.444	0.524	0.592	0.647								0.034 6
12	0.271	0.388	0.493	0.586	0.666	0.734	0.789							0.037 7
13	0.296	0.425	0.543	0.647	0.740	0.820	0.888							0.040 8
14	0.321	0.462	0.592	0.709	0.814	0.906	0.986							0.044 0
16	0.370	0.536	0.691	0.832	0.962	1.08	1.18	1.28	1.36					0.050 3
17	0.395	0.573	0.740	0.894	1.04	1.17	1.28	1.39	1.48					0.053 4
18	0.419	0.610	0.789	0.956	1.11	1.25	1.38	1.50	1.60					0.056 5
19	0.444	0.647	0.838	1.02	1.18	1.34	1.48	1.61	1.73	1.83	1.92			0.059 7
20	0.469	0.684	0.888	1.08	1.26	1.42	1.58	1.72	1.85	1.97	2.07			0.062 8
21	0.493	0.721	0.937	1.14	1.33	1.51	1.68	1.83	1.97	2.10	2.22			0.066 0
22	0.518	0.758	0.986	1.20	1.41	1.60	1.78	1.94	2.10	2.24	2.37			0.069 1
25					1.63	1.86	2.07	2.28	2.47	2.64	2.81	2.97	3.11	0.078 5
27					1.78	2.03	2.27	2.50	2.71	2.92	3.11	3.29	3.45	0.084 8

（续表）

外径 D (mm)	理论质量 (kg/m) 壁厚 (mm)													外表面积 (m²/m)
	3.0	3.5	4.0	4.5	5.0	5.5	6.0	6.5	7.0	7.5	8.0	8.5	9.0	
28	1.85	2.11	2.37	2.61	2.84	3.05	3.26	3.45	3.63					0.088 0
30	2.00	2.29	2.56	2.83	3.08	3.32	3.55	3.77	3.97	4.16	4.34			0.094 2
32	2.15	2.46	2.76	3.05	3.33	3.59	3.85	4.09	4.32	4.53	4.74			0.100 5
34	2.29	2.63	2.96	3.27	3.58	3.87	4.14	4.41	4.66	4.90	5.13			0.106 8
35	2.37	2.72	3.06	3.38	3.70	4.00	4.29	4.57	4.83	5.09	5.33	5.56	5.77	0.110 0
38	2.59	2.98	3.35	3.72	4.07	4.41	4.74	5.05	5.35	5.64	5.92	6.18	6.44	0.119 4
40	2.74	3.15	3.55	3.94	4.32	4.68	5.03	5.37	5.70	6.01	6.31	6.60	6.88	0.125 7
42	2.89	3.32	3.75	4.16	4.56	4.95	5.33	5.69	6.04	6.38	6.71	7.02	7.32	0.131 9
45	3.11	3.58	4.04	4.49	4.93	5.36	5.77	6.17	6.56	6.94	7.30	7.65	7.99	0.141 4
48	3.33	3.84	4.34	4.83	5.30	5.76	6.21	6.65	7.08	7.49	7.89	8.28	8.66	0.150 8
50	3.48	4.01	4.54	5.05	5.55	6.04	6.51	6.97	7.42	7.86	8.29	8.70	9.10	0.157 1
51	3.55	4.10	4.64	5.16	5.67	6.17	6.66	7.13	7.60	8.05	8.48	8.91	9.32	0.160 2
54	3.77	4.36	4.93	5.49	6.04	6.58	7.10	7.61	8.11	8.60	9.08	9.54	9.99	0.169 6
57	4.00	4.62	5.23	5.83	6.41	6.99	7.55	8.10	8.63	9.16	9.67	10.17	10.65	0.179 1
60	4.22	4.88	5.52	6.16	6.78	7.39	7.99	8.58	9.15	9.71	10.26	10.80	11.32	0.188 5
63	7.15	8.43	9.67	10.85	11.98	13.07	14.11	15.09	16.03	16.92	17.76	18.55		0.197 9
65	7.40	8.73	10.01	11.25	12.43	13.56	14.65	15.68	16.67	17.61	18.50	19.33		0.204 2
68	7.77	9.17	10.53	11.84	13.10	14.30	15.46	16.57	17.63	18.64	19.61	20.52		0.213 6

外径 D (mm)	理论质量 (kg/m) 壁厚 (mm)													外表面积 (m²/m)
	5.0	6.0	7.0	8.0	9.0	10.0	11.0	12.0	13.0	14.0	15.0	16.0	17.0	
70	8.01	9.47	10.88	12.23	13.54	14.80	16.01	17.16	18.27	19.33	20.35	21.31	22.22	0.219 9
73	8.38	9.91	11.39	12.82	14.20	15.54	16.82	18.05	19.24	20.37	21.46	22.49	23.48	0.229 3
76	8.75	10.36	11.91	13.42	14.87	16.28	17.63	18.94	20.20	21.41	22.57	23.67	24.73	0.238 8
77	8.88	10.50	12.08	13.61	15.09	16.52	17.90	19.23	20.52	21.75	22.94	24.07	25.15	0.241 9
80	9.25	10.95	12.60	14.20	15.76	17.26	18.72	20.12	21.48	22.79	24.05	25.25	26.41	0.251 3
83	9.62	11.39	13.12	14.80	16.42	18.00	19.53	21.01	22.44	23.82	25.15	26.44	27.67	0.260 8
85	9.86	11.69	13.46	15.19	16.87	18.50	20.07	21.60	23.08	24.51	25.89	27.23	28.51	0.267 0
89	10.36	12.28	14.16	15.98	17.76	19.48	21.16	22.79	24.36	25.89	27.37	28.80	30.18	0.279 6
95	11.10	13.17	15.19	17.16	19.09	20.96	22.79	24.56	26.29	27.96	29.59	31.17	32.70	0.298 5
102	11.96	14.21	16.40	18.55	20.64	22.69	24.69	26.63	28.53	30.38	32.18	33.93	35.63	0.320 4
108	12.70	15.09	17.44	19.73	21.97	24.17	26.31	28.41	30.46	32.45	34.40	36.30	38.15	0.339 3
114	13.44	15.98	18.47	20.91	23.30	25.65	27.94	30.19	32.38	34.52	36.62	38.67	40.66	0.358 1
121	14.30	17.02	19.68	22.29	24.86	27.37	29.84	32.26	34.62	36.94	39.21	41.43	43.60	0.380 1
127	15.04	17.90	20.71	23.48	26.19	28.85	31.47	34.03	36.55	39.01	41.43	43.80	46.12	0.399 0
133	30.33	33.10	35.81	38.47	41.08	43.65	46.16	48.63	51.05	53.41	55.73	60.22	64.51	0.417 8
140	32.06	34.99	37.88	40.71	43.50	46.24	48.93	51.56	54.15	56.69	59.18	64.02	68.65	0.439 8
142	32.55	35.54	38.47	41.36	44.19	46.98	49.72	52.41	55.04	57.63	60.17	65.11	69.84	0.446 1
146	33.54	36.62	39.66	42.64	45.57	48.46	51.29	54.08	56.82	59.50	62.14	67.27	72.20	0.458 7
152	35.02	38.25	41.43	44.56	47.64	50.68	53.66	56.59	59.48	62.32	65.10	70.53	75.76	0.477 5

（续表）

| 外径D (mm) | 理论质量（kg/m）壁厚（mm） | | | | | | | | | | | | | 外表面积 (m²/m) |
	10.0	11.0	12.0	13.0	14.0	15.0	16.0	17.0	18.0	19.0	20.0	22.0	24.0	
159	36.75	40.15	43.50	46.80	50.06	53.27	56.42	59.53	62.59	65.60	68.55	74.33	79.90	0.499 5
168	38.97	42.59	46.17	49.69	53.17	56.59	59.97	63.30	66.58	69.81	72.99	79.21	85.22	0.527 8
180	41.92	45.84	49.72	53.54	57.31	61.03	64.71	68.33	71.91	75.43	78.91	85.72	92.33	0.565 5
194	45.38	49.64	53.86	58.02	62.14	66.21	70.23	74.20	78.12	81.99	85.82	93.31	100.61	0.609 5
203	47.59	52.08	56.52	60.91	65.25	69.54	73.78	77.97	82.12	86.21	90.26	98.20	105.94	0.637 7
219	51.54	56.42	61.26	66.04	70.77	75.46	80.10	84.68	89.22	93.71	98.15	106.88	115.41	0.688 0
245	57.95	63.48	68.95	74.37	79.75	83.08	90.35	95.58	100.76	105.89	110.97	120.98	130.80	0.769 7
273	64.86	71.07	77.24	83.35	89.42	95.05	101.40	107.32	113.19	119.01	124.78	136.17	147.37	0.857 7
299	71.27	78.13	84.93	91.69	98.39	105.05	111.68	118.22	124.73	131.19	137.60	150.28	162.763	0.939 3
325	77.68	85.18	92.63	100.02	107.37	114.67	121.92	129.12	136.27	143.37	150.43	164.38	178.14	1.021 0
340	81.38	89.25	97.07	104.84	112.56	120.22	127.85	135.42	142.94	150.41	157.83	172.53	187.03	1.068 1
351	84.10	92.23	100.32	108.36	116.35	124.29	132.18	140.02	147.81	155.56	163.25	178.49	193.53	1.102 7

注：1. 理论质量 $=0.0061654(D^2-d^2)$（D、d 单位为 mm，D 为钢管内径，d 为钢管内径，理论质量按密度 7.85g/cm³ 计算）。理论质量计算公式亦适用于普通焊接钢管、螺纹钢管。

例：外径 50mm，壁厚 5mm 钢管的理论质量为：

$$d=50-5\times2=40mm$$

$$理论质量=0.0061654\times(50^2-40^2)=5.55kg/m$$

2. 每米外表面积（m²，外径处外表面积）$=\pi D$（D 单位为 m）。

3. 本表除外表面积外，摘自 GB/T 17395—2008。

表 5-14　低压流体输送钢管规格及理论质量

公 称 直 径 (mm)	公 称 直 径 (in)	外 径 (mm)	普通管质量 (kg/m)	壁 厚 (mm)	加厚管质量 (kg/m)	壁 厚 (mm)
6	$\frac{1}{8}$	10	0.39	2	0.46	2.5
8	$\frac{1}{4}$	13.5	0.62	2.25	0.73	2.75
10	$\frac{3}{8}$	17	0.82	2.25	0.97	2.75
15	$\frac{1}{2}$	21.25	1.25	2.75	1.44	3.25
20	$\frac{3}{4}$	26.75	1.63	2.75	2.01	3.5
21	1	33.5	2.42	3.25	2.91	4.0
32	$1\frac{1}{4}$	42.25	3.13	3.25	3.77	4.0
40	$1\frac{1}{2}$	48	3.84	3.5	4.58	4.25
50	2	60	4.88	3.5	6.16	4.5
70	$2\frac{1}{2}$	75.5	6.64	3.75	7.88	4.5
80	3	88.5	8.34	4.0	9.81	4.75
100	4	144	10.85	4.0	13.44	5.0
125	5	140	15.04	4.5	18.24	5.5
150	6	165	17.81	4.5	21.63	5.5

表 5-15　常用材料密度

名 称	密 度(kg/m³)	名 称	密 度(kg/m³)
木材	400~800	铅	11 340
软木	240~250	铝	2 700
锯木	150~250	钢屑	4 080
金	19 300	干土(松)	1 200
银	10 500	干土(紧)	1 500
黄铜	8 500	黏土(干松)	1 350
铸铁	7 250	黏土(压实)	1 600
钢	7 850	菱苦土	780

名　　称	密　度（kg/m³）	名　　称	密　度（kg/m³）
中粗砂	1 500	素混凝土	2 400
细砂	1 600	钢筋混凝土	2 500
砾石	1 700	铁屑混凝土	31 500
碎石	1 450	泡沫混凝土	600
石屑	1 500	炉渣	850
花岗石	2 700	砂浆	1 800
标准砖	1 900（2 600/千块）	平玻璃2厚	2 650（4.8kg/m²）
水泥砖	2 000	有机玻璃	1 180（7.2kg/m²）
瓷面砖	1 780	泡沫塑料	200
马赛克	12kg/m²	橡胶	850
水泥	1 200	木门窗	20～30kg/m²
石灰	1 000	钢门窗	40～50kg/m
石灰膏	1 350	钢丝网、板条天棚	45kg/m
建筑石膏	1 450		

表 5 - 16　钢筋每米重、弯钩长、搭接长

直径 d （mm）	每米重 （kg/m）	两端弯钩长（m）			绑扎搭接长度（m）					焊接长（m）	
	螺纹钢 ×1.03	半圆钩 12.5d	直钩 7d	斜钩 9.8d	20d	25d	30d	35d	42.5d	4d	5d
4	0.099	0.05	0.028	0.039							
6	0.222	0.075	0.042	0.059							
8	0.395	0.100	0.056	0.078							
10	0.617	0.125	0.070	0.098	0.20	0.25	0.30	0.35	0.43	0.04	0.05
12	0.888	0.150	0.084	0.117	0.24	0.30	0.36	0.42	0.51	0.05	0.06
14	1.203	0.175	0.098	0.137	0.28	0.35	0.42	0.49	0.60	0.06	0.07
16	1.578	0.200	0.112	0.157	0.32	0.40	0.48	0.56	0.68	0.06	0.08
18	1.998	0.225	0.126	0.176	0.36	0.45	0.54	0.63	0.77	0.07	0.09
20	2.466	0.25	0.140	0.196	0.40	0.50	0.60	0.70	0.85	0.08	0.10
22	2.984	0.275	0.154	0.216	0.44	0.55	0.66	0.77	0.94	0.09	0.11
25	3.853	0.312	0.175	0.240	0.50	0.625	0.75	0.88	1.10	0.10	0.13
28	4.834	0.350	0.196	0.274	0.56	0.70	0.84	0.98	1.20	0.11	0.14

表5-17 焊接管每100m管道保温层油漆工程量

管 径 (mm)	保 温 层 厚			
	0		50mm	
	保温层体积 (m³)	管道或保温层上的油漆面积(m²)	保温层体积 (m³)	管道或保温层上的油漆面积(m²)
15	0	6.68	1.18	43.24
20	0	8.4	1.27	43.97
25	0	10.52	1.38	46.09
32	0	13.27	1.52	48.84
40	0	15.08	1.62	50.64
50	0	18.85	1.81	54.41
70	0	23.72	2.06	59.28
80	0	27.8	2.27	63.37
100	0	35.81	2.69	71.38
125	0	43.93	3.11	79.55
150	0	51.34	3.52	87.4
200	0	68.8	4.39	104.4

表5-18 铸铁管每100m管道油漆工程量

管 径(mm)	50	75	100	125	150	200
油漆面积(m²)	25.42	36.44	48.67	55.92	62.21	83.14
管 重(kg/m)	9.0	14	18	28.67	36.67	40.67

表5-19 散热器油漆工程量

项 目	四柱813	M-132型	圆 翼	DN50	DN25	大60	小60
油漆面积	0.28m²/片	24m²	10m²	13m²	18m²	11.7m²	8.0m²

表5-20 砖基础大放脚折加墙高度

基础类别	放脚层数	砖 墙 厚 度(mm)				简 图
		115	240	365	490	
		折 加 高 度(m)				
等高式	1	0.137	0.066	0.043	0.032	
	2	0.411	0.197	0.129	0.096	
	3	0.822	0.394	0.259	0.193	
	4	1.369	0.656	0.432	0.321	
	5	2.054	0.984	0.647	0.482	
	6	2.876	1.378	0.906	0.675	

（续表）

基础类别	放脚层数	砖 墙 厚 度(mm)				简 图
		115	240	365	490	
		折 加 高 度(m)				
不等高式 （间隔式）	1	0.137	0.066	0.043	0.032	
	2	0.274	0.131	0.086	0.064	
	3	0.685	0.328	0.216	0.161	
	4	0.959	0.459	0.302	0.225	
	5	1.643	0.788	0.518	0.386	
	6	2.055	0.984	0.647	0.707	

[例1] 等高式基础，240mm 墙厚，灰土至 ±0.00 为 1.5m，基础长 10m，砖基础体积 = (1.5 + 0.197) × 0.24 × 10 = 4.07m³

[例2] 不等高式基础，墙厚 365mm，灰土上表面至 ±0.00 为 1.5m，基础长 10m，砖基础体积 = (1.5 + 0.216) × 0.365 × 10 = 6.26m³

表 5-21　砖柱四边放脚体积　　（m³/个）

柱基类别	放脚层数	柱 断 面 (cm)				
		24×24	24×36.5	36.5×36.5	36.5×49	49×49
等高式	1	0.01	0.012	0.013	0.015	0.017
	2	0.033	0.038	0.044	0.05	0.056
	3	0.073	0.085	0.097	0.108	0.12
	4	0.135	0.154	0.174	0.194	0.213
	5	0.222	0.251	0.281	0.33	0.34
	6	0.338	0.379	0.421	0.462	0.503
间隔式	1	0.01	0.012	0.014	0.016	0.018
	2	0.026	0.031	0.036	0.041	0.046
	3	0.055	0.065	0.075	0.085	0.10
	4	0.094	0.11	0.126	0.142	0.158
	5	0.148	0.172	0.196	0.22	0.24
	6	0.216	0.249	0.281	0.314	0.35

表 5 - 22　屋面坡度系数 *C*

坡度 B/A	角度 θ	坡度系数 C (A=1)	隔延尺系数 D (A=1)	坡度 B/2A	角度 θ	坡度系数 C (A=1)	隔延尺系数 D (A=1)
1/2	45°	1.414 2	1.732 1	1/5	21°48′	1.077 0	1.469 7
	36°52′	1.250 0	1.600 8		19°17′	1.059 4	1.456 9
	35°	1.220 7	1.577 9		16°42′	1.044 0	1.445 7
1/3	33°40′	1.201 5	1.562 0		14°02′	1.030 8	1.436 2
	33°01′	1.192 6	1.556 4	1/10	11°19′	1.019 8	1.428 3
	30°58′	1.166 2	1.536 2		8°32′	1.011 2	1.422 1
	30°	1.554 7	1.527 0		7°08′	1.007 8	1.419 1
	28°49′	1.141 3	1.517 0	1/20	5°42′	1.005 0	1.417 7
1/4	26°34′	1.118 0	1.500 0		4°45′	1.003 5	1.416 6
	24°14′	1.096 6	1.483 9	1/30	3°49′	1.002 2	1.415 7

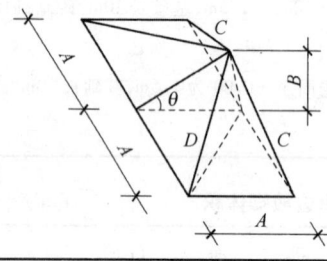

公式：屋面斜面积 = 水平投影面积 × C

四坡水屋面斜脊长 = $A \times D$

$$C = \frac{斜长}{水平长} = \frac{A}{\cos\theta}$$

当 $A = 1$ 时，$C = \dfrac{1}{\cos\theta}$，$D = \sqrt{A^2 + C^2}$

当 $A = 1$ 时，$D = \sqrt{1 + C^2}$

表 5 - 23　铁皮排水零件工程量折算

名　　称	单位	折算(m²)	名　　称	单位	折算(m²)
圆形水落管	m	0.32	天沟	m	1.3
方形水落管	m	0.40	斜沟、天窗台泛水	m	0.5
檐沟	m	0.30	天窗侧面泛水	m	0.7
水斗	个	0.4	烟囱泛水	m	0.8
漏斗	个	0.16	通风管泛水	m	0.22
下水口	个	0.45	滴水	m	0.11

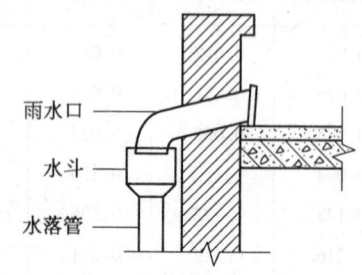

二、标图工程量

1. 冀 G—871 邯郸圆孔板经济指标（板厚 130mm）（表 5 - 24）

表 5 - 24　冀 G—871 邯郸圆孔板经济指标（板厚 130mm）

型　　号	C30 混凝土体积（m³）	预应力筋重量（kg）	连系筋重量（kg）
600mm 宽			
YKB1.8 I a	0.073 9	1.21	0.58
YKB2.1 I a	0.086 3	1.38	0.58
YKB2.4 I a	0.098 9	1.56	0.58
YKB2.7 I a	0.111 2	2.32	0.58
YKB3.0 I a	0.123 7	2.56	0.58
YKB3.0 I b	0.123 7	3.20	0.58
YKB3.3 I a	0.136 1	3.26	0.58
YKB3.3 I b	0.136 1	4.35	0.58
YKB3.6 I a	0.148 6	4.72	0.58
YKB3.6 I b	0.148 6	5.90	0.58
YKB3.9 I a	0.161 0	6.36	0.58
YKB3.9 I b	0.161 0	6.70	0.58
750mm 宽			
YKB1.8 II a	0.097 5	1.41	0.72
YKB2.1 II a	0.114 0	1.61	0.72
YKB2.4 II a	0.130 4	1.82	0.72
YKB2.4 II b	0.130 4	2.08	0.72
YKB2.7 II a	0.146 9	3.16	0.72
YKB3.0 II a	0.163 3	3.48	0.72
YKB3.0 II b	0.163 3	4.48	0.72
YKB3.3 II a	0.179 7	3.81	0.72
YKB3.3 II b	0.179 7	4.89	0.72
YKB3.6 II a	0.196 2	6.49	0.72
YKB3.6 II b	0.196 2	8.26	0.72
YKB3.9 II a	0.213 0	7.0	0.72
YKB3.9 II b	0.213 0	8.9	0.72

2. 冀 G—14 河北预制混凝土门窗过梁经济指标(表 5‑25)

表 5‑25　冀 G—14 河北预制混凝土门窗过梁经济指标

```
        G L × × ——— × ×        C 为 24 墙,D 为 38 墙
过梁 ┘    │  └ 跨度 │ └ 荷载
         │         └ 截面
         └ 墙厚(C 或 D)
```

过梁编号	洞口宽(mm)	C20 混凝土体积(m³)	钢筋重量(kg)
GLC10—11	1 000	0.043	2.15
GLC10—12	1 000	0.043	2.15
GLC10—13	1 000	0.043	2.96
GLC10—21	1 000	0.029	2.08
GLC10—22	1 000	0.029	2.41
GLC10—23	1 000	0.029	3.77
GLC13—11	1 300	0.051	2.43
GLC13—12	1 300	0.051	3.37
GLC13—13	1 300	0.051	4.49
GLC13—21	1 300	0.036	3.17
GLC13—22	1 300	0.036	4.84
GLC13—23	1 300	0.049	5.33
GLC15—11	1 500	0.057	3.61
GLC15—12	1 500	0.057	4.9
GLC15—13	1 500	0.086	6.03
GLC15—21	1 500	0.04	4.29
GLC15—22	1 500	0.054	4.65
GLC15—23	1 500	0.054	7.76
GLC18—11	1 800	0.098	4.6
GLC18—12	1 800	0.098	6.2
GLC18—13	1 800	0.098	10.05
GLC18—21	1 800	0.063	5.21
GLC18—22	1 800	0.063	7.59
GLC18—23	1 800	0.079	9.10
GLC21—11	2 100	0.111	6.44
GLC21—12	2 100	0.111	8.52
GLC21—13	2 100	0.149	11.52
GLC21—21	2 100	0.072	7.53
GLC21—22	2 100	0.09	8.79
GLC21—23	2 100	0.09	12.93
GLC24—11	2 400	0.124	9.42
GLC24—12	2 400	0.124	12.89

3. 晋、冀、豫、陕、甘、宁、津、内蒙 02 系列结构图集经济指标（表 5－26、表 5－27）

表 5－26 02G09 预应力混凝土空心板经济指标

1. 构件编号：

```
            Y K B a x x · x · x
用于板长                          荷载代号    5 代表板宽为 500mm
减去 80mm 时               板宽代号    6 代表板宽为 600mm
                   轴跨代号             9 代表板宽为 900mm
```

2. 板厚为 120mm

500mm 宽（CRB650 冷轧筋）

型 号	钢筋重量（kg）	C30 混凝土体积（m³）	型 号	钢筋重量（kg）	C30 混凝土体积（m³）
YKB2451	2.61	0.087	YKB3651	4.46	0.131
YKBa2451	2.78	0.085	YKBa3651	4.66	0.129
YKB2452	2.61	0.087	YKB3652	5.58	0.131
YKBa2452	2.78	0.085	YKBa3652	5.28	0.129
YKB2453	2.61	0.087	YKB3653	7.25	0.131
YKBa2453	2.78	0.085	YKBa3653	7.57	0.129
YKB2751	2.93	0.098	YKB3951	6.79	0.142
YKBa2751	3.11	0.096	YKBa3951	7.03	0.140
YKB2752	2.93	0.098	YKB3952	8.60	0.142
YKBa2752	3.11	0.096	YKBa3952	8.92	0.140
YKB2753	2.93	0.098	YKB3953	11.01	0.142（C35）
YKBa2753	3.11	0.096	YKBa3953	7.56	0.140（C35）
YKB3051	3.26	0.109	YKB4051	7.50	1.42（C35）
YKBa3051	3.43	0.107	YKBa4051	7.83	1.40（C35）
YKB3052	3.26	0.109	YKB4052	9.42	1.42（C35）
YKBa3052	3.43	0.107	YKBa4052	9.76	1.40（C35）
YKB3053	3.72	0.109	YKB4053	11.89	0.145（C35）
YKBa3053	3.92	0.107	YKBa4053	12.34	0.143（C35）
YKB3351	4.09	0.120	YKB4251	8.55	0.153（C35）
YKBa3351	4.29	0.118	YKBa4251	8.84	0.151（C35）
YKB3352	4.09	0.120	YKB4252	11.15	0.153（C35）
YKBa3352	4.29	0.118	YKBa4252	11.54	0.151（C35）
YKB3353	5.11	0.120	YKB4253	13.75	0.153（C35）
YKBa3353	5.36	0.118	YKBa4253	14.24	0.151（C35）

600mm 宽（CRB650 冷扎筋）

型　号	钢筋重量（kg）	C30 混凝土体积（m³）	型　号	钢筋重量（kg）	C30 混凝土体积（m³）
YKB2461	3.35	0.104	YKBa3661	5.82	0.153
YKBa2461	3.58	0.109	YKB3662	6.69	0.156
YKB2462	3.35	0.104	YKBa3662	6.99	0.153
YKBa2462	3.58	0.101	YKB3663	8.34	0.156
YKB2463	3.35	0.104	YKBa3663	8.73	0.153
YKBa2463	3.58	0.101	YKB3961	8.09	0.169
YKB2761	3.77	0.117	YKBa3961	8.39	0.166
YKBa2761	3.99	0.114	YKB3962	9.91	0.169
YKB2762	3.77	0.117	YKBa3962	10.28	0.166
YKBa2762	3.99	0.114	YKB3963	12.32	0.169(C35)
YKB3061	4.19	0.130	YKBa3963	13.79	0.166(C35)
YKBa3061	4.41	0.127	YKB4061	8.28	0.173(C35)
YKB3062	4.19	0.13	YKBa4061	8.58	0.170(C35)
YKBa3062	4.41	0.127	YKB4062	10.76	0.173(C35)
YKB3063	4.65	0.13	YKBa4062	11.15	0.170(C35)
YKBa3063	4.90	0.127	YKB4063	13.85	0.173(C35)
YKB3361	5.11	0.143	YKBa4063	14.37	0.170(C35)
YKBa3361	5.36	0.140	YKB4261	9.95	0.183(C35)
YKB3362	5.11	0.143	YKBa4261	10.29	0.179(C35)
YKBa3362	5.36	0.140	YKB4262	13.20	0.182(C35)
YKB3363	6.14	0.143	YKBa4262	13.67	0.179(C35)
YKBa3363	6.43	0.140	YKB4263	16.45	0.182(C35)
YKB3661	5.58	0.156	YKBa4263	17.04	0.179(C35)

900mm 宽（CRB650 冷轧筋）

型　号	钢筋重量（kg）	C30 混凝土体积（m³）	型　号	钢筋重量（kg）	C30 混凝土体积（m³）
YKB2491	4.45	0.153	YKBa2792	5.77	0.168
YKBa2491	5.17	0.148	YKB2793	5.45	0.173
YKB2492	4.49	0.153	YKBa2793	5.77	0.168
YKBa2492	5.17	0.148	YKB3091	6.05	0.192
YKB2493	4.49	0.153	YKBa3091	6.37	0.187
YKBa2493	5.17	0.148	YKB3092	6.05	0.192
YKB2791	5.45	0.173	YKBa3092	6.37	0.187
YKBa2791	5.77	0.168	YKB3093	6.51	0.192
YKB2792	5.45	0.173	YKBa3093	6.86	0.187

型　号	钢筋重量（kg）	C30 混凝土体积（m³）	型　号	钢筋重量（kg）	C30 混凝土体积（m³）
YKB3391	7.16	0.211	YKBa3992	14.51	0.245
YKBa3391	7.50	0.206	YKB3993	18.21	0.250
YKB3392	7.16	0.211	YKBa3993	18.90	0.245
YKBa3392	7.50	0.206	YKB4091	12.46	0.256
YKB3393	8.69	0.211	YKBa4091	12.90	0.251
YKBa3393	9.11	0.206	YKB4092	15.55	0.256
YKB3691	7.81	0.231	YKBa4092	16.12	0.251
YKBa3691	8.15	0.226	YKB4093	20.50	0.256
YKB3692	9.48	0.231	YKBa4093	20.47	0.251
YKBa3692	9.90	0.226	YKB4291	14.31	0.269
YKB3693	12.27	0.231	YKBa4291	14.80	0.264
YKBa3693	12.81	0.226	YKB4292	18.86	0.269
YKB3991	11.57	0.250	YKBa4292	19.52	0.264
YKBa3991	11.99	0.245	YKB4293	23.41	0.269
YKB3992	13.90	0.250	YKBa4293	24.24	0.264

500mm 宽（CRB800 冷轧筋）

型　号	钢筋重量（kg）	C30 混凝土体积（m³）	型　号	钢筋重量（kg）	C30 混凝土体积（m³）
YKB2451	2.36	0.087	YKBa3353	4.29	0.118
YKBa2451	2.38	0.085	YKB3651	3.90	0.131
YKB2452	2.24	0.087	YKBa3651	4.08	0.129
YKBa2452	2.38	0.085	YKB3652	4.46	0.131
YKB2453	2.24	0.087	YKBa3652	4.66	0.129
YKBa2453	2.38	0.085	YKB3653	5.58	0.131
YKB2751	2.51	0.098	YKBa3653	5.82	0.129
YKBa2751	2.66	0.096	YKB3951	5.58	0.142
YKB2752	2.51	0.098	YKBa3951	5.78	0.140
YKBa2752	2.66	0.096	YKB3952	6.79	0.142
YKB2753	2.51	0.098	YKBa3952	7.03	0.140
YKBa2753	2.66	0.096	YKB3953	8.60	0.142
YKB3051	2.79	0.109	YKBa3953	8.92	0.140
YKBa3051	2.94	0.107	YKB4051	5.70	0.145
YKB3052	2.79	0.109	YKBa4051	5.90	0.143
YKBa3052	2.94	0.107	YKB4052	7.56	0.145
YKB3053	3.26	0.109	YKBa4052	7.83	0.143
YKBa3053	3.43	0.107	YKB4053	9.42	0.145
YKB3351	3.58	0.120	YKBa4053	9.76	0.143
YKBa3351	3.75	0.118	YKB4251	6.06	0.153
YKB3352	3.58	0.120	YKBa4251	6.82	0.151
YKBa3352	3.75	0.118	YKB4252	8.55	0.153
YKB3353	4.09	0.120	YKBa4252	8.84	0.151

600mm 宽（CRB800 冷轧筋）					
型　号	钢筋重量（kg）	C30 混凝土体积（m³）	型　号	钢筋重量（kg）	C30 混凝土体积（m³）
YKB4253	11.15	0.153	YKBa3363	5.36	0.140
YKBa4253	11.54	0.151	YKB3661	4.46	0.156
YKB2461	2.61	0.104	YKBa3661	4.66	0.153
YKBa2461	2.78	0.101	YKB3662	5.02	0.156
YKB2462	2.61	0.104	YKBa3662	5.24	0.153
YKBa2462	2.78	0.101	YKB3663	6.69	0.156
YKB2463	2.61	0.104	YKBa3663	6.99	0.153
YKBa2463	2.78	0.101	YKB3961	6.28	0.169
YKB2761	2.93	0.117	YKBa3961	6.51	0.166
YKBa2761	3.11	0.114	YKB3962	7.49	0.169
YKB2762	2.93	0.117	YKBa3962	7.76	0.166
YKBa2762	3.11	0.114	YKB3963	9.91	0.169（C35）
YKB2763	2.93	0.117	YKBa3963	10.07	0.166（C35）
YKBa2763	3.11	0.114	YKB4061	7.04	0.173（C35）
YKB3061	3.26	0.130	YKBa4061	7.29	0.170（C35）
YKBa3061	3.42	0.127	YKB4062	8.28	0.173（C35）
YKB3062	3.26	0.130	YKBa4062	8.51	0.170（C35）
YKBa3062	3.42	0.127	YKB4063	10.76	0.173（C35）
YKB3063	3.72	0.130	YKBa4063	11.15	0.170（C35）
YKBa3063	3.92	0.127	YKB4261	8.00	0.182（C35）
YKB3361	4.09	0.143	YKBa4261	8.28	0.179（C35）
YKBa3361	4.29	0.140	YKB4262	9.95	0.182（C35）
YKB3362	4.09	0.143	YKBa4262	10.29	0.179（C35）
YKBa3362	0.24	0.140	YKB4263	12.55	0.182（C35）
YKB3363	5.11	0.143	YKBa4263	12.99	0.179（C35）

900mm 宽（CRB800 冷轧筋）					
型　号	钢筋重量（kg）	C30 混凝土体积（m³）	型　号	钢筋重量（kg）	C30 混凝土体积（m³）
YKB2491	4.10	0.153	YKBa2493	4.37	0.148
YKBa2491	4.37	0.148	YKB2791	4.61	0.173
YKB2492	4.10	0.153	YKBa2791	4.88	0.168
YKBa2492	4.37	0.148	YKB2792	4.61	0.173
YKB2493	4.10	0.153	YKBa2792	4.88	0.168

型 号	钢筋重量 （kg）	C30 混凝土 体积（m³）	型 号	钢筋重量 （kg）	C30 混凝土 体积（m³）
YKB2793	4.61	0.173	YKBa3693	9.90	0.226
YKBa2793	4.88	0.168	YKB3991	9.76	0.250
YKB3091	5.11	0.192	YKBa3991	10.11	0.245
YKBa3091	5.39	0.187	YKB3992	11.57	0.250
YKB3092	5.11	0.192	YKBa3992	12.00	0.245
YKBa3092	5.39	0.187	YKB3993	13.99	0.250
YKB3093	5.99	0.192	YKBa3993	14.51	0.245
YKBa3093	5.88	0.187	YKB4091	9.98	0.256（C35）
YKB3391	6.14	0.211	YKBa4091	10.32	0.251（C35）
YKBa3391	6.43	0.206	YKB4092	12.45	0.256（C35）
YKB3392	6.65	0.211	YKBa4092	12.90	0.251（C35）
YKBa3392	6.97	0.206	YKB4093	15.55	0.256（C35）
YKB3393	7.16	0.211	YKBa4093	16.12	0.251（C35）
YKBa3393	7.50	0.206	YKB4291	12.35	0.269（C35）
YKB3691	6.69	0.231	YKBa4291	12.78	0.264（C35）
YKBa3691	6.99	0.226	YKB4292	14.96	0.269（C35）
YKB3692	7.81	0.231	YKBa4292	15.48	0.264（C35）
YKBa3692	8.15	0.226	YKB4293	18.86	0.269（C35）
YKB3693	9.48	0.231	YKBa4293	19.52	0.264（C35）

表 5 - 27 02G05 钢筋混凝土过梁经济指标

过梁编号	净 跨 L_n（mm）	混凝土体积 （m³）	钢 筋 重 量（kg）		
			合 计	ϕ10mm 内	ϕ^b4
SGLA12061	600	0.008	0.57	0.51	0.06
SGLA12071	700	0.009	0.62	0.56	0.06
SGLA12081	800	0.009	0.67	0.60	0.07
SGLA12091	900	0.01	0.72	0.65	0.07
SGLA12101	1 000	0.022	0.77	0.69	0.08
SGLA12121	1 200	0.024	0.87	0.78	0.09
SGLA12151	1 500	0.029	1.74	1.63	0.11
SGLA12181	1 800	0.033	3.08	2.95	0.13
SGLA24061		0.016	0.66	0.51	0.15
SGLA24062		0.032	1.07	0.92	0.15
SGLA24063	600	0.032	1.07	0.92	0.15
SGLA24064		0.032	1.07	0.92	0.15
SGLA24065		0.032	1.07	0.92	0.15
SGLA24066		0.032	3.08	3.08	

（续表）

过梁编号	净跨 L_n(mm)	混凝土体积（m³）	钢筋重量(kg)		
			合 计	ϕ10mm 内	ϕ^b4
SGLA24071		0.017	0.70	0.55	0.15
SGLA24072		0.035	1.15	1.00	0.15
SGLA24073	700	0.035	1.15	1.00	0.15
SGLA24074		0.035	1.15	1.00	0.15
SGLA24075		0.035	1.65	1.50	0.15
SGLA24076		0.035	3.84	3.84	
SGLA24081		0.019	0.77	0.60	0.17
SGLA24082		0.037	1.25	1.08	0.17
SGLA24083	800	0.037	1.25	1.08	0.17
SGLA24084		0.037	1.55	1.38	0.17
SGLA24085		0.037	4.49	4.49	
SGLA24086		0.037	5.20	5.20	
SGLA24091		0.04	1.33	1.16	0.17
SGLA24092		0.04	1.33	1.16	0.17
SGLA24093	900	0.04	1.33	1.16	0.17
SGLA24094		0.04	1.91	1.74	0.17
SGLA24095		0.04	4.77	4.77	
SGLA24096		0.04	6.41	4.77	
SGLA24101		0.043	1.43	1.24	0.19
SGLA24102		0.043	1.43	1.24	0.19
SGLA24103	1 000	0.043	1.43	1.24	0.19
SGLA24104		0.043	5.10	5.10	
SGLA24105		0.043	6.89	6.89	
SGLA24106		0.065	5.33	5.33	
SGLA24121		0.049	1.61	1.40	0.21
SGLA24122		0.049	1.61	1.40	0.21
SGLA24123	1 200	0.049	2.43	1.22	0.21
SGLA24124		0.073	5.56	5.56	
SGLA24125		0.073	6.59	6.55	
SGLA24126		0.073	7.52	7.52	
SGLA24151		0.058	2.84	2.59	0.25
SGLA24152		0.058	3.65	3.40	0.25
SGLA24153	1 500	0.086	5.56	5.56	
SGLA24154		0.086	8.82	8.82	
SGLA24155		0.086	4.82	8.82	
SGLA24156		0.115	9.09	9.09	

过梁编号	净　跨 L_n(mm)	混凝土体积 （m³）	钢　筋　重　量（kg）		
			合　计	ϕ10mm 内	ϕ^b4
SGLA24181		0.066	4.18	3.89	0.29
SGLA24182		0.099	7.55	7.55	
SGLA24183		0.099	9.45	9.45	
SGLA24184	1 800	0.099	10.13	10.13	
SGLA24185		0.132	10.69	10.69	
SGLA24186		0.132	12.11	12.11	
SGLA24211		0.112	9.15	9.15	
SGLA24212		0.112	10.67	10.67	
SGLA24213	2 100	0.112	10.81	10.81	
SGLA24214		0.150	12.07	12.07	
SGLA24215		0.150	14.77	14.77	
SGLA24216		0.187	15.22	15.22	
SGLA24241		0.125	10.22	10.22	
SGLA24242		0.167	12.38	12.38	
SGLA24243	2 400	0.167	12.76	12.76	
SGLA24244		0.167	16.44	16.44	
SGLA24245		0.209	19.66	19.66	
SGLA24246		0.209	22.75	22.75	
SGLA37061		0.049	1.45	1.28	0.27
SGLA37062		0.049	1.45	1.28	0.27
SGLA37063	600	0.049	1.45	1.28	0.27
SGLA37064		0.049	1.45	1.28	0.27
SGLA37065		0.049	3.89	3.89	
SGLA37066		0.049	3.89	3.89	
SGLA37071		0.053	1.58	1.28	0.30
SGLA37072		0.053	1.58	1.28	0.30
SGLA37073	700	0.053	1.58	1.28	0.30
SGLA37074		0.053	1.58	1.28	0.30
SGLA37075		0.053	4.30	4.30	
SGLA37076		0.053	5.20	5.20	
SGLA37081		0.058	1.68	1.38	0.30
SGLA37082		0.058	1.68	1.38	0.30
SGLA37083	800	0.058	1.68	1.38	0.30
SGLA37084		0.058	1.93	1.63	0.30
SGLA37085		0.058	5.45	5.45	
SGLA37086		0.058	6.16	6.16	

过梁编号	净　跨 L_n（mm）	混凝土体积 （m³）	钢　筋　重　量（kg）		
			合　计	φ10mm 内	φ^b4
SGLA37091		0.062	1.82	1.48	0.34
SGLA37092		0.062	1.82	1.48	0.34
SGLA37093		0.062	1.82	1.48	0.34
SGLA37094	900	0.062	5.92	5.92	
SGLA37095		0.062	6.44	6.44	
SGLA37096		0.062	7.44	7.44	
SGLA37101		0.067	1.92	1.58	0.34
SGLA37102		0.067	1.92	1.58	0.34
SGLA37103	1 000	0.067	2.20	1.86	0.34
SGLA37104		0.067	6.17	6.17	
SGLA37105		0.067	7.99	7.99	
SGLA37106		0.100	6.43	6.43	
SGLA37121		0.075	2.19	1.79	0.40
SGLA37122		0.075	2.50	2.10	0.40
SGLA37123	1 200	0.075	3.73	3.33	0.40
SGLA37124		0.113	7.02	7.02	
SGLA37125		0.113	8.05	8.05	
SGLA37126		0.113	8.97	8.97	
SGLA37151		0.089	2.89	2.45	0.44
SGLA37152		0.089	4.32	3.88	0.44
SGLA37153	1 500	0.133	7.95	7.95	
SGLA37154		0.133	10.22	10.22	
SGLA37155		0.133	9.98	9.98	
SGLA37156		0.178	10.27	10.27	
SGLA37181		0.153	8.04	8.04	
SGLA37182		0.153	9.67	9.67	
SGLA37183	1 800	0.153	11.03	11.03	
SGLA37184		0.153	11.56	11.56	
SGLA37185		0.204	11.90	11.90	
SGLA37186		0.204	14.93	14.93	
SGLA37211		0.173	10.91	10.91	
SGLA37212		0.173	13.19	13.19	
SGLA37213	2 100	0.231	13.64	13.64	
SGLA37214		0.231	13.53	13.53	
SGLA37215		0.231	16.85	16.85	
SGLA37216		0.289	17.30	17.30	

过梁编号	净 跨 L_n(mm)	混凝土体积 (m³)	钢 筋 重 量(kg)		
			合 计	ϕ10mm 内	ϕ^b4
SGLB37061		0.041	2.12	2.03	0.09
SGLB37062		0.041	2.12	2.03	0.09
SGLB37063		0.041	2.12	2.03	0.09
SGLB37064	600	0.041	2.12	2.03	0.09
SGLB37065		0.041	3.81	3.81	
SGLB37066		0.041	3.81	3.81	
SGLB37071		0.045	2.42	2.33	0.09
SGLB37072		0.045	2.42	2.33	0.09
SGLB37073		0.045	2.42	2.33	0.09
SGLB37074	700	0.045	2.42	2.33	0.09
SGLB37075		0.045	4.27	4.27	
SGLB37076		0.045	5.17	5.17	
SGLB37081		0.048	2.57	2.48	0.09
SGLB37082		0.048	2.57	2.48	0.09
SGLB37083		0.048	2.57	2.48	0.09
SGLB37084	800	0.048	2.57	2.48	0.09
SGLB37085		0.048	2.81	2.81	
SGLB37086		0.048	6.18	6.18	
SGLB37091		0.052	2.86	2.77	0.09
SGLB37092		0.052	2.86	2.77	0.09
SGLB37093		0.052	2.86	2.77	0.09
SGLB37094	900	0.052	5.96	5.96	
SGLB37095		0.052	6.47	6.47	
SGLB37096		0.052	7.52	7.52	
SGLB37101		0.056	3.01	2.92	0.09
SGLB37102		0.056	3.01	2.92	0.09
SGLB37103		0.056	3.28	3.19	0.09
SGLB37104	1 000	0.056	6.19	6.19	
SGLB37105		0.056	8.12	8.12	
SGLB37106		0.078	6.36	6.36	
SGLB37121		0.063	3.60	3.51	0.09
SGLB37122		0.063	3.91	3.82	0.09
SGLB37123		0.063	5.14	5.05	0.09
SGLB37124	1 200	0.089	7.03	7.03	
SGLB37125		0.089	8.06	8.06	
SGLB37126		0.089	8.99	8.99	

过梁编号	净 跨 L_n（mm）	混凝土体积（m³）	钢 筋 重 量（kg）		
			合 计	φ10mm 内	φᵇ4
SGLB37151		0.074	4.55	4.46	0.09
SGLB37152		0.074	5.98	5.89	0.09
SGLB37153	1 500	0.104	7.58	7.58	
SGLB37154		0.104	10.27	10.27	
SGLB37155		0.104	10.27	10.27	
SGLB37156		0.134	10.62	10.62	
SGLB37181		0.120	7.14	7.14	
SGLB37182		0.120	9.82	9.82	
SGLB37183	1 800	0.120	10.75	10.75	
SGLB37184		0.120	11.85	11.85	
SGLB37185		0.155	12.25	12.25	
SGLB37186		0.155	15.29	15.29	
SGLB37211		0.136	9.97	9.97	
SGLB37212		0.136	12.67	12.67	
SGLB37213	2 100	0.175	13.4	13.4	
SGLB37214		0.175	15.68	15.68	
SGLB37215		0.175	22.59	22.59	
SGLB37216		0.214	19.58	19.58	
SGLB37241		0.151	12.85	12.85	
SGLB37242		0.195	14.67	14.67	
SGLB37243	2 400	0.195	15.03	15.03	
SGLB37244		0.195	21.48	21.48	
SGLB37245		0.238	24.86	24.86	
SGLB37246		0.238	27.38	27.38	
KGLA12061	600	0.012	0.57	0.51	0.06
KGLA12071	700	0.013	0.62	0.56	0.06
KGLA12081	800	0.014	0.67	0.60	0.07
KGLA12091	900	0.015	0.72	0.65	0.07
KGLA12101	1 000	0.016	0.77	0.69	0.08
KGLA12121	1 200	0.018	0.87	0.78	0.09
KGLA12151	1 500	0.043	5.87	5.87	
KGLA12181	1 800	0.050	3.95	3.95	
KGLA24061		0.024	0.66	0.51	0.15
KGLA24062		0.024	0.66	0.51	0.15
KGLA24063	600	0.024	0.66	0.51	0.15
KGLA24064		0.024	1.07	0.92	0.15
KGLA24065		0.024	2.14	1.99	0.15
KGLA24066		0.048	2.74	2.74	

过梁编号	净 跨 L_n(mm)	混凝土体积 (m³)	钢 筋 重 量(kg)		
			合 计	φ10mm 内	φ^b4
KGLA24071	700	0.026	0.7	0.55	0.15
KGLA24072		0.026	0.7	0.55	0.15
KGLA24073		0.026	1.15	1.00	0.15
KGLA24074		0.026	1.75	1.60	0.15
KGLA24075		0.052	2.86	2.86	
KGLA24076		0.052	2.86	2.86	
KGLA24081	800	0.028	0.77	0.60	0.17
KGLA24082		0.028	0.77	0.60	0.17
KGLA24083		0.028	1.25	1.08	0.17
KGLA24084		0.028	2.71	2.54	0.17
KGLA24085		0.056	3.72	3.72	
KGLA24086		0.056	3.72	3.72	
KGLA24091	900	0.03	0.81	0.64	0.17
KGLA24092		0.03	1.33	1.16	0.17
KGLA24093		0.03	2.01	1.84	0.17
KGLA24094		0.06	4.91	4.51	
KGLA24095		0.06	3.88	3.88	
KGLA24096		0.06	4.57	4.57	
KGLA24101	1 000	0.032	0.88	0.69	0.19
KGLA24102		0.032	1.43	1.24	0.19
KGLA24103		0.032	2.16	1.97	0.19
KGLA24104		0.065	4.34	4.34	
KGLA24105		0.065	4.96	4.96	
KGLA24106		0.065	5.33	5.33	
KGLA24121	1 200	0.037	0.99	0.78	0.21
KGLA24122		0.037	2.43	2.22	0.21
KGLA24123		0.073	4.04	4.04	
KGLA24124		0.073	5.56	5.56	
KGLA24125		0.073	5.97	5.97	
KGLA24126		0.073	7.52	7.52	
KGLA24151	1 500	0.086	4.78	4.78	
KGLA24152		0.086	5.74	5.74	
KGLA24153		0.086	6.56	6.56	
KGLA24154		0.086	8.23	8.23	
KGLA24155		0.086	8.35	8.35	
KGLA24156		0.086	11.04	11.04	

过梁编号	净跨 L_n(mm)	混凝土体积 （m³）	钢筋重量(kg)		
			合计	ϕ10mm 内	ϕ^b4
KGLA24181	1 800	0.099	6.61	6.61	
KGLA24182		0.099	7.55	7.55	
KGLA24183		0.099	8.09	8.09	
KGLA24184		0.099	10.13	10.13	
KGLA24185		0.149	10.14	10.14	
KGLA24186		0.149	12.68	12.68	
KGLA24211	2 100	0.112	7.49	7.49	
KGLA24212		0.112	9.15	9.15	
KGLA24213		0.112	10.81	10.81	
KGLA24214		0.168	11.45	11.45	
KGLA24215		0.168	13.87	13.87	
KGLA24216		0.168	17.99	17.99	
KGLA37061	600	0.037	1.04	0.77	0.27
KGLA37062		0.037	1.04	0.77	0.27
KGLA37063		0.037	1.04	0.77	0.27
KGLA37064		0.037	1.65	1.38	0.27
KGLA37065		0.037	4.11	3.84	0.27
KGLA37066		0.073	1.41	1.41	
KGLA37071	700	0.04	1.14	0.84	0.30
KGLA37072		0.04	1.14	0.84	0.30
KGLA37073		0.04	1.14	0.84	0.30
KGLA37074		0.04	1.81	1.51	0.30
KGLA37075		0.08	4.54	4.54	
KGLA37076		0.08	4.54	4.54	
KGLA37081	800	0.043	1.20	0.90	0.3
KGLA37082		0.043	1.20	0.90	0.3
KGLA37083		0.043	1.93	1.63	0.3
KGLA37084		0.043	2.89	2.59	0.3
KGLA37085		0.087	4.72	4.72	
KGLA37086		0.087	4.72	4.72	
KGLA37091	900	0.047	1.30	0.96	0.34
KGLA37092		0.047	1.30	0.96	0.34
KGLA37093		0.047	2.08	1.74	0.34
KGLA37094		0.093	5.15	5.15	
KGLA37095		0.093	5.15	5.15	
KGLA37096		0.093	6.18	6.18	

过梁编号	净 跨 L_n(mm)	混凝土体积 (m³)	钢 筋 重 量(kg)		
			合 计	ϕ10mm 内	ϕ^b4
KGLA37101		0.05	1.37	1.03	0.34
KGLA37102		0.05	2.20	1.86	0.34
KGLA37103	1 000	0.10	5.34	5.34	
KGLA37104		0.10	5.34	5.34	
KGLA37105		0.10	6.43	6.43	
KGLA37106		0.10	6.43	6.43	
KGLA37121		0.057	1.57	1.17	0.40
KGLA37122		0.057	3.73	3.33	0.40
KGLA37123	1 200	0.113	6.20	6.20	
KGLA37124		0.113	7.43	7.43	
KGLA37125		0.113	8.46	8.46	
KGLA37126		0.113	8.97	8.97	
KGLA37151		0.133	7.00	7.00	
KGLA37152		0.133	7.97	7.97	
KGLA37153	1 500	0.133	8.43	8.43	
KGLA37154		0.133	10.22	10.22	
KGLA37155		0.133	10.22	10.22	
KGLA37156		0.133	12.12	12.12	
KGLA37181		0.153	8.04	8.04	
KGLA37182		0.153	10.40	10.40	
KGLA37183	1 800	0.153	11.03	11.03	
KGLA37184		0.153	11.70	11.70	
KGLA37185		0.230	12.30	12.30	
KGLA37186		0.230	12.30	12.30	
KGLA37211		0.173	10.91	10.91	
KGLA37212		0.173	14.17	14.17	
KGLA37213	2 100	0.173	13.19	13.19	
KGLA37214		0.260	13.87	13.87	
KGLA37215		0.260	15.67	15.67	
KGLA37216		0.260	19.90	19.90	
KGLB37066	600	0.061	4.17	4.17	
KGLB37075	700	0.067	4.69	4.69	
KGLB37076		0.067	4.69	4.69	
KGLB37085	800	0.073	4.90	4.90	
KGLB37086		0.073	4.90	4.90	

（续表）

过梁编号	净 跨 L_n（mm）	混凝土体积（m^3）	钢 筋 重 量（kg）		
			合 计	ϕ10mm 内	ϕ^b4
KGLB37094		0.078	5.42	5.42	
KGLB37095	900	0.078	5.42	5.42	
KGLB37096		0.078	6.45	6.45	
KGLB37103		0.084	5.62	5.62	
KGLB37104	1 000	0.084	5.62	5.62	
KGLB37105		0.084	6.72	6.72	
KGLB37106		0.084	6.72	6.72	
KGLB37123		0.095	6.66	6.66	
KGLB37124	1 200	0.095	7.90	7.90	
KGLB37125		0.095	8.93	8.93	
KGLB37126		0.095	9.44	9.44	
KGLB37151		0.112	7.60	7.60	
KGLB37152		0.112	7.60	7.60	
KGLB37153	1 500	0.112	9.03	9.03	
KGLB37154		0.112	10.82	10.82	
KGLB37155		0.112	10.82	10.82	
KGLB37156		0.112	13.57	13.57	
KGLB37181		0.128	8.85	8.85	
KGLB37182		0.128	10.48	10.48	
KGLB37183	1 800	0.128	11.83	11.83	
KGLB37184		0.128	12.51	12.51	
KGLB37185		0.180	13.11	13.11	
KGLB37186		0.180	14.72	14.72	
KGLB37211		0.145	11.92	11.92	
KGLB37212		0.145	14.2	14.2	
KGLB37213	2 100	0.145	14.2	14.2	
KGLB37214		0.204	14.88	14.88	
KGLB37215		0.204	20.34	20.34	
KGLB37216		0.204	22.43	22.43	
QGLA19061		0.040	2.62	2.62	
QGLA19062		0.040	2.62	2.62	
QGLA19063	600	0.040	2.62	2.62	
QGLA19064		0.040	2.62	2.62	
QGLA19065		0.040	2.62	2.62	
QGLA19066		0.040	2.62	2.62	

450

过梁编号	净 跨 L_n（mm）	混凝土体积（m^3）	钢 筋 重 量（kg）		
			合 计	$\phi10mm$ 内	ϕ^b4
QGLA19071		0.043	2.74	2.74	
QGLA19072		0.043	2.74	2.74	
QGLA19073	700	0.043	2.74	2.74	
QGLA19074		0.043	2.74	2.74	
QGLA19075		0.043	2.74	2.74	
QGLA19076		0.043	2.74	2.74	
QGLA19081		0.047	3.03	3.03	
QGLA19082		0.047	3.03	3.03	
QGLA19083	800	0.047	3.03	3.03	
QGLA19084		0.047	3.03	3.03	
QGLA19085		0.047	3.03	3.03	
QGLA19086		0.047	3.68	3.68	
QGLA19091		0.051	3.16	3.16	
QGLA19092		0.051	3.16	3.16	
QGLA19093	900	0.051	3.16	3.16	
QGLA19094		0.051	3.16	3.16	
QGLA19095		0.051	3.84	3.84	
QGLA19096		0.051	3.84	3.84	
TGLA20061	600	0.022	0.63	0.51	0.12
TGLA20062		0.022	0.63	0.51	0.12
TGLA20071	700	0.024	0.67	0.55	0.12
TGLA20072		0.024	0.67	0.55	0.12
TGLA20081	800	0.026	0.73	0.59	0.14
TGLA20082		0.026	0.73	0.59	0.14
TGLA20091	900	0.028	0.78	0.64	0.14
TGLA20092		0.028	0.78	0.64	0.14
TGLA20101	1 000	0.030	0.84	0.69	0.15
TGLA20102		0.030	1.39	1.24	0.15
TGLA20121	1 200	0.034	0.95	0.78	0.17
TGLA20122		0.034	1.57	1.40	0.17
TGLA20151	1 500	0.060	4.52	4.52	
TGLA20152		0.060	5.47	5.47	
TGLA20181	1 800	0.069	5.20	5.20	
TGLA20182		0.069	6.30	6.30	
TGLA20211	2 100	0.078	7.14	7.14	
TGLA20212		0.078	8.66	8.66	
TGLA20241	2 400	0.087	7.97	7.97	
TGLA20242		0.087	9.65	9.65	

过梁编号	净 跨 L_n(mm)	混凝土体积 （m^3）	钢 筋 重 量（kg）		
			合 计	ϕ10mm 内	ϕ^b4
TGLA25061	600	0.028	0.66	0.51	0.15
TGLA25062		0.028	0.66	0.51	0.15
TGLA25071	700	0.030	0.71	0.56	0.15
TGLA25072		0.030	0.71	0.56	0.15
TGLA25081	800	0.033	0.77	0.60	0.17
TGLA25082		0.033	0.77	0.60	0.17
TGLA25091	900	0.035	0.82	0.65	0.17
TGLA25092		0.035	1.33	1.16	0.17
TGLA25121	1 200	0.043	1.62	1.40	0.22
TGLA25122		0.043	2.44	2.22	0.22
TGLA25151	1 500	0.075	4.78	4.78	
TGLA25152		0.075	5.74	5.74	
TGLA25181	1 800	0.086	5.53	5.53	
TGLA25182		0.086	8.09	8.09	
TGLA25211	2 100	0.098	7.49	7.49	
TGLA25212		0.098	9.15	9.15	
TGLA25241	2 400	0.109	10.22	10.22	
TGLA25242		0.109	12.74	12.74	
TGLA30061	600	0.033	0.95	0.76	0.19
TGLA30062		0.033	0.95	0.76	0.19
TGLA30071	700	0.036	1.02	0.83	0.19
TGLA30072		0.036	1.02	0.83	0.19
TGLA30081	800	0.039	1.11	0.90	0.21
TGLA30082		0.039	1.11	0.90	0.21
TGLA30091	900	0.042	1.18	0.97	0.21
TGLA30092		0.042	1.18	0.97	0.21
TGLA30101	1 000	0.045	1.27	1.03	0.24
TGLA30102		0.045	2.10	1.86	0.24
TGLA30121	1 200	0.051	1.43	1.16	0.27
TGLA30122		0.051	2.36	2.09	0.27
TGLA30151	1 500	0.090	6.32	6.32	
TGLA30152		0.090	6.32	6.32	
TGLA30181	1 800	0.104	7.30	7.30	
TGLA30182		0.104	8.93	8.93	
TGLA30211	2 100	0.117	8.27	8.27	
TGLA30212		0.117	11.62	11.62	

注：S——烧结普通砖；K——烧结多孔砖；Q——混凝土砌块墙；T——加气混凝土。

4. 国标系列经济指标(表 5 - 28 ~ 表 5 - 42)

表 5 - 28　钢筋混凝土基础梁体积

基础梁代号	墙　厚(mm)	梁　长(mm)	墙面类型	混凝土体积(m³)
JL - 1 ~ 3		5 950	有窗、整体	0.669
JL - 4 ~ 9		5 450	有门、整体	0.513
JL - 10 ~ 15	240	4 950	有门、整体	0.557
JL - 16 ~ 18		5 350	有窗、整体	0.602
JL - 19 ~ 20		4 450	有窗、整体	0.389
JL - 21		3 850	整体	0.337
JL - 22 ~ 25		5 950	有窗、整体	0.937
JL - 26 ~ 33		5 450	有门、整体	0.858
JL - 34 ~ 40	365	4 950	有门、整体	0.780
JL - 41 ~ 44		5 350	有窗、整体	0.843
JL - 45 ~ 48		4 450	有窗、整体	0.545
JL - 49		3 850	整体	0.472

断面:

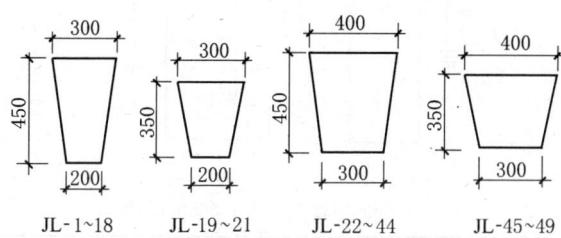

JL-1~18　　JL-19~21　　JL-22~44　　JL-45~49

表 5 - 29　T 形钢筋混凝土吊车梁体积

吊车梁代号	吊车起重量(t)	吊车跨度(m)	混凝土体积(m³)
DL - 1	1 ~ 2(电动单梁)	5.0 ~ 17.0	0.67/0.68
DL - 2	3(电动单梁)	5.0 ~ 17.0	0.67/0.68
DL - 3	5(电动单梁)	5.0 ~ 17.0	1.10/1.13
DL - 4	5	10.5 ~ 13.5	1.10/1.13
DL - 5	5	16.5 ~ 22.5	
DL - 6	5	25.5 ~ 28.5	1.10/1.13
	10	10.5 ~ 16.5	
DL - 7	10	19.5 ~ 28.5	1.10/1.13
DL - 8	15/3	10.5 ~ 19.5	1.58/1.63
DL - 9	15/3	22.5 ~ 28.5	1.58/1.63
	20/5	10.5 ~ 22.5	

吊车梁代号	吊车起重量(t)	吊车跨度(m)	混凝土体积(m³)
DL-10	20/5	25.5~28.5	1.58/1.63
	30/5	10.5~13.5	
DL-11	30/5	16.5~22.5	1.58/1.63
DL-12	30/5	25.5~28.5	1.58/1.63

注：1. 本吊车梁适用于6m柱距，轻、中级工作制。

2. 混凝土体积栏中，分子数为中间跨梁体积，分母数为伸缩缝跨及边跨梁体积。

表5-30　钢筋混凝土连系梁体积

连系梁代号	梁长(mm)	墙厚(mm)	断面形状	混凝土体积(m³)
LL-1~3	5950	240	矩形	0.700
LL-4~15	5950	365	L形	0.771

断面：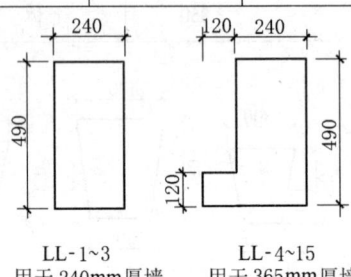

LL-1~3　　　　　　LL-4~15
用于240mm厚墙　　用于365mm厚墙

表5-31　预应力混凝土 I 字形屋面梁体积

屋面梁代号	跨度(m)	屋面坡数	混凝土体积(m³)	屋面梁代号	跨度(m)	屋面坡数	混凝土体积(m³)
YWL-9-1~4	9	单	1.15	YWL-15-1~5	15	双	2.38
YWLD-12-1~4	12	单	1.67	YWL-18-1~6	18	双	3.64
YWLS-12-1~4	12	双	1.75				

表5-32　钢筋混凝土折线形屋架体积

屋架代号	屋架跨度(m)	屋面荷载(kg/m²)	有无天窗	混凝土体积(m³)
WJ-15	15	300~400	无	1.826
WJ-15	15	300~400	有	1.826
WJ-18	18	300~400	无	2.14
WJ-18	18	300~400	有	2.14

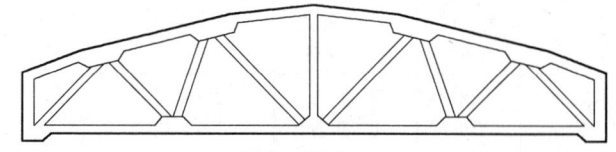

折线形屋架YWJA

表5-33 预应力混凝土折线形屋架体积

屋架代号	跨度 （m）	下弦预应力 钢筋级别	混凝土体积 （m³）	国标图号
YWJA-18-1~3	18	Ⅱ、Ⅲ Ⅳ	2.728 2.428	G415（一）
YWJA-21-1	21	Ⅱ、Ⅲ Ⅳ	3.410 3.318	
YWJA-21-2	21	Ⅱ、Ⅲ、Ⅳ	3.410	
YWJA-21-3	21	Ⅱ Ⅲ、Ⅳ	3.688 3.518	G415（二）
YWJA-21-4	21	Ⅱ Ⅲ、Ⅳ	3.688 3.518	
YWJA-24-1	24	Ⅱ、Ⅲ Ⅳ	4.23 4.21	
YWJA-24-2	24	Ⅱ Ⅲ Ⅳ	4.35 4.23 4.11	
YWJA-24-3	24	Ⅱ、Ⅲ Ⅳ	4.35 4.23	G415（三）
YWJA-24-4	24	Ⅱ、Ⅲ、Ⅳ	4.35	
YWJA-27-1	27	Ⅱ Ⅲ、Ⅳ	4.857 4.691	
YWJA-27-2	27	Ⅱ、Ⅲ Ⅳ	4.857 4.619	
YWJA-27-3	27	Ⅱ、Ⅲ Ⅳ	4.989 4.859	G415（四）
YWJA-27-4	27	Ⅱ、Ⅲ、Ⅳ	4.989	
YWJA-30-1 YWJA-30-2 YWJA-30-3 YWJA-30-4	30	Ⅱ、Ⅲ、Ⅳ Ⅱ、Ⅲ、Ⅳ Ⅱ、Ⅲ、Ⅳ Ⅱ、Ⅲ、Ⅳ	5.63 5.63 5.63 5.63	G415（五）

表 5－34 预应力混凝土梯形屋架体积

屋 架 代 号	跨 度 (m)	下弦预应力钢筋级别	混凝土体积 (m³)	国标图号
YWJ－18－1～3	18	Ⅱ、Ⅲ Ⅳ	2.55	
YWJ－18－4～5	18	Ⅱ、Ⅲ Ⅳ	2.73	CG417（一）
YWJ－18T－1～3	18	Ⅱ、Ⅲ Ⅳ	2.68	
YWJ－18T－4	18	Ⅱ、Ⅲ Ⅳ	2.83	
YWJ－21－1～3	21	Ⅱ、Ⅲ Ⅳ	3.09	
YWJ－21－4～5	21	Ⅱ、Ⅲ Ⅳ	3.27	CG417（二）
YWJ－21T－1～3	21	Ⅱ、Ⅲ Ⅳ	3.22	
YWJ－21T－4	21	Ⅱ、Ⅲ Ⅳ	3.44	
YWJ－24－1～3	24	Ⅱ、Ⅲ Ⅳ	3.56	
YWJ－24－4～5	24	Ⅱ、Ⅲ	4.12 4.14	
YWJ－24－4～5	24	Ⅳ	3.82	
YWJ－24T－1～3	24	Ⅱ	3.89	CG417（三）
YWJ－24T－1～3	24	Ⅲ、Ⅳ	3.59	
YWJ－24T－4	24	Ⅱ、Ⅲ	4.22 4.20	
YWJ－24T－4	24	Ⅳ	3.92	
YWJ－27－1～2	27	Ⅱ、Ⅲ	4.86	
YWJ－27－3	27	Ⅱ	5.14	
YWJ－27－3	27	Ⅲ、Ⅳ	4.86	
YWJ－27T－1	27	Ⅱ	5.51	
YWJ－27T－1	27	Ⅲ、Ⅳ	5.24	CG217（四）
YWJ－27T－2～3	27	Ⅱ	5.53	
YWJ－27T－2～3	27	Ⅲ	5.51	
YWJ－27T－2～3	27	Ⅳ	5.24	
YWJ－30－1～2	30	Ⅱ	5.62	
YWJ－30－1～2	30	Ⅲ、Ⅳ	5.36	
YWJ－30－3	30	Ⅱ	5.64	
YWJ－30－3	30	Ⅲ	5.62	
YWJ－30－3	30	Ⅳ	5.36	CG217（五）
YWJ－30T－1～2	30	Ⅱ、Ⅲ	5.85	
YWJ－30T－1～2	30	Ⅳ	5.60	
YWJ－30T－3	30	Ⅱ、Ⅳ	5.87	
YWJ－30T－3	30	Ⅲ	5.85	

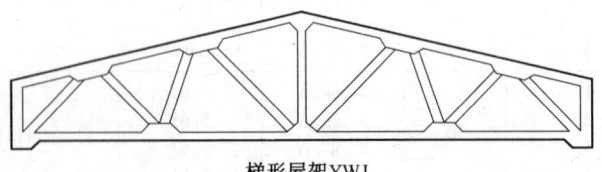

梯形屋架YWJ

表5-35 预应力混凝土拱形屋架体积

屋架代号	跨　度(m)	下弦预应力钢筋级别	混凝土体积(m³)
YWJ-18-1~4	18	Ⅱ、Ⅲ	1.98
YWJ-18-5	18	Ⅳ	1.85
YWJ-18-5	18	Ⅱ、Ⅲ	2.12
YWJ-18-5	18	Ⅳ	1.92
YWJ-18-6	18	Ⅱ、Ⅲ	2.34
YWJ-18-6	18	Ⅳ	2.12
YWJ-21-1~3	21	Ⅱ、Ⅲ	2.97
YWJ-21-1~3	21	Ⅳ	2.65
YWJ-21-4~5	21	Ⅱ、Ⅲ	3.08
YWJ-21-4~5	21	Ⅳ	2.88
YWJ-24-1~3	24	Ⅱ、Ⅲ	3.51
YWJ-24-1~3	24	Ⅳ	3.31
YWJ-24-4~6	24	Ⅱ、Ⅲ、Ⅳ	3.65

拱形屋架YWJ

表5-36 Ⅱ形钢筋混凝土天窗架体积

天窗架代号	天窗架跨度(m)	屋面荷载(kg/m²)	天窗架高度(m)	混凝土体积(m³)
CJ6-01.11	6	350~450	2.07	0.408
CJ6-02.12	6		2.37	0.430
CJ6-03.13	6		2.67	0.452
CJ6-04.14	6		3.27	0.498
CJ9-01.11	9	350~450	2.67	0.906
CJ9-02.12	9		3.27	0.970
CJ9-03.13	9		3.87	1.076

注：本天窗架底面坡度为1/15。

表5-37 钢筋混凝土天窗端壁体积

天窗端壁代号	天窗端壁跨度(m)	屋面荷载(kg/m²)	端壁高度(m)	混凝土体积(m³)
DB6-1	6	350~450	1.76	0.670
DB6-2	6		2.06	0.748
DB6-3	6		2.36	0.826
DB6-4	6		2.96	0.982

天窗端壁代号	天窗端壁跨度 （m）	屋面荷载 （kg/m²）	端壁高度 （m）	混凝土体积 （m³）
DB9-1	9		2.36	1.228
DB9-2	9	350~450	2.96	1.456
DB9-3	9		3.56	1.727

注：本天窗端壁底面坡度为1/15。

表5-38 钢筋混凝土槽形板

板 代 号	板 长 （mm）	板 宽 （mm）	板 厚 （mm）	混凝土体积 （m³）
CB-1241~1246	5 600	1 180	400	0.758
CB-0941~0946	5 600	880	400	0.629

注：本槽形板适用于柱距6m的多层厂房楼板。

表5-39 1.5m×6m 预应力混凝土大型屋面板体积

屋面板代号	板长 （mm）	板宽 （mm）	板厚 （mm）	混凝土 体积 （m³）	屋面板代号	板长 （mm）	板宽 （mm）	板厚 （mm）	混凝土 体积 （m³）
YWB-1~4 （屋面板）	5 970	1 490	240	0.467	KWB-1~2 （嵌板）	5 970	890	240	0.357
YWBT-1~2 （檐口板）	5 970	1 890	240	0.580	KWBT-1~2 （檐口嵌板）	5 970	1 090	240	0.410

注：本屋面板适用于卷材屋面。

表5-40 3m×6m 预应力混凝土大型屋面板体积

屋面板代号	板 长 （mm）	板 宽 （mm）	板 厚 （mm）	混凝土体积 （m³）
YB-1~4（屋面板）	5 970	2 990	300	0.98
YBT-1~2（檐口板）	5 970	3 390	300	1.09

表 5-41 1.5m×6m 预应力混凝土 F 形屋面板体积

屋面板代号		板长(mm)	板宽(mm)	板厚(mm)	混凝土体积(m³)	屋面板代号		板长(mm)	板宽(mm)	板厚(mm)	混凝土体积(m³)
一般板	YFB-1 YFB-2 YFB-3	5 970	1 630	200~280	0.501	檐板	FBT-1 FBT-2	1 080		200~250	0.404
天沟边板	YFBK-1 YFBK-2 YFBK-3	5 970	1 480	200~280	0.46	脊瓦	JW-1	1 700	450	130	0.022
							JW-2	700	530	170	0.011
天窗檐口板	YFBT-1 YFBT-2	5 970	1 880	200~280	0.588		JW-3	700	170	170	0.010
						盖瓦	GW-1	1 650	200~380	180	0.013
							GW-2	1 500	200	80	0.011
嵌板	FBK-1 FBK-2 FBK-3	5 970	800	200~250	0.354		GW-3	900	200	80	0.006
							GW-4	1 900	200	80~140	0.014
							GW-5	1 100	200	80~140	0.008

表 5-42 钢筋混凝土天沟板体积

天沟板代号	板长(mm)	板宽(mm)	板厚(mm)	混凝土体积(m³)
TGB58-1		580		0.43
TGB62-1		620		0.44
TGB68-1	5 970	680	高边400 低边240	0.46
TGB77-1		770		0.48
TGB86-1		860		0.51
TGB58-2		580		0.43
TGB62-2	5 970	620	高边400 低边240	0.44
TGB68-2		680		0.46

注：本天沟板配合预应力混凝土大型屋面板。

三、2012 年《全国统一建筑工程基础定额河北省消耗量定额》、《全国统一建筑装饰装修工程消耗量定额河北省消耗量定额》常用项目摘录

表 5－43 河北省 2012 年预算定额基础定额常用项目摘录

定额编号	子 目 名 称	单位	基价(元)	其中(元)			工日合计
				人工费	材料费	机械费	
A.1	土、石方工程						
A1－1	人工挖土方 一、二类土 深度(2m 以内)	100m³	958.8	958.8	0	0	20.4
A1－11	人工挖沟槽 一、二类土 深度(2m 以内)	100m³	1 529.38	1 529.38	0	0	32.54
A1－23	人工挖地坑 一、二类土 深度(2m 以内)	100m³	1 689.65	1 689.65	0	0	35.95
A1－38	人工 原土打夯	100m²	81.93	64.39	0	17.54	1.37
A1－39	人工 平整场地	100m²	142.88	142.88	0	0	3.04
A1－41	人工 回填土 夯填	100m³	1 582.46	1 332.45	0	250.01	28.35
A1－42	人工 回填灰土 2:8	100m³	7 619.09	2 434.6	4 933.85	250.64	51.8
A1－70	人工运土方 运距 20m 以内	100m³	924.49	924.49	0	0	19.67
A1－71	人工运土方 200m 以内每增加 20m	100m³	206.8	206.8	0	0	4.4
A1－80	75kW 推土机推土 推距 20m 以内 一、二类土	1 000m³	2 947.89	271.19	0	2 676.7	5.77
A1－81	75kW 推土机推土 推距 20m 以内 三类土	1 000m³	3 454.84	271.19	0	3 183.65	5.77
A1－83	75kW 推土机推土 推距每增加 10m	1 000m³	811.12	0	0	811.12	0
A1－104	正铲挖掘机挖土(斗容量 0.6m³)不装车 一、二类土	1 000m³	2 298.98	271.19	0	2 027.79	5.77
A1－116	反铲挖掘机挖土(斗容量 0.6m³)不装车 一、二类土	1 000m³	3 201.1	271.19	0	2 929.91	5.77
A1－163	自卸汽车运土(载重 8t)运距 1km 以内	1 000m³	7 901.43	0	0	7 901.43	0
A1－164	自卸汽车运土(载重 8t)运距 20km 以内每增加 1km	1 000m³	2 103.76	0	0	2 103.76	0
A1－228	机械 平整场地 推土机	1 000m²	683.88	45.12	0	638.76	0.96

定额编号	子　目　名　称	单位	基价（元）	其　中（元）			工日合计
				人工费	材料费	机械费	
A.3	砌筑工程						
A3-1	砖基础	10m³	2 918.52	584.4	2 293.77	40.35	9.74
A3-2	砖砌内外墙（墙厚） 一砖以内	10m³	3 467.25	985.2	2 447.91	34.14	16.42
A3-3	砖砌内外墙（墙厚） 一砖	10m³	3 204.01	798.6	2 366.1	39.31	13.31
A3-4	砖砌内外墙（墙厚） 一砖以上	10m³	3 214.17	775.2	2 397.59	41.38	12.92
A3-6	多孔砖墙 1/2砖	10m³	2 446.91	871.8	1 549.25	25.86	14.53
A3-7	多孔砖墙 1砖	10m³	2 313.66	733.8	1 546.76	33.1	12.23
A3-8	多孔砖墙 1砖以上	10m³	2 308.96	707.4	1 561.21	40.35	11.79
A3-16	砌块墙 硅酸盐砌块	10m³	3 242.43	616.8	2 612.18	13.45	10.28
A3-17	砌块墙 加气混凝土砌块	10m³	2 581.79	708	1 860.34	13.45	11.8
A3-25	地下室墙 墙身及墙基	10m³	3 234.7	848.4	2 354.23	32.07	14.14
A3-26	地下室墙 贴砖墙厚1/4砖	10m³	4 412.03	1 582.2	2 789.48	40.35	26.37
A3-27	地下室墙 贴砖墙厚1/2砖	10m³	3 671.38	1 086.6	2 548.57	36.21	18.11
A3-29	零星砖砌体	10m³	3 699.13	1 242	2 420.92	36.21	20.7
A3-30	砌体内钢筋加固	t	6 185.74	1 669.2	4 479	37.54	27.82
A.4	混凝土及钢筋混凝土工程						
A4-162	预拌混凝土（现浇） 带形基础 无筋混凝土	10m³	2 822.55	318	2 492.64	11.91	5.3
A4-163	预拌混凝土（现浇） 带形基础 钢筋混凝土	10m³	2 814.15	316.8	2 485.44	11.91	5.28

定额编号	子目名称		单位	基价（元）	其中（元）			工日合计
					人工费	材料费	机械费	
A4-165	预拌混凝土（现浇）	独立基础 混凝土	10m³	2 869.32	369	2 488.41	11.91	6.15
A4-166	预拌混凝土（现浇）	杯形基础	10m³	2 838.63	336.6	2 490.12	11.91	5.61
A4-167	预拌混凝土（现浇）	满堂基础	10m³	2 822.11	314.4	2 495.8	11.91	5.24
A4-171	预拌混凝土（现浇）	混凝土设备基础 钢筋混凝土	10m³	2 791.72	291.6	2 488.21	11.91	4.86
A4-172	预拌混凝土（现浇）	矩形柱	10m³	3 300.59	820.2	2 457.22	23.17	13.67
A4-173	预拌混凝土（现浇）	圆形及正多边形柱	10m³	3 337.69	858.6	2 455.92	23.17	14.31
A4-174	预拌混凝土（现浇）	构造柱异形柱	10m³	3 529.43	1 050	2 456.26	23.17	17.5
A4-176	预拌混凝土（现浇）	基础梁	10m³	2 829.99	334.2	2 476.76	19.03	5.57
A4-177	预拌混凝土（现浇）	单梁连续梁	10m³	2 982.93	487.2	2 476.7	19.03	8.12
A4-179	预拌混凝土（现浇）	圈梁弧形圈梁	10m³	3 361.1	865.2	2 484.14	11.76	14.42
A4-180	预拌混凝土（现浇）	过梁	10m³	3 628.56	1 077.6	2 531.93	19.03	17.96
A4-185	预拌混凝土（现浇）	电梯井壁（直形壁）	10m³	3 163.12	690	2 451.45	21.67	11.5
A4-186	预拌混凝土（现浇）	直形墙	10m³	3 178.19	708.6	2 447.92	21.67	11.81
A4-189	预拌混凝土（现浇）	无梁板	10m³	2 847.94	328.2	2 498.59	21.15	5.47
A4-190	预拌混凝土（现浇）	平板	10m³	2 885.86	348	2 516.71	21.15	5.8
A4-195	预拌混凝土（现浇）	阳台 直形	10m³	3 516.75	949.8	2 541.42	25.53	15.83
A4-197	预拌混凝土（现浇）	雨篷 直形	10m³	3 526.4	925.2	2 574.59	26.61	15.42
A4-199	预拌混凝土（现浇）	整体楼梯	10m³	3 684.51	1 162.2	2 491.49	30.82	19.37

定额编号	子 目 名 称		单位	基价（元）	人工费	其 中（元）			工日合计
						材料费	机械费		
A4-202	预拌混凝土（现浇）	挑檐天沟	10m³	3 646	1 009.8	2 610.52	25.68		16.83
A4-203	预拌混凝土（现浇）	栏板 直形	10m³	3 366.58	843.6	2 497.15	25.83		14.06
A4-205	预拌混凝土（现浇）	压顶垫块块墩块	10m³	3 716.2	1 101.6	2 588.77	25.83		18.36
A4-208	预拌混凝土（现浇）	零星构件	10m³	4 974.27	2 362.2	2 586.24	25.83		39.37
A4-213	预拌混凝土（现浇）	散水 混凝土一次抹光抹水泥砂浆	100m²	6 993.14	3 080.4	3 876.87	35.87		51.34
A4-215	预拌混凝土（现浇）	防滑坡道 抹水泥礓磋面层	100m²斜面积	9 925.28	4 981.2	4 852.03	92.05		83.02
A4-218	预拌混凝土（现浇）	台阶 混凝土基层	100m²水平投影面积	9 321.65	3 531	5 716.81	73.84		58.85
A4-330	现浇构件钢筋直径	10mm 以内	t	5 299.97	799.86	4 444.39	55.72		13.33
A4-331	现浇构件钢筋直径	20mm 以内	t	5 357.47	483.6	4 728	145.87		8.06
A4-332	现浇构件钢筋直径	20mm 以外	t	5 109.22	331.98	4 672.87	104.37		5.53
A4-333	预制构件钢筋直径	10mm 以内	t	5 226.78	753.9	4 422.62	50.26		12.57
A4-334	预制构件钢筋直径	20mm 以内	t	5 310.21	453.6	4 690.87	165.74		7.56
A4-335	预制构件钢筋直径	20mm 以外	t	5 085.62	314.58	4 642.77	128.27		5.24
A4-336	铁件制作、安装		t	11 110.36	3 475.44	5 572.84	2 062.08		57.92
A4-337	预埋螺栓安装		t	9 861.77	1 457.46	7 438.6	965.71		24.29
A4-338	冷轧带肋钢筋网片		t	5 846.92	423.36	5 417.67	5.89		7.06

定额编号	子目名称	单位	基价(元)	其中(元)			工日合计
				人工费	材料费	机械费	
A4-339	钢筋气压力焊接头 φ25以内	10个	104.54	6	75.89	22.65	0.1
A4-341	电渣压力焊接头	10个	36.52	9.6	6.02	20.9	0.16
A4-346	直螺纹钢筋接头 φ30以内	10个	111.39	33.3	55.27	22.82	0.56
A4-370	钢筋、铁件场外运输	t	145.1	42	10.8	92.3	0.7
A.7	屋面及防水工程						
A7-38	屋面防水 隔离层 干铺无纺聚酯纤维布	100m²	257.2	58.8	198.4	0	0.98
A7-39	屋面防水 隔离层 满铺0.15mm厚聚乙烯薄膜一层	100m²	152.49	58.8	93.69	0	0.98
A7-40	屋面防水 防水层 石油沥青 二毡三油	100m²	4386.01	412.5	3973.2	0.31	6.88
A7-41	屋面防水 防水层 石油沥青 二毡三油带砂	100m²	5128.83	488.82	4639.7	0.31	8.15
A7-44	屋面防水 防水层 橡胶沥青 JG-2涂料 水溶型 二布三涂	100m²	2623.14	620.82	2002.32	0	10.35
A7-46	屋面防水 防水层 氯丁胶乳沥青涂料 水溶型 布四涂	100m²	2216.92	788.64	1428.28	0	13.14
A7-52	屋面防水 防水层 SBS改性沥青防水卷材 热熔一层	100m²	2208.56	263.76	1944.8	0	4.4
A7-56	屋面防水 防水层 聚氨酯防水涂膜 1.5mm厚	100m²	3499.72	242.4	3257.32	0	4.04
A7-60	屋面防水 防水层 卷材面层刷着色剂涂料保护层一遍	100m²	449	225	224	0	3.75
A7-97	屋面排水 塑料水落管 φ110	100m	4225.65	1325.4	2900.25	0	22.09

(续表)

定额编号	子目名称	单位	基价(元)	人工费	材料费	机械费	工日合计
A7-99	屋面排水 塑料落水口 落水口直径 φ110	10个	295.79	206.4	89.39	0	3.44
A7-103	屋面排水 塑料弯头落水口(含算子板)	10套	364.58	235.8	128.78	0	3.93
A7-112	屋面排水 阳台、雨篷塑料管排水 φ50以内	10个	20.24	10.34	9.9	0	0.22
A7-114	屋面排水 钢管底节 φ110	10个	526.97	23.03	503.94	0	0.49
A7-116	卷材防水 沥青卷材 石油沥青二毡三油 平面	100m²	4716.74	461.16	4255.58	0	7.69
A7-117	卷材防水 沥青卷材 石油沥青二毡三油 立面	100m²	5306.13	850.8	4455.33	0	14.18
A7-214	刚性防水 防水砂浆 墙基	100m²	1619.72	811.8	774.82	33.1	13.53
A7-215	刚性防水 防水砂浆 平面	100m²	1198.52	550.2	622.46	25.86	9.17
A7-216	刚性防水 防水砂浆 立面	100m²	1409.57	733.2	649.47	26.9	12.22
A.8	防腐、隔热、保温工程						
A8-219	屋面保温 水泥砂浆找平层 掺聚丙烯	100m²	1002.11	505.8	470.45	25.86	8.43
A8-220	屋面保温 水泥砂浆找平层 掺锦纶-6纤维	100m²	1012.51	505.8	480.85	25.86	8.43
A8-223	屋面保温 聚合物抗裂砂浆 3mm	100m²	1224.93	512.28	711.47	1.18	8.54
A8-228	屋面保温 加气混凝土块	10m³	2268.89	228.89	2040	0	4.87
A8-229	屋面保温 加气混凝土碎块	10m³	1659.71	231.71	1428	0	4.93
A8-230	屋面保温 1:6水泥炉渣	10m³	2550.76	389.16	2086.05	75.55	8.28
A8-230换	屋面保温 1:6水泥炉渣换为[水泥珍珠岩 1:8]	10m³	2501.88	389.16	2037.17	75.55	8.28
A.11	脚手架工程						

（续表）

定额编号	子目名称	单位	基价(元)	人工费	材料费	机械费	工日合计
A11－1	外墙脚手架 外墙高度在5m以内 单排	100m²	791.16	184.8	539.71	66.65	3.08
A11－2	外墙脚手架 外墙高度在5m以内 双排	100m²	1 142.61	253.2	794.2	95.21	4.22
A11－7	外墙脚手架 外墙高度在24m以内 双排	100m²	1 857.22	484.8	1 296.25	76.17	8.08
A11－17	外墙脚手架 高度50m以内每增加一排	100m²	1 212.24	366.6	807.56	38.08	6.11
A11－20	内墙砌筑脚手架 3.6m以内里脚手架	100m²	257.78	199.8	48.46	9.52	3.33
A11－25	电梯井字架 搭设高度110m以内	座	17 573.96	9 199.08	8 189.22	185.66	153.32
A11－31	依附斜道 搭设高度在5m以内	座	884.86	138.6	703.42	42.84	2.31
A11－32	依附斜道 搭设高度在9m以内	座	2 201.84	299.4	1 802.47	99.97	4.99
A.12	模板工程						
A12－47	现浇混凝土复合木模板 带形基础 钢筋混凝土（无梁式）	100m²	4 387.22	1 503.84	2 524.46	358.92	25.06
A12－48	现浇混凝土复合木模板 独立基础(混凝土)	100m²	5 295.2	1 247.7	3 870.47	177.03	20.8
A12－50	现浇混凝土复合木模板 满堂基础 无梁式	100m²	4 410.68	1 709.4	2 586.26	115.02	28.49
A12－54	现浇混凝土复合木模板 设备基础 （块体在5m³以内）	100m²	4 362.65	1 804.02	2 350.82	207.81	30.07
A12－58	现浇混凝土复合木模板 矩形柱	100m²	5 135.52	2 077.8	2 829.07	228.65	34.63
A12－59	现浇混凝土复合木模板 异形柱	100m²	6 470.7	3 264.6	2 977.45	228.65	54.41
A12－60	现浇混凝土复合木模板 基础梁	100m²	4 506.6	1 600.32	2 738.41	167.87	26.67
A12－61	现浇混凝土复合木模板 单梁连续梁	100m²	5 704.11	2 112	3 329.89	262.22	35.2

定额编号	子目名称	单位	基价(元)	其中(元)			工日合计
				人工费	材料费	机械费	
A12-62	现浇混凝土复合木模板 直形圈梁	100m²	4 392.78	1 701.9	2 577.61	113.27	28.37
A12-63	现浇混凝土复合木模板 直形墙	100m²	3 936.14	1 556.4	2 187.27	192.47	25.94
A12-64	现浇混凝土复合木模板 电梯井直壁（直形壁）	100m²	4 186.51	1 742.4	2 260.54	183.57	29.04
A12-65	现浇混凝土复合木模板 平板	100m²	4 729.3	1 405.8	3 054.96	268.54	23.43
A12-67	现浇混凝土复合木模板 直形阳台	100m²	5 683.93	1 809	3 602.81	272.12	30.15
A12-68	现浇混凝土复合木模板 直形雨篷	100m²	5 484.87	1 546.8	3 523.33	414.74	25.78
A12-69	现浇混凝土复合木模板 栏板 直形	100m²	3 585.5	1 212.54	2 127.03	245.93	20.21
A12-70	现浇混凝土复合木模板 挑檐天沟	100m²	6 527.97	3 356.64	2 670.74	500.59	55.94
A12-215	对拉螺栓 固定式	t	6 042	330	5 712	0	5.5
A12-216	对拉螺栓 周转式	t	3 588.88	1 026.96	2 561.92	0	17.12
A.13	垂直运输工程						
A13-1	建筑物垂直运输 ±0.00m以下 一层	100m²	3 222.33	0	0	3 222.33	0
A13-2	建筑物垂直运输 ±0.00m以下 二层以内	100m²	2 504.41	0	0	2 504.41	0
A13-3	建筑物垂直运输 ±0.00m以下 三层以内	100m²	2 253.87	0	0	2 253.87	0
A13-4	建筑物垂直运输 ±0.00m以下 四层以内	100m²	2 003.82	0	0	2 003.82	0
A13-5	建筑物垂直运输 ±0.00m以上,20m(6层)以内 砖混结构 卷扬机	100m²	1 262.65	0	0	1 262.65	0
A13-6	建筑物垂直运输 ±0.00m以上,20m(6层)以内 砖混结构 塔式起重机	100m²	1 958.16	0	0	1 958.16	0

定额编号	子目名称	单位	基价(元)	人工费	其中(元) 材料费	机械费	工日合计
A13-10	建筑物垂直运输 预制排架 单层厂房 ±0.00m 以上,20m(6层)以内	100m²	1 798.63	0	0	1 798.63	0
A13-15	建筑物垂直运输 砖混结构 30m 以内(7~10层)	100m²	2 613.83	250.2	0	2 363.63	4.17
A13-16	建筑物垂直运输 现浇框架结构 30m 以内(7~10层)	100m²	3 116.68	242.94	0	2 873.74	4.05
A13-23	建筑物垂直运输 现浇框架结构 100m 以内(29~31层)	100m²	5 863.23	511.08	0	5 352.15	8.52
A.14	建筑物超高费						
A14-1	建筑物超高费 檐高(30m 以内)	100m²	1 235.13	794.88	0	440.25	13.25
A14-8	建筑物超高费 檐高(100m 以内)	100m²	6 224.14	5 223	0	1 001.14	87.05
A.15	其他可竞争措施项目						
A15-59	一般土建工程 冬季施工增加费	0.64%		0	0	0	0
A15-60	一般土建工程 雨季施工增加费	1.48%		0	0	0	0
A15-61	一般土建工程 夜间施工增加费	0.75%		0	0	0	0
A15-62	一般土建工程 生产工具用具使用费	1.41%		0	0	0	0
A15-63	一般土建工程 检验试验配合费	0.57%		0	0	0	0
A15-64	一般土建工程 工程定位复测场地清理费	0.65%		0	0	0	0
A15-65	一般土建工程 成品保护费	0.72%		0	0	0	0
A15-66	一般土建工程 二次搬运费	1.20%		0	0	0	0

定额编号	子目名称	单位	基价（元）	人工费	其中（元） 材料费	机械费	工日合计
A15－67	一般土建工程 临时停水停电费	0.44%		0	0	0	0
A15－68	一般土建工程 土建施工与生产同时进行增加费用	2.14%		0	0	0	0
A15－69	一般土建工程 在有害身体健康的环境中施工降效增加费	2.14%		0	0	0	0
A.16	大型机械一次安拆及场外运输费						
1001	安装拆卸费用 塔式起重机 起重力矩（20kN·m）	台次	5 038.67	2 400	80.4	2 558.27	40
1002	安装拆卸费用 塔式起重机 60kN·m 以内	台次	8 757.83	3 600	80.4	5 077.43	60
1003	安装拆卸费用 塔式起重机 80kN·m 以内	台次	12 185.38	4 200	80.4	7 904.98	70
1004	安装拆卸费用 塔式起重机 150kN·m 以内	台次	18 131.31	5 400	277.5	12 453.81	90
1008	安装拆卸费用 施工电梯 高度75m以内	台次	9 170.86	3 240	65.2	5 865.66	54
1009	安装拆卸费用 施工电梯 高度100m以内	台次	10 895.45	4 320	65.2	6 510.25	72
1010	安装拆卸费用 施工电梯 高度200m以内	台次	13 291.44	5 400	80.4	7 811.04	90
1012	安装拆卸费用 混凝土搅拌站	台次	14 069.98	5 400	0	8 669.98	90
2001	场外运输费用 履带式挖掘机 1m³ 以内	台次	4 920.08	720	495.5	3 704.58	12
2003	场外运输费用 履带式推土机 90kW以内	台次	4 093.74	360	289.7	3 444.04	6
2005	场外运输费用 履带式起重机 30t以内	台次	7 596.34	720	515.5	6 360.84	12
2008	场外运输费用 强夯机械	台次	10 750.17	360	515.5	9 874.67	6

定额编号	子目名称	单位	基价(元)	其中(元)			工日合计
				人工费	材料费	机械费	
2017	场外运输费用 塔式起重机 起重力矩(20kN·m)	台次	10 484.23	480	387.5	9 616.73	8
2018	场外运输费用 塔式起重机 60kNm以内	台次	12 498.9	720	387.5	11 391.4	12
2023	场外运输费用 施工电梯 高度75m以内	台次	9 807.04	600	71.5	9 135.54	10
2024	场外运输费用 施工电梯 高度100m以内	台次	11 880.71	840	92.5	10 948.21	14
2025	场外运输费用 施工电梯 高度200m以内	台次	17 234.17	1 200	131.25	15 902.92	20
2026	场外运输费用 混凝土搅拌站	台次	10 737.1	1 560	52.5	9 124.6	26
B.1	楼地面工程						
B1-1	垫层 素土	10m³	243.12	202.1	10	31.02	4.3
B1-2换	垫层 灰土 3:7用于基础垫层(不含满基)(机械×1.2,人工×1.2)	10m³	1 191.13	417.36	736.55	37.22	8.88
B1-2	垫层 灰土 3:7	10m³	1 115.37	347.8	736.55	31.02	7.4
B1-3	垫层 灰土 2:8	10m³	872.35	347.8	493.53	31.02	7.4
B1-15	垫层 级配砂石 人工级配 中砂砾石	10m³	1 263.22	404.4	851.55	7.27	6.74
B1-24	垫层 混凝土	10m³	2 624.85	772.8	1 779.32	72.73	12.88
B1-25	垫层 预拌混凝土	10m³	2 812.36	418.8	2 379.76	13.8	6.98
B1-27	找平层 水泥砂浆 在硬基层上 平面 20mm	100m²	936.71	459.6	451.25	25.86	7.66
B1-29	找平层 水泥砂浆 在填充材料上 平面 20mm	100m²	1 000.5	471	496.4	33.1	7.85

定额编号	子目名称	单位	基价(元)	其中(元)			工日合计
				人工费	材料费	机械费	
B1-31	找平层 细石混凝土 在硬基层上 30mm	100m²	1 215.7	478.2	704.31	33.19	7.97
B1-38	水泥砂浆 楼地面 20mm	100m²	1 432.75	830.4	576.49	25.86	13.84
B1-40	水泥砂浆 加浆抹光随打随抹	100m²	600.39	427.2	166.98	6.21	7.12
B1-53	混凝土地面 厚40mm	100m²	1 925.64	952.8	927.42	45.42	15.88
B1-57	预拌混凝土地面 厚40mm	100m²	1 600.57	516.6	1 076.32	7.65	8.61
B1-101	陶瓷地砖地面(水泥砂浆) 每块周长1 600mm以内	100m²	6 586.68	1 817.2	4 679.14	90.34	25.96
B1-103	陶瓷地砖楼地面(水泥砂浆) 每块周长2 400mm以内	100m²	7 415.48	1 918	5 407.14	90.34	27.4
B1-104	陶瓷地砖楼地面(水泥砂浆) 每块周长3 200mm以内	100m²	7 900.48	1 995	5 815.14	90.34	28.5
B1-199	水泥砂浆踢脚线	100m²	2 616.3	1 967.4	612.69	36.21	32.79
B1-239	水泥砂浆楼梯	100m²	4 525.31	3 610.8	867.96	46.55	60.18
B1-300	普通钢栏杆	10m	744.6	176.4	468.32	99.88	2.52
B1-311	木扶手 铁栏杆上	10m	895.5	542.5	352.69	0.31	7.75
B1-312	木扶手 弯头	10个	942.37	588	354.06	0.31	8.4
B1-341	靠墙扶手 钢管	10m	892.4	252.7	358.13	281.57	3.61
B.2	墙柱面工程						
B2-3	石灰砂浆 墙面 混凝土	100m²	1 926.71	1 418.2	475.41	33.1	20.26

定额编号	子目名称			单位	基价(元)	其中(元)			工日合计
						人工费	材料费	机械费	
B2-4	石灰砂浆	墙面	轻质砌块	100m²	1 760.53	1 238.3	488.09	34.14	17.69
B2-10	水泥砂浆	墙面	混凝土	100m²	1 719.19	1 192.8	496.39	30	17.04
B2-11	水泥砂浆	墙面	轻质砌块	100m²	1 871.98	1 358.7	483.28	30	19.41
B2-20	混合砂浆	墙面	混凝土	100m²	1 735.3	1 302.7	402.6	30	18.61
B2-21	混合砂浆	墙面	轻质砌块	100m²	1 806	1 373.4	402.6	30	19.62
B2-22	混合砂浆	墙面	轻质砌块(TG胶砂浆)	100m²	1 631.24	1 212.4	395.05	23.79	17.32
B2-93	水泥砂浆	普通腰线	标准砖	100m²	3 667.83	3 070.2	564.53	33.1	43.86
B2-94	水泥砂浆	普通腰线	混凝土	100m²	3 729.42	3 147.9	549.45	32.07	44.97
B2-95	水泥砂浆	复杂腰线	标准砖	100m²	4 568.73	3 971.1	564.53	33.1	56.73
B2-96	水泥砂浆	复杂腰线	混凝土	100m²	4 631.02	4 049.5	549.45	32.07	57.85
B2-119	墙面	干挂花岗岩	钢骨架土	100m²	20 854.21	5 924.1	14 755.89	174.22	84.63
B2-193	墙面	干挂石材不锈钢骨架		t	31 367.06	1 506.6	28 240.73	1 619.73	25.11
B2-680	素水泥浆一道			100m²	138.8	79.1	59.7	0	1.13
B2-681	建筑胶素水泥浆一道			100m²	160.48	79.1	81.38	0	1.13
B2-682	钉钢丝网			100m²	1 813.74	479.5	1 334.24	0	6.85
B2-683	贴玻纤网格布			100m²	906.75	203	703.75	0	2.9

（续表）

定额编号	子 目 名 称	单位	基价（元）	人工费	材料费	机械费	工日合计
					其 中（元）		
B2－684	TG 胶砂浆界面处理	100m²	484.77	146.3	138.8	199.67	2.09
B.3	天棚工程						
B3－1	天棚抹灰　石灰砂浆　混凝土	100m²	1 456.28	1 041.6	391.92	22.76	14.88
B3－2	天棚抹灰　石灰砂浆　钢板（丝）网	100m²	1 570.15	1 068.9	477.46	23.79	15.27
B3－5	天棚抹灰　水泥砂浆　混凝土	100m²	1 617.57	1 271.2	325.68	20.69	18.16
B3－6	天棚抹灰　水泥砂浆　钢板（丝）网	100m²	1 940.12	1 235.5	668.41	36.21	17.65
B3－7	天棚抹灰　混合砂浆　混凝土	100m²	1 645.34	1 306.2	318.45	20.69	18.66
B3－8	天棚抹灰　混合砂浆　钢板（丝）网	100m²	1 696.12	1 210.3	453.75	32.07	17.29
B3－45	装配式 U 型轻钢天棚龙骨（不上人型）　面层规格（mm）600×600　平面	100m²	5 079.74	1 469.3	3 561.34	49.1	20.99
B3－53	装配式 U 型轻钢天棚龙骨（上人型）　面层规格（mm）600×600　平面	100m²	6 054.17	1 535.1	4 469.97	49.1	21.93
B3－81	铝合金方板天棚龙骨（不上人型）浮搁式　面层规格（mm）600×600 以上	100m²	3 694.76	1 009.4	2 636.26	49.1	14.42
B3－93	纸面石膏板天棚基层	100m²	1 944.85	723.1	1 221.75	0	10.33
B.4	门窗工程						
B4－1	胶合板门扇　制作	100m²扇面积	10 857.49	1 749	8 785.42	323.07	29.15

473

（续表）

定额编号	子目名称	单位	基价（元）	人工费	其中（元）材料费	机械费	工日合计
B4－2	胶合板门扇 安装	100m²扇面积	717.6	717.6	0	0	11.96
B4－11	全镶板门扇 胶合板门心板 制作	100m²扇面积	13 295.31	1 884	11 043.43	367.88	31.4
B4－12	全镶板门扇 胶合板门心板 安装	100m²扇面积	796.2	796.2	0	0	13.27
B4－51	玻璃门亮 高600mm以内 制作	100m²扇面积	9 383.4	1 015.8	8 104.25	263.35	16.93
B4－52	玻璃门亮 高600mm以内 安装	100m²扇面积	3 964.29	2 493	1 471.29	0	41.55
B4－55	普通木门框 单裁口 制作	100m	2 032.96	145.8	1 853.04	34.12	2.43
B4－56	普通木门框 单裁口 安装	100m	536.68	343.8	191.94	0.94	5.73
B4－57	普通木门框 双裁口 制作	100m	2 831.56	150.6	2 646.84	34.12	2.51
B4－58	普通木门框 双裁口 安装	100m	546.11	352.2	192.97	0.94	5.87
B4－121	成品断桥铝合金门安装 两玻一中空 平开门	100m²	78 755.37	2 873.4	75 783.3	98.67	47.89
B4－122	成品断桥铝合金门安装 两玻一中空 推拉门	100m²	65 576.6	2 947.86	62 538.84	89.9	49.13
B4－125	成品普通钢门安装	100m²框外围面积	14 386.88	1 857.6	12 149.8	379.48	30.96
B4－130	成品防盗门安装	100m²	55 068.83	2 140.8	52 787.42	140.61	35.68

定额编号	子 目 名 称	单位	基价（元）	人工费	材料费	机械费	工日合计
B4－131	成品钢防火门安装	100m²	45 454.31	2 730	42 583.7	140.61	45.5
B4－146	普通木窗扇 制作	100m²扇面积	7 688.36	813	6 637.8	237.56	13.55
B4－147	普通木窗扇 安装	100m²扇面积	3 620.95	1 995	1 625.95	0	33.25
B4－148	木纱窗扇 制作	100m²扇面积	5 706.01	932.4	4 514.3	259.31	15.54
B4－149	木纱窗扇 安装	100m²扇面积	2 308	2 082.6	225.4	0	34.71
B4－162	普通木窗框 双裁口 制作	100m	1 812.77	236.4	1 532.67	43.7	3.94
B4－163	普通木窗框 双裁口 安装	100m	405.26	288.6	115.72	0.94	4.81
B4－230	断桥铝合金窗安装（两玻一中空） 平开窗	100m²	62 647.67	2 482.2	59 974.83	190.64	41.37
B4－259	塑钢窗安装 带纱扇 平开	100m²	24 610.12	3 096	21 383.73	130.39	51.6
B4－262	塑钢窗安装（三玻两中空） 平开窗	100m²	58 502	3 737.88	54 633.73	130.39	62.3
B.5	油漆、涂料、裱糊工程						
B5－5	底油一遍、调和漆二遍 单层木门	100m²	1 831.24	1 161.3	669.94	0	16.59
B5－6	底油一遍、调和漆二遍 单层木窗	100m²	1 719.69	1 161.3	558.39	0	16.59

475

定额编号	子　目　名　称	单位	基价（元）	人工费	其中（元）材料费	机械费	工日合计
B5－244	防锈漆一遍　单层钢门窗	100m²	538.16	283.5	254.66	0	4.05
B5－245	防锈漆一遍　其他金属面	t	144.14	72.1	72.04	0	1.03
B5－246	调和漆二遍　单层钢门窗	100m²	973.41	707	266.41	0	10.1
B5－248	调和漆二遍　其他金属面	t	206.63	131.6	75.03	0	1.88
B.7	脚手架工程						
B7－1	外墙面装饰脚手架　外墙高度在5m以内	100m²	838.92	261	558.88	19.04	4.35
B7－4	外墙面装饰脚手架　外墙高度在24m以内	100m²	1785.85	510.6	1240.98	34.27	8.51
B7－8	外墙面装饰脚手架　外墙高度在110m以内	100m²	5129.43	2293.2	2726.74	109.49	38.22
B7－15	满堂脚手架　高度在（5.2m以内）	100m²	1029.11	589.2	416.11	23.8	9.82
B7－20	简易脚手架　天棚	100m²	119.92	54.6	55.8	9.52	0.91
B7－21	简易脚手架　墙面	100m²	36.09	19.2	12.13	4.76	0.32
B7－22	内墙面装饰脚手架　高度在（6m以内）	100m²	361.78	136.2	216.06	9.52	2.27
B7－25	活动脚手架	100m²	96.86	54.6	37.5	4.76	0.91
B.8	垂直运输及超高增加费						
B8－1	垂直运输费　±0.00以下　一层	100工日	266.59	0	0	266.59	0
B8－2	垂直运输费　±0.00以下　二层以内	100工日	273.12	0	0	273.12	0

（续表）

定额编号	子目 名 称		单位	基价(元)	其中(元)			工日合计
					人工费	材料费	机械费	
B8-3	垂直运输费	±0.00以下 三层以内	100工日	282.27	0	0	282.27	0
B8-4	垂直运输费	±0.00以下 四层以内	100工日	294.03	0	0	294.03	0
B8-5	垂直运输费	±0.00以上 建筑物檐高20m以内/6层以内	100工日	381.59	0	0	381.59	0
B8-6	垂直运输费	±0.00以上 建筑物檐高30m以内/7~10层	100工日	503.94	0	0	503.94	0
B8-13	垂直运输费	±0.00以上 建筑物檐高100m以内/29~31层	100工日	724.05	0	0	724.05	0
B.9	其他可竞争措施项目							
B9-1	装饰装修工程	冬季施工增加费	0.28%	0	0	0	0	
B9-2	装饰装修工程	雨季施工增加费	0.64%	0	0	0	0	
B9-3	装饰装修工程	夜间施工增加费	0.60%	0	0	0	0	
B9-4	装饰装修工程	生产工具用具使用费	1.10%	0	0	0	0	
B9-5	装饰装修工程	检验试验配合费	0.50%	0	0	0	0	
B9-6	装饰装修工程	成品保护费	0.67%	0	0	0	0	
B9-7	装饰装修工程	二次搬运费	1.51%	0	0	0	0	
B9-8	装饰装修工程	临时停水停电费	0.40%	0	0	0	0	
B9-9	装饰装修工程	场地清理费	1%	0	0	0	0	

表 5 - 44　水暖安装 2012 年河北省消耗量定额

定额号	项　目　名　称	单位	基价	人工费	机械费	主材用量
8 - 414	阀门安装,螺纹阀门公称直径 15mm	个	7.38	6.00		阀门 1.01 连件 1.01
8 - 415	阀门安装,螺纹阀门公称直径 20mm	个	7.66	6.00		阀门 1.01 连件 1.01
8 - 416	阀门安装,螺纹阀门公称直径 25mm	个	8.65	6.60		阀门 1.01 连件 1.01
8 - 417	阀门安装,螺纹阀门公称直径 32mm	个	10.32	7.80		阀门 1.01 连件 1.01
8 - 418	阀门安装,螺纹阀门公称直径 40mm	个	16.8	13.80		阀门 1.01 连件 1.01
8 - 419	阀门安装,螺纹阀门公称直径 50mm	个	17.51	13.80		阀门 1.01 连件 1.01
8 - 420	阀门安装,螺纹阀门公称直径 65mm	个	25.07	20.40		阀门 1.01 连件 1.01
8 - 421	阀门安装,螺纹阀门公称直径 80mm	个	33.07	27.60		阀门 1.01 连件 1.01
8 - 422	阀门安装,螺纹阀门公称直径 10mm	个	60.02	53.40		阀门 1.01 连件 1.01

定额号	项　目　名　称	单　位	基价	人工费	机械费	主材用量
8－166	室内管道，镀锌钢管（螺纹连接）公称直径15mm	10m	141.71	100.20		管10.20
8－167	室内管道，镀锌钢管（螺纹连接）公称直径20mm	10m	139.89	100.20		管10.20
8－168	室内管道，镀锌钢管（螺纹连接）公称直径25mm	10m	170.80	120.60	1.58	管10.20
8－169	室内管道，镀锌钢管（螺纹连接）公称直径32mm	10m	179.03	120.60	1.58	管10.20
8－170	室内管道，镀锌钢管（螺纹连接）公称直径40mm	10m	195.90	144.00	1.58	管10.20
8－171	室内管道，镀锌钢管（螺纹连接）公称直径50mm	10m	224.73	147.00	4.53	管10.20
8－172	室内管道，镀锌钢管（螺纹连接）公称直径65mm	10m	233.43	142.80	4.28	管10.20
8－175	焊接管（螺纹连接）直径15mm	10m	131.76	100.20		管10.20
8－176	焊接管（螺纹连接）直径20mm	10m	140.39	100.20		管10.20
8－177	焊接管（螺纹连接）直径25mm	10m	181.37	120.60	1.58	管10.20
8－178	焊接管（螺纹连接）直径32mm	10m	188.36	120.60	1.58	管10.20
8－179	焊接管（螺纹连接）直径40mm	10m	199.64	144.00	2.52	管10.20
8－180	焊接管（螺纹连接）直径50mm	10m	214.40	147.00	2.52	管10.20
8－286	承接铸铁排水管（水泥口）直径50mm	10m	232.20	123.00		管8.80
8－287	承接铸铁排水管（水泥口）直径70mm	10m	340.60	147.00		管9.30
8－288	承接铸铁排水管（水泥口）直径100mm	10m	533.60	190.20		管8.90
8－289	承接铸铁排水管（水泥口）直径150mm	10m	529.49	201.60		管9.60
8－290	承接铸铁排水管（水泥口）直径200mm	10m	620.07	219.60		管9.80
8－320	铁皮套管直径20mm	个	5.13	3.6		

（续表）

定额号	项 目 名 称	单 位	基 价	人工费	机械费	主材用量
8－321	铁皮套管直径 25mm	个	5.13	3.6		
8－322	铁皮套管直径 32mm	个	5.13	3.6		
8－323	铁皮套管直径 40mm	个	7.70	5.4		
8－324	铁皮套管直径 80mm	个	8.81	6.00		
8－355	管道支架制作安装	100kg	1 340.49	315.60	771.52	106.00
8－602	蹲式大便器,高水箱	10套	1 077.46	474.00		大便器10.10 水箱10.10 水箱配件10.10 冲结管10.10 软管10.10
8－633	水龙头直径 15mm	10个	20.02	15.60		龙头10.10
8－634	水龙头直径 20mm	10个	21.04	15.60		龙头10.00
8－635	水龙头直径 25mm	10个	27.05	20.40		龙头10.00
8－636	排水栓带存水弯 32mm	10组	172.39	104.40		龙头10.00
8－637	排水栓带存水弯 40mm	10组	179.07	104.40		龙头10.00
8－638	排水栓带存水弯 50mm	10组	200.75	104.40		龙头10.00
8－642	地漏直径 50mm	10个	93.71	88.20		龙头10.00
8－643	地漏直径 80mm	10个	211.72	205.20		龙头10.00
8－647	扫除口直径 50mm	10个	44.82	41.40		龙头10.0
8－648	扫除口直径 80mm	10个	57.24	52.20		龙头10.00

（续表）

定额号	项目名称	单位	基价	人工费	机械费	主材用量
8-472	自动排气阀直径15mm	个	17.85	9.00		龙头1.00
8-473	自动排气阀直径20mm	个	22.33	12.00		龙头1.00
8-475	手动放风阀直径10mm	个	2.24	1.8		龙头1.01
8-543	螺纹水表组成安装直径15mm	组	11.33	10.2		水表1.00
8-544	螺纹水表组成安装直径20mm	组	11.54	10.2		阀门1.01 连件2.02
8-575	浴盆：普通浴盆	10组	530.27	471.00		浴盆10.00 手提花洒10.10 排水件10.10 龙头10.10 滑杆10.10
8-583	洗脸盆，冷热水	10组	1 283.08	319.20		脸盆10.10 龙头10.10 软管20.20
8-674	铸铁散热器，柱形	10片	58.39	22.80		柱形6.91 足片3.19
	室内消火栓安装直径65mm 单栓	套				
	室内消火栓安装直径65mm 双栓	套				
	管道油漆红丹防锈漆第一遍	10m²				
	管道油漆红丹防锈漆第二遍	10m²				
	管道油漆银粉漆第一遍	10m²				

定额号	项目名称	单位	基价	人工费	机械费	主材用量
	管道油漆银粉漆第二遍	10m²				
	管道油漆调和漆第一遍	10m²				
	管道油漆调和漆第二遍	10m²				
	管道油漆沥青漆第一遍	10m²				
	管道油漆沥青漆第二遍	10m²				
	铸铁暖气片防锈漆第一遍	10m²				
	铸铁暖气片银粉漆第一遍	10m²				
	铸铁暖气片银粉漆第二遍	10m²				
	铸铁暖气片沥青漆第一遍	10m²				
	铸铁暖气片沥青漆第二遍	10m²				
8－976	操作高度增加费 8m	实体的（人工费＋机械费）	0.92%	0.92%		
8－958	超高费 9 层/30m 以下		15.12%	1.68%	13.44%	
8－956	脚手架搭拆费		4.2%	1.05%		
8－957	采暖系统调整费		13.05%	6.53%		
8－991	垂直运输费		1.20%		1.20%	
8－980～990	其他项目费					
8－992	安全防护、文明施工费	（直接费＋管理费＋利润＋规费＋价款调整）	3.23%			

表 5-45 电气安装 2012 年河北省消耗定额

定额号	项目名称	单位	基价	人工费	机械费	主材
2-847	进户线横担,端埋设二线	组	14.96	14.40		
2-848	进户线横担,端埋设四线	组	30.84	21.60		
2-850	进户线横担,两端埋设二线	组	20.05	19.20		
2-851	进户线横担,两端埋设四线	组	63.80	21.60		
2-364	木配电箱制作,木板箱半周长 0.6m	套	85.15	50.40		
2-365	木配电箱制作,木板箱半周长 1.0m	套	155.58	92.40		
2-371	配电箱制作木板	m²	136.52	79.20		
2-374	木板包铁皮	m²	44.29	13.20		
2-375	配电箱安装,半周长 1.0m	个	49.97	32.40		
2-263	成套配电箱安装,半周长 0.5m	台	211.30	88.20		
2-264	成套配电箱安装,半周长 1.0m	台	238.03	106.20		
2-265	成套配电箱安装,半周长 1.5m	台	271.30	135.60		
2-267	自动空气开关,DZ 装置式	个	74.44	58.80		
2-269	刀开关,手柄式	个	102.35	88.20		
2-272	铁壳开关	个	64.84	32.40	8.65	
2-273	胶盖闸刀开关,单相	个	20.45	9.60		
2-274	胶盖闸刀开关,三相	个	26.99	13.20		
2-283	熔断器安装,普通式	个	47.60	41.40		

（续表）

定额号	项　目　名　称	单位	基价	人工费	机械费	主材
2－306	测量表计安装	个	38.33	27.00		
2－1024	电线管管敷设,砌体,混凝土结构暗配,公称直径 15mm	100m	860.87	582.00	77.82	电线管 103.00
2－1025	电线管管敷设,砌体,混凝土结构暗配,公称直径 20mm	100m	871.76	619.80	77.82	电线管 103.00
2－1026	电线管管敷设,砌体,混凝土结构暗配,公称直径 25mm	100m	925.07	655.20	76.11	电线管 103.00
2－1142	塑料管管敷设,插接式 15mm	100m	440.84	419.40		塑料管 110.00
2－1143	塑料管管敷设,暗配式 20mm	100m	475.73	454.20		塑料管 110.00
2－1144	塑料管管敷设,暗配式 25mm	100m	501.23	471.60		塑料管 110.00
2－1174	管内穿线,照明线铝芯 2.5mm	100m	65.78	58.80		导线 116.00
2－1175	管内穿线,照明线铝芯 4mm	100m	58.33	41.40		导线 110.00
2－1176	管内穿线,照明线铜芯 1.5mm	100m	77.50	57.60		导线 116.00
2－1177	管内穿线,照明线铜芯 2.5mm	100m	82.28	58.80		导线 116.00
2－1178	管内穿线,照明线铜芯 4mm	100m	64.45	41.40		导线 110.00
2－1179	管内穿线,动力线铝芯 2.5mm	100m	43.31	39.00		导线 105.00
2－1180	管内穿线,动力线铝芯 4mm	100m	52.91	41.40		导线 105.00
2－1181	管内穿线,动力线铝芯 6mm	100m	55.70	47.40		导线 105.00
2－1182	管内穿线,动力线铝芯 10mm	100m	75.95	58.20		导线 105.00
2－1193	管内穿线,动力线铜芯 1.5mm	100m	64.40	40.80		导线 105.00
2－1194	管内穿线,动力线铜芯 2.5mm	100m	66.51	41.40		导线 105.00

定额号	项 目 名 称	单 位	基 价	人工费	机械费	主 材
2－1195	管内穿线，动力线铜芯 4mm	100m	73.27	44.40		导线 105.00
2－1735	拉线开关	10套	84.21	57.00		开关 10.20
2－1736	扳把开关明装	10套	74.15	48.6		开关 10.20
2－1737	扳把开关暗装单联	10套	49.81	42.60		开关 10.20
2－1738	扳把开关暗装双联	10套	55.85	45.60		开关 10.20
2－1750	单框明插座 15A,2 孔	10套	70.90	48.60		插座 10.20
2－1751	单框明插座 15A,3 孔	10套	78.73	53.40		插座 10.20
2－1752	单框明插座 15A,4 孔	10套	87.15	58.80		插座 10.20
2－1765	单相暗插座 15A,2 孔	10套	56.24	48.60		插座 10.20
2－1766	单相暗插座 15A,3 孔	10套	64.07	53.40		插座 10.20
2－1767	单相暗插座 15A,4 孔	10套	72.49	58.80		插座 10.20
2－1813	电梯电气安装，手操、钮控 2/2	部	4 871.00	3 414.60	794.44	
2－1814	电梯电气安装，手操、钮控 3/3	部	5 596.71	4 007.40	867.07	
2－1815	电梯电气安装，手操、钮控 4/4	部	6 823.83	4 578.60	962.39	
2－1802	吊风扇	10套	29.51	18.00		1.00
2－1467	软线吊灯安装	10套	93.74	55.20		灯具 10.10
2－1468	吊链灯	10套	154.55	118.80		灯具 10.10
2－1474	座灯头	10套	84.60	55.20		灯具 10.10
2－1661	荧光灯安装，组装型吊链式单管	10套	452.20	141.60		灯具 10.10

定额号	项 目 名 称	单 位	基 价	人工费	机械费	主 材
2－1662	荧光灯安装,组装型吊链式双管	10套	565.82	226.80		灯具10.10
2－1668	荧光灯安装,成套型吊链式单管	10套	192.19	127.80		灯具10.10
2－1669	荧光灯安装,成套型吊链式双管	10套	225.19	160.80		灯具10.10
2－723	地极安装圆钢坚土	个	54.24	25.80	26.77	灯具1.00
2－727	接地母线敷设	10m	115.13	74.40	19.02	灯具10.50
2－1429	接线盒安装	10个	37.93	26.40		灯具10.20
2－1430	开关盒安装	10个	33.54	28.20		灯具10.20
2－860	送配电系统调试1kV以下	系统	317.01	247.20	65.17	
2－897	接地装置调试	系统	359.64	247.20	107.80	
2－1966	脚手架搭拆	实体的（人工费+机械费）	3.36%	0.84%		
2－1967	操作高度增加费		27.72%	27.72%		
2－1968	超高费,9层/30m下		7.56%	0.84%		
2－1997	垂直运输费		1.2%		1.2%	
2－1986－1996	其他项目费					
2－1906	不可竞争措施费	直接费+管理费+利润+规费+价款调整	3.23%			

四、河北省 2012 年取费标准(表5-46、表5-47)

表5-46 建筑工程费用标准

序号	费用名称	计算基数	一般建筑工程			土石方、超高垂运、特大机	桩基础工程		装饰装修工程	安装工程		
			一类	二类	三类		一类	二类		一类	二类	三类
1	直接费	直接费中人工费+机械费										
2	企业管理费		25	20	17	4	9	8	18	22	17	15
3	利润		14	12	10	4	8	7	13	12	11	10
4	规费		25			7	17		20	27		
5	价款调整		按合同确认的方式、方法计算									
6	税金		3.48%、3.41%、3.28%									

表5-46 建筑、安装、市政、装饰装修工程计价程序

序 号	费 用 项 目	计 算 方 法
1	直接费	
2	直接费中人工费+机械费	
3	企业管理费	2×费率
4	利润	2×费率
5	规费	2×费率
6	价款调整	按合同确认的方式、方法计算
7	安全生产、文明施工费	(1+3+4+5+6)×费率
8	税金	(1+3+4+5+6+7)×费率
9	工程造价	1+3+4+5+6+7+8

五、工程类别划分标准(表5-48)

表5-48 一般建筑工程类别划分

项目				一类	二类	三类
工业建筑	钢结构		跨度	≥30m	≥15m	<15m
			建筑面积	≥12 000m²	≥8 000m²	<8 000m²
	其他结构	单层	檐高	≥20m	≥15m	<15m
			跨度	≥24m	≥15m	<15m
		多层	檐高	≥24m	≥15m	<15m
			建筑面积	≥8 000m²	≥4 000m²	<4 000m²

项　　目		一　类	二　类	三　类
民用建筑	公共建筑　跨　　度	≥30m	≥15m	<15m
	檐　　高	≥36m	≥20m	<20m
	建筑面积	≥7 000m²	≥4 000m²	<4 000m²
	住宅及其他民用建筑　檐　　高	≥56m	≥20m	<20m
	层　　数	≥20 层	≥7 层	<7 层
	建筑面积	≥12 000m²	≥7 000m²	<7 000m²
构筑物	水　塔　高　　度	≥75m	≥35m	<35m
	吨　　位	≥150m³	≥75m³	<75m³
	烟　囱　高　　度	≥100m	≥50m	<50m
	贮　仓　高　　度	≥30m	≥15m	<15m
	容　　积	≥600m³	≥300m³	<300m³
	储水(油)池　容　　积	≥3 000m³	≥1 500m³	<1 500m³
	沉井、沉箱	执行一类		
	围墙、砖地沟、室外建筑工程			执行三类

注:桩基现场关注为一类,预制桩为二类。

六、11G101 新平法钢筋算量计算公式

钢筋手工算量程序公式(依据 11G101 系列图集及 2012 定额计算规则)。

1. 筏板钢筋计算程序公式:101 - 3 P73(端部等截面外伸筏板)

(1)纵(横)筋长度 = 筏板纵(横)向长度 - 保护层×2 + 12d×2

(2)纵(横)筋个数 = (筏板纵(横)向长度 - 保护层×2)/间距 + 1

(3)马凳筋量 = 筏板的混凝土体积×4kg/m³

2. 柱钢筋计算程序公式:101 - 3 P59;101 - 1 P57 ~ 65

(1)柱在筏板中的锚固:

直锚足够时 = 筏板厚度 - 保护层 + 弯折 6d 且≥150

直锚不足时 = 筏板厚度 - 保护层 + 15d

外侧保护层小于 5d 时,筏板内部箍筋加密间距 100。

(2)柱顶外侧钢筋的锚固:

从梁底算起伸入梁内 1.5 × LaE。

当 $1.5 \times LaE$ 未超过柱内侧时,平直长度不小于 $15d$。

（3）柱顶内侧钢筋的锚固:伸至柱顶 $-$ 保护层 $+12d$（可直锚）。

（4）柱纵筋直径 ≥ 25 时,在柱宽范围内的柱箍筋内侧设置间距 >150,但不少于 $3\phi10$ 的角部附近筋。

（5）抗震框架柱箍筋加密区为首层净高的 $1/3$、框架梁及其上下范围内（柱截面,500,六分之一净高取大值）。

（6）箍筋个数:（各个加密区长度/加密区间距 $+1$）$+$（非加密区长度/非加密区间距 -1）。

当加密为二倍关系时,可简化为:

（柱高 $-$ 起始距离 $5cm$ $-$ 柱顶保护层厚度 $+$ 加密区总长度）/非加密间距 $+1$。

3. 剪力墙钢筋计算程序公式: $101-1$ P68~70; $101-3$ P58

（1）剪力墙钢筋在筏板内的锚固参柱钢筋在筏板内的锚固。

（注意:墙外侧保护层厚度 $\leq 5d$ 时,增加锚固区横向钢筋）

（2）剪力墙钢筋在顶部的锚固:伸至板顶 $-$ 保护层 $+12d$。

（3）剪力墙水平钢筋的锚固。

① 端部为转角暗柱时外侧钢筋可连续通过再进行搭接;内侧钢筋伸至对边 $-$ 保护层 $+15d$。

② 端部为框架柱或翼缘暗柱时:伸至对边 $-$ 保护层 $+15d$。

③ 端部无暗柱时,弯折 $10d$。

（4）竖向钢筋的根数 $=$ 剪力墙的净长/竖向间距。

（5）纵向钢筋的根数 $=$（墙高 $-$ 起始距离 $5cm$ $-$ 保护层）/纵向间距 $+1$。

（6）拉筋的长度:墙宽度 $-$ 保护层 $\times 2$ $+23.8d$ $+2d$（若拉筋直径为 6.5,再增加 $2cm$）。

（7）（双向布置）拉筋的个数 $=$ 剪力墙净面积/（纵向间距 $\times$ 竖向间距）。

（注意:当拉筋为梅花形布置时,其个数为双向布置的 2 倍）

4. 梁钢筋计算程序公式: $101-1$ P59, P79~82

（1）上部通长筋长度 $=$ 支座间净长 $+$ 两端支座锚固长度;

① 楼层框架梁端支座锚固长度 $=$ 柱宽 $-$ 保护层 $+15d$（直锚足够时

可直锚）

②屋面框架梁端支座锚固长度＝柱宽－保护层＋梁高－保护层。

（2）下部钢筋在端支座锚固长度＝柱宽－保护层＋15d（可直锚），在中间支座处锚固 LaE 且≥0.5×柱宽＋5d。

（3）端支座加筋长度＝净跨的三（四）分之一＋支座锚固长度（同2）。

（4）中间支座加筋长度＝取大跨净跨的三（四）分之一×2＋支座跨度。

（5）架立筋长度＝跨净长－左、右侧非贯通纵筋伸入梁内长度之和＋0.15×2。

（6）箍筋个数＝（加密区长度/加密区间距＋1）×加密区个数＋（非加密区长度/非加密区间距－1）。

5. 混凝土板钢筋计算程序公式:101－1 P92～94

（1）板底受力筋伸入支座5d且至少到支座中线。

（2）上部纵筋在跨中1/2范围内搭接；底部钢筋在支座处锚固。

（3）上部受力钢筋在端支座的锚固长度＝支座宽度－保护层＋15d（可直锚）。

（4）中部支座负弯矩钢筋长度＝图纸标注尺寸＋弯折尺寸×2。

（5）受力钢筋根数＝板净长（宽）/间距。

（6）负弯矩钢筋分布筋两端与负弯矩钢筋搭接（无弯钩）。

（7）马凳筋量＝板的混凝土体积×2kg/m^3。

注意：

1. 各构件钢筋的锚固，若图纸有详图及说明的以图纸为准。

2. 板双向受力筋均距离支座1/2间距开始布置。

3. 剪力墙竖向筋可距离支座1/2间距开始布置，也可距离支座边缘5cm开始布置。

4. 剪力墙水平筋、框架柱箍筋距离筏板顶面5cm开始布置，筏板内距离顶面10cm开始布置。

5. 框架梁箍筋距离梁侧面5cm开始布置。

6. 加密区的位置及范围根据结构为地下工程、地上工程及抗震、非抗震情况区分计算。

7. 无特别说明情况下，柱、墙竖向钢筋接头按每个自然层计算一次。

七、某高层住宅预算书（依据2012定额；不含部分另行分包项目：门窗工程、外装修工程等）

（一）多专业取费表

项目名称：某高层住宅（土建）

序号	费用名称	取费说明	费率	费用金额
一	一般土建工程	人工费＋材料费＋机械费＋未计价材料费		22 369 419.65
一	直接费			17 314 255.3
1	人工费	人工费＋组价措施项目人工费		3 937 029.46
2	材料费	材料费＋组价措施项目材料费		12 788 046
3	机械费	机械费＋组价措施项目机械费		589 179.84
4	未计价材料费	主材费＋组价措施项目主材费		0
5	设备费	设备费＋组价措施项目设备费		0
二	企业管理费	预算人工费＋组价措施预算人工费＋预算机械费＋组价措施预算机械费	25	1 131 552.54
三	规费	预算人工费＋组价措施预算人工费＋预算机械费＋组价措施预算机械费	25	1 131 552.54
四	利润	预算人工费＋组价措施预算人工费＋预算机械费＋组价措施预算机械费	14	633 669.42
五	价款调整	人材机价差＋独立费		524 838.85
1	人材机价差	人材机价差		524 838.85
2	独立费	独立费		0
六	安全生产、文明施工费	安全生产、文明施工费		881 274.42
七	税金	直接费＋设备费＋企业管理费＋规费＋利润＋价款调整＋安全生产、文明施工费	3.48	752 276.58
八	工程造价	直接费＋设备费＋企业管理费＋规费＋利润＋价款调整＋安全生产、文明施工费＋税金		22 369 419.65

（续表）

序号	费用名称	取费说明	费率	费用金额
二	土石方工程			3 445 428.73
一	直接费	人工费+材料费+机械费+未计价人工费		2 845 782.45
1	人工费	人工费+组价措施项目人工费		1 113 109.42
2	材料费	材料费+组价措施项目材料费		88 830.61
3	机械费	机械费+组价措施项目机械费		1 643 842.42
4	未计价材料费	主材费+组价措施项目主材费		0
5	设备费	设备费+组价措施项目设备费		0
二	企业管理费	预算人工费+组价措施预算人工费+预算机械费+组价措施预算机械费	4	110 278.05
三	规费	预算人工费+组价措施预算人工费+预算机械费+组价措施预算机械费	7	192 986.58
四	利润	预算人工费+组价措施预算人工费+预算机械费+组价措施预算机械费	4	110 278.05
五	价款调整	人材机价差+独立费		−65 502.55
1	人材机价差	人材机价差		−65 502.55
2	独立费	独立费		0
六	安全生产、文明施工费	安全生产、文明施工费		135 737.46
七	税金	直接费+设备费+企业管理费+规费+利润+价款调整+安全生产、文明施工费	3.48	115 868.69
八	工程造价	直接费+设备费+企业管理费+规费+利润+价款调整+安全生产、文明施工费+税金		3 445 428.73
三	灌注桩工程			51 801.06

序号	费用名称	取费说明	费率	费用金额
一	直接费	人工费＋材料费＋机械费＋未计价材料费		52 595.28
1	人工费	人工费＋组价措施项目人工费		5 035.69
2	材料费	材料费＋组价措施项目材料费		44 730.42
3	机械费	机械费＋组价措施项目机械费		2 829.17
4	未计价材料费	主材费＋组价措施项目主材费		0
5	设备费	设备费＋组价措施项目设备费		0
二	企业管理费	预算人工费＋组价措施预算人工费＋预算机械费＋组价措施预算机械费	9	707.83
三	规费	预算人工费＋组价措施预算人工费＋预算机械费＋组价措施预算机械费	17	1 337.02
四	利润	预算人工费＋组价措施预算人工费＋预算机械费＋组价措施预算机械费	8	629.19
五	价款调整	人材机价差＋独立费		−6 832.93
1	人材机价差	人材机价差		−6 832.93
2	独立费	独立费		0
六	安全生产、文明施工费	安全生产、文明施工费		1 622.62
七	税金	直接费＋设备费＋企业管理费＋规费＋利润＋价款调整＋安全生产、文明施工费	3.48	1 742.05
八	工程造价	直接费＋设备费＋企业管理费＋规费＋利润＋价款调整＋安全生产、文明施工费＋税金		51 801.06
四、	装饰工程	装饰工程		5 821 336.6
一	直接费	人工费＋材料费＋机械费＋未计价材料费		3 956 142.74

（续表）

序号	费 用 名 称	取 费 说 明	费 率	费用金额
1	人工费	人工费 + 组价措施项目人工费		2 171 299.09
2	材料费	材料费 + 组价措施项目材料费		1 507 439.05
3	机械费	机械费 + 组价措施项目机械费		277 404.6
4	未计价材料费	主材费 + 组价措施项目主材费		0
5	设备费	设备费 + 组价措施项目设备费		0
二	企业管理费	预算人工费 + 组价措施预算人工费 + 预算机械费 + 组价措施预算机械费	18	440 766.79
三	规费	预算人工费 + 组价措施预算人工费 + 预算机械费 + 组价措施预算机械费	20	489 740.88
四	利润	预算人工费 + 组价措施预算人工费 + 预算机械费 + 组价措施预算机械费	13	318 331.57
五	价款调整	人材机价差 + 独立费		230 348.33
1	人材机价差	人材机价差		230 348.33
2	独立费	独立费		0
六	安全生产、文明施工费	安全生产、文明施工费		190 236.56
七	税金	直接费 + 设备费 + 企业管理费 + 规费 + 利润 + 价款调整 + 安全生产、文明施工费	3.48	195 769.73
八	工程造价	直接费 + 设备费 + 企业管理费 + 规费 + 利润 + 价款调整 + 安全生产、文明施工费 + 税金		5 821 336.6
五、	工程造价	专业造价总合计		31 687 986.04

含税工程造价：叁仟壹佰陆拾捌万柒仟玖佰捌拾陆元零肆分

494

工程名称：某高层住宅

（二）单位工程概算表

序号	定额编号	子目名称	工程量		价 值（元）		其 中（元）		
			单位	工程量	单价	合价	人工费	材料费	机械费
A		土建工程				17 202 144.58	3 836 299.52	12 715 054.23	650 790.87
1	A1-228	机械 平整场地 推土机	1 000m²	0.72	683.88	494.81	32.65	0	462.16
2	A1-119	反铲挖掘机挖土（斗容量0.6m³）装车 一、二类土	1 000m³	7.5	4 243.96	31 829.7	2 033.93	0	29 795.78
3	A1-163 换	自卸汽车运土（载重8t）运距1km以内 实际运距（km）:5	1 000m³	7.5	16 316.47	122 373.53	0	0	122 373.53
4	A1-1 R×1.5，×1.5	人工挖土方 一、二类土 深度（2m以内） 挖桩间土 人工×1.5 机械挖土中的人工 辅助开挖 单价×1.5 人工清槽底土	100m³	3.2	2 157.3	6 896.18	6 896.18	0	0
5	A1-42 换	人工 回填灰土 2:8 换为[灰土 3:7]	100m³	1.32	10 050.16	13 273.25	3 215.38	9 726.85	331.02
6	A2-111	灌注桩辅助项目 钢筋笼制作	t	7.55	5 221.99	39 442.21	3 122.45	35 440.66	879.11
7	A2-114	灌注桩辅助项目 钢筋笼安装（钢筋笼长15m以内）	t	7.55	345.59	2 610.28	1 114.84	287.77	1 207.67
8	A2-118 换	灌注桩辅助项目 灌注桩芯混凝土 预拌混凝土 换为[预拌混凝土 C45]	10m³	2.79	3 607.41	10 079.1	637.03	8 826.97	615.1

序号	定额编号	子 目 名 称	工程量		价 值（元）		人工费	其 中（元）	
			单位	工程量	单价	合价		材料费	机械费
9	A3-1	砖基础 砖胎膜	10m³	2.81	2 918.52	8 188.9	1 639.73	6 435.95	113.22
10	A3-17换	砌块墙 加气混凝土砌块 换为 水泥石灰砂浆【砌筑砂浆 M5 中砂】	10m³	159.41	2 572.86	410 129.06	112 859.38	295 125.68	2 144.01
11	A3-18换	砌块墙 轻骨料混凝土小型空心砌块 换为【砌筑砂浆 水泥砂浆 M10 中砂】	10m³	23.7	2 569.72	60 898.25	15 200.15	45 305.89	392.21
12	A3-30	砌体内钢筋加固	t	17.41	6 185.74	107 699.92	29 062.44	77 983.87	653.61
13	A4-12换	现浇钢筋混凝土 二次灌浆 细石混凝土 换为【现浇混凝土 C40-15】中砂碎石	10m³	2.7	4 436.42	11 978.33	5 072.22	6 698.05	208.06
14	A4-167换	预拌混凝土（现浇） 满堂基础 换为【预拌混凝土 C40】	10m³	137.12	3 337.21	457 597.57	43 110.47	412 854.01	1 633.1
15	A4-172换	预拌混凝土（现浇） 矩形柱 换为【预拌混凝土 C40】	10m³	0.05	3 795.19	191.28	41.34	148.77	1.17
16	A4-174换	预拌混凝土（现浇） 构造柱异形柱 换为【预拌混凝土 C25】	10m³	32.76	3 628.35	118 868.37	34 399.05	83 710.25	759.07
17	A4-177换	预拌混凝土（现浇） 单梁连续梁 换为【预拌混凝土 C30】	10m³	58.47	3 186.91	186 326.52	28 484.73	156 729.17	1 112.61
18	A4-179换	预拌混凝土（现浇） 圈梁弧形圈梁 换为【预拌混凝土 C25】	10m³	5.04	3 463.09	17 455.71	4 361.04	13 035.39	59.28

（续表）

序号	定额编号	子目名称	工程量		价值（元）		人工费	其中（元）	
			单位	工程量	单价	合价		材料费	机械费
19	A4-180 换	预拌混凝土（现浇）过梁 换为【预拌混凝土 C30】	10m³	0.11	3 832.54	434.61	122.2	310.25	2.16
20	A4-180 换	预拌混凝土（现浇）过梁 换为【预拌混凝土 C25】	10m³	3.46	3 730.55	12 917.03	3 731.19	9 119.95	65.89
21	A4-185 换	预拌混凝土（现浇）电梯井壁（直形壁）换为【预拌混凝土 C30】	10m³	30.63	3 360.96	102 962.34	21 138.01	81 160.47	663.86
22	A4-185 换	预拌混凝土（现浇）电梯井壁（直形壁）换为【预拌混凝土 C40】	10m³	7.75	3 657.72	28 353.55	5 348.67	22 836.9	167.98
23	A4-186 换	预拌混凝土（现浇）直形墙 换为【预拌混凝土 C30】	10m³	362.55	3 376.03	1 223 978.66	256 902.72	959 219.49	7 856.45
24	A4-186 换	预拌混凝土（现浇）直形墙 换为【预拌混凝土 C40】	10m³	81.86	3 672.79	300 654.59	58 006	240 874.69	1 773.91
25	A4-186 换	预拌混凝土（现浇）直形墙 换为【预拌混凝土 C40】地下室外墙 P6	10m³	27.9	3 672.79	102 488.84	19 773.41	82 110.73	604.7
26	A4-190 换	预拌混凝土（现浇）平板 换为【预拌混凝土 C30】	10m³	232.81	3 089.84	719 344.11	81 017.71	633 402.48	4 923.92

序号	定额编号	子 目 名 称	工 程 量		价 值（元）		人工费	其 中（元）	
			单位	工程量	单 价	合 价		材料费	机械费
27	A4-197换	预拌混凝土（现浇）雨篷 直形 换为[预拌混凝土 C30]	10m³	0.15	3 730.38	545.75	135.36	406.5	3.89
28	A4-199换	预拌混凝土（现浇）整体楼梯 换为[预拌混凝土 C30]	10m³	19.46	3 888.49	75 657.96	22 612.81	52 445.49	599.66
29	A4-202换	预拌混凝土（现浇）挑檐天沟 换为[预拌混凝土 C30]	10m³	8.94	3 849.98	34 413.43	9 026.2	25 157.69	229.54
30	A4-203换	预拌混凝土（现浇）栏板 直形 换为[预拌混凝土 C30]	10m³	7.77	3 572.62	27 749.61	6 552.49	20 996.49	200.63
31	A4-205换	预拌混凝土（现浇）压顶垫块墩块 换为[预拌混凝土 C25]	10m³	2.33	3 819.22	8 880.45	2 561.44	6 258.95	60.06
32	A4-213	预拌混凝土（现浇）散水 混凝土一次抹光水泥砂浆	100m²	1.59	6 993.14	11 096.71	4 887.98	6 151.82	56.92
33	A4-217换	预拌混凝土（现浇）防滑坡道 抹水泥豆石浆 与建筑物外门厅地面相连 换为[预拌混凝土 人工×1.1 C15]	100m² 斜面积	0.11	10 693.95	1 159.22	611.34	538.64	9.24
34	A4-218	预拌混凝土（现浇）台阶 混凝土基层	100m² 水平投影面积	0.23	9 321.65	2 162.62	819.19	1 326.3	17.13

序号	定额编号	子 目 名 称	工 程 量 单位	工 程 量 工程量	价 值（元） 单价	价 值（元） 合价	其 中（元） 人工费	其 中（元） 材料费	其 中（元） 机械费
35	A4－330	现浇构件钢筋直径 10mm 以内 C6	t	87.42	5 299.97	463 328.68	69 924.56	388 533.02	4 871.1
36	A4－330	现浇构件钢筋直径 10mm 以内 C8	t	467.86	5 299.97	2 479 617.46	374 218.5	2 079 330.08	26 068.88
37	A4－330	现浇构件钢筋直径 10mm 以内 C10	t	119.65	5 299.97	634 141.41	95 703.25	531 771.26	6 666.9
38	A4－331	现浇构件钢筋直径 20mm 以内 C12	t	147.45	5 357.47	789 984.67	71 309.14	697 166.29	21 509.23
39	A4－331	现浇构件钢筋直径 20mm 以内 C14	t	44.43	5 357.47	238 027.03	21 485.86	210 060.31	6 480.86
40	A4－331	现浇构件钢筋直径 20mm 以内 C16	t	67.93	5 357.47	363 906.15	32 848.53	321 149.4	9 908.22
41	A4－331	现浇构件钢筋直径 20mm 以内 C18	t	37.3	5 357.47	199 817.56	18 036.83	176 340.22	5 440.51
42	A4－331	现浇构件钢筋直径 20mm 以内 C20	t	35.11	5 357.47	188 095.41	16 978.71	165 995.35	5 121.35
43	A4－332	现浇构件钢筋直径 20mm 以外 C22	t	112.9	5 109.22	576 825.83	37 480.21	527 562.35	11 783.27
44	A4－332	现浇构件钢筋直径 20mm 以外 A25	t	0.02	5 109.22	91.97	5.98	84.11	1.88

序号	定额编号	子目名称	工程量		价值（元）		其中（元）		
			单位	工程量	单价	合价	人工费	材料费	机械费
45	A4-338	冷轧带肋钢筋网片 迎水面钢丝网	t	1.41	5 846.92	8 272.11	598.96	7 664.81	8.33
46	A4B-1	接头扣除费 直径16mm以内	个	9 864	-0.71	-7 003.44	-2 959.2	-1 085.04	-2 959.2
47	A4B-2	接头扣除费 直径22mm以内	个	1 406	-1.9	-2 671.4	-984.2	-703	-984.2
48	A4-345	直螺纹钢筋接头（钢筋直径20mm以内）	10个	993	88.02	87 403.86	28 300.5	41 845.02	17 258.34
49	A4-346	直螺纹钢筋接头（钢筋直径30mm以内）	10个	134	111.39	14 926.26	4 462.2	7 406.18	3 057.88
50	A6-8·	钢梯子制作 爬式	t	0.72	7 898.48	5 686.91	1 124.93	3 679.16	882.82
51	A7-39	0.2厚真空镀铝聚酯薄膜	100m²	149.66	152.49	22 822.37	8 800.28	14 022.09	0
52	A7-39	屋面防水 隔离层 满铺 0.15mm厚聚乙烯薄膜一层	100m²	4.36	152.49	664.29	256.15	408.14	0
53	A7-60	屋面防水 防水层 卷材面层刷着色剂涂料保护层一遍	100m²	1.42	449	637.98	319.7	318.28	0
54	A7-97	屋面排水 塑料水落管 φ110	100m	11.44	4 225.65	48 351.58	15 165.76	33 185.82	0
55	A7-101	屋面排水 塑料水斗 落水口直径 φ110	10个	2.1	432.13	907.47	371.7	535.77	0
56	A7-103	屋面排水 塑料弯头落水口（含算子板）	10套	2.1	364.58	765.62	495.18	270.44	0

序号	定额编号	子目名称	工程量		价值（元）		其中（元）		
			单位	工程量	单价	合价	人工费	材料费	机械费
57	A7-112	屋面排水 阳台、雨蓬塑料排水 φ50以内	10个	0.4	20.24	8.1	4.14	3.96	0
58	A7-114	屋面排水 钢管底节 φ110	10个	1.9	526.97	1 001.24	43.76	957.49	0
59	A7-124 ×1.1	卷材防水 干铺油毡 地下室防水 单价×1.1	100m²	9.35	645.26	6 033.18	1 032.99	5 000.19	0
60	A7-148 ×1.1	卷材防水 SBS改性沥青防水卷材 冷贴一层 平面 地下室防水 单价×1.1	100m²	12.21	3 051.26	37 264.73	3 210.53	34 054.21	0
61	A7-149 ×1.1	卷材防水 SBS改性沥青防水卷材 冷贴一层 立面 地下室防水 单价×1.1	100m²	5.78	3 301.2	19 097.05	2 966.6	16 130.44	0
62	A7-179	涂膜防水 聚氯乙烯防水涂料 平面	100m²	5.78	470.26	2 716.79	1 029.5	1 687.29	0
63	A7-193换	涂膜防水 聚氨酯防水涂膜 涂膜二遍（mm）厚度:1.5 刷实际 平面	100m²	160.12	3 398.34	544 156.13	46 500.04	497 656.1	0
64	A7-194换	涂膜防水 聚氨酯防水涂膜 涂膜二遍（mm）厚度:1.5 刷实际 立面	100m²	34.86	3 580.37	124 824.95	13 324.91	111 500.04	0
65	A7-214	刚性防水 防水砂浆 墙基	100m²	0.58	1 619.72	945.92	474.09	452.49	19.33

序号	定额编号	子目名称	工程量		价值（元）		人工费	其中（元）	
			单位	工程量	单价	合价		材料费	机械费
66	A7-217	刚性防水 掺无机铝盐防水剂 素水泥浆	100m²	1.35	297.67	400.49	98.48	302	0
67	A7-218	刚性防水 掺无机铝盐防水剂 防水砂浆	100m²	1.35	1556.3	2093.85	740.24	1318.81	34.79
68	A7-241	变形缝 填缝 预埋式止水带 钢板	100m	1.01	6866.2	6917.7	1568.68	5349.02	0
69	A7-242	变形缝 填缝 遇水膨胀止水条 后浇带处	100m	0.25	1806	458.72	167.64	291.08	0
70	A8-213	屋面保温 挤塑板 粘贴 飘窗 上下挑板保温	100m²	8.12	4871.26	39564.37	5974.54	33589.83	0
71	A8-213	屋面保温 挤塑板 粘贴 阳台 底板保温	100m²	8.74	4871.26	42584.55	6430.62	36153.94	0
72	A8-214	屋面保温 挤塑板 干铺 60mm	100m²	5.78	3821.8	22079.3	1050.29	21029.01	0
73	A8-219	屋面保温 水泥砂浆找平层 掺聚丙烯	100m²	5.78	1002.11	5789.39	2922.11	2717.88	149.4
74	A8-230换	屋面保温 1:6水泥炉渣 换为【水泥珍珠岩 1:8】	10m³	4.5	2501.88	11254.96	1750.68	9164.41	339.87

（续表）

序号	定额编号	子目名称	工程量		价值(元)		人工费	其中(元)	
			单位	工程量	单价	合价		材料费	机械费
75	A8-242	天棚保温 挤塑板 混凝土板下粘贴	100m²	5.16	6 223.39	32 105.85	7 472.15	24 134.42	499.28
76	A8-245 换	天棚保温 聚合物抗裂砂浆 3mm 实际厚度(mm):1.5	100m²	5.16	979.51	5 053.19	3 809.74	1 241.39	2.06
77	A8-245 换	天棚保温 聚合物抗裂砂浆 3mm 实际厚度(mm):2	100m²	5.16	1 243.82	6 416.74	3 929.22	2 483.39	4.13
78	A8-247	天棚保温 玻纤网格布一层	100m²	5.16	236.4	1 219.56	495.25	724.31	0
79	A8-265	墙体保温 外墙粘贴 聚苯板 防水保护层	100m²	5.78	4 430.17	25 628	7 327.13	17 430.77	870.1
80	A8-305	楼地面保温 挤塑板 干铺	100m²	149.75	740.8	110 932.21	35 400.07	75 532.13	0
81	A9-190	金属结构构件安装 梯子安装	t	0.72	1 124.67	809.76	301.54	31.21	477.01
82	A11-4 ×0.2	外墙脚手架 外墙高度在9m以内 双排 用于地下室外墙面防水 单价×0.2	100m²	3.31	297.75	985.2	279.53	639.52	66.14
83	A11-11	外墙脚手架 外墙高度在 110m 以内 双排	100m²	214.82	5 161.46	1 108 801.61	463 631.54	625 739.31	19 430.76
84	A11-20	内墙砌筑脚手架 3.6m 以内里脚手架	100m²	204.32	257.78	52 670	40 823.44	9 901.42	1 945.14
85	A12-23	现浇混凝土组合式钢模板 过梁	100m²	7.06	6 713.02	47 418.09	20 995.84	24 947.58	1 474.67

序号	定额编号	子 目 名 称	工 程 量		价 值（元）			其 中（元）	
			单位	工程量	单价	合价	人工费	材料费	机械费
86	A12－50	现浇混凝土复合木模板 满堂基础 无梁式	100m²	1.13	4 410.68	4 969.95	1 926.15	2 914.2	129.6
87	A12－58	现浇混凝土复合木模板 矩形柱	100m²	56.42	5 135.52	289 740.39	117 227.19	159 613.02	12 900.18
88	A12－61	现浇混凝土复合木模板 单梁连续梁	100m²	62.86	5 704.11	358 571.76	132 764.54	209 323.55	16 483.67
89	A12－62	现浇混凝土复合木模板 直形圈梁	100m²	5.95	4 392.78	26 142.75	10 128.52	15 340.13	674.1
90	A12－63	现浇混凝土复合木模板 直形墙	100m²	462.69	3 936.14	1 821 219.31	720 133.36	1 012 031.67	89 054.27
91	A12－64	现浇混凝土复合木模板 电梯井壁（直形壁）	100m²	37.32	4 186.51	156 230.51	65 022.19	84 357.93	6 850.39
92	A12－65	现浇混凝土复合木模板 平板	100m²	193.25	4 729.3	913 948.1	271 674.08	590 378.05	51 895.97
93	A12－68	现浇混凝土复合木模板 直形雨篷	100m²	0.15	5 484.87	802.44	226.3	515.46	60.68
94	A12－69	现浇混凝土复合木模板 栏板 直形	100m²	12.97	3 585.5	46 490.31	15 722.04	27 579.5	3 188.78
95	A12－70	现浇混凝土复合木模板 挑檐天沟	100m²	11.16	6 527.97	72 829.95	37 448.69	29 796.38	5 584.88
96	A12－77	现浇混凝土木模板 混凝土基础垫层	100m²	2.54	4 155.02	10 559.15	1 655.91	8 757.5	145.74

（续表）

序号	定额编号	子目名称	单位	工程量	单价	合价	人工费	材料费	机械费
97	A12-77	现浇混凝土木模板 混凝土基础垫层	100m²	2.54	4 155.02	10 559.57	1 655.98	8 757.84	145.75
98	A12-87	现浇混凝土木模板 梁支撑高度超过3.6m 每超过1m	100m²	3.39	858.37	2 911.59	1 438.89	1 399.64	73.06
99	A12-89	现浇混凝土木模板 墙支撑高度超过3.6m 每超过1m	100m²	4.38	240.17	1 052.06	499.38	531.84	20.85
100	A12-93	现浇混凝土木模板 板支撑高度超过3.6m 每增加1m	100m²	1.96	977.25	1 918.24	778.49	1 086.92	52.84
101	A12-94	现浇混凝土木模板 整体楼梯	100m²	18.86	7 090.3	133 690.44	49 958.14	80 079.83	3 652.48
102	A12-103	现浇混凝土木模板 压顶垫块 墩块	100m²	1.98	3 571.01	7 084.17	4 285.01	2 685.77	113.39
103	A12-215	对拉螺栓 固定式	t	3.7	6 042	22 353.47	1 220.89	21 132.57	0
104	A12-216	对拉螺栓 周转式	t	130.69	3 588.88	469 043.22	134 216.98	334 826.24	0
105	A4-314	混凝土输送泵 檐高（深度）40m以内	10m³	144.15	154.24	22 233.32	1 816.26	6 607.73	13 809.34
106	A4-317	混凝土输送泵 檐高100m以内	10m³	880.99	223.42	196 830.02	14 271.98	57 008.64	125 549.4
	B	装饰装修工程				3 183 589.67	1 680 900.34	1 429 533.31	73 156.04
107	借B1-25	垫层 预拌混凝土 阳台	10m³	5.48	2 812.36	15 422.14	2 296.57	13 049.89	75.68

（续表）

序号	定额编号	子目名称	单位	工程量	单价	合价	人工费	材料费	机械费
						价值（元）		其中（元）	
108	借B1-25	垫层 预拌混凝土 地下室地面	10m³	7.09	2 812.36	19 938.23	2 969.08	16 871.31	97.84
109	借B1-25	垫层 预拌混凝土 电梯厅前室地面	10m³	0.31	2 812.36	872.39	129.91	738.2	4.28
110	借B1-25	垫层 预拌混凝土 水房地面	10m³	0.59	2 812.36	1 653.67	246.25	1 399.3	8.11
111	借B1-25换	垫层 预拌混凝土 用于地板采暖房间垫层 材料×0.98,人工×1.8	10m³	74.83	3 099.8	231 965.16	56 411.58	174 520.9	1 032.69
112	借B1-25	垫层 预拌混凝土 基础垫层	10m³	10.46	2 812.36	29 429.1	4 382.41	24 902.28	144.41
113	借B1-25	垫层 预拌混凝土 C20防水保护层	10m³	5.15	2 812.36	14 471.56	2 155.02	12 245.53	71.01
114	借B1-27	找平层 水泥砂浆 上 平面 20mm（mm）:15 在硬基层 实际厚度	100m²	10.97	747.93	8 202.85	4 132.52	3 854.82	215.51
115	借B1-27换	找平层 水泥砂浆 上 平面 20mm 浆 水泥砂浆 1:2.5 集水坑防水砂浆 在硬基层 换为【抹灰砂中砂】	100m²	0.74	995.61	738.74	341.02	378.53	19.19
116	借B1-27换	找平层 水泥砂浆 上 平面 20mm 浆 水泥防水砂浆 1:2 在硬基层 换为【抹灰砂中砂】	100m²	10.13	1 034.7	10 480.89	4 655.47	5 563.47	261.95

506

(续表)

序号	定额编号	子目名称	工程量		价值(元)		其中(元)		
			单位	工程量	单价	合价	人工费	材料费	机械费
117	借B1-28换	找平层 水泥砂浆 在硬基层上 立面 20mm 换为[抹灰砂浆 1:2 中砂]	100m²	5.78	1 187.91	6 871.94	3 543.83	3 178.51	149.6
118	借B1-28换	找平层 水泥砂浆 在硬基层上 立面 20mm 换为[抹灰砂浆 1:2.5 中砂] 水泥防水砂浆 集水坑防水砂浆	100m²	0.33	1 148.82	382.9	204.18	170.1	8.62
119	借B1-38换	水泥砂浆 楼地面 20mm 实际厚度(mm):30 换为[抹灰砂浆 1:2.5 中砂] 水泥砂浆 水房地面	100m²	0.59	1 761.35	1 035.67	562.36	450.8	22.51
120	借B1-57换	预拌混凝土地面 厚40mm 实际厚度(mm):30	100m²	17.62	1 318.87	23 232.82	8 584.48	14 546.34	101.99
121	借B1-57换	预拌混凝土地面 厚40mm 实际厚度(mm):30 地下室地面	100m²	7.03	1 318.87	9 265.85	3 423.72	5 801.46	40.68
122	借B1-59换	预拌混凝土地面 厚60mm 实际厚度(mm):150	100m²	1.03	4 537.92	4 667.7	862.3	3 776.48	28.92
123	借B1-63换	聚氨酯彩色地面 面涂二遍 1.2mm厚	100m²	1.16	5 466.72	6 353.42	1 784.44	4 568.98	0
124	借B1-101换	陶瓷地砖楼地面(水泥砂浆) 每块周长(1 600mm以内) 上人屋面	100m²	4.36	6 586.68	28 693.55	7 916.27	20 383.74	393.55

序号	定额编号	子目名称	工程量		价值（元）		人工费	其中（元）	
			单位	工程量	单价	合价		材料费	机械费
125	借B1-199	水泥砂浆踢脚线	100m²	4.39	2 616.3	11 496.55	8 645.15	2 692.28	159.11
126	借B1-239	水泥砂浆楼梯	100m²	11.18	4 525.31	50 586.18	40 363.33	9 702.49	520.36
127	借B1-341	靠墙扶手 钢管	10m	73	892.4	65 145.2	18 447.1	26 143.49	20 554.61
128	借B1-420	楼梯、台阶步防滑条 青铜板（直角）5×50	100m	22.4	9 030.22	202 276.93	9 340.8	192 936.13	0
129	借B2-11换	水泥砂浆 墙面 轻质砌块 换为[抹灰砂浆 水泥砂浆 1:3 中砂]	100m²	59.12	1 885.3	111 459.12	80 326.48	29 359.04	1 773.6
130	借B2-21	混合砂浆 墙面 轻质砌块	100m²	459.44	1 806	829 753.34	630 998.47	184 971.59	13 783.28
131	借B2-680	素水泥浆一道 地下室地面	100m²	7.03	138.8	975.15	555.72	419.43	0
132	借B2-680	素水泥浆一道 水房地面	100m²	0.59	138.8	81.61	46.51	35.1	0
133	借B3-5换	天棚抹灰 水泥砂浆 混凝土 底层（水泥砂浆1:3）实际厚度（mm）:5 换为[抹灰砂浆 水泥砂浆 1:2 中砂]	100m²	5.16	1 525.18	7 868.25	6 283.54	1 493.97	90.75
134	借B3-5换	天棚抹灰 水泥砂浆 混凝土 换为[抹灰砂浆 水泥砂浆 1:2 中砂] 卫生间天棚	100m²	19	1 628.38	30 935.15	24 149.62	6 392.47	393.06
135	借B3-7	天棚抹灰 混合砂浆 混凝土	100m²	176.63	1 645.34	290 613.44	230 711.75	56 247.25	3 654.44

序号	定额编号	子 目 名 称	工 程 量		价 值(元)		其 中 (元)		
			单 位	工程量	单 价	合 价	人工费	材料费	机械费
136	借 B7－2	外墙面装饰脚手架 外墙高度在 9m 以内	100m²	3.31	1 112.84	3 682.16	1 449.25	2 154.16	78.75
137	借 B7－8	外墙面装饰脚手架 外墙高度在 110m 以内	100m²	214.82	5 129.43	1 101 920.82	492 632.68	585 767.15	23 521
138	借 B7－15 ×0.5	满堂脚手架 高度在 (5.2m 以内) 用于基础 单价×0.5	100m²	8.6	514.56	4 427.48	2 534.86	1 790.23	102.39
139	借 B7－15 换	满堂脚手架 高度在 (5.2m 以内)	100m²	3.6	1 889.55	6 795.96	3 890.91	2 747.87	157.17
140	借 B7－20	简易脚手架 天棚	100m²	183.18	119.92	21 967.34	10 001.81	10 221.63	1 743.91
141	借 B7－21	简易脚手架 墙面	100m²	829.22	36.09	29 926.41	15 920.95	10 058.39	3 947.07
		合 计				20 385 734.25	5 517 199.86	14 144 587.54	723 946.91

工程名称：某高层住宅

（三）措施项目预算表

项目编码	项 目 名 称	单位	数量	单价	合价	其 中（元）		
						人工费	材料费	机械费
一	可竞争措施项目				3 783 041.45	1 709 273.8	284 458.54	1 789 309.12
1	脚手架工程							
2	模板工程							
3	垂直运输工程				1 492 244.85	109 907.53		1 382 337.32
A13－2	建筑物垂直运输 ±0.00m以下 二层以内	100m²	18.352	2 504.41	45 960.53			45 960.53
A13－23	建筑物垂直运输 现浇框架结构 100m以内(29~31层)	100m²	215.05	5 863.23	1 260 885.03	109 907.53		1 150 977.5
借 B8－13	垂直运输费 ±0.00m以上 建筑物檐高100m以内/29~31层	100工日	256.059	724.05	185 399.29			185 399.29
4	建筑物超高费				1 493 958.96	1 305 153.72		188 805.25
A14－8	建筑物超高费 檐高（100m以内）	100m²	171.182	6 224.14	1 065 458.24	894 081.5		171 376.75
B8－31	超高增加费 ±0.00m以上 建筑物檐高100m以内/29~31层	元	1	428 500.72	428 500.72	411 072.22		17 428.5
5	大型机械一次安拆及场外运输费				92 056.58	25 200	1 580.1	65 276.48
1006	安装拆卸费用 自升式塔式起重机	台次	1	13 681.98	13 681.98	4 800	360.2	8 521.78

510

（续表）

项目编码	项 目 名 称	单 位	数 量	单 价	合 价	其 中（元）		
						人工费	材料费	机械费
2022	场外运输费用 自升式塔式起重机 起重力矩(2 000kN·m)	台次	1	29 872.72	29 872.72	2 400	463.6	27 009.12
1009	安装拆卸费用 施工电梯 高度100m以内	台次	2	10 895.45	21 790.9	8 640	130.4	13 020.5
1009	安装拆卸费用 施工电梯 高度100m以内	台次	2	10 895.45	21 790.9	8 640	130.4	13 020.5
2001	场外运输费用 履带式挖掘机 1m³以内	台次	1	4 920.08	4 920.08	720	495.5	3 704.58
6	支撑土板							
7	打拔钢板桩							
8	降水工程							
9	冬季施工增加费				51 098.86	12 584.5	29 481.79	9 032.57
A15-59	一般土建工程 冬季施工增加费	%	1	27 612	27 612	5 608.69	16 394.62	5 608.69
A15-59	土石方工程 冬季施工增加费	%	1	16 818.7	16 818.7	3 416.3	9 986.1	3 416.3
A15-70	灌注桩 桩基础工程 冬季施工增加费	%	1	37.89	37.89	7.58	22.73	7.58
借B9-1	装饰装修工程 冬季施工增加费	%	1	6 630.27	6 630.27	3 551.93	3 078.34	

项目编码	项 目 名 称	单位	数量	单 价	合 价	其 中（元）		
						人工费	材料费	机械费
10	雨季施工增加费				117 988.01	29 132.16	68 011.54	20 844.31
A15-60	一般土建工程 雨季施工增加费	%	1	63 852.73	63 852.73	12 943.12	37 966.49	12 943.12
A15-60	土石方工程 雨季施工增加费	%	1	38 893.22	38 893.22	7 883.76	23 125.7	7 883.76
A15-71	灌注桩 桩基础工程 雨季施工增加费	%	1	87.14	87.14	17.43	52.28	17.43
借B9-2	装饰装修工程 雨季施工增加费	%	1	15 154.92	15 154.92	8 287.85	6 867.07	
11	夜间施工增加费				66 320.38	41 923.39	13 974.46	10 422.53
A15-61	一般土建工程 夜间施工增加费	%	1	32 357.8	32 357.8	19 414.68	6 471.56	6 471.56
A15-61	土石方工程 夜间施工增加费	%	1	19 709.4	19 709.4	11 825.64	3 941.88	3 941.88
A15-72	灌注桩 桩基础工程 夜间施工增加费	%	1	45.45	45.45	27.27	9.09	9.09
借B9-3	装饰装修工程 夜间施工增加费	%	1	14 207.73	14 207.73	10 655.8	3 551.93	
12	生产工具用具使用费				124 017.98	29 182.64	75 380.24	19 455.1
A15-62	一般土建工程 生产工具用具使用费	%	1	60 832.67	60 832.67	18 120.37	30 632.05	12 080.25

项目编码	项 目 名 称	单位	数量	单价	合价	人工费	材料费	机械费
							其 中（元）	
A15－62	土石方工程 生产工具用具使用费	%	1	37 053.69	37 053.69	11 037.27	18 658.24	7 358.18
A15－73	灌注桩 桩基础工程 生产工具用具使用费	%	1	84.1	84.1	25	42.43	16.67
借B9－4	装饰装修工程 生产工具用具使用费	%	1	26 047.52	26 047.52		26 047.52	
13	检验试验配合费				51 444.18	15 852.67	28 643.16	6 948.35
A15－63	一般土建工程 检验试验配合费	%	1	24 591.93	24 591.93	6 903	13 374.56	4 314.37
A15－63	土石方工程 检验试验配合费	%	1	14 979.14	14 979.14	4 204.67	8 146.55	2 627.92
A15－74	灌注桩 桩基础工程 检验试验配合费	%	1	33.33	33.33	9.09	18.18	6.06
借B9－5	装饰装修工程 检验试验配合费	%	1	11 839.78	11 839.78	4 735.91	7 103.87	
14	工程定位复测场地清理费				68 843.12	42 362.68	19 532.85	6 947.59
A15－64	一般土建工程 工程定位复测场地清理费	%	1	28 043.43	28 043.43	13 806	9 923.06	4 314.37
A15－64	土石方工程 工程定位复测场地清理费	%	1	17 081.49	17 081.49	8 409.35	6 044.22	2 627.92

（续表）

项目编码	项目名称	单位	数量	单价	合价	其中（元）		
						人工费	材料费	机械费
A15-75	灌注桩 桩基础工程 工程定位复测 场地清理费	%	1	38.64	38.64	19.7	13.64	5.3
借B9-9	装饰装修工程 场地清理费	%	1	23 679.56	23 679.56	20 127.63	3 551.93	
15	成品保护费				65 891.48	33 064.52	26 542.8	6 284.16
A15-65	一般土建工程 成品保护费	%	1	31 063.48	31 063.48	15 531.74	12 511.68	3 020.06
A15-65	土石方工程 成品保护费	%	1	18 921.03	18 921.03	9 460.52	7 620.97	1 839.54
A15-76	灌注桩 桩基础工程 成品保护费	%	1	41.67	41.67	21.21	16.67	3.79
借B9-6	装饰装修工程 成品保护费	%		15 865.3	15 865.3	8 051.05	6 393.48	1 420.77
16	二次搬运费				119 134.89	44 888.91	16 575.69	57 670.29
A15-66	一般土建工程 二次搬运费	%	1	51 772.48	51 772.48	15 963.18		35 809.3
A15-66	土石方工程 二次搬运费	%	1	31 535.05	31 535.05	9 723.31		21 811.74
A15-77	灌注桩 桩基础工程 二次搬运费	%	1	71.22	71.22	21.97		49.25
借B9-7	装饰装修工程 二次搬运费	%	1	35 756.14	35 756.14	19 180.45	16 575.69	
17	停水停电增加费				40 042.16	20 021.08	4 735.91	15 285.17
A15-67	一般土建工程 临时停水停电费	%	1	18 983.24	18 983.24	9 491.62		9 491.62

项目编码	项 目 名 称	单位	数 量	单 价	合 价	其 中（元）		
						人工费	材料费	机械费
A15－67	土石方工程 临时停水停电费	%	1	11 562.86	11 562.86	5 781.43		5 781.43
A15－78	灌注桩 桩基础工程 临时停水停电费	%	1	24.24	24.24	12.12		12.12
借 B9－8	装饰装修工程 临时停水停电费	%	1	9 471.82	9 471.82	4 735.91	4 735.91	
18	施工与生产同时进行增加费用							
19	在有害身体健康的环境中施工降效增加费							
	合　　计				3 783 041.45	1 709 273.8	284 458.54	1 789 309.12

工程名称：某高层住宅

（四）单位工程人材机价差表

序号	名 称 及 规 格	单位	数 量	预算价	市场价	价 差	价差合计
一	人工						
1	综合用工二类	工日	1 442.008 6	60	63.67	3.67	5 292.17
2	综合用工三类	工日	146.727 2	47	49.71	2.71	397.63
	小计						5 689.8
二	材料						
1	预拌混凝土 C30	m³	7 232.375	260	285	25	180 809.38
2	钢筋 φ10 以内 C8	t	477.212 1	4 290	3 454.2	-835.8	-398 853.87
3	支撑方木	m³	319.913 8	2 300	3 745.56	1 445.56	462 454.59
4	复合木模板	m²	26 680.656 3	33	43.75	10.75	286 817.06
5	木脚手板	m³	177.685 5	2 200	3 736.14	1 536.14	272 949.83
6	钢筋 φ20 以内 C12	t	153.353	4 500	3 635.76	-864.24	-132 533.79
7	预拌混凝土 C40 P6	m³	1 412.608 2	290	325	35	49 441.29
8	钢筋 φ10 以内 C10	t	122.043	4 290	3 525.6	-764.4	-93 289.67
9	钢筋 φ20 以外 C22	t	117.415	4 450	3 377.7	-1 072.3	-125 904.06
10	挤塑板 20mm	m²	15 573.636	4.85	20.47	15.62	243 260.19

516

序号	名 称 及 规 格	单位	数 量	预算价	市场价	价 差	价差合计
11	钢筋 φ10 以内 C6	t	89.169 4	4 290	3 525.6	−764.4	−68 161.1
12	聚氨酯甲料	kg	15 823.643 4	14.6	18.5	3.9	61 712.21
13	预拌混凝土 C40	m³	886.937 5	290	315	25	22 173.44
14	钢筋 φ20 以内 C16	t	70.642	4 500	3 377.7	−1 122.3	−79 281.52
15	中砂	t	3 032.404 4	30	77.2	47.2	143 129.49
16	预拌混凝土 C15	m³	916.539 2	230	255	25	22 913.48
17	加气混凝土砌块	m³	1 519.457	170	141.62	−28.38	−43 122.19
18	水泥 32.5	t	624.462 8	360	318.33	−41.67	−26 021.36
19	钢筋 φ20 以内 C14	t	46.206 2	4 500	3 760.2	−739.8	−34 183.32
20	钢筋 φ20 以内 C18	t	38.788 9	4 500	3 514.38	−985.62	−38 231.1
21	钢筋 φ20 以内 C20	t	36.513 4	4 500	3 514.38	−985.62	−35 988.3
22	预拌混凝土 C25	m³	434.748 1	250	274.79	24.79	10 777.41
23	木模板	m³	26.252 7	2 300	3 745.56	1 445.56	37 949.84
24	预拌混凝土 C40 P6	m³	276.035 3	290	335	45	12 421.59
25	SBS 改性沥青防水卷材 4mm	m²	2 406.195 2	12	36.85	24.85	59 793.95
26	挤塑板 厚 60mm 容重 30kg/m³	m²	1 142.513 3	35	61.38	26.38	30 139.5

（续表）

序号	名称及规格	单位	数量	预算价	市场价	价差	价差合计
27	轻骨料混凝土小型空心砌块 390×190×190	m³	218.262 3	180	232.1	52.1	11 371.46
28	预拌混凝土 C15	m³	161.281 5	230	255	25	4 032.04
29	镀锌铁丝 22#	kg	8 328.921 8	6.7	4.5	-2.2	-18 323.63
30	UPVC排水管 φ110	m	1 201.452	24.4	21.84	-2.56	-3 075.72
31	钢筋 φ20以内	t	6.941 3	4 500	3 484.29	-1 015.71	-7 050.35
32	预拌混凝土 C20	m³	87.594 3	240	265	25	2 189.86
33	标准砖 240×115×53	千块	50.536 8	380	420	40	2 021.47
34	水	m³	4 368.487 5	5	4.85	-0.15	-655.27
35	聚苯板 厚30mm 容重20kg/m³	m²	607.412 4	18	30.71	12.71	7 717.17
36	电焊条 结422	kg	3 179.567 3	4.14	5.47	1.33	4 228.82
37	挤塑板 厚20mm	m²	844.688	35	20.47	-14.53	-12 273.32
38	铁件	kg	1 890.568 8	7	6.8	-0.2	-378.11
39	珍珠岩粉	m³	52.705 6	120	230	110	5 797.62
40	木材	m³	3.232 3	1 800	3 745.56	1 945.56	6 288.59
41	镀锌铁丝 8#	kg	2 854.766 7	5	4	-1	-2 854.77

（续表）

序号	名称及规格	单位	数量	预算价	市场价	价差	价差合计
42	陶瓷地面砖 400×400	m²	453.055 2	41	21.88	-19.12	-8 662.42
43	预拌混凝土 C45	m³	28.867 6	305	331	26	750.56
44	挤塑板 厚10mm	m²	909.168	35	10.23	-24.77	-22 520.09
45	标准砖 240×115×53	千块	14.691 4	380	420	40	587.66
46	水泥 52.5	t	11.262 5	410	534	124	1 396.55
47	冷轧带肋钢筋网片 4×4	t	1.457 2	5 250	3 454.2	-1 795.8	-2 616.88
48	镀锌铁丝	kg	1 221.773 8	5.2	4	-1.2	-1 466.13
49	钢筋 φ10以内	t	0.838 4	4 290	3 454.2	-835.8	-700.73
50	钢筋 φ20以外 A25	t	0.018 7	4 450	3 377.7	-1 072.3	-20.07
小计							786 957.28
三	机械						
1	柴油	kg	25 127.161 4	9.8	8.49	-1.31	-32 916.58
3	电	kW·h	549 407.707 4	1	0.86	-0.14	-76 367.67
小计							-109 795.4
合计							682 851.68